"十三五"国家重点出版物出版规划项目

软物质前沿科学丛书

高分子粗粒化模型的蒙特卡罗模拟方法

Monte Carlo Methods for Coarse-Grained Polymer Models

王　强　张朋飞　李宝会　著

科学出版社

北　京

内 容 简 介

本书的主题是高分子粗粒化模型的蒙特卡罗（Monte Carlo）模拟，侧重于研究高分子体系平衡态行为的 Monte Carlo 方法。本书共分八章。第 1 章为绪论。第 2 章介绍一些对高分子体系进行分子模拟时常用的粗粒化模型，包括非格点（即连续空间）和格点模型。第 3 章介绍 Monte Carlo 模拟中常用的各种统计系综以及 Monte Carlo 模拟的基本原理。第 4 章讲述一些对高分子体系的粗粒化模型进行 Monte Carlo 模拟的基本操作方法。对于刚进入高分子模拟领域的研究人员，在读完第 1~4 章后就可以着手进行编程和模拟操作了。第 5 章和第 6 章更适合于在这个领域中的研究人员进一步提高他们的模拟水平。第 5 章讲述一些传统的、专用于高分子体系粗粒化模型的 Monte Carlo 模拟方法。第 6 章讲述一些自由能计算和高等 Monte Carlo 模拟方法。第 7 章介绍由作者之一提出的快速 Monte Carlo 模拟，其基本思想是使用允许粒子重叠的软势。快速 Monte Carlo 模拟对构型空间的抽样比使用硬排除体积作用的 Monte Carlo 模拟要快/好至少几个数量级，并且其结果可以与实验中所用的高分子体系达到定量吻合。第 8 章讲述两个独立的专题，包括计算格点高分子体系的压强，以及一级和二级相变的有限尺寸标度理论。

本书主要针对的是高分子模拟领域的研究生、博士后以及其他科研人员，要求读者有基本的统计力学知识，但不一定要有高分子物理方面的专门知识。

图书在版编目(CIP)数据

高分子粗粒化模型的蒙特卡罗模拟方法 / 王强，张朋飞，李宝会著. 北京 : 科学出版社, 2025. 3. -- (软物质前沿科学丛书). -- ISBN 978-7-03-079828-2

I. O242. 28

中国国家版本馆 CIP 数据核字第 202409TU88 号

责任编辑：刘 冉 / 责任校对：杜子昂

责任印制：徐晓晨 / 封面设计：无极书装

科学出版社 出版

北京东黄城根北街 16 号

邮政编码：100717

http://www.sciencep.com

北京建宏印刷有限公司印刷

科学出版社发行　各地新华书店经销

*

2025 年 3 月第 一 版　开本：720 × 1000 1/16

2025 年 3 月第一次印刷　印张：13 1/2

字数：270 000

定价：128.00 元

(如有印装质量问题，我社负责调换)

丛 书 序

社会文明的进步、历史的断代，通常以人类掌握的技术工具材料来刻画，如远古的石器时代、商周的青铜器时代、在冶炼青铜的基础上逐渐掌握了冶炼铁的技术之后的铁器时代，这些时代的名称反映了人类最初学会使用的主要是硬物质。同样，20 世纪的物理学家一开始也是致力于研究硬物质，像金属、半导体以及陶瓷，掌握这些材料使大规模集成电路技术成为可能，并开创了信息时代。进入 21 世纪，人们自然要问，什么材料代表当今时代的特征？什么是物理学最有发展前途的新研究领域？

1991 年，诺贝尔物理学奖得主德热纳最先给出回答：这个领域就是其得奖演讲的题目——“软物质”。按《欧洲物理杂志》B 分册的划分，它也被称为软凝聚态物质，所辖学科依次为液晶、聚合物、双亲分子、生物膜、胶体、黏胶及颗粒物质等。

2004 年，以 1977 年诺贝尔物理学奖得主、固体物理学家 P.W. 安德森为首的 80 余位著名物理学家曾以“关联物质新领域”为题召开研讨会，将凝聚态物理分为硬物质物理与软物质物理，认为软物质 (包括生物体系) 面临新的问题和挑战，需要发展新的物理学。

2005 年，*Science* 提出了 125 个世界性科学前沿问题，其中 13 个直接与软物质交叉学科有关。“自组织的发展程度”更是被列为前 25 个最重要的世界性课题中的第 18 位，“玻璃化转变和玻璃的本质”也被认为是最具有挑战性的基础物理问题以及当今凝聚态物理的一个重大研究前沿。

进入新世纪，软物质在国际上受到高度重视，如 2015 年，爱丁堡大学软物质领域学者 Michael Cates 教授被选为剑桥大学卢卡斯讲座教授。大家知道，这个讲座是时代研究热门领域的方向标，牛顿、霍金都任过卢卡斯讲座教授这一最为著名的讲座教授职位。发达国家多数大学的物理系和研究机构已纷纷建立软物质物理的研究方向。

虽然在软物质研究的早期历史上，享誉世界的大科学家如诺贝尔奖获得者爱因斯坦、朗缪尔、弗洛里等都做出过开创性贡献。但软物质物理学发展更为迅猛还是自德热纳 1991 年正式命名“软物质”以来，软物质物理学不仅大大拓展了物理学的研究对象，还对物理学基础研究尤其是与非平衡现象 (如生命现象) 密切相关的物理学提出了重大挑战。软物质泛指处于固体和理想流体之间的复杂的凝聚态物质，主要共同点是其基本单元之间的相互作用比较弱 (约为室温热能量级)，因而易受温度影响，熵效应显著，且易形成有序结构。因此具有显著热波动、多个亚稳状态、介观尺度自组装结构、熵驱动的有序无序相变、宏观的灵活性等特征。简单地说，这些体系都体现了“小刺激，大反应”和强非线性的特性。这些特性并非仅仅由纳观组织或原子、分子水平的结构决定，更多是由介观多级自组装结构决定。处于这种状态的常见物质体系包括胶体、液晶、高分子及超分子、泡沫、乳液、凝胶、颗粒物质、玻璃、生物体系等。软物质不仅广泛存在于自然界，而且由于其丰富、奇特的物理学性质，在人类的生活和生产活动中也得到广泛应用，常见的有液晶、柔性电子、塑料、橡胶、颜料、墨水、牙膏、清洁剂、护肤品、食品添加剂等。由于其巨大的实用性以及迷人的物理性质，软物质自 19 世纪中后期进入科学家视野以来，就不断吸引着来自物理、化学、力学、生物学、材料科学、医学、数学等不同学科领域的大批研究者。近二十年来更是快速发展成为一个高度交叉的庞大的研究方向，在基础科学和实际应用方面都有重大意义。

为了推动我国软物质研究，为国民经济作出应有贡献，在国家自然科学基金委员会–中国科学院学科发展战略研究合作项目“软凝聚态物理学的若干前沿问题”(2013.7—2015.6) 资助下，本丛书主编组织了我国高校与研究院所上百位分布在数学、物理、化学、生命科学、力学等领域的长期从事软物质研究的科技工作者，参与本项目的研究工作。在充分调研的基础上，通过多次召开软物质科研论坛与研讨会，完成了一份 80 万字的研究报告，全面系统地展现了软凝聚态物理学的发展历史、国内外研究现状，凝练出该交叉学科的重要研究方向，为我国科技管理部门部署软物质物理研究提供了一份既翔实又具前瞻性的路线图。

作为战略报告的推广成果，参加该项目的部分专家在《物理学报》出版了软凝聚态物理学术专辑，共计 30 篇综述。同时，该项目还受到科学出版社关注，双方达成了“软物质前沿科学丛书”的出版计划。这将是国内第一套系统总结该领域理论、实验和方法的专业丛书，对从事相关领域研究的人员将起到重要参考作用。因此，我们与科学出版社商讨了合作事项，成立了丛书编委会，并对丛书做了初步规划。编委会邀请了 30 多位不同背景的软物质领域的国内外专家共同完成这一系列专著。这套丛书将为读者提供软物质研究从基础到前沿的各个领域的最新进展，涵盖软物质研究的主要方面，包括理论建模、先进的探测和加工技术等。

由于我们对于软物质这一发展中的交叉科学的了解不很全面，不可能做到计划的“一劳永逸”，而且缺乏组织出版一个进行时学科的丛书的实践经验，为此，我们要特别感谢科学出版社钱俊编辑，他跟踪了我们咨询项目启动到完成的全过程，并参与本丛书的策划。

我们欢迎更多相关同行撰写著作加入本丛书，为推动软物质科学在国内的发展做出贡献。

主 编 欧阳钟灿
执行主编 刘向阳
2017 年 8 月

序

蒙特卡罗 (Monte Carlo) 方法是一种古老的统计算法,早期的一般做法是先将问题转化为一个二维平面的几何问题，随后往平面内随机投掷颗粒或细棒并统计投掷物的统计结果来求算问题的解。例如，蒲丰（Georges Louis Leclerede Buffon）求算 π 的著名的投针试验方法就是典型的早期 Monte Carlo 模拟算法。

到了 20 世纪 40 年代中期，由于战争的刺激，科学与技术的发展，尤其是电子计算机的发明，随机数代替了人工投掷试验，并使得 Monte Carlo 方法的效率得到了极大的提升，为研究各类问题打开了一片崭新的天地。因此，Monte Carlo 方法被成功地用来解决诸多很难从数学上直接把握的复杂问题，从而使得 Monte Carlo 方法大放异彩。数学家冯 · 诺伊曼（John von Neumann）形象地用世界著名而又美丽的赌城——摩纳哥的 Monte Carlo 来命名这种算法，可谓是形神俱佳。

Monte Carlo 方法在高分子科学中的应用可以追溯到 20 世纪 50 年代初，即第二次世界大战结束后不久。当时的研究主要集中在高分子科学中最为基本的问题，诸如无规行走链和自避行走链的均方末端距和均方回转半径等统计特性的求算。这些研究结果有力地促进了相关理论的诞生，并为整个高分子学科的发展奠定了重要的基础。

最近二三十年来，计算机的算力、算速和机内的存储规模的发展一日千里，并为 Monte Carlo 方法的广泛应用提供了极好的基础。近半个世纪以来，高分子科学在理论和实验方面均得到了异常迅猛的发展。然而，由于高分子体系本身的极度复杂性，不仅一些经典的难题仍未很好地解决，而且还产生了大量新的问题。这一切，为 Monte Carlo 方法在高分子科学和技术中应用提供了广阔的舞台。

“科学的发展基于合适的模型。” 此言并不为过。作为科学理论的发展而言，除了模型要能够抓住问题的实质以外，还必须将那些对考察的问题不甚重要的细节略去，使之易于从数学上予以把握，从而构建出简洁而又有效的理论。同样，由于计算机的算力、算速和存储总是有限的，并终归无法满足大自然中的实际问题的复杂性。为了使得 Monte Carlo 方法能够更为有效、快速和准确地解决高分子科学中的复杂问题，我们必须建立合适的高分子链模型。为了区别于分子力学和分子动力学模拟中的链模型，我们称其为 “粗粒化模型”。

谈起粗粒化模型，格莱克（James Gleick）在《混沌》一书中的所言是很有启发性的：

“你可以把模型搞得更复杂，更忠于现实，或者你可以使它更简单，更易于处理。只有天真的科学家才相信，完美的模型是完全代表现实的模型。这种模型的缺点同一张与所表示的城市一般大小而详细的地图一样，图里画上了每个公园、每条街、每个建筑物、每棵树、每个坑洼、每个居民以及每张地图。即使可能造这样的地图，它的特殊性也会破坏它的目的性：概括和抽象。”

事实上，粗粒化模型不仅是简化和加速模拟的必要选择，更是科学研究的精神所在。粗粒化有程度之分，它取决于所考察的问题的结构起源。例如，若要研究分子的振动光谱，那么所采用的模型必须至少细化到化学键的力学层次 ……当然，与分子力学和分子动力学模拟中的模型相比，高分子科学 Monte Carlo 模拟中的链模型一般要比它们更加粗粒化，因为高分子材料的大多宏观性质主要依赖于高分子的链状特征。因此，在大多数高分子物理问题的 Monte Carlo 模拟中都采用非常粗粒化的模型，例如格子模型、自由连接链模型等等。由王强、张朋飞和李宝会三位教授撰写的《高分子粗粒化模型的蒙特卡罗模拟方法》一书，从书名上就刻意地突出了这一点，并其构成了本书的基本特点。

纵观本书，显而易见，它比其他著作更加聚焦于高分子凝聚态物理，叙述也更为深入。相较于其他相关著作，本书的特点可以概括如下：

首先，对于物理（包括高分子物理）问题的 Monte Carlo 算法大多可以被认为是一种统计力学的计算机“实验”。因此，Monte Carlo 方法不仅是用来解决实际问题的重要手段，而且也是通过 Monte Carlo 模拟来学习和深入理解统计力学的尚佳途径。因此，本书花了较大的篇幅来讨论高分子粗粒化模型 Monte Carlo 模拟算法的统计力学基础，并介绍了各种统计系综的应用及其 Monte Carlo 算法，即与系综对应的各个 Metropolis 重要性抽样方法。这部分内容构成了本书的基础。

对于注重实际操作的高分子凝聚态物理的入门研究人员，本书的第 4、5 两章无疑是最为重要的。作为专门介绍高分子体系 Monte Carlo 算法的专著，对基本算法的介绍的深入、详细程度远超其他专著。在这两章中，本书的作者针对高分子体系研究可能遇到的各类统计系综的 Monte Carlo 模拟算法进行了系统的介绍和深入的讨论；对高分子体系 Monte Carlo 模拟的一些基本操作方法，如周期边界条件、体系尺寸效应、初始条件及其平衡、相关物理量的统计与计算、误差的估计及其传递等等，均给出了非常详尽的描述和深入的讨论。因此，对于主要是采用 Monte Carlo 方法来研究高分子体系，而并非有志于发展 Monte Carlo 新算法的研究人员来说，这两章的内容有助于研究人员理解 Monte Carlo 方法，并确保算法的正确运用。并借此来促使高分子科学领域中更多的研究人员采用 Monte Carlo 方法。

介绍一些 Monte Carlo 模拟的新方法也构成了本书的重要内容。在本书的后半部分，主要介绍了一些最新的研究进展。更需要特别指出的是，本书中介绍的新方法中，不少是本书作者们的研究成果。这些新方法很好地代表了 Monte Carlo 算法本身的主要研究方向，例如，提高模拟的速度和精度、拓宽算法的应用领域和强化算法的理论基础等。这部分的讨论对上述几个方向的发展都有重要的促进作用。对于有志于 Monte Carlo 算法本身发展的研究人员，这部分内容将是富有启发性的。

当然，作为一本有限篇幅的专著，它必定会忍痛割爱。另外，也有一些领域尚不够成熟，因此不符合本书的基本考虑。因此，有几个重要方面未能涉及，或许可以留给后人探索并补充之。简述如下，供各位读者参考。

本书中，没有明显涉及动力学问题的 Monte Carlo 算法。显然，与高分子体系相关的动力学过程对于高分子科学而言是极其重要的。但是，我们会首先会遇到关于 Monte Carlo 模拟中的时间的定义困难问题。关于聚合反应等化学问题的 Monte Carlo 模拟中的时间是客观时间，它可以与反应动力学方程和实验进行直接对比。然而，通常情况下，在高分子凝聚态动力学的模拟中，一般都采用所谓的“蒙特卡罗基本步数（Monte Carlo steps, MCS）”作为动力学客观时间的类比物。必须指出，MCS 毕竟不是高分子体系 Monte Carlo 动力学模拟中的真实时间，在许多场合下，甚至我们还无法保证 MCS 与客观真实的时间具有线性的尺度变换关系。因此，若要研究体系的动力学问题，我们必须对 Monte Carlo 模拟的时间和客观真实的时间之间的关系有个严格的证明。这就涉及“非平衡态统计力学”问题，这是需要我们着力去解决的问题。一旦能够从理论上澄清客观真实时间和 Monte Carlo 时间的基本关系，那么就为高分子凝聚态动力学的研究奠定坚实的基础。

本书也没有涉及高分子化学问题的 Monte Carlo 算法问题。耦合化学反应的高分子凝聚态体系的研究已经成为当代高分子科学和技术发展的一个重要方向。例如，对于表面接枝聚合的 Monte Carlo 模拟研究就需要组合高分子的粗粒化物理模型和聚合反应动力学两方面的手段，从而才能获得关于表面接枝链的链长分布、链段密度沿表面的法向的分布等的时间演化。又如，聚合反应诱导的相分离问题的研究也会遇见上述的问题。严格来说，处理这类问题必定会涉及物理运动和化学反应两者的时间尺度的一致性问题。这个问题与上面的问题相似。若不加以探索和解决，那么模拟所得的时间演化规律仅有参考意义，不仅对理论研究缺乏指导意义，也难以为实践提供准确的指引。

此外，在考虑空间结构的粗粒化的同时，我们有必要从理论的角度来研究逐级粗粒化的统计力学基础。在非平衡的情况下，如何在考虑空间粗粒化的同时来考虑与之相对应的正确的时间粗粒化问题是摆在我们面前的一个重要课题。相关的理论基础也会从平衡态统计力学拓展到非平衡态统计力学，而热力学就要拓展到非平衡态热力学领域。由于它关系到我们是否能够正确、准确地研究高分子体系的凝聚态及其相关的动力学问题，需要我们致力于此。

最后，我要专门指出，本书的三位作者都在将 Monte Carlo 方法应用于高分子物理领域方面拥有丰富的实践经验；本书中的大部分内容及相应的图表均来自于作者们自己的工作。给出的模拟实例也大多是作者自己的研究工作所得。

总之，在高分子学界，尤其是中国的高分子学界，出现这样一本专门针对高分子科学的 Monte Carlo 模拟的新专著是值得庆贺的，它不仅对于从事高分子领域科学研究的同仁极具参考价值，也为未来高分子科学中的 Monte Carlo 算法的发展提供了一扇重要的观察窗口，也必定是中国高分子科学的学科发展中的一件喜事、要事，可喜可贺！

以上既是我的一些浅见，也是为序。

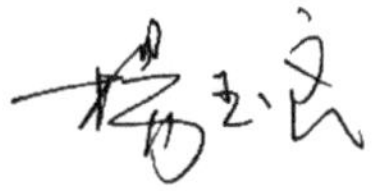

2024 年 4 月 8 日

致　　谢

作者非常感谢杨玉良院士于百忙之中抽出时间来审阅本书、为其作序，并且提出了很好的建议。本书中的大部分内容来自于已经发表的文献和作者自己的工作。图 4.3 和图 4.4 的数据来自于作者之一的课题组中吴佳坪博士所做的模拟，5.4.2 小节中所讲的方法也通过她所做的模拟进行了验证；图 7.2 的数据来自于作者之一的课题组中宗璟博士所做的模拟；而图 7.3 的数据来自于作者之一的课题组中尹玉华副教授所做的模拟。作者也在此向他们表示感谢！

常用符号表

这里我们只列出了本书中一些常用的符号的含义；至于一个符号在某个章节中的具体含义，还需要读者根据其上下文来判断。

$\tilde{}$	无量纲的
$\bar{}$	样本的平均值
$\langle\rangle$	系综平均
上角标	
b	键长作用的
B	键合作用的
bend	键角作用的
ex	剩余的
ig	理想气体的
nb	非键作用的
T	矩阵的转置
下角标	
c	临界点的
I,II	共存的两相
o	当前构型的
n	尝试构型的
Θ	Θ 溶剂的
cm	链质心的
$\mathbf{1}$	元素都为 1 的列向量
a	统计链段长度或者控制 DPD 势大小的无量纲的参数
A, B, P, P′	高分子中的单体或者链段的组分
A_{on}	在尝试运动的接受准则中所用的比值
b	固定的键长或者可变键长的均方根
$\boldsymbol{b}, \boldsymbol{b}'$	键矢量
$\boldsymbol{B}$	一条链上的所有键矢量
B_2, B_4	Binder 累积量
B_j	自相关函数
c_0	链节的交叠浓度
c_{on}	接受尝试运动的概率
C_j	归一化的自相关函数
C_v	定容比热容
d	空间的维度
D	局部扩散率
E	无量纲的非键作用能级
F	体系的 Helmholtz 自由能
$\boldsymbol{F}$	作用力
G	体系的 Gibbs 自由能
g	统计无效性、WL 算法中的态密度数组或者对关联函数
h	Planck 常数、链间平均总的对关联函数、标识函数或者 Ising 模型中无量纲的外场
H	直方图
$\boldsymbol{I}$	单位矩阵
$\boldsymbol{J}$	Jacobi 矩阵
k_b	控制键角作用大小的无量纲的参数
$k_{\rm B}$	Boltzmann 常数
l	晶格常数或者（在 5.2 节和 5.3 节中）构型偏倚中链段的长度
L	（立方体）模拟盒子的边长
M	样本数
n	体系中的粒子（链）的数目
N	链长
$\overline{\mathcal{N}}$	等效聚合度
N_b	直方图中小格的数目
$N_{\rm MCS}$	Monte Carlo 步数
n_p	体系中的近邻（接触）对的数目

p	分布概率或者（在 3.3.5 小节中）选择尝试运动的先验概率
$\boldsymbol{p}$	一个粒子的动量
P	体系的压强
P_{acc}	尝试运动的接受准则
p_b	归一化概率分布函数
q	波数
$\boldsymbol{q}$	波矢
Q	正则、等温等压或者广义系综的配分函数
r	比值或者距离
$\boldsymbol{r}$	空间位置（矢量）
R	Rosenbluth 权重
$\boldsymbol{R}$	体系的一个构型
$\boldsymbol{R}_e$	从线形链的一端指向其另一端的矢量
R_e^2	链的均方端端距
$R_{e,0}^2$	理想链的均方端端距
R_g^2	链的均方回转半径
$\boldsymbol{R}_{k,s}$	体系中第 k 条链上第 s 个链节的空间位置
$\boldsymbol{r}^n$	体系中所有链的第一个链节的空间位置
s, t, s'	一条链上的链节或者键的序号
S	体系的熵
$\boldsymbol{S}$	体系中所有粒子约化的空间位置
$\tilde{S}$	体系归一化的总结构因子
$\tilde{S}_1$	归一化的单链结构因子
$\boldsymbol{s}^n$	体系中所有链的第一个链节约化的空间位置
T	体系的热力学温度或者（在 6.7 节中）宏观态之间的转移概率
$\boldsymbol{T}$	非格点模型中未被选中的尝试键矢量的集合
u	作用对势或者非键作用能
U	体系的相互作用能
u_0	归一化的非键作用对势
u^{B}	键合作用能
U_1^{B}	一条链的键合作用能
u_c	平均每条链的内能
v	无量纲的第二 virial 系数
V	体系的体积
v_0	一个单体或者链节的体积
w	权重或者无量纲的第三 virial 系数
Z	体系的构型积分
z_L	格点模型中键长或者非键（近邻）作用的配位数，或者在非格点模型的 Rosenbluth 方法中产生的尝试键矢量的数目
α_{on}	提出尝试运动的概率
β	$1/k_{\mathrm{B}}T$ 或者（在 8.2.2 小节中）临界指数
χ	无量纲的 Flory-Huggins 参数
δ	Dirac 或者 Kronecker δ 函数、（在 5.3.2 小节中）扩展巨正则系综下的模拟中所用的参数、或者（在 8.2.2 小节中）临界指数
Δ	直方图中小格的宽度、（在 7.2.1 小节中）格栅元胞的边长或者变化量
ε	控制对势大小的参数
ϕ	体系中高分子的体积分数
γ	DPD 中的控制耗散力大小的参数或者（在 8.2.2 小节中）临界指数
η	临界指数
φ	方位角
κ	控制体系可压缩性的参数
κ_T	归一化的等温压缩系数

Λ	de Broglie 热波长（长度单位）
μ	化学势
ν	链的空间尺寸与其链长之间的幂律指数或者（在 8.2.2 小节中）临界指数
Π	无量纲的渗透压
$\boldsymbol{\Pi}$	Markov 链的状态转移矩阵
π_{on}	状态转移概率
θ	阶跃函数、（在 2.2 节中）键角或者（在 4.4.1 小节中）仰角
ρ	无量纲的粒子数密度
ρ_0	无量纲的平均粒子数密度
ρ_c	无量纲的链数密度
σ	非键对势的截断距离、误差、涨落或者（在 7.5 节中）无量纲的接枝密度
σ_0	样本的标准差
σ_{G}	高斯势中的长度参数
σ_{LJ}	LJ 势中的长度参数
τ	样本的自相关长度、（在 6.5.2 小节和 6.8.1 小节中）往返时间或者（在 4.4.2 小节中）键的个数
Ω	微正则系综的配分函数（即态密度）
Ω_{G}	巨势
ξ	随机数、（在 4.4.1 小节中）一个很小的正数或者（在 8.2.2 小节中）无量纲的关联长度
Ξ	巨正则系综的配分函数
Ξ_{E}	扩展巨正则系综的配分函数
Ξ_{SG}	半巨正则系综的配分函数

目　　录

第 1 章 绪 论

1.1 什么是高分子以及为什么要研究高分子？

高分子（又称为大分子）是由许多称为**单体**的小的重复化学单元组成的大型分子。它们代表着广泛而重要的一类软物质。在我们的日常生活中，天然的和合成的高分子是普遍存在的，并且是必不可少的。天然高分子的例子包括 DNA、蛋白质和纤维素，而合成高分子包括聚乙烯、聚苯乙烯、聚氯乙烯、聚碳酸酯以及许多其他聚合物。特别地，合成高分子通常源自于石油化工产品，并且由于其多样的物理性能和低廉的制造成本，已经取代了许多传统的材料（例如木材、石材、金属和陶瓷）。今天，合成高分子被用于光电器件、纳米技术、“智能”（或刺激响应）材料、药物载体、人造皮肤和许多其他应用中。

要想完全确定高分子的一个分子（即一条链），我们需要知道它的单体是什么（即高分子的化学成分），有多少个单体（即高分子的分子量，本书中用链长 N 来表示），以及这些单体之间是如何连接的（即高分子的链结构，chain architecture）。图 1.1 展示了一些常见的高分子链结构，包括线形的、枝形的、星形的和环形的高分子。图 1.2 给出了线形聚乙烯链的化学结构，其单体是亚甲基基团。由于链上所有单体都是一样的（链两端的甲基基团通常被视为和亚甲基基团相同），这种高分子被称为**均聚物**。与此相反，**共聚物**的一条链上包含有不同的单体。图 1.3 展示了一些由 A 和 B 两种单体组成的线形共聚物的例子，包括嵌段共聚物（两种单体在链上分段排列）、无规共聚物（两种单体在链上完全随机排列）和梯度共聚物（一种单体出现的概率沿链逐渐增加）。

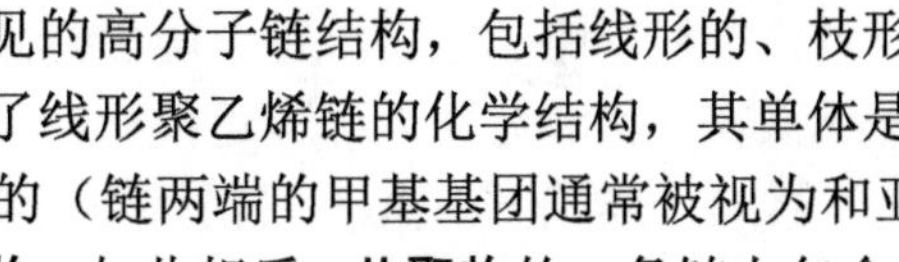

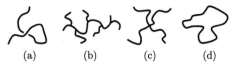

图 1.1 一些常见的高分子链结构，包括 (a) 线形的、(b) 枝形的、(c) 星形的和 (d) 环形的高分子

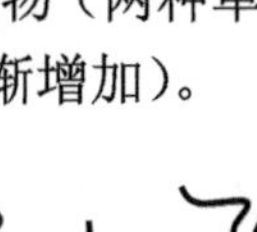

图 1.2 线形聚乙烯链的化学结构

(a) -A-A-A-A-A-A-B-B-B-B-B-B- (b) -B-B-A-B-A-A-B-B-A-A-B-A-

(c) -A-A-A-B-A-A-B-B-A-B-B-B-

图 1.3 一些由 A 和 B 两种单体组成的线形共聚物的例子，包括 (a) 嵌段共聚物、(b) 无规共聚物和 (c) 梯度共聚物

高分子的特别之处在于其性质不仅依赖于其单体的化学成分，而且还与其分子量和链结构有关。例如，高密度和低密度聚乙烯是由相同的单体制成的，但低密度聚乙烯的链具有更多的分枝（在大约 2%的碳原子上），因此具有比高密度聚乙烯稍低的密度（它们的密度分别为 $0.91 \sim 0.94\ \mathrm{g/cm^3}$ 和 $0.93 \sim 0.97\ \mathrm{g/cm^3}$）。尽管密度差别很小，但是它们具有非常不同的力学性质（例如拉伸强度）。低密度聚乙烯通常用于制作塑料袋，而高密度聚乙烯可用于制作瓶盖和折叠椅。对高分子各种物理性质的研究属于高分子物理的范畴。

一条高分子链通常由成千上万甚至更多个单体通过化学键连接在一起。这就导致了几个重要的结果：第一，由于对链连接的所有限制，包括键长、键角和扭转角，都是局部的（即只限于几个相连的单体），连接这些单体时就存在很大的自由度（对应于链的**构象熵**）。这一点对于高分子的行为至关重要，并且是与小分子的根本区别所在。事实上，处理链的连接性和构象熵是高分子物理的一个重要课题。第二，很难控制高分子的合成以实现所有链都具有完全相同的分子量。因此，**多分散性**一直存在于真实的高分子体系中（DNA 复制可能是唯一的例外），但在理论和模拟研究中这一点往往被忽略。第三，每个链含有大量的单体以及多个链的共同行为导致高分子体系在空间和时间上都跨越很宽的尺度。这使得多链体系（如实验中使用的高分子熔体）的全原子模拟在目前还不能实现，因为这需要超大的计算量。人们只能使用粗粒化模型来减小计算量，例如用一个高分子链节（即作用位点）来代表同一条链上许多相连单体的质心。我们在第 2 章中会详细地阐述高分子的各种粗粒化模型。

1.2 为什么要使用 Monte Carlo 模拟？

Monte Carlo 和分子动力学模拟是高分子物理研究中广泛使用的两种分子模拟方法。传统上，有两种科学研究方法：实验和理论。自从 20 世纪 40 年代电子数字计算机发明以来，分子模拟迅速成为了第三种研究方法，它既独立于而又互补于其他两种方法。图 1.4 阐明了这些方法之间的相互关系 [1]。实验用于研究真实的体系，这些体系是不能被完全地表征和调控的（例如多分散性、样品不纯、实验条件的变化等）。而理论与分子模拟都只能用于研究完全确定、但是简化了的模型体系。为使问题可以被解析地或数值地求解，理论研究还需要做一些额外的近似。而与理论不同，分子模拟不需要做这些近似就可以对模型体系给出“精确”

(即在可以控制的误差之内)的数值解。实验和分子模拟结果之间的直接比较可以揭示出从真实体系提炼模型体系时所做的简化的影响，进而可以用来改进模型体系。而基于相同模型体系的理论和分子模拟结果的直接比较可以明确地量化理论近似的影响，进而可以用来改进理论 [1]。

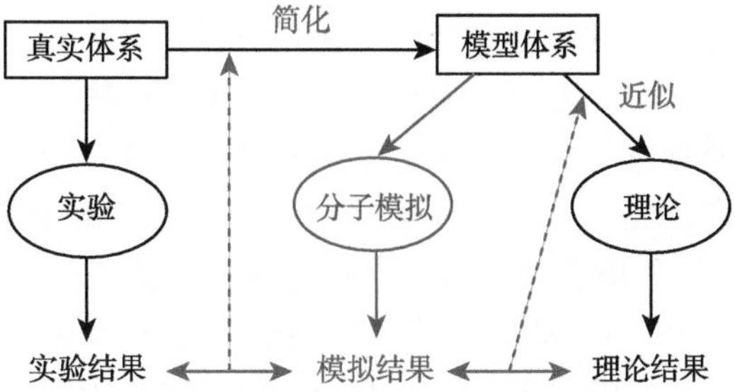

图 1.4 实验、理论和分子模拟这三种研究方法之间的相互关系

与理论计算相比，分子模拟的计算量通常要大得多。当选择是用理论还是用分子模拟来研究一个问题时，应该考虑到这一点。作者的观点是：出于性价比的考虑，分子模拟应该被更多地用于定量（而不只是定性）的研究。与实验测量一样，分子模拟的结果不可避免地包含统计误差，而不带误差估计的结果是没有任何意义的。此外，虽然分子模拟的基本原理比较易于理解和运用，但我们必须要尽量地减少或消除模拟中可能出现的假象，包括体系的平衡和/或抽样不足、Monte Carlo 尝试运动的选择不当、有限尺寸效应等等。

从根本上讲，分子动力学是通过对牛顿运动方程的积分来模拟一个（经典）模型体系随时间的演化，因此需要对体系的动量和构型空间都进行抽样，而 Monte Carlo 模拟是根据一个已知的概率分布生成体系的构型样本（例如所有高分子链节的空间位置），因此只需要对体系的构型空间进行抽样。由于对体系动量空间的积分能够解析地完成，Monte Carlo 模拟可以使用“非物理的”尝试运动来显著地提高对构型空间抽样的效率，因此比分子动力学更适合于研究高分子体系的平衡态性质。

1.3 本书涉及的内容以及使用的一些惯例

本书的主题是高分子粗粒化模型的 Monte Carlo 模拟，侧重于常用的、研究高分子体系平衡态行为的 Monte Carlo 方法。它主要针对的是这个领域中的研究生、博士后以及其他科研人员，要求读者有基本的统计力学知识，但不一定要有高分子物理方面的专门知识；虽然后者对阅读本书肯定很有帮助，但它不是本书的重点。我们将在 1.4 节介绍本书所涉及的高分子物理中的几个基本概念；关于高分子物理的详细内容读者可以参见有关的教科书 [2,3]。

本书共分八章。我们首先在第 2 章介绍一些对高分子体系进行分子模拟时常用的粗粒化模型，包括非格点（即连续空间）和格点模型。其中一些非格点模型也常在分子动力学模拟中使用，而格点模型是 Monte Carlo 模拟专用的。在第 3 章我们介绍 Monte Carlo 模拟中常用的各种统计系综（包括它们的配分函数、系综平均和涨落）以及 Monte Carlo 模拟的基本原理。在第 4 章我们讲述一些对高分子体系的粗粒化模型进行 Monte Carlo 模拟的基本操作方法。对于刚进入这个领域的研究人员，在读完第 1 ∼ 4 章后就可以着手进行编程和模拟操作了。

第 5 章和第 6 章更适合于在这个领域中的研究人员进一步提高他们的模拟水平。在第 5 章我们讲述一些传统的、专用于高分子体系粗粒化模型的 Monte Carlo 模拟方法，其中所讲的 Rosenbluth 权重和构型偏倚的概念虽然有些难度，但却是对于使用诸如硬球势、Lennard-Jones 势以及自避和互避行走等硬排除体积作用的传统高分子模型（详见 2.2 节和 2.3 节），特别是长链的熔体和浓溶液体系，进行有效的 Monte Carlo 模拟的关键。在第 6 章我们讲述一些自由能计算和高等 Monte Carlo 模拟方法。传统的 Monte Carlo 模拟方法侧重于估算系综平均，而从本世纪开始在自由能计算方面的进展产生了一类被称为“直方图平直化”的高等 Monte Carlo 模拟方法，它们侧重于对配分函数（或者构型积分）的直接估算。第 6 章中的所有方法不仅适用于高分子体系，也适用于其他体系。

在第 7 章我们介绍由作者之一提出的快速 Monte Carlo 模拟，其基本思想是使用允许粒子重叠的软势。这种软势与硬排除体积作用不同，并且是在高分子的高度粗粒化模型中自然而然地产生的。快速 Monte Carlo 模拟对构型空间的抽样比使用硬排除体积作用的 Monte Carlo 模拟要快/好至少几个数量级，并且使得模拟结果可以与实验中所用的高分子体系达到定量吻合。在第 8 章我们讲述两个独立的专题，包括计算格点高分子体系的压强以及一级和二级相变的有限尺寸标度理论。

从 Metropolis 等于 1953 年提出其著名的接受准则 [4] 算起，Monte Carlo 模拟至今已有七十多年的历史。关于它已经有一些写得很好而且很受欢迎的书籍。例如，Allen 和 Tildesley 写于 1987 年的著作 [1] 是一本关于分子模拟（包括分子动力学和 Monte Carlo 模拟）基础的标准教科书，在 2017 年出版了第二版 [5]（虽然这本书不是专对高分子体系的，也没有被译成中文）；由杨玉良和张红东于 1993 年所著的《高分子科学中的 Monte Carlo 方法》[6] 向本领域的研究人员介绍了基本的 Monte Carlo 模拟方法；由 Frenkel 和 Smit 于 1996 年所著的《分子模拟——从算法到应用》[7] 是一本关于包括高分子体系在内的基本和高等模拟方法的教科书，已经被汪文川等译成了中文 [8]（原书的第二版和第三版 [9] 也分别于 2002 年和 2023

年出版）。本书的目的并非是要取代这些书籍，相反，我们推荐读者去参考上述书籍中的相关章节。本书的第 6 ~ 8 章包含一些比较新（自 2000 年以后）的内容。我们希望通过本书向读者介绍一些高分子粗粒化模型的 Monte Carlo 模拟的基础和最近研究进展，并借此来促使本领域中更多的研究人员采用这些方法。

最后，为了方便读者阅读，我们在这里说明本书中使用的一些惯例：① 在本书的开头我们提供了一个常用符号的列表，读者可以在阅读时参照使用；值得注意的是：为了符合文献中常用的惯例，一些符号的含义在不同的章节里是不一样的，需要读者根据上下文来判断。② 除非有明确的说明，否则本书中所讲的均是在三维空间中。③ 由于计算机只能处理数字而不能处理物理量的单位，在分子模拟中通常都使用无量纲的变量。我们特别对此在 3.4 节中做了详细的说明，并在第 4 ~ 8 章中尽量使用无量纲的变量。因此读者在阅读第 4 ~ 8 章之前需要先阅读 3.4 节。④ 为了使读者能够明白一些公式是如何得到的，我们在本书中给出了它们的推导过程。由于科学出版社的大力协助，本书得以彩色印刷，因此我们在推导过程中把相关（通常是相等）的项在一个等号两边用相同的颜色（红、蓝和绿）或者（单和双）下划线标出来，尽量使读者不需要做额外的演算就能够看明白这些公式的推导。以上面 1.2 节最后提到的对体系动量空间的解析积分为例：对于包含 n 个（球形）粒子且每个粒子的质量为 m 的**经典原子体系**，其正则配分函数为

$$
\begin{aligned}
Q(n,V,\beta) &= \frac{1}{n!h^{3n}}\int \mathrm{d}\boldsymbol{R}\mathrm{d}\boldsymbol{P}\exp\left[-\beta U(\boldsymbol{R})-\beta\sum_{i=1}^{n}\frac{\boldsymbol{p}_i^2}{2m}\right] \\
&= \frac{Z}{n!h^{3n}}\underline{\int\left(\prod_{i=1}^{n}\mathrm{d}\boldsymbol{p}_i\right)\exp\left(-\frac{\beta}{2m}\sum_{i=1}^{n}\boldsymbol{p}_i^2\right)} \\
&= \frac{Z}{n!h^{3n}}\underline{\left[\int \mathrm{d}\boldsymbol{p}\exp\left(-\frac{\beta\boldsymbol{p}^2}{2m}\right)\right]^n} \\
&= \frac{Z}{n!h^{3n}}\left\{\int_{-\infty}^{\infty}\mathrm{d}p_x\int_{-\infty}^{\infty}\mathrm{d}p_y\int_{-\infty}^{\infty}\mathrm{d}p_z\exp\left[-\frac{\beta\left(p_x^2+p_y^2+p_z^2\right)}{2m}\right]\right\}^n \\
&= \frac{Z}{n!h^{3n}}\left[\int_{-\infty}^{\infty}\mathrm{d}p_x\exp\left(-\frac{\beta p_x^2}{2m}\right)\right]^{3n} = \frac{Z}{n!h^{3n}}\left(\sqrt{\frac{\pi}{\beta/2m}}\right)^{3n} = \frac{Z}{n!\Lambda^{3n}}
\end{aligned}
\tag{1.1}
$$

其中，h 为 Planck 常数，$\boldsymbol{P}\equiv\{\boldsymbol{P}_i\}$ $(i=1,\cdots,n)$代表所有粒子的动量，$\boldsymbol{p}_i^2/2m$为第 i 个粒子的动能，$U(\boldsymbol{R})$ 为体系的势能函数，$Z\equiv\int\mathrm{d}\boldsymbol{R}\exp[-\beta U(\boldsymbol{R})]$为体系的构型积分；由于不同粒子的动量互不相关，我们就得到了式 (1.1) 的第三行，其中

矢量$\boldsymbol{p}=(p_x,p_y,p_z)^{\mathrm{T}}$ 代表一个粒子的动量；同样地，由于 $\boldsymbol{p}$ 在空间三个方向上的分量互不相关，我们就得到了式 (1.1) 最后一行的第一个等号；使用高斯积分公式 $\int_{-\infty}^{\infty}\mathrm{d}x\exp\left(-cx^2\right)=\sqrt{\pi/c}$（这里的常数 $c>0$），我们得到了式 (1.1) 的倒数第二个等号；而其最后一个等号用到了 de Broglie 热波长的定义 $\Lambda\equiv h/\sqrt{2\pi m/\beta}$。值得注意的是：由于我们使用的颜色种类和下划线的方式很有限，用它们标记的相关项在间隔了一个等式之后有时就"失效"了；例如式 (1.1) 第一行中绿色项的使用实际上是为了该式后续说明的方便，它显然和第三行中的绿色项并不相等。换句话说，本书中颜色和下划线的使用只是为了方便读者的阅读，并不具有严格或者唯一的含义。

1.4 高分子物理中的几个基本概念

由于本书不要求读者具有高分子物理的基础知识，我们用这一节来介绍本书所涉及的高分子物理中的几个基本概念，包括链的端端距和回转半径（1.4.1 小节）、Flory-Huggins 理论及其结果（即它所给出的均聚物稀溶液的第二 virial 系数和二元均聚物共混物液-液相分离的相图，1.4.2 小节）、溶剂质量及其对链的尺寸与 N 之间的标度关系的影响（1.4.3 小节）以及半稀溶液、交叠浓度和统计链段长度（1.4.4 小节）。我们建议对这些概念不熟悉的读者能够依次阅读，而已经具有高分子物理基础知识的读者可以跳过本节。

1.4.1 链的端端距和回转半径

一条高分子链在空间中的尺寸（即延伸范围；这不同于它自身的体积）可以用它的均方端端距（mean square end-to-end distance）或者均方回转半径（mean square radius of gyration）来描述，它们反映了高分子链的构象，而高分子体系的很多物理性质是与其链的构象有关的。记一条高分子链的第 s 个链节的空间位置为 $\boldsymbol{r}_s$ $(s=1,\cdots,N)$，则从（线形）链的一端指向其另一端的矢量 $\boldsymbol{R}_e\equiv\boldsymbol{r}_N-\boldsymbol{r}_1=\sum_{s=1}^{N-1}\boldsymbol{b}_s$，其中 $\boldsymbol{b}_s\equiv\boldsymbol{r}_{s+1}-\boldsymbol{r}_s$ 为链的第 s $(=1,\cdots,N-1)$ 个键矢量，而链的**均方端端距**为 $R_e^2\equiv\left\langle\boldsymbol{R}_e^2\right\rangle=\sum_{s=1}^{N-1}\sum_{t=1}^{N-1}\langle\boldsymbol{b}_s\cdot\boldsymbol{b}_t\rangle$。以后面 2.2 节中所讲的自由连接链（即键长固定为 b 而没有任何其他作用的链）为例，由于不同的键矢量互不相关，即 $\langle\boldsymbol{b}_s\cdot\boldsymbol{b}_t\rangle=b^2\delta_{s,t}$，其中 $\delta_{s,t}$ 为 Kronecker δ 函数（即当 $s=t$ 时 $\delta_{s,t}=1$，否则 $\delta_{s,t}=0$），我们得到 $R_e^2=(N-1)b^2$；当 $N\gg1$ 时，链的端端距可以近似为 $R_e\approx\sqrt{N}b$，这比链的周线长度（contour length）Nb 要小很多。自由连接链是

理想链（即只有键合作用而没有非键作用的链）的一种，它代表了链的构象为在空间中固定键（步）长的随机行走；当理想链的键长可变或者有键角（甚至扭转角）的作用时，可以证明 $R_e \propto \sqrt{N}$ 的标度（即幂律）关系在 N 很大时（严格地说，是在 $N \to \infty$ 的极限下）依然成立 [3]。

链的**均方回转半径**为 $R_g^2 \equiv \dfrac{1}{N}\sum\limits_{s=1}^{N}\left\langle(\boldsymbol{r}_s - \boldsymbol{r}_{cm})^2\right\rangle$，其中$\boldsymbol{r}_{cm} \equiv \dfrac{1}{N}\sum\limits_{s=1}^{N}\boldsymbol{r}_s$为链质心的空间位置（这里我们认为所有链节的质量都一样）。由此我们得到

$$
\begin{aligned}
R_g^2 &= \frac{1}{N}\sum_{s=1}^{N}\left\langle \boldsymbol{r}_s^2 - 2\boldsymbol{r}_s\cdot\frac{1}{N}\sum_{t=1}^{N}\boldsymbol{r}_t + \left(\frac{1}{N}\sum_{t=1}^{N}\boldsymbol{r}_t\right)^2\right\rangle \\
&= \frac{1}{N}\sum_{s=1}^{N}\langle\boldsymbol{r}_s^2\rangle - \frac{2}{N^2}\sum_{s=1}^{N}\sum_{t=1}^{N}\langle\boldsymbol{r}_s\cdot\boldsymbol{r}_t\rangle + \frac{1}{N^2}\left\langle\left(\sum_{t=1}^{N}\boldsymbol{r}_t\right)^2\right\rangle \\
&= \frac{1}{N}\sum_{s=1}^{N}\langle\boldsymbol{r}_s^2\rangle \underline{- \frac{2}{N^2}\sum_{s=1}^{N}\sum_{t=1}^{N}\langle\boldsymbol{r}_s\cdot\boldsymbol{r}_t\rangle + \frac{1}{N^2}\sum_{s=1}^{N}\sum_{t=1}^{N}\langle\boldsymbol{r}_s\cdot\boldsymbol{r}_t\rangle} \\
&= \frac{1}{2N^2}\sum_{s=1}^{N}\sum_{t=1}^{N}\langle\boldsymbol{r}_s^2\rangle + \frac{1}{2N^2}\sum_{s=1}^{N}\sum_{t=1}^{N}\langle\boldsymbol{r}_t^2\rangle \underline{- \frac{1}{N^2}\sum_{s=1}^{N}\sum_{t=1}^{N}\langle\boldsymbol{r}_s\cdot\boldsymbol{r}_t\rangle} \\
&= \frac{1}{2N^2}\sum_{s=1}^{N}\sum_{t=1}^{N}\left\langle(\boldsymbol{r}_s - \boldsymbol{r}_t)^2\right\rangle = \frac{1}{N^2}\sum_{s=1}^{N-1}\sum_{t=s+1}^{N}\left\langle(\boldsymbol{r}_s - \boldsymbol{r}_t)^2\right\rangle
\end{aligned}
$$

虽然 R_e 和 R_g 都可以用于线形链，对于非线形链（例如图 1.1(b) ~ 1.1(d) 所示）通常只使用 R_g。

对于上面提到的线形自由连接链，由于 $\left\langle(\boldsymbol{r}_s - \boldsymbol{r}_t)^2\right\rangle = \left\langle\left[\boldsymbol{r}_s - \left(\boldsymbol{r}_s + \sum\limits_{s'=s}^{t-1}\boldsymbol{b}'_s\right)\right]^2\right\rangle = (t-s)b^2$，我们得到

$$
\begin{aligned}
R_g^2 &= \frac{b^2}{N^2}\sum_{s=1}^{N-1}\sum_{t=s+1}^{N}(t-s) = \frac{b^2}{N^2}\sum_{s=1}^{N-1}\left[\sum_{t=s+1}^{N}t - s(N-s)\right] \\
&= \frac{b^2}{N^2}\sum_{s=1}^{N-1}\left[\frac{(N-s)(N+s+1)}{2} - s(N-s)\right] \\
&= \frac{b^2}{2N^2}\sum_{s=1}^{N-1}(N-s)(N-s+1) = \frac{N^2-1}{6N}b^2
\end{aligned}
$$

当 $N \gg 1$ 时，链的回转半径可以近似为 $R_g \approx \sqrt{N/6}b \approx R_e/\sqrt{6}$，即 R_e 和 R_g 与 N 的标度关系是一样的。

1.4.2 Flory-Huggins 理论

Flory-Huggins 理论最初由 Huggins[10,11] 和 Flory[12,13] 于 1941 年独立地对不可压缩的、在小分子溶剂中的、柔性（即没有键角和扭转角限制的）均聚物的溶液而提出，是现代高分子物理的奠基石之一；例如目前在非均相的高分子体系中广泛应用的自洽场理论（self-consistent field theory）[14] 对于均相体系就退化成了 Flory-Huggins 理论。为了方便起见，这里我们以在格点模型上不可压缩的二元柔性均聚物的共混物体系 A/B 为例来介绍它。格点模型将连续空间离散化，使得每个链节的空间位置都只能在格点上；当所有链都保持其连接性时，体系的键长作用能为 0；而在计算体系的非键作用能时，我们只考虑每个链节与其所在格点的 z_L 个近邻格点位上的链节之间的作用；值得注意的是：使用格点模型并不是推导 Flory-Huggins 理论所必需的。设体系中有 n_{P} 条线形的 P (=A,B) 链，每条 P 链上有 N_{P} 个链节，每个链节占据一个格点，而每个格点也只能被一个链节所占据，即体系中的总格点数（也就是其无量纲的体积）为 $\tilde{V} = n_{\mathrm{A}}N_{\mathrm{A}} + n_{\mathrm{B}}N_{\mathrm{B}}$；当 $N_{\mathrm{A}} > N_{\mathrm{B}} = 1$ 时，A/B 体系即为在小分子溶剂 B 中的均聚物 A 的溶液。

我们先考虑体系的非键作用能 U^{nb}：令 $n_{\mathrm{PP'}}$ 为在给定构型（即所有链节的空间位置）下的 P 和 P′ 链节近邻对的数目，则有 $z_L n_{\mathrm{A}} N_{\mathrm{A}} = n_{\mathrm{AB}} + 2n_{\mathrm{AA}}$（也就是说，每个 A 链节的近邻非 A 即 B）和 $z_L n_{\mathrm{B}} N_{\mathrm{B}} = n_{\mathrm{AB}} + 2n_{\mathrm{BB}}$。利用这两个结果，再令 $\varepsilon_{\mathrm{PP'}}$ 为一个 P 和 P′ 链节近邻对无量纲的非键作用能（即以 $1/\beta \equiv k_{\mathrm{B}}T$ 为能量单位，其中 k_{B} 为 Boltzmann 常数，而 T 为体系的热力学温度），我们有

$$
\begin{aligned}
\beta U^{\mathrm{nb}} &= \varepsilon_{\mathrm{AA}} n_{\mathrm{AA}} + \varepsilon_{\mathrm{BB}} n_{\mathrm{BB}} + \varepsilon_{\mathrm{AB}} n_{\mathrm{AB}} \\
&= \varepsilon_{\mathrm{AA}} z_L n_{\mathrm{A}} N_{\mathrm{A}}/2 + \varepsilon_{\mathrm{BB}} z_L n_{\mathrm{B}} N_{\mathrm{B}}/2 + [\varepsilon_{\mathrm{AB}} - (\varepsilon_{\mathrm{AA}} + \varepsilon_{\mathrm{BB}})/2] n_{\mathrm{AB}} \\
&= \beta U_{\mathrm{AA}} + \beta U_{\mathrm{BB}} + \varepsilon n_{\mathrm{AB}}
\end{aligned}
$$

其中，$\beta U_{\mathrm{PP}} \equiv \varepsilon_{\mathrm{PP}} z_L n_{\mathrm{P}} N_{\mathrm{P}}/2$为常数，而$\varepsilon \equiv \varepsilon_{\mathrm{AB}} - (\varepsilon_{\mathrm{AA}} + \varepsilon_{\mathrm{BB}})/2$一般是 >0 的（即不同化学成分的物质之间大多是互相排斥的）。作为一个平均场理论，在 Flory-Huggins 理论中我们假设 A 和 B 链节是均匀混合的，即 $n_{\mathrm{AB}} = n_{\mathrm{A}} N_{\mathrm{A}} z_L (1-\phi)$，其中$\phi \equiv n_{\mathrm{A}} N_{\mathrm{A}}/\tilde{V}$为体系中 A 的体积分数；因此，A 和 B 混合前后体系无量纲的内能变化为 $\beta \Delta U_m = \beta U^{\mathrm{nb}} - (\beta U_{\mathrm{AA}} + \beta U_{\mathrm{BB}}) = \varepsilon n_{\mathrm{A}} N_{\mathrm{A}} z_L (1-\phi) = \tilde{V} \chi \phi (1-\phi)$，其中$\chi \equiv z_L \varepsilon$为无量纲的、表征 A 和 B 链节之间排斥作用的 Flory-Huggins 参数。

我们再来考虑体系的熵，即其在微正则系综下的构型数。设想我们先将所有 A 链依次放入到体系中：对于第 k 条链的第一个链节，我们有 $\tilde{V} - (k-1)N_{\mathrm{A}}$ 个

尚未被占据的格点可供选择。而由于链的连接性，它的第二个链节必须放在其第一个链节的某个尚未被占据的近邻位上；显然，我们无法得到这个多体问题的严格解，于是在 Flory-Huggins 理论中我们假设体系中已经被占据的格点是均匀分布的，即我们有 $z_L\left[\tilde{V}-(k-1)N_{\mathrm{A}}-1\right]/\tilde{V}$ 个近邻位可供选择。依此类推，我们得到放入第 k 条 A 链的不同方式的数目为

$$\begin{aligned}\Omega_k^{\mathrm{A}} &= \left[\tilde{V}-(k-1)N_{\mathrm{A}}\right]\prod_{s=1}^{N_{\mathrm{A}}-1}\frac{z_L\left[\tilde{V}-(k-1)N_{\mathrm{A}}-s\right]}{\tilde{V}} \\ &= \left(\frac{z_L}{\tilde{V}}\right)^{N_{\mathrm{A}}-1}\frac{\left[\tilde{V}-(k-1)N_{\mathrm{A}}\right]!}{\left(\tilde{V}-kN_{\mathrm{A}}\right)!}\end{aligned}$$

而放入所有 A 链的不同方式的数目则为

$$\Omega^{\mathrm{A}} = \frac{1}{n_{\mathrm{A}}!}\prod_{k=1}^{n_{\mathrm{A}}}\Omega_k^{\mathrm{A}} = \frac{1}{n_{\mathrm{A}}!}\left(\frac{z_L}{\tilde{V}}\right)^{n_{\mathrm{A}}(N_{\mathrm{A}}-1)}\frac{\tilde{V}!}{\left(\tilde{V}-n_{\mathrm{A}}N_{\mathrm{A}}\right)!}$$

其中分母中的 $n_{\mathrm{A}}!$ 源于这些 A 链的不可区分性。相应地，我们再依次放入所有 B 链的不同方式的数目为 $\Omega^{\mathrm{B}} = \dfrac{1}{n_{\mathrm{B}}!}\left(\dfrac{z_L}{\tilde{V}}\right)^{n_{\mathrm{B}}(N_{\mathrm{B}}-1)}\dfrac{\left(\tilde{V}-n_{\mathrm{A}}N_{\mathrm{A}}\right)!}{0!}$。因此体系的熵为

$$\begin{aligned}S &= k_{\mathrm{B}}\ln\left(\Omega^{\mathrm{A}}\Omega^{\mathrm{B}}\right) \\ &\approx -k_{\mathrm{B}}\left[n_{\mathrm{A}}\ln\left(n_{\mathrm{A}}/\tilde{V}\right)+n_{\mathrm{B}}\ln\left(n_{\mathrm{B}}/\tilde{V}\right)+\left(n_{\mathrm{A}}+n_{\mathrm{B}}-\tilde{V}\right)(\ln z_L-1)\right]\end{aligned}$$

其中我们使用了 Stirling 公式（即当 m 很大时，$\ln(m!)\approx m\ln m-m$）；而 A 和 B 混合前后体系无量纲的熵变为

$$\begin{aligned}\Delta S_m/k_{\mathrm{B}} &= S/k_{\mathrm{B}}-\left[S(n_{\mathrm{B}}=0)/k_{\mathrm{B}}+S(n_{\mathrm{A}}=0)/k_{\mathrm{B}}\right] \\ &= S/k_{\mathrm{B}}-\left[n_{\mathrm{A}}\ln N_{\mathrm{A}}-\left(n_{\mathrm{A}}-n_{\mathrm{A}}N_{\mathrm{A}}\right)(\ln z_L-1)\right. \\ &\qquad \left.+n_{\mathrm{B}}\ln N_{\mathrm{B}}-\left(n_{\mathrm{B}}-n_{\mathrm{B}}N_{\mathrm{B}}\right)(\ln z_L-1)\right] \\ &= -\left[n_{\mathrm{A}}\ln\left(n_{\mathrm{A}}N_{\mathrm{A}}/\tilde{V}\right)+n_{\mathrm{B}}\ln\left(n_{\mathrm{B}}N_{\mathrm{B}}/\tilde{V}\right)\right]\end{aligned}$$

其中，我们使用了 $\tilde{V}=n_{\mathrm{A}}N_{\mathrm{A}}+n_{\mathrm{B}}N_{\mathrm{B}}$。值得注意的是：① $\Delta S_m/k_{\mathrm{B}}$ 与 z_L 无关；这表明 Flory-Huggins 理论也可以用于连续空间（即非格点模型），只要将 χ 作

为其输入参数即可。② 上面计算 S 时所做的假设允许了链节之间的重叠，也使得 S 与高分子体系真正的构型数无关；实际上，上面的 $\Delta S_m/k_\mathrm{B}$ 可以由两种（小分子）理想气体在等温等容下的混合熵变得到 [3]。

结合上面两部分的结果，我们得到 Flory-Huggins 理论所给出的 A 和 B 混合前后体系**平均每个格点**的无量纲的 Helmholtz 自由能密度变化为

$$\beta\Delta f_m^s \equiv \frac{\beta\Delta U_m - \Delta S_m/k_\mathrm{B}}{\tilde{V}} = \frac{\phi}{N_\mathrm{A}}\ln\phi + \frac{1-\phi}{N_\mathrm{B}}\ln(1-\phi) + \chi\phi(1-\phi) \tag{1.2}$$

由于体系是不可压缩的，这也是体系无量纲的 Gibbs 自由能密度变化。式 (1.2) 结果中的前两项分别对应于 A 和 B 的平动熵的变化，由于通常 $N_\mathrm{P} \gg 1$，这一部分可以近似忽略；而最后一项对应于内能的变化。上面提到的 Flory-Huggins 理论中的两个假设分别高估了这两个部分，但是由于它们的误差相互抵消了一部分，Flory-Huggins 理论对体系的描述比它之前的理论更好；例如它指出：$\chi > 0$ 且 $N_\mathrm{P} \gg 1$ 将导致 $\beta\Delta f_m^s > 0$，即不同种类的高分子一般很难形成均相混合物。而另一方面，式 (1.2) 中并不包含链构象熵的变化；Flory-Huggins 理论认为链的构象是理想链。

通过经典热力学的公式，我们可以由式 (1.2) 得到体系的所有热力学性质。例如链长为 N 的均聚物溶液（即 $n_\mathrm{A} = n$、$N_\mathrm{A} = N$ 且 N_B=1）无量纲的渗透压为

$$\begin{aligned}\Pi &\equiv -\left[\partial\left(\beta\Delta f_m^s\tilde{V}\right)/\partial\tilde{V}\right]_n = -\tilde{V}\left[\partial\left(\beta\Delta f_m^s\right)/\partial\tilde{V}\right]_n - \beta\Delta f_m^s \\ &= \phi\left[\partial\left(\beta\Delta f_m^s\right)/\partial\phi\right] - \beta\Delta f_m^s = \phi/N - \phi - \chi\phi^2 - \ln(1-\phi)\end{aligned}$$

其中，我们用到了$\tilde{V} = nN/\phi$。对于 $\phi \ll 1$ 的稀溶液，我们将上式中的 $\ln(1-\phi)$ 做 Taylor 展开，可以得到 $\Pi \approx \phi/N + (1/2-\chi)\,\phi^2 + \phi^3/3$（这类似于非理想气体的 virial 方程），其中的第一项源于链的平动熵（类似于理想气体的压强），第二项描述了两个链节之间的有效相互作用（Flory-Huggins 理论中的假设使得它并不区分链内和链间的相互作用）；由此我们就得到了均聚物稀溶液无量纲的第二 virial 系数 $v = 1 - 2\chi$，这将在 1.4.3 小节中用到。

当 χ 大于其在临界点的值 χ_c 时，体系 A/B 有可能发生液-液相分离而形成两个分别富含 A 和 B 的共存相（用下角标 “I” 和 “II” 表示）。由经典热力学得知：联立 $\left(\partial^2\beta\Delta f_m^s/\partial\phi^2\right)\Big|_c = \left(\partial^2\beta\Delta f_m/\partial x^2\right)N_\mathrm{A}N_\mathrm{B}/\left[N_\mathrm{B}\phi + N_\mathrm{A}(1-\phi)\right]^3\Big|_c = 0$ 和 $\left(\partial^3\beta\Delta f_m^s/\partial\phi^3\right)\Big|_c = \left(\partial^3\beta\Delta f_m/\partial x^3\right)N_\mathrm{A}^2N_\mathrm{B}^2/\left[N_\mathrm{B}\phi + N_\mathrm{A}(1-\phi)\right]^5\Big|_c = 0$，我们可以求得体系的临界点（用下角标 “$c$” 表示）$\chi_c = (1/N_\mathrm{A} + 1/N_\mathrm{B})/2 + 1/\sqrt{N_\mathrm{A}N_\mathrm{B}}$和

$\phi_c = 1/\left(1+\sqrt{N_\mathrm{A}/N_\mathrm{B}}\right)$，其中 $\Delta f_m \equiv f - xf_\mathrm{A} - (1-x)f_\mathrm{B} = \Delta f_m^s \tilde{V}/(n_\mathrm{A}+n_\mathrm{B})$ 为 A 和 B 混合前后体系**平均每条链**的 Helmholtz 自由能变化，f 为（混合后）体系平均每条链的 Helmholtz 自由能，f_P 为纯 P 体系平均每条链的 Helmholtz 自由能，而 $x \equiv n_\mathrm{A}/(n_\mathrm{A}+n_\mathrm{B})$ 为 A 链的摩尔分数。另一方面，由**相平衡的条件** $\mu_\mathrm{A,I} = \mu_\mathrm{A,II}$ 和 $\mu_\mathrm{B,I} = \mu_\mathrm{B,II}$，其中 $\mu_\mathrm{P}(\chi,\phi) \equiv \left[\partial\left((n_\mathrm{A}+n_\mathrm{B})f\right)/\partial n_\mathrm{P}\right]_{n_{\mathrm{P}'\neq\mathrm{P}}}$ 为 P 链的化学势，我们可以求得在给定 $\chi > \chi_c$ 下共存相中 A 的体积分数 $\phi_\mathrm{I}(\chi)$ 和 $\phi_\mathrm{II}(\chi)$（即双节线）；可以证明：这等价于

$$\begin{cases} \left[\partial\left(\beta\Delta f_m^s\right)/\partial\phi\right]\Big|_\mathrm{I} = \left[\partial\left(\beta\Delta f_m^s\right)/\partial\phi\right]\Big|_\mathrm{II} \\ \beta\Delta f_{m,\mathrm{I}}^s - \phi_\mathrm{I}\left[\partial\left(\beta\Delta f_m^s\right)/\partial\phi\right]\Big|_\mathrm{I} = \beta\Delta f_{m,\mathrm{II}}^s - \phi_\mathrm{II}\left[\partial\left(\beta\Delta f_m^s\right)/\partial\phi\right]\Big|_\mathrm{II} \end{cases}$$

$$\Rightarrow \begin{cases} \ln\phi_\mathrm{I} - r\ln(1-\phi_\mathrm{I}) - 2r\chi N_\mathrm{B}\phi_\mathrm{I} = \ln\phi_\mathrm{II} - r\ln(1-\phi_\mathrm{II}) - 2r\chi N_\mathrm{B}\phi_\mathrm{II} \\ (1-1/r)\,\phi_\mathrm{I} + \ln(1-\phi_\mathrm{I}) + \chi N_\mathrm{B}\phi_\mathrm{I}^2 = (1-1/r)\,\phi_\mathrm{II} + \ln(1-\phi_\mathrm{II}) + \chi N_\mathrm{B}\phi_\mathrm{II}^2 \end{cases}$$

其中，$r \equiv N_\mathrm{A}/N_\mathrm{B}$。

对于对称（即 $N_A = N_B = N$）的 A/B，Flory-Huggins 理论给出 $\chi_c N = 2$、$\phi_c = 1/2$ 和 $\phi_\mathrm{I} = 1 - \phi_\mathrm{II} = 1/2 - \varphi$，其中 φ 由此时的相平衡条件 $2\chi N\varphi = \ln\left[(1/2+\varphi)/(1/2-\varphi)\right]$ 解出。而对于链长为 N 的均聚物溶液（即 $N_\mathrm{A} = N$ 且 $N_\mathrm{B} = 1$），Flory-Huggins 理论给出$\chi_c = 1/2 + 1/\sqrt{N} + 1/2N$和$\phi_c = 1/\left(1+\sqrt{N}\right)$；特别地，当 $N \to \infty$ 时，我们得到$\chi_c = 1/2$和$\phi_c = 0$。在后一种情况下，若我们不失一般性地设I 为纯溶剂（即 $\phi_\mathrm{I} = 0$），则此时的相平衡条件为

$$\mu_\mathrm{B,I} = f_\mathrm{B} = \mu_\mathrm{B,II} = \Delta f_{m,\mathrm{II}} - x_\mathrm{II}(\partial\Delta f_m/\partial x)\Big|_\mathrm{II} + f_\mathrm{B} \Rightarrow \phi_\mathrm{II} + \ln(1-\phi_\mathrm{II}) + \chi\phi_\mathrm{II}^2 = 0$$

图 1.5 给出了由 Flory-Huggins 理论得到的对称 A/B 和均聚物溶液的相图。

值得注意的是：① 由于 Flory-Huggins 理论是一个忽略了体系的涨落和（由链节之间非零的非键相互作用引起的）关联效应的平均场理论，它并不适用于在临界点附近的体系。② 虽然在 Flory-Huggins 理论中我们用链节之间的非键作用能定义了参数 χ，由于该理论的假设并不严格成立，真实体系的 χ 值就有着不同的含义。后者一般是通过拟合某个物理量（例如相变点）的实验测量值和理论预测值而得到的，因此常常与体系的链长、浓度等（在理论上与 χ 无关的）因素相关，而使用体系中不同的物理量来拟合也会得到不同的 χ 值。如上面的图 1.4 所示，在比较实验和理论结果时，真实体系和模型体系之间的差别与理论中的假设所产生的后果混在了一起，难以得到明确、定量的结论。与此相反，分子模拟可

以和理论使用同一个模型体系，因此能够明确、定量地揭示理论近似所产生的后果；我们将在第 7 章中对此做更多的阐述。

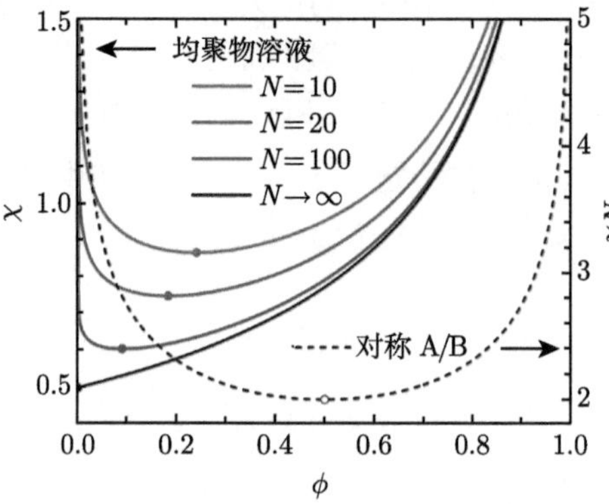

图 1.5 由 Flory-Huggins 理论得到的对称二元均聚物的共混物 A/B 和均聚物溶液的相图，其中的圆点（圈）表示临界点，而曲线为液-液相分离的双节线。左右两边的纵轴分别对应于均聚物溶液和对称 A/B 体系

1.4.3 溶剂质量及其对链的尺寸与链长之间的标度关系的影响

在高分子物理中，溶剂质量（quality）不是溶剂的量的量度（mass），而是指在高分子溶液中（由溶剂导致的）两个链节之间的有效（非键）相互作用。对于均聚物的稀溶液（这使得我们无需考虑链间的作用），溶剂质量可以用 1.4.2 小节中讲到的无量纲的第二 virial 系数 v 来衡量：当 $v>0$ (<0) 时，两个链节之间的有效相互作用为排斥（吸引），这使得链的构象比理想链更为伸展（收缩），此类溶剂称为**良（不良）溶剂**；而当 $v=0$ 时，两个链节之间没有有效相互作用，此时链的构象近似为理想链。值得注意的是：v 与 N 有关；通常把在 $N\to\infty$ 时 $v=0$ 的溶剂称为 **Θ 溶剂**。

相应地，在 N 很大时，链的端端距 R_e（及其回转半径 R_g）与 N 之间的标度关系 $R_e \propto N^\nu$ 取决于溶剂质量：在良溶剂中一般可以取 $\nu=3/5$[15]，这与更精确的重正化群理论计算 [16] 和 Monte Carlo 模拟 [17] 的结果 $\nu\approx 0.588$ 很接近。在不良溶剂中 $\nu=1/3$；因此，随着溶剂质量的变化，链的构象可以发生在良溶剂中伸展的线团（coil）和不良溶剂中塌缩的球滴（globule）之间的转变，称为**线团-球滴转变**。在 Θ 溶剂中 $\nu=1/2$。

最后，在 1.4.2 小节中所讲的 Flory-Huggins 理论给出 $v=1-2\chi$，因此这里的良溶剂、不良溶剂和 Θ 溶剂分别对应于 $\chi<1/2$、$\chi>1/2$ 和 $\chi_\Theta=1/2$。值得一提的是：① $\chi=0$ 的溶剂称为**无热**（athermal）**溶剂**。② 由于 $\chi_c-\chi_\Theta=1/\sqrt{N}+1/2N$，临界点随着 N 的增加单调趋于 Θ 点（如图 1.5 所示）；对 Θ 点及其与临界点之

间的关系感兴趣的读者可以参见文献 [18]。

1.4.4 高分子浓度对链的尺寸的影响

在稀溶液中，由于不同的链之间几乎没有接触（即排除体积作用），体系的性质可以近似为单链问题。随着高分子体积分数 ϕ 的增加，链之间开始有排除体积作用，此时体系进入到**半稀**（semi-dilute）**溶液**；我们可以用高分子链节的**交叠浓度**（overlapping concentration）$c_o \propto N/R_g^3 \propto N^{1-3\nu}$ 来作为稀溶液和半稀溶液之间的分界。在良溶剂中，由 $\nu = 3/5$ 我们得到 $c_o \propto N^{-4/5}$；因此长链的高分子溶液一般都属于半稀溶液。随着ϕ 的进一步增加，体系逐渐进入到浓溶液直至熔体状态（即 $\phi \approx 1$），此时链内的排除体积作用被链间的排除体积作用近似地屏蔽了，因此在熔体中的链构象接近于理想链，即 $R_g^2 \propto N$。在实验中测得 R_g 后，我们可以定义用来表征链柔性的**统计链段长度** $a \equiv \sqrt{6/N}R_g$，其中 N 为链的聚合度；值得注意的是：由于链内相邻单体之间有键角以及扭转角的作用，a 不能用来计算单体的体积。

参 考 文 献

[1] Allen M P, Tildesley D J. Computer Simulation of Liquids. New York: Oxford University Press, 1987.

[2] 何曼君, 张红东, 陈维孝, 董西侠. 高分子物理. 3 版. 上海: 复旦大学出版社, 2007.

[3] Rubinstein M, Colby R H. 高分子物理. 励杭泉, 译. 北京: 化学工业出版社, 2007.

[4] Metropolis N, Rosenbluth A W, Rosenbluth M N, Teller A H, Teller E. J. Chem. Phys., 1953, 21 (6): 1087-1092.

[5] Allen M P, Tildesley D J. Computer Simulation of Liquids. 2nd ed. Oxford, United Kingdom: Oxford University Press, 2017.

[6] 杨玉良, 张红东. 高分子科学中的 Monte Carlo 方法. 上海: 复旦大学出版社, 1993.

[7] Frenkel D, Smit B. Understanding Molecular Simulation: From Algorithms to Applications. San Diego: Academic Press, 1996.

[8] Frenkel D, Smit B. 分子模拟——从算法到应用. 汪文川, 等译. 北京: 化学工业出版社, 2002.

[9] Frenkel D, Smit B. Understanding Molecular Simulation: From Algorithms to Applications. San Diego: Academic Press. 2nd ed, 2002; 3rd ed, 2023.

[10] Huggins M L. J. Chem. Phys., 1941, 9 (5): 440-440.

[11] Huggins M L. J. Phys. Chem., 1942, 46 (1): 151-158.

[12] Flory P J. J. Chem. Phys., 1941, 9 (8): 660-661.

[13] Flory P J. J. Chem. Phys., 1942, 10 (1): 51-61.

[14] Fredrickson G H. The Equilibrium Theory of Inhomogeneous Polymers. New York: Oxford University Press, 2006.

[15] Flory P J. J. Chem. Phys., 1949: 17 (3): 303-310.
[16] Guida R, Zinn-Justin J. J. Phys. A, 1998, 31 (40): 8103-8121.
[17] Clisby N. Phys. Rev. Lett., 2010, 104 (5): 055702.
[18] Zhang P, Alsaifi N M, Wang Z-G. Macromolecules, 2020, 53 (23): 10409-10420.

第 2 章　高分子的粗粒化模型

在这一章里我们着重介绍本书后面（即第 4 ~ 8 章中）要用到的各种高分子粗粒化模型。我们先在 2.1 节中说明为什么在高分子物理的研究中大多使用能够描述高分子共性的粗粒化模型，再在 2.2 节和 2.3 节中分别介绍一些常用的非格点和格点上的粗粒化模型（这里会用到 1.4 节中所讲的高分子物理中的几个基本概念），最后在 2.4 节中以在体相中的均聚物体系为例来说明如何用粗粒化模型描述真实的高分子体系。

2.1　为什么要用粗粒化模型？

全原子模拟一般被认为可以对小分子体系的行为给出最为准确的描述。而对高分子体系，特别是在高分子物理方面的研究中，粗粒化模型却是用得最多的。这是因为：

其一，由于每条高分子链上有大量（通常为几千到几百万个）的单体，而每个单体又由几个到几百个原子组成，多链体系（如实验中使用的高分子熔体）的全原子模拟需要超大的计算量，在目前还无法实现。如 4.1 节中所述，为了减小周期边界条件对模拟结果的影响，模拟体系中需要包含至少和链长（即每条链上的单体数）的 3/2 次方成正比的单体数。更重要的是，在全原子模拟中高分子链是不能交叉穿越的，由此产生的缠结效应使得高分子熔体的动力学非常慢；链长超过大约 100 个单体的线形聚乙烯的松弛（平衡）时间大致与其链长的三次方成正比 [1]。因此人们只能使用粗粒化模型来减少高分子体系模拟的计算量，例如用一个高分子链节（即作用位点）来代表同一条链上多个相连单体的质心。粗粒化模型不但显著地减少了模拟中的作用位点数目，也使得其平衡和抽样（即产生不相关的构型样本）更加容易。后者是因为与原子之间的硬排除体积作用相比，粗粒化模型中链节之间的排除体积作用要软一些，甚至可以使用允许链节重叠的**软势**；我们可以这样来理解：虽然两个原子不能重叠，两组原子的质心却是可以重叠的。所以粗粒化模型的模拟比全原子模拟要快/容易很多，可以在更大的空间和时间尺度上来研究高分子体系。

其二，即使多链体系的全原子模拟能够实现，它也会产生海量的数据，对这些模拟数据的分析处理有时候可能比模拟本身还要耗时，而且也没有必要。实际上在很多高分子物理问题的研究上并不需要做全原子模拟，例如用一个能够描述高分子共性（即链的连接性、柔软性和链节之间的排除体积作用）的粗粒化模型就可以揭示链的尺寸（即端端距或者回转半径）与链长（即分子量）之间的标度关系了。由于高分子体系在空间和时间上都跨越了很宽的尺度，很多情况下小尺度上的细节（例如化学键的键长）对于大尺度上的行为（例如上述的标度关系）影响甚微。在这种情况下如果采用全原子模拟，不但费时，还会“一叶障目，不见森林”。总而言之，模型体系和研究方法的选取需要根据研究的问题来定，而粗粒化模型在高分子物理问题的研究中是广泛使用的。

另一方面，高分子体系也是最适合于做粗粒化的，这是因为每条链上的大量单体数目允许在很高（粗）的程度上做粗粒化。一条具有全部原子（即化学）细节的高分子链可以在不同的程度上做粗粒化。最低（细）的程度是**联合原子（united atom）模型**，即把每个甲基和亚甲基作为一个作用位点（即联合原子），这些联合原子之间可以有键长、键角、扭转角（统称为**键合**）和非键 [通常是 Lennard-Jones（LJ）形式] 的作用。最高的程度是把整条链作为一个作用位点；当然这里如果不做特殊处理，链的构象熵就没有了。各种中间程度的粗粒化模型通常用得更为广泛。

值得一提的是，实现多链体系全原子模拟的一个有效方法是将高分子体系的粗粒化和细粒化结合起来，在不同粗粒化程度的模型之间进行转换 [2]。其基本思想是先把原始体系（例如全原子模型）做粗粒化，并用粗粒化模型的多链模拟来产生在大尺度上不相关的平衡构型；由于粗粒化的链节通过软势相互作用，这是比较容易实现的。然后通过细粒化把小尺度（例如原子）上的细节重新引入到这些平衡构型中，再对这些细粒化构型所做的分子模拟就只需要在小尺度（即局部）上来平衡它们，因此模拟时间较短并且与链长无关。正是采用了这种方法，Svaneborg 等于 2016 年产生了体系中有 1 000 条链、每条链上有 15 000 个链节的 Kremer-Grest 模型（详见 2.2 节）的平衡构型 [3]。

为了简单起见，下面我们以单组分均聚物体系为例来介绍高分子物理研究中常用的各种粗粒化模型，分为非格点和格点两大类。它们并不是通过对特定高分子（例如聚乙烯）的全原子模型按照某种粗粒化方法得到的，而是包含较少参数但能够描述高分子共性的模型。值得一提的是：即使是按照某种粗粒化方法得到的模型，在粗粒化过程中也会不可避免地导致信息的丢失，因此粗粒化模型不能和原始体系（例如特定高分子的全原子模型）一一对应；而探讨各种粗粒化的方法也不是本书的重点。

2.2 非格点的粗粒化模型

我们在上一节中已经提到了联合原子模型。它和全原子模型一样，都有比较多的参数，并且这些参数值的选取是为了在其适用范围内能够比较准确地描述具有原子细节的特定高分子的动力学和热力学行为，因此它们一般都只在分子动力学模拟中使用。而下面所讲的粗粒化模型与联合原子模型不同，它们不是用来描述特定的高分子，而是用来描述高分子共性的模型，因此一般没有扭转角的作用；当它们用于柔性高分子时，也没有键角的作用。我们将按照键长、键角和非键作用的顺序对这些粗粒化模型予以分类；当可以明确定义一个或一类模型时，我们再给出其名称。

这些粗粒化模型的键长作用可以分为固定和可变键长两类。**自由连接链(freely-jointed chain)模型**的键长 b 是固定的，即其同一条链上相连的两个距离为 r 的链节的键长作用能 $u^{\mathrm{b}}(r)$ 可以写为 $\exp\left[-\beta u^{\mathrm{b}}(r)\right]=b\delta(r-b)/4\pi$，其中 $\beta\equiv 1/k_{\mathrm{B}}T$，$k_{\mathrm{B}}$ 为 Boltzmann 常数，T 为热力学温度，$\delta(r)$ 代表用于一维连续空间中的 Dirac δ 函数，即如果 $r=0$ 则 $\delta(r)\to\infty$，否则 $\delta(r)=0$，而更重要的是 $\int_0^\infty \delta(r-b)\mathrm{d}r=1$，因此在三维空间上的积分 $\int \mathrm{d}\boldsymbol{r}\exp\left[-\beta u^{\mathrm{b}}(|\boldsymbol{r}|)\right]=b^3$。虽然固定的 b 可以代表某个化学键的键长，但这只是在粗粒化模型中描述链连接性的一种方式而已。当一条理想（即只有键长作用）的自由连接链的链长 $N\to\infty$ 时（在粗粒化模型中，N 代表每条链上的链节数），从其一端指向另一端的矢量 $\boldsymbol{R}_e$ 符合高斯分布，即它的分布概率 $p(\boldsymbol{R}_e)\propto\exp\left(-3\boldsymbol{R}_e^2/2Nb^2\right)$[4]。因此从把多个相连的键长为 b 的键粗粒化为一个键的角度考虑，可变键长模型中的 $u^{\mathrm{b}}(r)$ 一般采用简谐弹簧的形式，例如在**离散高斯链（discrete Gaussian chain）模型**中 $\beta u^{\mathrm{b}}(r)=3r^2/2b^2$；这里参数 b 控制了理想离散高斯链的键长的均方根。对于这两种描述链连接性的模型，我们都可以得到其理想链的均方端端距 $R_{e,0}^2=(N-1)b^2$。因此当 $R_{e,0}^2$ 固定而 $N\to\infty$ 时，自由连接链和离散高斯链都成为了**连续高斯链（continuous Gaussian chain）模型**。与前两种模型相比，连续高斯链模型少了一个参数 N。但是由于一条连续高斯链上有无穷多个链节，这个模型只能用于高分子的理论研究，不能用在分子模拟中。而前两种模型在柔性高分子的理论研究和分子模拟中都有着广泛的应用。

为了描述半柔性高分子的行为，粗粒化模型中需要有键角作用，它们也可以分为固定和可变键角两类；而键长 b 在这些半柔性高分子的粗粒化模型中一般是固定的。因此在自由连接链模型的基础上，如果再固定键角 θ（即两个相连的键矢量之间的夹角，一般小于 $\pi/2$），就得到了**自由旋转链（freely-rotating chain）模型**；如果不固定 θ，而是引入键角作用能 $\beta u^{\mathrm{bend}}(\theta)=-k_b\cos\theta$（这里的参数 $k_b>0$），就得到了**离散蠕虫链（discrete worm-like chain）模型**。最后，当链的周线长度 $(N-1)b$ 固定而 $N\to\infty$ 时，离散蠕虫链模型就成为了**连续蠕虫链（continuous worm-like chain）模型**；类似于连续高斯链模型，由于一条连续蠕虫链上有无穷多个链节，这个模型只能用于半柔性高分子的理论研究。而自由旋转链和离散蠕虫链模型都可以在分子模拟中使用；由于键角作用是三体的，在数学上比较难处理，关于半柔性高分子的理论研究比柔性高分子的要少得多。

粗粒化模型的非键作用也可以分为两类：硬排除体积作用（例如硬球势和 LJ 势）和软势。顾名思义，**硬球链（hard-sphere chain）模型**中任意两个链节之间的非键作用能 $u^{\text{nb}}(r)$ 就是硬球势，即如果 $r<\sigma$ 则 $\beta u^{\text{nb}}(r)\to\infty$，否则 $\beta u^{\text{nb}}(r)=0$，这里 σ 为硬球的直径（也就是 $\beta u^{\text{nb}}(r)$ 的截断距离）。由于其 $\beta u^{\text{nb}}(r)$ 不可导，无法计算链节之间的作用力，这类模型通常在高分子的理论研究和 Monte Carlo 模拟中使用；特别是后者，一旦尝试运动导致某一对链节重叠（即 $r<\sigma$），就可以直接拒绝该尝试运动，而不需要再计算其他链节对的距离了，因此模拟速度较快。**相切硬球链（tangent hard-sphere chain）模型**中的键长固定为 σ；如果把 σ 取作体系的长度单位，则该模型只有两个参数（即 N 和链的数密度）。在硬球链模型中也可以把键长固定为其他值，或者采用离散高斯链模型的 $\beta u^{\text{b}}(r)$。另一个采用硬排除体积作用的粗粒化模型是由 Grest 和 Kremer 最早于 1986 年提出的、在分子动力学模拟中广泛应用的 **Kremer-Grest (KG) 模型** [5,6]。它的 $u^{\text{b}}(r)$ 取为有限拉伸的非线性弹性（finitely extensible nonlinear elastic, FENE）势，即如果 $r<1.5\sigma_{\text{LJ}}$ 则 $\beta u^{\text{b}}(r)=-33.75\ln\left[1-(r/1.5\sigma_{\text{LJ}})^2\right]$，否则 $\beta u^{\text{b}}(r)\to\infty$，这里 σ_{LJ} 为 LJ 势中的长度参数；而它的 $u^{\text{nb}}(r)$ 一般取为在最小值处截断并平移至 0（即仅有相互排斥）的 LJ 势，也称为 Weeks-Chandler-Anderson (WCA) 势 [7,8]，即如果 $r<\sigma\equiv 2^{1/6}\sigma_{\text{LJ}}$ 则 $\beta u^{\text{nb}}(r)=4\left[(\sigma_{\text{LJ}}/r)^{12}-(\sigma_{\text{LJ}}/r)^6\right]+1$，否则 $\beta u^{\text{nb}}(r)=0$（这里我们设 LJ 势中的能量参数 $\varepsilon_{\text{LJ}}=1/\beta$）。当用 KG 模型研究高分子熔体时，一般还固定其链节的数密度为 $0.85/\sigma_{\text{LJ}}^3$；如果把 σ（或者 σ_{LJ}）取作体系的长度单位，则此时 KG 模型只有一个参数（即 N）。KG 模型中作用参数的选取是为了避免在等温下的分子动力学模拟中链的交叉穿越，因此它可以用来研究高分子体系的动力学行为，特别是链的缠结效应。这个模型中 $u^{\text{nb}}(r)$ 的截断距离 σ 比一般 LJ 势的（即 $2.5\sigma_{\text{LJ}}$）小，使得其非键作用的计算快了大约十倍。但是 FENE 和 WCA 势在数学上比较难处理，因此 KG 模型很少用于高分子的理论研究。另外，像硬球链和 KG 模型这类仅有排斥的非键作用只适用于高分子在隐式良溶剂或者熔体中；若要研究高分子在隐式 Θ 或者不良溶剂中的行为，可以在硬球链模型中再加入相互吸引的非键作用，或者在 KG 模型中使用一般（$\sigma=2.5\sigma_{\text{LJ}}$）的 LJ 势。还有，KG 模型最初是用于研究柔性高分子的；加上（可变）键角作用后也可以用于研究半柔性高分子。

硬排除体积作用不允许链节的（完全）重叠，因此限制了体系中链节的最高数密度；我们把这类模型统称为**传统模型**。与此相反，另一类粗粒化模型中的非键作用采用允许链节完全重叠的软势。例如在**耗散粒子动力学（dissipative particle dynamics, DPD）模型**中，如果 $r<\sigma$ 则 $\beta u^{\text{nb}}(r)=a\,(1-r/\sigma)^2$，否则 $\beta u^{\text{nb}}(r)=0$，其中

的参数 $a>0$ 用来控制其（排斥）作用的大小（我们把这个排斥势称为 DPD 势）；它的键长作用是离散高斯链模型的 $\beta u^{\mathrm{b}}(r)$。这个模型最初是作为一种高度粗粒化的模型用在 DPD 模拟中的；由于这种模拟方法保证了体系的动量守恒，可以用来研究在大时间尺度下体系的流体动力学行为 [9]。但是 DPD 模型也能在 Monte Carlo 模拟中使用 [10]，我们将在 7.2.4 小节中对此做详细的说明。其他形式的软势还有高斯势 $\beta u^{\mathrm{nb}}(r)=\varepsilon\exp\left(-r^2/2\sigma_{\mathrm{G}}^2\right)$ 和软球势（即如果 $r<\sigma$ 则 $\beta u^{\mathrm{nb}}(r)=\varepsilon$，否则 $\beta u^{\mathrm{nb}}(r)=0$）；这里无量纲的参数 $\varepsilon>0$ 控制着（排斥）作用的大小，而 σ_{G} 为高斯势的长度参数（即峰宽）。高斯势在分子模拟中需要截断，但这会引入误差，因此更适用于理论研究。而软球势的三维 Fourier 变换在一些波数上是负值，会使得在晶体相中多个软球占据同一晶格点以降低体系的能量 [11]；与此相反，DPD 势和高斯势的三维 Fourier 变换在所有波数上都是正的。

我们在 2.1 节中已经提到了软势与高分子粗粒化的结果更符合，同时也使得体系的平衡和抽样比传统模型更加容易。最为重要的是：软势还使得用分子模拟来定量研究实验中高分子体系的涨落效应成为可能。以线形均聚物熔体为例，其涨落效应的大小由高分子的等效聚合度 $\overline{\mathcal{N}}\equiv\left(nR_e^3/V\right)^2$ 来控制；这里 n 是体积 V 中高分子链的数目，而 R_e 为链的端端距的均方根。$\overline{\mathcal{N}}$ 实际上代表了高分子链的数密度；当 $\overline{\mathcal{N}}$ 较大时，在一条链的延伸范围（即 R_e^3）内有较多的链与之发生（排除体积）作用，因此体系的涨落效应就比较小。由于真实体系中的单体之间或者传统模型中的链节之间不能重叠，$V\approx nNv_0$（这里 v_0 代表一个单体或者链节的体积）；因此 $\overline{\mathcal{N}}\propto N$（这里用到了 $R_e^2\propto N$，即在熔体中高分子的构象接近于理想链 [12]），并且两者大致是在同一个数量级上。图 2.1 给出了由文献数据 [13−17]

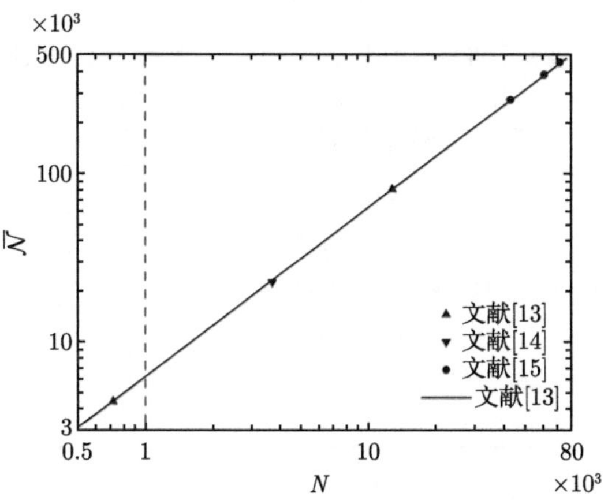

图 2.1 实验中所用的线形聚乙烯熔体的等效聚合度 $\overline{\mathcal{N}}$ 随其链长 N 变化的双对数图，在计算 $\overline{\mathcal{N}}$ 时我们取聚乙烯的统计链段长度为 0.42 nm[16]。竖线标出了目前在使用聚乙烯的联合原子模型的分子动力学模拟中能够产生平衡构型的最大链长（$N=1\,000$）[17]

得到的线形聚乙烯的结果。由于其分子量很大，实验中所用的高分子体系的 $\overline{\mathcal{N}}$ 也很大；这就是为什么忽略了涨落效应的平均场理论（例如广泛应用的自洽场理论 [18]）在很多情况下可以成功地用于高分子体系。但是，由于计算量的限制，采用传统模型的分子模拟中所能使用的 N 值远远小于实验中的 N 值；也就是说，采用传统模型的分子模拟严重地夸大了高分子体系的涨落效应。与此相反，在采用软势的粗粒化模型中，链节的重叠导致 $\overline{\mathcal{N}}$ 与 N 无关；前者可以很容易地通过增加体系中链的数密度来达到实验值，而后者只是链的粗粒化（也就是离散化）的一个模型参数，与实验中所用的高分子的分子量无关。因此在分子模拟中使用软势可以定量地研究实验中所用的高分子体系的涨落效应。我们在 7.1 节中会对此做更详细的阐述。

2.3 格点模型

格点模型将连续空间离散化，使得所有粒子的空间位置都只能在格点上，因此这些模型中的键长和键角也只能取离散值。由于格点的位置是固定的，它们之间的距离可以预先计算出来；格点模型中的非键作用通常发生于同一或近邻格点之间，也可以很快地计算出来；再加上一些编程技巧的运用（详见 4.7.1 小节），这些都使得在格点上的 Monte Carlo 模拟比在连续空间中的要快很多。因此格点模型在高分子体系的 Monte Carlo 模拟中有着广泛的应用。表 2.1 列出了一些常见的二维和三维格点模型，包括它们的名称、配位数（即每个格点的近邻格点数；这里是指其允许的键矢量的数目）、允许的键矢量和键长；其中二维的星形格点模型和四格点键长涨落模型都是基于四方格点模型，而三维的格点模型都属于立方晶系。对于这些格点模型，我们用其晶格常数作为长度单位。

表 2.1　一些常见的二维和三维格点模型。以 $\mathrm{P}(x,y)$ 为例，它代表所有 $\pm x$ 和 $\pm y$ 的排列组合（即 $\mathrm{P}(2,1)=\{(2,1),(2,-1),(-2,1),(-2,-1),(1,2),(1,-2),(-1,2),(-1,-2)\}$）

格点模型	配位数	允许的键矢量	键长
四方格点模型	4	$\mathrm{P}(1,0)$	1
六角格点模型	6	$(1,0)\cup(-1,0)\cup(1/2,\sqrt{3}/2)\cup(-1/2,\sqrt{3}/2)\cup(1/2,-\sqrt{3}/2)\cup(-1/2,-\sqrt{3}/2)$	1
星形格点模型	8	$\mathrm{P}(1,0)\cup\mathrm{P}(1,1)$	$1,\sqrt{2}$
四格点键长涨落模型	36	$\mathrm{P}(2,0)\cup\mathrm{P}(2,1)\cup\mathrm{P}(2,2)\cup\mathrm{P}(3,0)\cup\mathrm{P}(3,1)\cup\mathrm{P}(3,2)$	$2,\sqrt{5},2\sqrt{2},3,\sqrt{10},\sqrt{13}$
简立方格点模型	6	$\mathrm{P}(1,0,0)$	1
面心立方格点模型	12	$\mathrm{P}(1,1,0)$	$\sqrt{2}$
体心立方格点模型	8	$\mathrm{P}(1,1,1)$	$\sqrt{3}$

续表

格点模型	配位数	允许的键矢量	键长
单格点键长涨落模型 I	18	$P(1,0,0)\cup P(1,1,0)$	$1, \sqrt{2}$
单格点键长涨落模型 II	20	$P(1,1,0)\cup P(1,1,1)$	$\sqrt{2}, \sqrt{3}$
单格点键长涨落模型 III	26	$P(1,0,0)\cup P(1,1,0)\cup P(1,1,1)$	$1, \sqrt{2}, \sqrt{3}$
八格点键长涨落摸型	108	$P(2,0,0)\cup P(2,1,0)\cup P(2,1,1)\cup$ $P(2,2,1)\cup P(3,0,0)\cup P(3,1,0)$	$2, \sqrt{5},$ $\sqrt{6}, 3, \sqrt{10}$

连续空间的离散化可以认为是某种形式的粗粒化，因此和非格点的粗粒化模型类似，这些格点模型不是用来描述特定的高分子，而是用来描述高分子共性的粗粒化模型，因此它们没有扭转角的作用；当用于柔性高分子时，它们也没有键角的作用。在这种情况下，当高分子链的一个键矢量 $\boldsymbol{b}$ 属于格点模型所允许的键矢量集合时，一般设其无量纲的键长作用能 $\beta u^{\mathrm{b}}(|\boldsymbol{b}|)=0$；否则链的连接性被破坏，因此 $\beta u^{\mathrm{b}}(|\boldsymbol{b}|)\to\infty$。

和非格点的粗粒化模型一样，格点模型中的非键作用也可以分为两类：**传统格点模型**采用自避和互避行走（即一个格点最多只能被一个高分子链节所占据的硬排除体积作用），在排除体积作用之外一般还有（各向异性的）近邻相互作用（这个作用的配位数可以和表 2.1 中的不同）；而由作者之一于 2009 年提出的快速格点 Monte Carlo 模拟 [19] 采用一个格点可以被多个高分子链节所占据的软势，即**格点多占（multiple occupancy of lattice sites）模型**，因此能够使用（各向同性的）同格点相互作用，我们将在 7.3 节中对快速格点 Monte Carlo 模拟做更详细的阐述。另一方面，在传统格点模型中，没有被高分子链节占据的格点（即空位）一般作为一个溶剂分子来处理；由于所有格点的体积都是一样的，这就极大地限制了传统格点模型对实验中所用的高分子溶液体系进行粗粒化的程度，也使得它们不能准确地处理小分子溶剂的平动熵。因此传统格点模型最多只能对真实的高分子体系给出定性的描述。与此相反，格点多占模型可以很好地解决这些问题，在没有可调参数的情况下做到与实验结果的定量吻合 [20]；我们将在 7.5 节中对此做更详细的阐述。

值得一提的是，当在 Monte Carlo 模拟中只采用局部尝试运动（详见 4.2.1 小节）时，传统格点模型可以用来研究高分子体系的动力学行为，这里的关键是要避免键交叉。对于键长可以是 $\sqrt{2}$ 或者 $\sqrt{3}$ 的**单格点模型**（即一个高分子链节只占据一个格点），Shaffer 提出了一种避免键交叉的方法 [21]。另一个例子是**多格点键长涨落模型** [22,23]：这里一个链节在二维和三维中分别占据 4 个和 8 个格点（即一个最小正方形和立方体的所有顶点）；该模型及其尝试运动（即随机选中一个链节并把它在 x、y 或者 z 方向上随机移动一个长度单位）的设计就是为了避免在 Monte Carlo 模拟中键的交叉。而快速格点 Monte Carlo 模拟只能用来研究处于平衡态的高分子体系的热力学行为。

最后，与非格点模型相比，各向异性是在所有格点模型中都存在的、无法完全消除的一个问题。各向异性的影响取决于所研究问题的尺度相对于晶格常数的大小，例如它对键的取向有着很大的影响，但是对高分子共混物的宏观相分离影响甚微。而在文献中却几乎没有任何对格点模型各向异性的量化研究，只有作者之一在 2009 年发表了一篇文章 [24]，基于格点模型中所允许的键矢量 $\boldsymbol{b}$ 的归一化 Boltzmann 因子（即 $\boldsymbol{b}$ 的先验概率 $\exp\left[-\beta u^{\mathrm{b}}(|\boldsymbol{b}|)\right]\Big/\sum_{\boldsymbol{b}'}\exp\left[-\beta u^{\mathrm{b}}(|\boldsymbol{b}'|)\right]$，其中的加和是指所有允许的键矢量 $\boldsymbol{b}'$）的 Fourier 变换（这是描述格点上链构象的核心量）和对称双嵌段共聚物在（通过随机相近似得到的）平均场有序-无序相转变点时的层状相周期（这是一个与格点模型中研究微观相分离相关的量），在二维和三维中对不同的格点模型的各向异性做了定量的比较，得到了一些有意思的结论。例如，虽然面心立方比简立方格点模型中所允许的键数目多了一倍，它们的各向异性却差不多；体心立方格点模型的各向异性比它们都大。而对于键长可变的格点模型，虽然在一般情况下所有允许的键矢量 $\boldsymbol{b}$ 的先验概率都是一样的（即 $\beta u^{\mathrm{b}}(|\boldsymbol{b}|)=0$），改变这些先验概率（即对不同键长的 $\boldsymbol{b}$ 赋予不同的 $\beta u^{\mathrm{b}}(|\boldsymbol{b}|)$）却可以极小化格点模型的各向异性。感兴趣的读者可以参见原文；有一点要注意的是原文中的离散高斯链模型及其结果只适用于三维空间，在 d 维空间中的离散高斯链模型无量纲的键长作用能应该为 $\beta u^{\mathrm{b}}(r)=dr^2/2b^2$。为了简单起见，在本书的以后章节中，我们只讨论没有键角作用并且所有允许键矢量的键长作用能都为 0 的格点模型，也就是最常用的情况。

2.4 一个简单的例子

由于上面所讲的粗粒化模型种类较多，在这一节我们再从建模的角度以本书中最常用的高分子体系——**在体相中的均聚物体系**——为例来说明它们的应用和各自的优缺点。这里我们考虑一个真实（即在实验中使用）的线形均聚物多链体系，例如直链聚乙烯；该体系可以是单组分的熔体，也可以是（在小分子溶剂中的）两组分的溶液。在相应的粗粒化模型中，为了简单起见，我们假设所有链的聚合度都是一样的（即均聚物是单分散性的）；我们也不考虑键角和扭转角的作用（即均聚物为柔性高分子），这在所研究问题的尺度大于高分子的统计链段长度时是一个很好的近似（尤其适合于高分子的粗粒化模型）。因此对于一个包含 n 条链、每条链上有 N 个链节的体系构型（即所有链节的空间位置）$\boldsymbol{R}=\{\boldsymbol{R}_{k,s}\}$，这里 $\boldsymbol{R}_{k,s}$ 代表体系中第 k 条链上第 s 个链节的空间位置，其势能函数可以分为两部分，即 $U(\boldsymbol{R})=U^{\mathrm{b}}(\boldsymbol{R})+U^{\mathrm{nb}}(\boldsymbol{R})$，其中

$$U^{\mathrm{b}}(\boldsymbol{R})=\sum_{k=1}^{n}\sum_{s=1}^{N-1}u^{\mathrm{b}}(|\boldsymbol{R}_{k,s+1}-\boldsymbol{R}_{k,s}|)$$

为体系的键长作用能，而 $U^{\mathrm{nb}}(\boldsymbol{R})$ 为体系的非键作用能。如 2.2 节和 2.3 节所述，同一条链上两个相连链节之间的**键长作用**（即 $u^{\mathrm{b}}(r)$）在非格点模型中可以用固定或者可变键长的模型来描述（前者即自由连接链模型，后者包括 FENE 势和离散高斯链模型），而在格点模型中可以用允许的键矢量来描述（此时对于任何一个允许的 $\boldsymbol{R}$ 均有 $U(\boldsymbol{R})=U^{\mathrm{nb}}(\boldsymbol{R})$）。

另一方面，在**非格点模型**中，链节之间的非键作用可以用排斥势（例如硬球势、WCA 势、软球势、高斯势或者 DPD 势）来描述，这对应于它们之间的**排除体积作用**。对于使用硬排除体积作用的传统模型，当体系中高分子的体积分数 $\phi\equiv nNv_0/V$ 较小时（这里 v_0 和 V 分别代表一个链节和整个体系的体积），这种模型（例如硬球链和 KG 模型）可以用来描述在（隐式）良溶剂中的高分子溶液，此时链内的排除体积作用使得其端端距的均方根 $R_e\propto N^{3/5}$；值得注意的是：由于这里我们不显式地考虑真实体系中的小分子溶剂（即我们对真实体系中的组分数做了粗粒化，这和 2.1 节中所讲的对高分子链所做的粗粒化不同），模型体系是单组分的。当 ϕ 较大时，这种模型也可以用来描述高分子熔体，此时链内的排除体积作用受到链间的排除体积作用的屏蔽，使得 $R_e\propto N^{1/2}$（即与理想链具有相同的标度关系）。而为了描述在（隐式）Θ 或者不良溶剂中的高分子溶液，链节之间的非键作用除了排斥以外还要有**吸引作用**，这可以用 2.2 节中提到的一般的 LJ 势来描述，此时链节之间的吸引势使得 $R_e\propto N^{1/2}$（在 Θ 溶剂中）或者 $R_e\propto N^{1/3}$（在不良溶剂中）。值得注意的是：① 所有非格点模型所对应的体系都是可压缩的。② 对于使用软势的模型，由于链节可以完全重叠，我们可以控制体系中链的数密度使得其 $\overline{N}$ 与实际体系定量吻合。③ 对于高分子溶液来说，由于这些模型中的溶剂是隐式的，它们都无法准确地处理小分子溶剂的平动熵；当然，这个问题可以通过加入显式溶剂来解决（此时模型体系为两组分的），但这会显著地增加模拟的计算量。

在**格点模型**中，链节之间的**排除体积作用**由同格点上的排斥势来描述。这个排斥势可以有两种形式：一种是不可压缩条件，即限定每个格点上的最大链节数 ρ_0（当 $\rho_0=1$ 时为传统的自避和互避行走，而当 $\rho_0>1$ 时为格点多占模型）；对于链节数 $<\rho_0$ 的格点，我们认为其上有小分子溶剂（详见 7.3.2 小节）。此时整个体系是不可压缩的，即 $\phi=1$ 对应于不可压缩的熔体，而 $\phi<1$ 为不可压缩的溶液。对于后者，虽然模型体系中包含了显式溶剂，但是由于不可压缩条件，每个格点上的溶剂分子数和其上的链节数不是独立的，因此我们可以认为这个不可

压缩的模型体系是单组分的，在模拟时不需要像非格点模型中一样来考虑每个溶剂分子的位置；而显式溶剂又使得我们可以准确地处理小分子溶剂的平动熵（详见 7.5 节）。所以使用带有不可压缩条件的格点（多占）模型在对高分子溶液的模拟上比非格点模型有着更大的优势。当然，对于不可压缩的高分子溶液的模型体系，如果只考虑其中的高分子则是可压缩的，其压强等价于不可压缩溶液的渗透压，而其化学势等价于链和溶剂分子之间的交换化学势。另一种排斥势的形式是给每一对在同一格点上的链节赋予排斥能 $\varepsilon > 0$，这只能用于格点多占模型，此时模型体系是单组分且可压缩的。由于真实的高分子熔体具有（很小的）压缩性，这个模型可以用来描述可压缩的高分子熔体，它也等价于在（隐式）良溶剂中的高分子溶液（详见 7.3.1 小节）。显然，当 $\varepsilon = 0$ 时体系为理想链，而当 $\varepsilon \to \infty$ 时体系成为不可压缩的高分子熔体。

在格点模型中还可以引入**排除体积以外的非键作用**：在传统格点模型中，溶剂的质量（详见 1.4.3 小节）可以用在一对近邻格点上的链节之间的吸引能来描述。而在格点多占模型中，可以使用同格点上的链节之间的相互作用，例如同时用第二和第三 virial 系数（分别代表二体和三体相互作用）来描述在（隐式）Θ 或者不良溶剂中的高分子溶液。同格点作用使得即使是多体相互作用也可以计算得很快，这是格点多占模型与非格点模型相比的另一个优势；而同格点作用的各向同性比近邻相互作用的各向异性在理论上更容易处理，这也是格点多占模型与传统格点模型相比的一个优势。

在本章最后我们想要强调的一点是：模型的选择要根据所研究的具体问题和所使用的研究方法来决定；虽然不同的粗粒化模型对高分子共性的描述（例如上面提到的 R_e 与 N 的标度关系）是一致的，但是它们的结果在定量上是有差别的，这在比较由不同模型得到的结果时需要给予足够的重视。

参考文献

[1] De Gennes P G. Macromolecules, 1976, 9 (4): 587-593.

[2] Baschnagel J, Binder K, Doruker P, Gusev A A, Hahn O, Kremer K, Mattice W L, Muller-Plathe F, Murat M, Paul W, Santos S, Suter U W, Tries V. Adv. Polym. Sci., 2000, 152: 41-156 .

[3] Svaneborg C, Karimi-Varzaneh H A, Hojdis N, Fleck F, Everaers R. Phys. Rev. E, 2016, 94 (3): 032502.

[4] Flory P J. Principles of Polymer Chemistry. Ithaca: Cornell University Press, 1953.

[5] Grest G S, Kremer K. Phys. Rev. A, 1986, 33 (5): 3628-3631.

[6] Kremer K, Grest G S, Carmesin I. Phys. Rev. Lett., 1988, 61 (5): 566-569.

[7] Chandler D, Weeks J D. Phys. Rev. Lett., 1970, 25 (3): 149-152.

[8] Weeks J D, Chandler D, Andersen H C. J. Chem. Phys., 1971, 54 (12): 5237-5247.

[9] Hoogerbrugge P J, Koelman J M V A. Europhys. Lett., 1992, 19 (3): 155-160.
[10] Espanol P, Warren P. Europhys. Lett., 1995, 30 (4):191-196.
[11] Likos C N, Watzlawek M, Lowen H. Phys. Rev. E, 1998, 58 (3): 3135-3144.
[12] De Gennes P G. Scaling Concepts in Polymer Physics. Ithaca, N.Y.: Cornell University Press, 1979.
[13] Orwoll R A, Flory P J. J. Am. Chem. Soc., 1967, 89 (26): 6814-6822.
[14] Olabisi O, Simha R. Macromolecules, 1975, 8 (2): 206-210.
[15] Zoller P. J. App. Polym. Sci., 1979, 23 (4): 1051-1056.
[16] Schelten J, Ballard D G H, Wignall G D, Longman G, Schmatz W. Polymer, 1976, 17 (9): 751-757.
[17] Sliozberg Y R, Kroger M, Chantawansri T L. J. Chem. Phys., 2016, 144 (15): 154901.
[18] Fredrickson G H. The Equilibrium Theory of Inhomogeneous Polymers. New York: Oxford University Press, 2006.
[19] Wang Q. Soft Matter, 2009, 5 (22): 4564-4567.
[20] Zhang P, Wang Q. Soft Matter, 2013, 9 (47): 11183-11187.
[21] Shaffer J S. J. Chem. Phys., 1994, 101 (5): 4205-4213.
[22] Carmesin I, Kremer K. Macromolecules, 1988, 21 (9): 2819-2823.
[23] Deutsch H P, Binder K. J. Chem. Phys., 1991, 94 (3): 2294-2304.
[24] Wang Q. J. Chem. Phys., 2009, 131 (23): 234903.

第 3 章　Monte Carlo 模拟的统计力学基础和基本方法

在本章我们主要以**经典原子体系**（即其中的粒子均为相同的球形小分子）为例来介绍 Monte Carlo 模拟的统计力学基础和基本方法；除了 3.2.2 小节中计算高分子单链的端端距的例子以外，其他部分均不涉及高分子体系。关于 Monte Carlo 模拟，已经有很多很好的教科书 [1–9]；在本章的写作过程中，我们也参考了这些教科书中的相关章节。

正如 1.3 节中所说的，我们认为读者在阅读本书之前已经具有了基本的热力学和统计力学方面的知识（相关的内容可以参见教科书 [10–14]）。我们将在 3.1 节简要地回顾 Monte Carlo 模拟的统计力学理论基础。统计力学旨在描述由许多独立实体（如粒子、原子、分子）组成的宏观体系的性质。虽然这些性质与构成该体系的微观粒子的行为和性质有关，但是由于微观粒子的数目非常多（约为 10^{23} 的数量级）并且它们都在不停地运动着，我们既没有办法也没有必要去关注每个粒子的行为；这是因为宏观体系的性质是由其中全部粒子的行为所呈现出来的统计规律来决定的。在这样的思路指导下，统计力学通过引入系综、配分函数和系综平均等概念，将体系的微观状态与其宏观物理量的统计规律联系起来，在宏观和微观描述之间搭起了桥梁。其中配分函数是统计力学中至关重要的量，因为一旦有了体系的配分函数，我们就可以计算出它的所有热力学性质。然而，除了理想气体等极少数的模型体系外，其他体系的配分函数都不能解析地求出。因此我们需要用其他方法来研究这些体系的热力学行为，而 Monte Carlo 模拟在研究具有很多自由度的体系时具有独特的优势。

“Monte Carlo” 是位于欧洲地中海沿岸摩纳哥（Monaco）国的一个历史名城，素以赌场闻名。在 20 世纪 40 年代，von Neumann、Ulam 和 Metropolis 将 “Monte Carlo” 一词用做随机（stochastic）模拟方法的名称 [1,2,15]，寓意出此类方法与随机过程有关。我们从此类方法的曾用名称，如随机模拟（random simulation）、随机抽样（random sampling）以及统计试验（statistical testing）等也可以看出这一点。Monte Carlo 模拟是对基于随机数进行抽样的数值或模拟方法的总称 [2]，这类模拟方法通过随机的方式来产生体系的构型。与随机模拟方法相对的是确定性（deterministic）模拟方法，如分子动力学模拟；后者按照体系的动力学规律来产生构型。

早期的 Monte Carlo 模拟是基于对在特定区间内均匀分布的随机数的抽样来

进行的，也称为简单抽样（simple sampling）[3]，它较多地应用于数学领域。我们将在 3.2 节介绍这类模拟方法及其应用。十八世纪著名的 Buffon 问题（即通过随机投掷缝针实验来计算圆周率的值）①清晰地展现了这种基于简单抽样的 Monte Carlo 模拟方法的特征：以概率论和大数定理为理论基础，以随机抽样为主要手段。这种模拟所产生的样本在统计上是互不相关的，因此其标准误差与样本数的平方根成反比；为了得到比较精确的结果，Monte Carlo 模拟需要产生很多的样本。例如在 Buffon 问题中，如果要获得精度达三位有效数字的圆周率的值，则需要投针几十万次，显示出 Monte Carlo 模拟的巨大工作量。而这正是随着计算机的发展该模拟技术才得到迅速发展的原因。这种基于简单抽样的 Monte Carlo 模拟既可以用于研究非随机性的物理问题（例如它在计算高维积分时比其他数值方法具有明显的优势），也可以用于研究随机性的问题（例如通过随机生长的方式产生一条高分子链的很多构型，从而计算链的均方端端距）。值得一提的是：早在 20 世纪 50 年代，Monte Carlo 模拟就被应用到了高分子科学的研究中，并且一直在该学科的许多重大问题的研究中发挥着其独特的作用 [1]。然而，基于简单抽样的 Monte Carlo 模拟在很多情况下，因为无法有效地抽取在系综平均中占有较大统计权重的样本，导致其计算效率很低；特别是当对积分的主要贡献来自于积分体积内的一个较小区域时（例如统计力学中系综平均的计算），基于简单抽样的 Monte Carlo 模拟的结果并不可靠。

我们将在 3.3 节介绍基于重要性抽样的 Metropolis 算法 [16]；它可以有效地抽取在系综平均中占有较大统计权重的样本，因此极大地提高了抽样效率。Metropolis 算法 [16] 是目前广泛使用的、对具有很多自由度的体系进行模拟研究的一种方法，已经入选了 20 世纪对科学和工程的发展和应用最具影响力的 10 种科学计算方法之一 [17]。它是一种基于 Markov 链的高效模拟方法，最早是在正则系综下实现的，也可以用于其他系综。在模拟时我们需要根据所研究的问题来选择合适的系综。一般来说，不同系综下的模拟结果在热力学极限下是相同的，但是对于有限尺寸的体系却是不同的；我们可以通过有限尺寸分析来外推得到不依赖于体系大小的结果（详见 4.5.3 小节）。

最后，我们将在 3.4 节阐述 Monte Carlo 模拟中“温度”和长度的含义；特别是初学者，对于 Monte Carlo 模拟中“温度”的含义经常会感到困惑。

3.1 统计力学基础

统计力学的目的是从构成体系的微观粒子的分布及其相互作用导出体系的宏观性质 [4]。统计力学所研究的体系具有很多个自由度。本书中我们只考虑经典体系，相

① https://mathworld.wolfram.com/BuffonsNeedleProblem.html

应的自由度通常是指其中所有粒子的位置和动量；由这些自由度所组成的空间称为**相空间**，而相空间中的每一个点代表着体系的一个微观状态。随着时间的推移，体系的演化形成在相空间中的路径，该路径由牛顿运动方程来确定。我们对体系随时间变化的每个自由度的值并不关心，而是对其宏观物理量的时间平均值感兴趣。

在实验中，只有宏观物理量 A（例如压强等）的时间平均值 $\overline{A} \equiv \lim_{t\to\infty}\left[\int_0^t A(t')\mathrm{d}t'/t\right]$ 是可测量的，其中 t 为测量时间；这是因为我们所使用的测量设备（例如气压计）的响应相对较慢，不能给出 A 的瞬时值。统计力学通过引入系综、配分函数和系综平均等概念，将体系的微观状态与其宏观物理量的统计规律联系起来。

系综是指具有相同固定条件的所有体系的集合。依照体系与其外界环境之间相互作用的方式不同，可以有不同种类的系综，例如微正则系综、正则系综、巨正则系综、等温等压系综等。在统计（热）力学中，对于各态历经的体系，我们可以用物理量的系综平均来代替其时间平均 [5]。统计力学的一个基本假设为**等概率原理**，即对于一个具有固定的能量、体积和粒子数（也就是微正则系综下）的体系，其所有微观状态出现的概率相同 [6]。微正则系综对应于孤立（即与外界环境没有作用的）体系的牛顿运动方程的直接积分（此时体系中所有粒子的动能和相互作用势能的和，即体系的能量，是恒定的），虽然可以在分子动力学模拟中使用，但是在 Monte Carlo 模拟中却一般不用，这是因为后者并不涉及粒子的动能（如式 (1.1) 所示）。

下面我们简要地介绍在 Monte Carlo 模拟中常用的正则系综、等温等压系综和巨正则系综的配分函数以及微观构型的概率分布，并建议读者按顺序阅读；这些在本章随后的各节中也会用到。

3.1.1　正则系综

正则系综下的体系都具有相同的粒子数 n、体积 V 和热力学温度 T。以一个具有 $6n$ 个分量的矢量 $(\boldsymbol{P}\equiv\boldsymbol{p}^n,\boldsymbol{R}\equiv\boldsymbol{r}^n)$ 来表示体系的一个微观状态，其中 $\boldsymbol{p}$ 和 $\boldsymbol{r}$ 分别代表体系中一个粒子的动量和空间位置，而 $\boldsymbol{P}$ 和 $\boldsymbol{R}$ 分别代表体系中所有粒子的动量和空间位置（后者即为体系的一个**构型**），则体系的能量为 $K(\boldsymbol{P})+U(\boldsymbol{R})$，其中 $K(\boldsymbol{P})=\dfrac{1}{2m}\sum_{i=1}^{n}\boldsymbol{p}_i^2$ 为体系的动能，m 为一个粒子的质量，而 $U(\boldsymbol{R})$ 为体系的相互作用势能。由于对 $\boldsymbol{P}$ 的积分能够解析地完成，正则系综的配分函数为 $Q(n,V,\beta)=Z/n!\Lambda^{3n}$（详见式 (1.1)），其中 $\beta\equiv 1/k_{\mathrm{B}}T$，$k_{\mathrm{B}}$ 为 Boltzmann 常数，$Z(n,V,\beta)\equiv\int\mathrm{d}\boldsymbol{R}\exp\left[-\beta U(\boldsymbol{R})\right]$ 为体系的**构型积分**，$\Lambda\equiv h/\sqrt{2\pi m/\beta}$ 为 de Broglie 热波长，而 h 为 Planck 常数；这是我们在 Monte Carlo 模拟中只对体系

的构型进行抽样（而不涉及粒子动能）的基础。由 $Q(n,V,\beta)$ 我们能够得到体系无量纲的 **Helmholtz 自由能**，即 $\beta F=-\ln Q(n,V,\beta)$；这是热力学基本方程的一种形式，知道它就可以推导出体系所有的热力学性质。

在正则系综下，体系的构型 $\boldsymbol{R}$ 符合 Boltzmann 分布，即其出现的概率为 $p(\boldsymbol{R})=\exp[-\beta U(\boldsymbol{R})]/Z$；相应地，热力学量 A 的系综平均为 $\langle A\rangle=\int \mathrm{d}\boldsymbol{R}A(\boldsymbol{R})p(\boldsymbol{R})$，其中 $A(\boldsymbol{R})$ 代表由构型 $\boldsymbol{R}$ 得到的 A 值。正则系综是最常用的统计力学系综；如下面所示，我们可以由它出发而推导出其他系综的配分函数。

3.1.2 等温等压系综

等温等压系综下的体系都具有相同的 n、T 和压强 P。为了推导它的配分函数，我们可以把它和与之相应的、具有相同 T 和 P 的理想气体（其构型用 $\boldsymbol{R}'$ 表示，即 $\beta U(\boldsymbol{R}')=0$）组成一个在正则系综下的复合体系；复合体系的总粒子数为 n_t，总体积为 V_t，它的两个子体系（即实际体系和理想气体）处于热平衡和机械平衡（即具有相同的 T 和 P），但是不能交换粒子 [18]。当实际体系的体积为 V 时，复合体系的正则配分函数为两个子体系的正则配分函数的乘积，即

$$Q(n,n_t,V,V_t,\beta)=\frac{Z(n,V,\beta)}{n!\Lambda^{3n}}\frac{\int \mathrm{d}\boldsymbol{R}'}{(n_t-n)!\Lambda^{3(n_t-n)}}=\frac{(V_t-V)^{n_t-n}Z(n,V,\beta)}{n!(n_t-n)!\Lambda^{3n}\Lambda^{3(n_t-n)}} \tag{3.1}$$

当理想气体趋于热力学极限（即 $n_t-n\to\infty$、$V_t-V\to\infty$ 而其粒子无量纲的数密度 $(n_t-n)\Lambda^3/(V_t-V)=(n_t-n)\Lambda^3/V_t=\rho$ 固定）时，我们有

$$\begin{aligned}(V_t-V)^{n_t-n}&=V_t^{n_t-n}(1-V/V_t)^{n_t-n}=V_t^{n_t-n}\left[1-\rho V/(n_t-n)\Lambda^3\right]^{n_t-n}\\&=V_t^{n_t-n}\exp\left(-\rho V/\Lambda^3\right)=V_t^{n_t-n}\exp\left(-\beta PV\right)\end{aligned} \tag{3.2}$$

其中在第二行的第一个等式中我们使用了 $\lim_{x\to\infty}(1-c/x)^x=\exp(-c)$，而在最后一个等式中使用了理想气体的状态方程 $\rho=\beta P\Lambda^3$。此时实际体系的 P 与 V 无关，因此把式 (3.2) 代入到式 (3.1) 并对无量纲的体积 V/Λ^3 积分后，我们得到实际体系的等温等压配分函数为

$$\begin{aligned}Q(n,P,\beta)&=\int_0^\infty\frac{\mathrm{d}V}{\Lambda^3}\frac{Q(n,n_t,V,V_t,\beta)}{Q'(n_t-n,V_t,\beta)}=\int_0^\infty\frac{\mathrm{d}V}{\Lambda^3}\exp\left(-\beta PV\right)\frac{Z(n,V,\beta)}{n!\Lambda^{3n}}\\&=\frac{1}{n!\Lambda^{3n}}\int_0^\infty\frac{\mathrm{d}V}{\Lambda^3}\exp\left(-\beta PV\right)V^n\int\mathrm{d}\boldsymbol{S}\exp\left[-\beta U(V^{1/3}\boldsymbol{S})\right]\end{aligned} \tag{3.3}$$

其中，$Q'(n_t-n,V_t,\beta)=V_t^{n_t-n}/(n_t-n)!\Lambda^{3(n_t-n)}$ 为理想气体在热力学极限下的正则配分函数，而在最后一行我们引入了所有粒子约化（即 $\int\mathrm{d}\boldsymbol{S}=1$）的空间

位置 $\boldsymbol{S} \equiv \boldsymbol{R}/V^{1/3} \Rightarrow \mathrm{d}\boldsymbol{R} = V^n \mathrm{d}\boldsymbol{S}$，这是为了得到下面的式 (3.4)。由 $Q(n,P,\beta)$ 我们能够得到实际体系无量纲的 **Gibbs 自由能**，即 $\beta G = -\ln Q(n,P,\beta)$；这也是热力学基本方程的一种形式。

在等温等压系综下，具有体积 V 的一个构型 $\boldsymbol{R}(V)$ 出现的概率为

$$p(\boldsymbol{R}(V)) = \frac{V^n \exp\left[-\beta PV - \beta U(V^{1/3}\boldsymbol{S})\right]}{n!\Lambda^{3n} Q(n,P,\beta)} \tag{3.4}$$

其满足归一化条件 $\int_0^\infty \mathrm{d}\left(V/\Lambda^3\right) \int \mathrm{d}\boldsymbol{S} p(\boldsymbol{R}(V)) = 1$；相应地，热力学量 A 的系综平均为 $\langle A \rangle = \int_0^\infty \mathrm{d}\left(V/\Lambda^3\right) \int \mathrm{d}\boldsymbol{S} A(\boldsymbol{R}(V)) p(\boldsymbol{R}(V))$。

值得注意的是：式 (3.3) 和式 (3.4) 只在热力学极限下才是正确的；以具有 n 个粒子的理想气体为例，它们所给出的状态方程为 $\beta P \langle V \rangle = n+1$，而不是正确的结果 $\beta P \langle V \rangle = n$。该问题源自于在等温等压系综下对体系体积的计算。为了解决这一问题，Corti 和 Soto-Campos 于 1998 年提出使用“壳”粒子来正确地计算体系的体积。以具有周期边界条件（详见 4.1.1 小节）的小体系（例如 $n \lesssim 10^2$）为例，其体积 V 应由距离模拟盒子中心最远的粒子（即“壳”粒子）的位置来确定，而不是模拟盒子的体积，在配分函数中也不应对这个（与其他 $n-1$ 个粒子可区分的）“壳”粒子的位置做积分；由此就可以得到正确的状态方程。当然，在热力学极限下（以及在较大体系的模拟中），这两种方法所给出的结果（在模拟误差范围之内）是没有差别的。对此感兴趣的读者请详见文献 [19,20]。

3.1.3 巨正则系综

巨正则系综下的体系都具有相同的 V、T 和粒子的化学势 μ。类似于 3.1.2 小节，我们可以把实际体系和与之相应的、具有相同 T 和 μ 的理想气体组成一个在正则系综下的复合体系，它的两个子体系处于热平衡和化学平衡（即具有相同的 T 和 μ），但是各自的体积固定 [18]。当实际体系中的粒子数为 n 时，复合体系的正则配分函数为

$$\begin{aligned} Q(n,n_t,V,V_t,\beta) &= \frac{Z(n,V,\beta)}{n!\Lambda^{3n}} \frac{\int \mathrm{d}\boldsymbol{R}'}{(n_t-n)!\Lambda^{3(n_t-n)}} = \frac{(V_t-V)^{n_t-n} Z(n,V,\beta)}{n!(n_t-n)!\underline{\Lambda^{3n}\Lambda^{3(n_t-n)}}} \\ &= \frac{(V_t-V)^{n_t}(V_t-V)^{-n} Z(n,V,\beta)}{n!\left[n_t! \Big/ \prod_{i=0}^{n-1}(n_t-i)\right]\underline{\Lambda^{3n_t}}} \end{aligned} \tag{3.5}$$

当理想气体趋于热力学极限（即$n_t - n \to \infty$、$V_t - V \to \infty$而其粒子无量纲的数密度 $(n_t-n)\Lambda^3/(V_t-V) = n_t\Lambda^3/(V_t-V) = \rho$ 固定）时，我们由理想气体化学势 μ 的表达式 $\beta\mu = \ln\rho$得到

$$\exp(\beta\mu)=\rho=\frac{n_t\Lambda^3}{V_t-V}\Rightarrow(V_t-V)^{-n}=\frac{\exp(\beta\mu n)}{\Lambda^{3n}n_t^n}=\frac{\exp(\beta\mu n)}{\Lambda^{3n}\prod\limits_{i=0}^{n-1}(n_t-i)} \tag{3.6}$$

此时实际体系的 μ 与 n 无关，因此将式 (3.6) 代入到式 (3.5) 并对 n 加和后，我们得到实际体系的巨正则配分函数为

$$\begin{aligned}\Xi(\mu,V,\beta)&=\sum_{n=0}^{\infty}\frac{Q(n,n_t,V,V_t,\beta)}{Q'(n_t,V_t-V,\beta)}=\sum_{n=0}^{\infty}\exp(\beta\mu n)\frac{Z(n,V,\beta)}{n!\Lambda^{3n}}\\&=\sum_{n=0}^{\infty}\frac{V^n\exp(\beta\mu n)}{n!\Lambda^{3n}}\int\mathrm{d}\boldsymbol{S}\exp\left[-\beta U(V^{1/3}\boldsymbol{S})\right]\end{aligned}$$

其中，理想气体在热力学极限下的正则配分函数

$$Q'(n_t,V_t-V,\beta)=(V_t-V)^{n_t}/n_t!\Lambda^{3n_t}$$

由 $\Xi(\mu,V,\beta)$ 我们能够得到实际体系无量纲的**巨势**（有时也称为 **Landau 自由能**），即 $\beta\Omega_{\mathrm{G}}=-\ln\Xi(\mu,V,\beta)$。

在巨正则系综下，具有粒子数 n 的一个构型 $\boldsymbol{R}(n)$ 出现的概率为

$$p(\boldsymbol{R}(n))=\frac{V^n\exp\left[\beta\mu n-\beta U(\boldsymbol{R}(n))\right]}{n!\Lambda^{3n}\Xi(\mu,V,\beta)} \tag{3.7}$$

其满足归一化条件 $\sum\limits_{n=0}^{\infty}\int\mathrm{d}\boldsymbol{S}p(\boldsymbol{R}(n))=1$；相应地，热力学量 A 的系综平均为 $\langle A\rangle=\sum\limits_{n=0}^{\infty}\int\mathrm{d}\boldsymbol{S}A(\boldsymbol{R}(n))p(\boldsymbol{R}(n))$。

由上面可以看出：无论是配分函数还是系综平均的计算都涉及在体系构型空间上的积分。这些是维度为 nd 的高维积分，其中 d 代表体系的空间维度。除了理想气体等极少数的模型体系以外，这些高维积分是无法解析地求得的。而常用的数值积分方法也无能为力：这类方法（例如梯形法则）需要将积分区域在其每个维度上离散化为 m 个点，并计算被积函数在每个离散点上的值；即使对于 $n=100$（很小的体系）、$d=3$ 和 $m=5$（很低的积分精度）的情况，我们一共有 $5^{300}\approx4.9\times10^{209}$ 个离散点！这样的计算在目前是根本无法实现的。在 3.2 节和 3.3 节我们将会看到：Monte Carlo 方法可以很好地计算这些在统计力学中遇到的高维积分。

3.2 简单抽样的 Monte Carlo 方法及其应用

在本书中，我们把利用均匀分布的随机数对特定区间进行抽样的模拟称为**简单抽样**的 Monte Carlo 模拟。这种 Monte Carlo 模拟的特征为：以概率论和大数

定理为理论基础，以随机抽样为主要手段 [1]。其基本思想是首先建立与待解决问题具有相似性的概率模型，使得待求的解等同于随机事件出现的概率（或者随机变量的数学期望值）；然后进行模拟实验，多次重复地对随机事件（或者随机变量）进行随机抽样；最后计算出随机事件出现的频率（或者随机变量的平均值）作为待求解的近似值，并且估计其误差。

例如，当待求的解是随机变量 ξ 的数学期望值 $E(\xi)$ 时，用简单抽样的 Monte Carlo 模拟来确定待求解的近似值的方法是对 ξ 进行 M 次重复抽样，产生一个互不相关（即相互独立）的样本序列 $\{\xi_i\}$ $(i=1,\cdots,M)$。我们由概率理论得到 $E(\xi)\approx\overline{\xi}\equiv\dfrac{1}{M}\displaystyle\sum_{i=1}^{M}\xi_i$，并且由于 ξ_i 是互不相关的，$\overline{\xi}$ 的误差为

$$\sigma=\sqrt{\frac{\sigma_0^2}{M}} \tag{3.8}$$

其中，$\sigma_0^2\equiv\dfrac{1}{M-1}\displaystyle\sum_{i=1}^{M}\left(\xi_i-\overline{\xi}\right)^2=\dfrac{M}{M-1}\left(\overline{\xi^2}-\overline{\xi}^2\right)$ 为样本的方差 [2]。当 $M\gg 1$ 时，由于 σ_0^2 趋于一个定值，$\sigma\propto M^{-1/2}$。

下面我们介绍基于简单抽样的 Monte Carlo 模拟的应用。首先，我们介绍两种用它来计算定积分的方法，并且通过与数值积分方法的对比，得出它在计算高维积分（例如构型积分）时的优势。然后，我们以计算一条线形高分子链的均方端端距为例，介绍用简单抽样的 Monte Carlo 模拟计算物理量的系综平均的方法。

3.2.1 计算定积分

我们先考虑一个简单的一维定积分 $I\equiv\displaystyle\int_0^1 f(x)\mathrm{d}x$。当被积函数 $f(x)$ 的值在积分变量 $x\in[0,1]$ 的范围内也处于某个有限区间时，我们可以使用**掷点法**（hit and miss integration）来计算积分值 I。如图 3.1 所示：当曲线 $f(x)\in[0,1]$ 时，图中方框的总面积为 1，而 I 即为曲线下的面积。于是我们可以构建这样的模型：在总面积为 1 的正方形平面中随机投点，当投点的次数足够多时，所投的点落入曲线下的频率收敛于 I。在每次投点时，我们用随机数发生器产生两个分别在 (0,1) 之间均匀分布的随机数 x 和 y 作为该点的坐标；若 $y\leqslant f(x)$，则表明该点落在图 3.1 中的曲线下。我们一共投 M 个点，设有 m 个落入曲线下；当 M 足够大时，根据大数定理，我们有 $I\approx m/M$。当 $f(x)=\sqrt{1-x^2}$ 时，这个方法可以用来计算 π 的值。

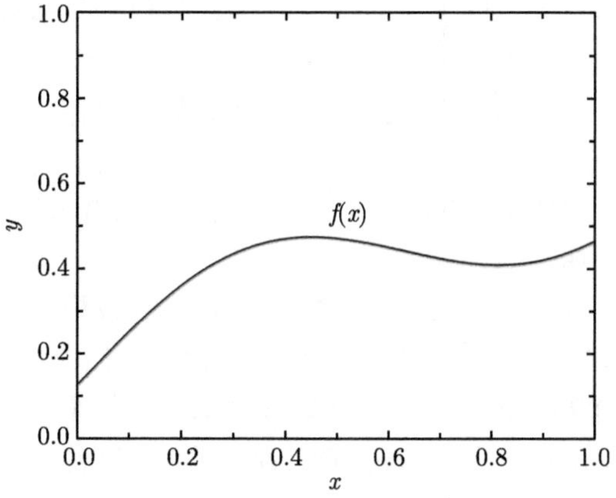

图 3.1　定积分计算示意图

另一种（更好的）用简单抽样的 Monte Carlo 模拟计算 $I \equiv \int_a^b f(x)\mathrm{d}x$ 的方法是**平均值法**（mean-value integration）。这里我们每次用随机数发生器产生一个在 (a,b) 之间均匀分布的随机数 ξ_i，并计算 $f(\xi_i)$；当产生的随机数的个数 M 足够大时，我们有 $I \approx (b-a)\overline{f}$，其中 $\overline{f} \equiv \dfrac{1}{M}\sum_{i=1}^{M} f(\xi_i)$。这样得到的 I 的估计值的误差为

$$\sigma = (b-a)\sqrt{\sigma_0^2/M} = (b-a)\sqrt{\sum_{i=1}^{M}\left(f(\xi_i)-\overline{f}\right)^2/(M-1)M}$$
$$= (b-a)\sqrt{\left(\overline{f^2}-\overline{f}^2\right)/(M-1)}$$

其中$\sigma_0^2 \equiv \dfrac{1}{M-1}\sum_{i=1}^{M}\left(f(\xi_i)-\overline{f}\right)^2 = \dfrac{M}{M-1}\left(\overline{f^2}-\overline{f}^2\right)$为样本的方差。当 $M \gg 1$ 时，由于 σ_0^2 趋于一个定值，$\sigma \propto M^{-1/2}$。实际上，平均值法也同样适用于高维积分：记积分区域 $\boldsymbol{R}$ 的“体积”为 $V_{\boldsymbol{R}}$，而 $\boldsymbol{\xi}_i$ 为在 $\boldsymbol{R}$ 中均匀分布的随机点，当 M 足够大时我们有 $I \equiv \int \mathrm{d}\boldsymbol{R} f(\boldsymbol{\xi}_i) \approx V_{\boldsymbol{R}}\overline{f}$，其中 $\overline{f} \equiv \dfrac{1}{M}\sum_{i=1}^{M} f(\boldsymbol{\xi}_i)$，而 I 的估计值的误差为 $\sigma = V_{\boldsymbol{R}}\sqrt{\sigma_0^2/M}$；当 $M \gg 1$ 时，我们有 $\sigma \propto M^{-1/2}$，与积分的维度无关！

我们可以用复合 Simpson 法则为例来比较数值积分与 Monte Carlo 积分方

法（即平均值法）的精度。复合 Simpson 法则在计算时将积分区域在其每个维度上离散化成等间距的 m 个点，并计算被积函数在每个离散点上的值；对于 d 维积分，当 $m \gg 1$ 时，其误差 $\propto m^{-4/d}$。其他数值积分方法的误差同样也随着 d 的增加而增大。当 m^d 与 M（即数值积分与平均值法的计算量）相当时，我们可以看到：对于 $d \gg 3$ 的高维积分，Monte Carlo 积分方法的精度要远优于包括复合 Simpson 法则在内的任何数值积分方法。

因此，我们原则上可以用简单抽样的 Monte Carlo 模拟来计算配分函数中的构型积分 $Z(n,V,\beta)$。以在三维空间中的体系为例：我们产生 $3n$ 个均匀分布的随机数作为体系中 n 个粒子的空间位置（即体系的一个构型 $\boldsymbol{R}_i$），并计算体系的势能 $U(\boldsymbol{R}_i)$ 及其 Boltzmann 因子 $\exp[-\beta U(\boldsymbol{R}_i)]$；重复上述步骤 M 次，当 M 足够大时我们有 $Z(n,V,\beta) \approx \dfrac{V^n}{M}\sum_{i=1}^{M}\exp\left[-\beta U(\boldsymbol{R}_i)\right]$。即使是对于 $n = M = 10^5$ 的情况，产生 3×10^{10} 个随机数在计算机上也是可以很快地完成的。这个方法对于低密度（例如气体）体系实际上是可行的，但是对于液体（包括多链的高分子体系）却不能给出有用的结果。这是因为在粒子的数密度较高时随机产生的构型由于粒子的重叠会有很大的势能，导致其 Boltzmann 因子值很小；也就是说，随机产生的构型对构型积分几乎没有任何贡献。例如，对于在凝固点附近的由 100 个硬球构成的流体而言，平均每 10^{260} 个随机产生的构型中才会有一个非零的 Boltzmann 因子 [7]。我们将在 3.3 节中讲到改进的方法（即重要性抽样）。

3.2.2 计算物理量的系综平均

简单抽样的 Monte Carlo 模拟还可以用随机产生的体系构型来计算其物理量的系综平均。实际上，在上面计算构型积分的例子中已经用到了这种随机产生体系构型的模拟方法。虽然它对于多链的高分子体系计算效率很低，却可以用于较短的单链体系。下面我们以在四方格点模型上计算一条线形高分子链的均方端端距 R_e^2（详见 1.4.1 小节）为例来说明使用简单抽样的 Monte Carlo 模拟计算物理量的系综平均的具体步骤。实际上，这种计算是使用 Monte Carlo 模拟在计算机上完成的首批重要科研成果之一 [8]。

我们先考虑随机行走（random walk）模型，它在四方格点上通常被称为“四选择模型”[1]。对于给定的链长 N，使用简单抽样的 Monte Carlo 模拟计算 R_e^2 的基本步骤如下：

(1) 令累加变量 sum 为 0。对于 $i = 1,\cdots,M$，循环以下步骤 (2) ~ (4)；这里的 M 为预先设定的样本数。

(2) 将第一个（即 $s = 1$）链节放在坐标为 (0,0) 的格点上。对于 $s = 2,\cdots,N$，重复步骤 (3)。

(3) 在 [0,3] 内随机产生一个整数（其 4 个取值分别对应于由链节 $s-1$ 指向 s 的四个允许的键矢量，详见表 2.1），由它来决定链节 s 的格点位置。

(4) 记链节 N 的格点位置为 (x,y)，将 x^2+y^2 累加到 sum 中。

(5) $R_e^2=\mathrm{sum}/M$。模拟结束。

值得注意的是：一般来说，N、M、x、y 和 sum 都可以是整型变量，而 R_e^2 要用浮点型变量（建议为双精度，并且在步骤 (5) 中做除法之前要注意变量类型的转换）；由于在计算程序中 4 个字节的整型变量的最大值为 $2^{31}-1$，为了避免在 N 和 M 较大（例如 $N>100$ 且 $M>10^6$）时可能发生的溢出，sum 可以用（8 个字节的）长整型变量。最后，我们还要按式 (3.8) 来估计 R_e^2 的误差。

随机行走模型适用于没有排除体积的理想链。而为了考虑链节之间的排除体积效应，我们可以使用自避行走（self-avoiding walk, SAW）模型，它的每个格点最多只能被一个链节所占据。因此我们需要在上述随机行走模型基本步骤的基础上做如下修改：① 用元素个数为 N 的整型数组来记录一条链上每个链节的位置；② 在上面的步骤 (1) 中增加一个初始值为 0 的计数变量 M_0，用来记录自避行走失败的次数；③ 在上面的步骤 (3) 中判断所产生的链节 s 的格点位置是否与链节 s' $(=1,\cdots,s-1)$ 的格点位置一样：如果是，则此次自避行走失败（将 M_0 加 1），退出 s 的循环而直接进行下一个 i 的循环；④ 将步骤 (5) 改为：如果 $M_0<M$ 则计算 $R_e^2=\mathrm{sum}/(M-M_0)$，否则显示无成功样本产生。值得注意的是：这里 $M-M_0$ 为成功产生的样本数。随着 N 的增加，自避行走的成功率（即 $1-M_0/M$）大致以 N 的指数下降；例如 $N=20$ 时的成功率约为 21.6%，而 $N=48$ 时约为 0.9%[21]。因此，对于较长的自避行走链，简单抽样的 Monte Carlo 模拟的计算效率很低；我们将在 4.6 节中给出相应的重要性抽样的具体步骤，其计算效率要高得多。

3.3 重要性抽样

上一节所讲的基于简单抽样的 Monte Carlo 方法在抽样过程中不考虑样本能量（即其权重）的差别，均匀地从积分区域中抽样。而对于在统计力学中遇到的高维积分，实际情况常常是积分区域中的不同部分对积分的贡献差别很大；因此当对积分的主要贡献来自于积分区域中的一小部分时，简单抽样只能产生很少量的落入这一小部分区域的样本，从而导致其统计误差很大（即计算效率很低）。在本节中我们介绍对它的改进，也就是基于 Markov 链的重要性抽样。

仍以一维定积分 $I\equiv\int_a^b f(x)\mathrm{d}x$ 的计算为例，我们可以将它等价地写为 $I=\int_a^b \frac{f(x)}{p(x)}p(x)\mathrm{d}x$，其中$p(x)>0$ 为满足 $\int_a^b p(x)\mathrm{d}x=1$ 的任意给定的概率分布

函数。如果我们每次产生一个在 (a,b) 之间按照$p(x)$分布的随机数 ξ_i 并且计算 $f(\xi_i)/p(\xi_i)$，当产生的随机数的个数 M 足够大时，我们有 $I \approx \dfrac{1}{M}\sum_{i=1}^{M}\dfrac{f(\xi_i)}{p(\xi_i)}$；与此相比，3.2.1 小节中所讲的平均值法对应于 $p(x)=1/(b-a)$。类似地，我们考虑热力学量 A 的正则系综平均 $\langle A\rangle = \displaystyle\int \mathrm{d}\boldsymbol{R}A(\boldsymbol{R})p(\boldsymbol{R})$ 的计算：如果我们每次按照正则系综下体系构型的概率分布$p(\boldsymbol{R})=\exp[-\beta U(\boldsymbol{R})]/Z$来产生一个体系的构型 $\boldsymbol{R}_i$ 并且计算 $A(\boldsymbol{R}_i)$，当产生的构型的个数 M 足够大时，我们有 $\langle A\rangle \approx \dfrac{1}{M}\sum_{i=1}^{M}A(\boldsymbol{R}_i)$。这就是**重要性抽样**的基本思想，它克服了基于简单抽样的 Monte Carlo 模拟在抽样过程中不考虑样本权重的缺点，因此可以极大地提高模拟效率。但是这里有一个问题：我们并不知道体系的构型积分Z（也就不知道$p(\boldsymbol{R})$）！实际上，按照 3.1.1 小节中所讲的，如果我们知道了Z，就可以得到体系的配分函数，那就根本不需要做模拟了！这个问题将在 3.3.1 小节中解决。

下面我们先在 3.3.1 小节以正则系综为例介绍 Metropolis 算法，这是目前应用得最广的重要性抽样方法，再在 3.3.2 小节简要地介绍 Markov 链的基本性质和它的收敛定理，然后在 3.3.3 小节介绍细致平衡（detailed balance）条件以及相应的接受准则；这些是 Markov 链 Monte Carlo 模拟的核心理论内容。当满足细致平衡和各态历经（ergodicity）条件时，由体系的微观状态所构成的 Markov 链最终可以收敛于体系的平衡态分布，而不依赖于其初始构型的选择；这样我们就可以计算体系的系综平均值了。最后，我们在 3.3.4 小节和 3.3.5 小节分别介绍在等温等压系综和巨正则系综下的 Metropolis 算法，并根据它们各自的平衡态分布和细致平衡条件推导出相应的接受准则。我们建议读者按顺序阅读这些内容。

3.3.1 正则系综下的 Metropolis 算法

Metropolis 等 [16] 于 1953 年提出了一种高效的重要性抽样方法，在不需要知道 Z 的情况下可以按照正比于 $p(\boldsymbol{R})$ 的概率分布来产生体系的构型，被称为 **Metropolis 算法**。其基本思想是基于 Markov 过程产生一系列的构型（即 Markov 链，详见下面的 3.3.2 小节），该链的每一步都是从当前构型按照设定的转移概率来产生下一步的（当前）构型；虽然这样产生的相邻构型是相互关联的，但是当 Markov 链经过一定的步数达到平衡（即与初始构型不再相关）后，它却能够按照任意给定的概率分布来产生构型。由于既简单又非常有效，Metropolis 算法及其衍生的算法已经在诸如生物学、化学、计算科学、经济学、工程学、材料科学、物理学、统计学以及其他很多的学科领域中得到了广泛的应用 [8]。

在 Metropolis 算法的每一步，我们都先通过对当前构型 $\boldsymbol{R}_o$ 做一个随机扰动

（称为**尝试运动**）来产生新构型 $\boldsymbol{R}_n$（它可以与 $\boldsymbol{R}_o$ 相同，虽然我们并不希望是这样），记为 $\boldsymbol{R}_o \to \boldsymbol{R}_n$，再按照接受概率

$$P_{acc}(\boldsymbol{R}_o \to \boldsymbol{R}_n) = \min\left(1, \frac{p_n}{p_o}\right) \tag{3.9}$$

（也称为 **Metropolis 接受准则**）来决定是否接受 $\boldsymbol{R}_n$，其中 $p_j \equiv p(\boldsymbol{R}_j)$ $(j = o, n)$[2]。

我们以正则系综下的经典原子体系为例，对 Metropolis 算法加以说明：这里常用的尝试运动是把随机选取的一个粒子在方向 d $(= x, y, z)$ 上各自移动一个随机产生的位移 $\xi_d \in (-\xi_{\max}, \xi_{\max})$，其中 $\xi_{\max}$ 为在一个方向上可以移动的最大距离，我们可以在模拟达到平衡（即当前构型与初始构型不再相关）之前通过调节它的大小来控制尝试运动的平均接受率（它们是负相关的）。正则系综中 $p_n/p_o = \exp(-\beta\Delta U)$，其中 $\Delta U \equiv U(\boldsymbol{R}_n) - U(\boldsymbol{R}_o)$ 为尝试运动所导致的体系势能函数的变化。如果 $\Delta U \leqslant 0$，则接受 $\boldsymbol{R}_n$（即将其作为下一步的当前构型）；否则产生一个在 (0,1) 之间均匀分布的随机数 ξ：如果 $\xi \leqslant \exp(-\beta\Delta U)$，则接受 $\boldsymbol{R}_n$，否则将 $\boldsymbol{R}_o$ 作为下一步的当前构型。值得注意的是：① 式 (3.9) 只适用于对称的尝试运动（例如这里所用的，详见 3.3.3 小节）；② Z 在式 (3.9) 的比值中消掉了，因此在 Metropolis 算法中并不需要；③ 由于在尝试运动中只移动了一个粒子，直接计算 ΔU（即该粒子与体系中其他粒子的作用势能的变化）要比先计算 $U(\boldsymbol{R}_n)$ 快得多；④ 在模拟过程中体系的势能并不是一直减小的，即当 $\Delta U > 0$ 时，体系仍有 $\exp(-\beta\Delta U)$ 的概率接受 $\boldsymbol{R}_n$；⑤ 在抽样时，如果 $\boldsymbol{R}_n$ 不被接受，则需要将 $\boldsymbol{R}_o$ 作为样本计入；⑥ 在模拟达到平衡后，式 (3.9) 使得 Metropolis 算法按照正比于 $p(\boldsymbol{R})$ 的概率分布来产生体系的构型，因此当（达到平衡后的）构型样本数 M 足够大时，我们有 $\langle A\rangle \approx \dfrac{1}{M}\displaystyle\sum_{i=1}^{M} A(\boldsymbol{R}_i)$。在 4.6 节中我们将以计算一条线形高分子链的均方端端距为例给出 Metropolis 算法的基本操作步骤。

3.3.2 Markov 链

很显然，Metropolis 算法的关键是 Markov 链，它的每个节点在这里是体系的一个构型（即状态），而每个构型在 Markov 链上的出现都只与它的前一个构型有关；也就是说，一个包含 M 个节点的 Markov 链是由 $M-1$ 个串行的 Markov 过程产生的。记 Markov 链上前后相邻的两个节点分别为构型 $\boldsymbol{R}_o$ 和 $\boldsymbol{R}_n$，则 $\boldsymbol{R}_o \to \boldsymbol{R}_n$ 的条件概率（也称为**状态转移概率**）π_{on} 只取决于 $\boldsymbol{R}_o$ 和 $\boldsymbol{R}_n$，并且有

$$\sum_{\boldsymbol{R}_n} \pi_{on} = 1 \tag{3.10}$$

更一般地,我们可以认为 Markov 链上的第 i 个节点对应于体系所有构型的概率分布,用高维矢量 $\boldsymbol{p}^{(i)}$ 来表示,其第 j 个分量 $p_j^{(i)}$ 为构型 $\boldsymbol{R}_j$ 在 Markov 链上的第 i 个节点出现的概率;因此有 $p_j^{(i+1)}=\sum_{\boldsymbol{R}_k}p_k^{(i)}\pi_{kj}$。记 Markov 链的**状态转移矩阵**为 $\boldsymbol{\Pi}$,其第 (j,k) 个元素为 π_{jk},则有 $\boldsymbol{p}^{(i+1)}=\boldsymbol{\Pi}^{\mathrm{T}}\boldsymbol{p}^{(i)}\Rightarrow\boldsymbol{p}^{(M)}=\left(\boldsymbol{\Pi}^{M-1}\right)^{\mathrm{T}}\boldsymbol{p}^{(1)}$。可以证明：对于有限状态空间中的（由于计算机的精度是有限的，即使是非格点模型的 Monte Carlo 模拟也是在有限状态空间中进行的）、各态历经的、且非周期性（即状态的转移不是以循环的方式进行）的 Markov 链，$\lim\limits_{M\to\infty}\boldsymbol{p}^{(M)}=\boldsymbol{p}^*$，其中 $\boldsymbol{p}^*$ 代表 Markov 链达到平衡后体系所有构型的概率分布，它与初始的构型概率分布 $\boldsymbol{p}^{(1)}$ 无关，而是由 $\boldsymbol{\Pi}$ 决定的；这就是 Markov 链的收敛定理 [8]。

因此接下来的问题是：如何设计 $\boldsymbol{\Pi}$ 以得到我们想要的 $\boldsymbol{p}^*$，例如 $p_j^*=p_j$（即在指定系综下构型 $\boldsymbol{R}_j$ 出现的概率)?

3.3.3 细致平衡（detailed balance）条件和尝试运动的接受准则

对于第 i 个 Markov 过程，我们有 $\sum_{\boldsymbol{R}_o}p_o^{(i)}\pi_{on}=p_n^{(i+1)}$。当 Markov 链达到平衡后，我们可以将其中的上角标去掉而得到

$$\sum_{\boldsymbol{R}_o}p_o\pi_{on}=p_n \tag{3.11}$$

这就是 $\boldsymbol{\Pi}$ 需要满足的**平衡条件**（balance condition)；它是 Markov 链（在达到平衡后）按照给定的概率分布 $\{p_j\}$ 产生构型的充要条件。显然，式 (3.11)（以及式 (3.10)）不足以确定唯一的 $\boldsymbol{\Pi}$；也就是说，很多不同的 $\boldsymbol{\Pi}$ 都可以产生相同的 $\{p_j\}$。

在绝大多数的 Monte Carlo 模拟中，人们都使用平衡条件的一个特例，即**细致平衡条件**

$$p_o\pi_{on}=p_n\pi_{no} \tag{3.12}$$

将式 (3.10) 两边都乘以p_o，并与式 (3.11)（将其中的 o 和 n 互换）联立可以得到 $\sum\limits_{\boldsymbol{R}_n}p_o\pi_{on}=\sum\limits_{\boldsymbol{R}_n}p_n\pi_{no}$，而它的一个特解即为式 (3.12)。因此，满足细致平衡条件是 Markov 链（在达到平衡后）按照给定的 $\{p_j\}$ 产生构型的充分（但不必要）条件，其简单性（见下）是人们广泛使用它的原因。

正如在 3.3.1 小节的 Metropolis 算法中的每一步所做的，我们可以将 π_{on} 分成两部分的乘积：提出 $\boldsymbol{R}_o\to\boldsymbol{R}_n$ 的尝试运动的概率 α_{on} 和接受该尝试运动的概率 c_{on}，即把式 (3.12) 写为 $p_o\alpha_{on}c_{on}=p_n\alpha_{no}c_{no}\Rightarrow\dfrac{c_{on}}{c_{no}}=\dfrac{p_n\alpha_{no}}{p_o\alpha_{on}}$。可以很容易地

验证：令

$$c_{on} = P_{acc}(\boldsymbol{R}_o \to \boldsymbol{R}_n) = \min\left(1, \frac{p_n \alpha_{no}}{p_o \alpha_{on}}\right) \tag{3.13}$$

就能够满足细致平衡条件，其中的 $P_{acc}(\boldsymbol{R}_o \to \boldsymbol{R}_n)$ 即为尝试运动 $\boldsymbol{R}_o \to \boldsymbol{R}_n$ 的**接受准则**；值得注意的是：式 (3.13) 并不是唯一的能够满足细致平衡条件的接受准则。

最后，比较式 (3.9) 和 (3.13) 我们可以看出：Metropolis 接受准则是满足细致平衡条件的一个特例，它使用了 $\alpha_{on} = \alpha_{no}$，即**对称的尝试运动**。以 3.3.1 小节中所讲的尝试运动为例：$\boldsymbol{R}_n$ 是通过在 $\boldsymbol{R}_o$ 中随机选取一个粒子并把它移动一个随机产生的位移 $\boldsymbol{\xi} \equiv (\xi_x, \xi_y, \xi_z)^{\mathrm{T}}$ 而得到的；当在提出 $\boldsymbol{R}_o \to \boldsymbol{R}_n$ 和与其相反（即 $\boldsymbol{R}_n \to \boldsymbol{R}_o$）的尝试运动中使用相同的 $\xi_{\max}$ 时，我们即有 $\alpha_{on} = \alpha_{no}$。在 3.3.1 小节中我们已经提到了：由于其简单高效，大多数的 Monte Carlo 模拟都使用 Metropolis 接受准则。但是采用精心设计的不对称的尝试运动（即 $\alpha_{on} \neq \alpha_{no}$）可以使模拟的效率更高，尤其是对于高分子体系；我们在第 5 章中会对此做详细地讲解。

3.3.4 等温等压系综下的 Metropolis 算法

在等温等压系综下的 Monte Carlo 模拟中，我们除了要用到 3.3.1 小节中所讲的移动粒子的尝试运动（其接受准则与在正则系综下的相同）以外，还需要改变体系体积 V 的尝试运动；在后者中我们可以保持所有粒子约化的空间位置 $\boldsymbol{S} \equiv \boldsymbol{R}/V^{1/3}$ 不变，而令新的体积 $V_n = V_o + \Delta V$，其中 V_o 为当前构型的体积，ΔV 为在 $(-\Delta V_{\max}, \Delta V_{\max})$ 中均匀分布的随机数，而 $\Delta V_{\max} > 0$ 可以在模拟达到平衡之前进行调整以使得这种尝试运动的平均接受率达到预定的值。在调整好 $\Delta V_{\max}$ 后，这也是一种对称的尝试运动；将式 (3.4) 代入式 (3.9) 中我们得到其 Metropolis 接受准则为 $P_{acc}(V_o \to V_n) = \min\left[1, (1 + \Delta V/V_o)^n \exp\left(-\beta P \Delta V - \beta \Delta U\right)\right]$，其中 $\Delta U \equiv U(\boldsymbol{R}(V_n)) - U(\boldsymbol{R}(V_o))$ 为改变体积的尝试运动所引起的体系势能函数的变化。

为了在模拟中保证 $V > 0$，我们也可以令 $V_n = V_o \exp(\xi)$（即 $\ln V_n = \ln V_o + \xi$），其中 ξ 为在 $(-\xi_{\max}, \xi_{\max})$ 中均匀分布的随机数，而 $\xi_{\max} > 0$ 可以在模拟达到平衡之前进行调整以使得这种尝试运动的平均接受率达到预定的值；和上面所说的改变 V 的尝试运动相比，它的另一个好处在于 $\xi_{\max}$ 比 $\Delta V_{\max}$ 对 V 的依赖性要小得多，因此更容易调整 [22]。在调整好 $\xi_{\max}$ 后，这也是一种对称的尝试运动。为了推导它的 Metropolis 接受准则，我们需要将式 (3.3) 写成对 $\ln\left(V/\Lambda^3\right)$

的积分，即

$$Q(n,P,\beta)=(1/n!)\int_{-\infty}^{\infty}\mathrm{d}\ln\left(V/\Lambda^3\right)\exp\left(-\beta PV\right)\left(V/\Lambda^3\right)^{n+1}$$
$$\int\mathrm{d}\boldsymbol{S}\exp\left[-\beta U(V^{1/3}\boldsymbol{S})\right]$$

而相应的具有 $\ln\left(V/\Lambda^3\right)$ 的一个构型 $\boldsymbol{R}(\ln\left(V/\Lambda^3\right))$ 出现的概率为

$$p(\boldsymbol{R}(\ln\left(V/\Lambda^3\right)))=\left(V/\Lambda^3\right)^{n+1}\exp\left[-\beta PV-\beta U(V^{1/3}\boldsymbol{S})\right]/n!Q(n,P,\beta)$$

将其代入式 (3.9) 中我们就得到这种尝试运动的 Metropolis 接受准则为

$$P_{acc}(V_o\to V_n)=\min\left\{1,\exp\left[(n+1)\xi+\beta PV_o\left(1-\exp(\xi)\right)-\beta\Delta U\right]\right\}$$

值得注意的是：与 3.3.1 小节中所讲的移动（一个）粒子的尝试运动不同，由于在改变体积的尝试运动中所有粒子的空间位置都发生了变化，一般来说在这里 ΔU 和 $U(\boldsymbol{R}(V_n))$ 的计算一样耗时，因此改变体积的尝试运动所占的分率比移动粒子的要小得多。但是当粒子间的对势 $u(r)$ 是它们之间距离 r 的幂次方的形式（即 $u(r)=\varepsilon r^\alpha$）时（例如 2.2 节中讲的离散高斯链模型中的键长作用能），根据成对可加性我们得到

$$\Delta U=\sum_i\sum_{j>i}\varepsilon\left(r_{ij,n}^\alpha-r_{ij,o}^\alpha\right)=\sum_i\sum_{j>i}\varepsilon r_{ij,o}^\alpha\left(c^\alpha-1\right)=\left(c^\alpha-1\right)U(\boldsymbol{R}(V_o))$$

其中 $r_{ij,n}$ 和 $r_{ij,o}$ 分别为在新构型和当前构型中粒子 i 和 j 之间的距离，而 $c\equiv(V_n/V_o)^{1/3}$；因此可以很快地计算 ΔU。当 $u(r)$ 是 r 的不同幂次方的线性组合时（例如在 2.2 节中讲到的 LJ 势、WCA 势以及 DPD 势），我们只需要把 $U(\boldsymbol{R}(V_o))$ 中不同幂次方的贡献分别存储就可以同样处理了，此时改变体积和移动粒子的尝试运动可以各占 50%。

最后，对于使用“壳”粒子 [19] 的模拟，感兴趣的读者请详见文献 [23]。

3.3.5 巨正则系综下的重要性抽样

在巨正则系综下的 Monte Carlo 模拟中，我们除了要用到 3.3.1 小节中所讲的移动粒子的尝试运动（其接受准则与在正则系综下的相同）以外，还需要插入和删除粒子（即改变体系中的粒子数 n）的尝试运动。在插入粒子的尝试运动中我们在随机选取的空间位置上放置一个粒子（记为 $n\to n+1$），而在删除粒子的尝试运动中我们删除一个随机选取的粒子（记为 $n\to n-1$）。一般地，我们可以令 p 和 $1-p$ 分别为进行这两种尝试运动的先验概率（当 $\boldsymbol{R}_o$ 和 $\boldsymbol{R}_n$ 中分别含有

n 和 $n+1$ 个粒子时，这是指$\alpha_{on}=p$和$\alpha_{no}=1-p$；而当 $\boldsymbol{R}_o$ 和 $\boldsymbol{R}_n$ 中分别含有 n 和 $n-1$ 个粒子时，这是指$\alpha_{on}=1-p$和$\alpha_{no}=p$)。它们的接受准则由式 (3.7) 和式 (3.13) 得到，即

$$\begin{cases} P_{acc}(n \to n+1) = \min\left[1, (1-p)V\exp\left(\beta\mu - \beta\Delta U\right)/p(n+1)\Lambda^3\right] \\ P_{acc}(n \to n-1) = \min\left[1, pn\Lambda^3\exp\left(-\beta\mu - \beta\Delta U\right)/(1-p)V\right] \end{cases}$$

其中，$\Delta U \equiv U(\boldsymbol{R}_n) - U(\boldsymbol{R}_o)$ 为尝试运动所引起的体系势能函数的变化。

当 $p=1/2$ 时（此时模拟的效率最高，因此是最常用的情况），可以认为插入和删除粒子是对称的尝试运动。以插入一个粒子的尝试运动为例：$\boldsymbol{R}_n$ 是通过在 $\boldsymbol{R}_o$ 中随机选取的一个位置上放置第 $n+1$ 个粒子而得到的；由于我们使用了所有粒子约化的空间位置 $\boldsymbol{S}$（而不是 $\boldsymbol{R}$）作为构型空间的参数（详见 3.1.3 小节中巨正则配分函数 $\Xi(\mu,V,\beta)$ 最终的表达式)，可以认为 $\alpha_{on}=1$（或者 $\alpha_{on}=p=1/2$)，与体系中的位置（例如格点）数无关。在与其相反的尝试运动（即 $\boldsymbol{R}_n \to \boldsymbol{R}_o$）中，$\boldsymbol{R}_o$ 是通过在 $\boldsymbol{R}_n$ 中删除一个随机选取的粒子而得到的；由于体系中的粒子是不可区分的，我们可以认为 $\alpha_{no}=1$（或者 $\alpha_{no}=1-p=1/2$），与体系中的粒子数无关。因此插入和删除粒子是对称的尝试运动（即 $\alpha_{on}=\alpha_{no}$）；值得注意的是：式 (3.13) 中只包含 α_{on} 和 α_{no} 的比值（而不是它们各自的值）。其接受准则由式 (3.7) 和式 (3.9) 得到，即

$$\begin{cases} P_{acc}(n \to n+1) = \min\left[1, \dfrac{V\exp\left(\beta\mu - \beta\Delta U\right)}{(n+1)\Lambda^3}\right] \\ P_{acc}(n \to n-1) = \min\left[1, \dfrac{n\Lambda^3\exp\left(-\beta\mu - \beta\Delta U\right)}{V}\right] \end{cases} \tag{3.14}$$

值得注意的是：在模拟程序中为了记录粒子的空间位置，这些粒子是有编号的（例如从 1 到 n，这通常是用来存储粒子空间位置的数组元素的序号）。由于在模拟过程中体系包含的粒子数在不断地变化，我们在程序中定义这些数组时可以用体系所能包含的最大粒子数 $n_{\max}$ 作为其元素的个数，而用 $n \in [0, n_{\max}]$ 来记录当前构型中的粒子数；当 $n=0$ ($n_{\max}$) 时我们将拒绝删除（插入）粒子的尝试运动。在其他情况下，当插入粒子的尝试运动被接受时，我们将其空间位置存到数组的第 $n+1$ 个元素中，再将 n 的值更新为 $n+1$。而在删除粒子的尝试运动中，我们随机产生一个在 $[1,n]$ 中均匀分布的整数 i 作为要删除粒子的序号；当该尝试运动被接受时，如果 $i<n$，我们就将数组元素 n 中的内容存到元素 i 中，再将 n 的值更新为 $n-1$，否则直接将 n 的值更新为 $n-1$ 就行了。

3.4 Monte Carlo 模拟中的 “温度” 和长度

热力学温度 (T) 是经典热力学中的一个基本的宏观物理量，而由统计力学我们可以得到温度的微观含义，即在正则系综下体系的 T 与其中粒子的平均动能成正比。但是在第 1 章中我们就已经说明了：Monte Carlo 模拟的基础之一是利用高斯积分公式解析地求出了对体系中所有粒子的动量的积分，得到了包含体系实际温度的 de Broglie 热波长 $\Lambda \equiv h/\sqrt{2\pi m k_{\mathrm{B}} T}$（详见式 (1.1)），从而消除了体系的热力学性质对其粒子速度（即动量空间）的依赖，因此在 Monte Carlo 模拟中只需要考虑粒子的位置（即构型空间）。也就是说，Monte Carlo 模拟与体系的实际温度（即粒子的平均动能）是无关的。那么，Monte Carlo 模拟中常用的 “温度”（即 $1/\beta$）究竟代表着什么呢？

以正则系综为例，我们注意到在体系的构型积分 $Z \equiv \int \mathrm{d}\boldsymbol{R} \exp\left[-\beta U(\boldsymbol{R})\right]$（或者尝试运动的接受判据 $P_{acc} = \min\left[1, \exp(-\beta \Delta U)\right]$）中 β 总是和体系的势能函数 $U(\boldsymbol{R})$（或者其变化 ΔU）作为乘积同时出现的，其中 $\boldsymbol{R}$ 代表体系的一个构型（即所有粒子的空间位置）；也就是说，Monte Carlo 模拟中所用的 $1/\beta$ 只是提供了一个能量的单位（在其他系综中也是如此）。在分子模拟中所使用的物理量（包括长度、质量、时间、热力学温度以及由这些基本量组合而成的导出量）都是无量纲的，因此对每个基本量都需要选择其单位。由于在 Monte Carlo 模拟中不涉及质量、时间和热力学温度，需要将能量作为一个基本量（即在 Monte Carlo 模拟中只有长度和能量这两个基本量），并且为了无量纲化能量而引入 $1/\beta$ 作为能量的单位；鉴于 $1/\beta$ 和热力学温度成正比（即 $1/\beta = k_{\mathrm{B}} T_0$），我们也可以认为这里引入了一个（固定的）参考温度 T_0。这也适用于其他系综。特别是对于恒温的系综，为了方便起见可以把 T_0 取为体系的实际温度 T，即用体系热涨落的特征能量 $k_{\mathrm{B}} T$ 来作为 Monte Carlo 模拟中能量的单位；这是很好理解的。

而当 Monte Carlo 模拟中的 “温度” 变化时，作者倾向于避免同时使用不同的能量单位 $1/\beta$。例如在并行回火（parallel tempering）中，需要对体系的多个热力学状态同时进行模拟，而在正则系综下这些状态的 “温度” 各不相同（详见 6.5 节）。对采用高分子粗粒化模型的体系来说，通常情况下体系在所有状态下的键合（包括键长和键角）作用能都相同，而在第 k 个状态下的无量纲的非键作用能可以写为 $\beta_k U^{\mathrm{nb}} = \beta U_k^{\mathrm{nb}} = \varepsilon_k E$；这里的第一项是很多文献甚至教科书中的写法，$1/\beta_k$ 为第 k 个状态的 “温度”，而 U^{nb} 为体系的非键作用能，但要注意的是：由于 U^{nb} 具有能量的量纲，它是不能在模拟中直接使用的；第二项和第一项是等价的（这也给出了体系在第 k 个状态下的非键作用能 U_k^{nb} 的定义），但它避免了同时使用多个能量单位 $1/\beta_k$；第三项给出了在模拟中直接使用的无量纲的非键作用能的定义，即为一个控制非键作用大小的无量纲的参数 ε（在第 k 个状态下的取值为 ε_k）和体系相应的**无量纲的非键作用能级** E 的乘积。以 2.2 节中的耗散粒子动力学模型为例，这里的 ε 即为其中的 a，而 E 为体系中所有粒子对的 $(1-r/\sigma)^2$ 的加和。再以 2.3 节中的传统格点模型为例，这里的 ε 即为控制在近邻格点上的链节之间非键作用大小的参数，而 E 为体系中近邻链节对的数目。因此，Monte Carlo 模拟中的“温度”（即 $1/\beta$）实际上和 ε 成反比；例如当“温度”为无穷大（即 $\beta=0$）时，体系中没有非键作用（即 $\varepsilon=0$）。值得注意的是：当体系中有多种非键作用能时，“温度”也可以用来同时控制其中的几种 ε 参数相互关联的非键作用能。当然，“温度”也可以用来控制键合作用能的大小，虽然这在采用高分子粗粒化模型的体系中并不常见。

类似地，我们以包含 n 个（球形）粒子的经典原子体系的正则配分函数

$$Q(n,\tilde{V},\varepsilon)=\frac{1}{n!\Lambda^{3n}}\int \mathrm{d}\boldsymbol{R}\exp\left[-\beta U(\boldsymbol{R})\right]=\frac{\tilde{V}^n}{n!}\int \mathrm{d}\boldsymbol{S}\exp\left[-\varepsilon E(\boldsymbol{R})\right] \tag{3.15}$$

为例来考虑 Monte Carlo 模拟中的长度，其中$\boldsymbol{S}\equiv\boldsymbol{R}/V^{1/3}$为所有粒子约化的空间位置（即 $\int \mathrm{d}\boldsymbol{S}=1$），而$\tilde{V}\equiv V/\Lambda^3$为体系无量纲的体积；也就是说，为了无量纲化长度，我们以 Λ 作为其单位。上面讲过，由于在 Monte Carlo 模拟中不涉及质量，作为长度单位的 Λ 的值对于模型体系及其模拟本身是无关紧要的，可以任意选取。例如，在非格点模型中我们可以取 $\Lambda=\sigma$（即 2.2 节中所讲的非键对势的截断距离），也可以取 $\Lambda=b$（即 2.2 节中所讲的键长参数）；而在格点模型中通常取 $\Lambda=l$，其中 l 为晶格常数，这使得 $\tilde{V}$ 正好为体系中格点的数目。因此，虽然式 (3.15) 严格来讲是用于非格点模型的，为了简洁起见在本书中我们也将其用于格点模型，此时对 $\boldsymbol{S}$ 的积分实则表示对体系所有构型的加和（即 $\int \mathrm{d}\boldsymbol{S}f(\boldsymbol{R})=\sum_{\boldsymbol{R}}f(\boldsymbol{R})/\tilde{V}^n$）。只有当把模型体系和实际体系相匹配时才需要考虑模拟中长度单位的具体值；在 7.5 节中我们将以格点多占模型为例，具体说明当把模型体系和实际体系相匹配时如何确定 l 的值。

为了明确起见，在后面的章节中我们将使用无量纲的物理量（用相应符号上的“~”表示），并且避免使用 Monte Carlo 模拟中的“温度”一词。例如，由式 (3.15) 我们可以得到经典原子体系在给定粒子化学势 μ 下的巨正则配分函数

$$\Xi(\tilde{\mu},\tilde{V},\varepsilon)=\sum_{n=0}^{\infty}Q(n,\tilde{V},\varepsilon)\exp(\beta\mu n)=\sum_{n=0}^{\infty}\left(\tilde{V}^n/n!\right)\int \mathrm{d}\boldsymbol{S}\exp\left[\tilde{\mu}n-\varepsilon E(\boldsymbol{R}(n))\right]$$

其中$\tilde{\mu}\equiv\beta\mu$为粒子无量纲的化学势，和它在给定压强 P 下的等温等压系综的配

分函数

$$\begin{aligned} Q(n,\tilde{P},\varepsilon) &= \int_0^\infty \mathrm{d}\tilde{V} Q(n,\tilde{V},\varepsilon)\exp(-\beta PV) \\ &= \int_0^\infty \mathrm{d}\tilde{V}\left(\tilde{V}^n/n!\right)\int \mathrm{d}\boldsymbol{S}\exp\left[-\tilde{P}\tilde{V}-\varepsilon E(\boldsymbol{R})\right] \end{aligned}$$

其中$\tilde{P}\equiv\beta\Lambda^3P$为无量纲的压强。表 3.1 列出了本书中一些常用的物理量之间的关系，其中 $\Omega(n,V,E)$ 为包含 n 个粒子且体积为 V 的体系在 E 上的态密度，$p(\boldsymbol{R})$ 为在正则系综下体系构型 $\boldsymbol{R}$ 的归一化概率分布函数，而 $p_b(E)$ 为在正则系综下体系 E 的归一化概率分布函数；值得注意的是：我们这里认为E 在非格点模型中是连续分布的，而在格点模型中是离散分布的；因此，在前者中我们使用 Dirac δ 函数，而在后者中使用 Kronecker δ 函数（即当 $i=j$ 时 $\delta_{i,j}=1$，否则 $\delta_{i,j}=0$）。

表 3.1　本书中一些常用的物理量之间的关系

	非格点模型	格点模型
$\Omega(n,V,E)$	$=\int \mathrm{d}\boldsymbol{R}\delta(E(\boldsymbol{R})-E)$ $=V^n\int \mathrm{d}\boldsymbol{S}\delta(E(\boldsymbol{R})-E)$	$=l^{3n}\sum_{\boldsymbol{R}}\delta_{E(\boldsymbol{R}),E}$ $=V^n\sum_{\boldsymbol{R}}\delta_{E(\boldsymbol{R}),E}/\tilde{V}^n$
$\tilde{\Omega}(n,\tilde{V},E)$ $\equiv\dfrac{\Omega(n,V,E)}{\Lambda^{3n}}$	$=\int \mathrm{d}\boldsymbol{R}\delta(E(\boldsymbol{R})-E)/\Lambda^{3n}$ $=V^n\int \mathrm{d}\boldsymbol{S}\delta(E(\boldsymbol{R})-E)/\Lambda^{3n}$	$=\cancel{l^{3n}}\sum_{\boldsymbol{R}}\delta_{E(\boldsymbol{R}),E}/\cancel{\Lambda^{3n}}$ $=\sum_{\boldsymbol{R}}\delta_{E(\boldsymbol{R}),E}$
$Z(n,V,\varepsilon)$	$=\int \mathrm{d}\boldsymbol{R}\exp[-\beta U(\boldsymbol{R})]$ $=V^n\int \mathrm{d}\boldsymbol{S}\exp[-\varepsilon E(\boldsymbol{R})]$ $=\int \mathrm{d}E\Omega(E)\exp(-\varepsilon E)$	$=l^{3n}\sum_{\boldsymbol{R}}\exp[-\beta U(\boldsymbol{R})]$ $=V^n\sum_{\boldsymbol{R}}\exp[-\varepsilon E(\boldsymbol{R})]/\tilde{V}^n$ $=\sum_E\Omega(E)\exp(-\varepsilon E)$
$\tilde{Z}(n,\tilde{V},\varepsilon)$ $\equiv\dfrac{Z(n,V,\varepsilon)}{\Lambda^{3n}}$	$=\int \mathrm{d}\boldsymbol{R}\exp[-\beta U(\boldsymbol{R})]/\Lambda^{3n}$ $=V^n\int \mathrm{d}\boldsymbol{S}\exp[-\varepsilon E(\boldsymbol{R})]/\Lambda^{3n}$ $=\int \mathrm{d}E\tilde{\Omega}(E)\exp(-\varepsilon E)$	$=\cancel{l^{3n}}\sum_{\boldsymbol{R}}\exp[-\beta U(\boldsymbol{R})]/\cancel{\Lambda^{3n}}$ $=\sum_{\boldsymbol{R}}\exp[-\varepsilon E(\boldsymbol{R})]$ $=\sum_E\tilde{\Omega}(E)\exp(-\varepsilon E)$
$Q(n,\tilde{V},\varepsilon)$ $=\dfrac{Z(n,\tilde{V},\varepsilon)}{n!\Lambda^{3n}}$ $=\dfrac{\tilde{Z}(n,\tilde{V},\varepsilon)}{n!}$	$=\int \mathrm{d}\boldsymbol{R}\exp[-\beta U(\boldsymbol{R})]/n!\Lambda^{3n}$ $=\tilde{V}^n\int \mathrm{d}\boldsymbol{S}\exp[-\varepsilon E(\boldsymbol{R})]/n!$ $=\int \mathrm{d}E\tilde{\Omega}(E)\exp(-\varepsilon E)/n!$	$=\cancel{l^{3n}}\sum_{\boldsymbol{R}}\exp[-\beta U(\boldsymbol{R})]/n!\cancel{\Lambda^{3n}}$ $=\cancel{\tilde{V}^n}\sum_{\boldsymbol{R}}\exp[-\varepsilon E(\boldsymbol{R})]/n!\cancel{\tilde{V}^n}$ $=\sum_E\tilde{\Omega}(E)\exp(-\varepsilon E)/n!$
$p(\boldsymbol{R})=\exp[-\varepsilon E(\boldsymbol{R})]/n!Q$ $=\exp[-\varepsilon E(\boldsymbol{R})]/\tilde{Z}$	$\tilde{V}^n\int \mathrm{d}\boldsymbol{S}p(\boldsymbol{R})=1$	$\sum_{\boldsymbol{R}}p(\boldsymbol{R})=1$
$p_b(E)=\tilde{\Omega}(E)\exp(-\varepsilon E)/n!Q$ $=\tilde{\Omega}(E)\exp(-\varepsilon E)/\tilde{Z}$	$\int \mathrm{d}Ep_b(E)=1$	$\sum_E p_b(E)=1$

参 考 文 献

[1] 杨玉良, 张红东. 高分子科学中的 Monte Carlo 方法. 上海: 复旦大学出版社, 1993.

[2] Stickler B A, Schachinger E. Basic Concepts in Computational Physics. Springer International Publishing, 2014.

[3] Binder K, Heermann D W. Monte Carlo Simulation in Statistical Physics: An Introduction. Fifth ed. Heidelberg; Dordrecht; London; New York: Springer, 2010.

[4] Vlugt T, Van der Eerden J P J M, Dijkstra M, Smit B, Frenkel D. Introduction to Molecular Simulation and Statistical Thermodynamics. Delft, The Netherlands, 2008.

[5] Pang T. An Introduction to Computational Physics. Cambridge: Cambridge University Press, 2006.

[6] Thijssen J M. Computational Physics. Cambridge: Cambridge University Press, 2007.

[7] Frenkel D, Smit B. 分子模拟——从算法到应用. 汪文川, 等译. 北京: 化学工业出版社, 2002.

[8] 刘军. 科学计算中的蒙特卡罗策略. 唐年胜, 周勇, 徐亮, 译. 北京: 高等教育出版社, 2009.

[9] Allen M P, Tildesley D J. Computer Simulation of Liquids. New York: Oxford University Press, 1987; 2nd ed. Oxford: Oxford University Press, 2017.

[10] Huang K. Statistical Mechanics. 2nd ed. New York: John Wiley & Sons, 1987.

[11] Reichl L E. Equilibrium Statistical Mechanics. Englewood Cliffs, NJ: Prentice-Hall, 1989.

[12] Bellac M L, Mortessagne F, Batrouni G G. Equilibrium and Non-Equilibrium Statistical Thermodynamics. Cambridge: Cambridge University Press, 2004.

[13] 汪志诚. 热力学 · 统计物理. 5 版. 北京: 高等教育出版社, 2013.

[14] 赵柳. 统计热物理学. 北京: 科学出版社, 2019.

[15] Metropolis N, Ulam S. J. Am. Stat. Assoc., 1949, 44 (247): 335-341.

[16] Metropolis N, Rosenbluth A W, Rosenbluth M N, Teller A H, Teller E. J. Chem. Phys., 1953, 21 (6): 1087-1092.

[17] Dongarra J, Sullivan F. Comput. Sci. Eng., 2000, 2 (1): 22-23.

[18] Frenkel D, Smit B. Understanding Molecular Simulation: From Algorithms to Applications. 2nd ed. San Diego: Academic Press, 2002.

[19] Corti D S, Soto-Campos G. J. Chem. Phys., 1998, 108 (19): 7959-7966.

[20] Han K-K, Son H S. J. Chem. Phys., 2001, 115 (16): 7793-7794.

[21] Lyklema J W, Kremer K. J. Phys. A, 1986, 19 (2): 279-289.

[22] Eppenga R, Frenkel D. Mol. Phys., 1984, 52 (6): 1303-1334.

[23] Corti D S. Mol. Phys., 2002, 100 (12): 1887-1904.

第 4 章 高分子体系 Monte Carlo 模拟的基本操作方法

在本章中我们介绍对高分子体系进行 Markov 链 Monte Carlo 模拟时的基本操作方法，包括周期边界条件和最小映像规则（4.1 节）、常用的尝试运动（4.2 节）、初始构型与平衡步数的选取（4.3 节）、常用物理量的计算（4.4 节）以及模拟误差的估计（4.5 节）；虽然这些步骤在对小分子体系进行 Monte Carlo 模拟时也需要，但是由于在这里我们需要保持链的连接性，对高分子体系进行 Monte Carlo 模拟时的一些基本操作方法与小分子体系的有着很大的不同。我们随后以 3.2.2 小节中提到的计算一条自避行走链的均方端端距为例给出使用 Metropolis 接受准则的 Monte Carlo 算法的基本步骤（4.6 节），再给出一些关于做 Monte Carlo 模拟的具体建议（4.7 节）。

4.1 周期边界条件和最小映像规则

4.1.1 周期边界条件

众所周知，由于所处的环境不一样，在材料边界上的分子的行为与在材料内部的不同，从而导致了这两处材料的性质也不同。对于一个（宏观的）实验体系，其含有的分子（原子）数为 10^{23} 的量级，其中绝大部分都处于材料内部；而处于材料边界上的分子数的比例非常小。因此在实验中一般不需要考虑边界问题。另一方面，模拟总是在有限尺寸的盒子中进行的，而由于计算量的限制，目前模拟盒子中所能包含的分子数一般为 $10^3 \sim 10^8$ 的量级，远小于实验体系中的分子数。模拟体系如此之小，会导致其中很大比例的分子处于体系的边界上；并且模拟盒子越小，处于边界上的分子数的比例越大。我们以简立方格点模型为例来说明这一点：为了方便计算，我们假设模拟盒子是一个边长为 L 的立方体，一个分子占据一个格点，并且一个格点只能被一个分子所占据。当所有格点都被占据（即分子总数为 L^3）时，处于盒子表面上的格点（分子）数的比例为 $[6(L-2)^2+12(L-2)+8]/L^3 = [6L(L-2)+8]/L^3$；当 $L=10$ 和 100 时，该比例分别约为 49%和 6%。而 $L=100$ 的模拟盒子已经接近于目前模拟能做到的上限了；这里 $\sim 6\%$ 的处于边界上的分子对体系体相行为的影响却显然是不可以被忽略的。因此在模拟中必须要考虑边界问题。

为了消除处于边界上的分子对体系体相行为的影响，在模拟中常常采用**周期边界条件**，即认为在模拟盒子中所包含的是无限大的周期体系的一个周期，因此，从模拟盒子中获得的信息与从整个体系中获得的信息相同；也就是说，虽然我们在模拟中使用的是一个有限尺寸的盒子，却能由此获得无限大（即处于体相的）体系的信息。图 4.1(a) 显示了位于二维体系的模拟盒子（即位于中央的盒子）及其周期映像盒子（即四周的盒子）中的链构型；这些盒子中的链构型都完全相同，并且在模拟过程中当一个链节沿着某个方向从模拟盒子中移出时，必定会有它的一个映像沿着同一方向移入到模拟盒子中，从而使得其中总的链节数目和种类保持不变。图 4.1(a) 还显示出：虽然在整个体系中每一条链都是完整的，但是只看中央的模拟盒子时一些链却可能是支离破碎的；这一点在计算链的性质时需要特别注意。图 4.1(b) 显示了在四方格点模型中使用周期边界条件时，每个边界上的格点与其对面同一行（或列）边界上的对应格点互为近邻位。

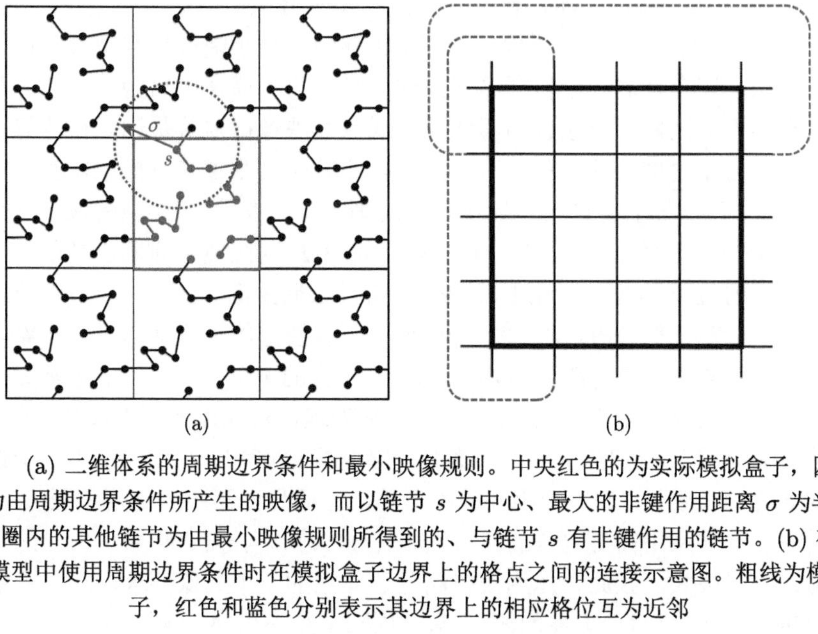

(a) (b)

图 4.1 (a) 二维体系的周期边界条件和最小映像规则。中央红色的为实际模拟盒子，四周黑色的为由周期边界条件所产生的映像，而以链节 s 为中心、最大的非键作用距离 σ 为半径的蓝色圆圈内的其他链节为由最小映像规则所得到的、与链节 s 有非键作用的链节。(b) 在四方格点模型中使用周期边界条件时在模拟盒子边界上的格点之间的连接示意图。粗线为模拟盒子，红色和蓝色分别表示其边界上的相应格位互为近邻

当然，周期边界条件可以只在空间的某一个或者两个方向上采用。例如，在研究表面吸附或者一维受限问题时，可以只在 x 和 y 方向上采用周期边界条件，而在 z 方向放置垂直于 z 轴并且不能被占据（即不可穿透）的壁；类似地，在研究二维受限问题时，可以只在 z 方向上采用周期边界条件，而在 x 和 y 方向放置不可穿透的（还可以是不同形状的）壁。除了排除体积作用之外，壁和体系中的高分子也可以有作用能。

值得注意的是：周期边界条件无法完全消除分子模拟结果中的**有限尺寸效应**（即不同尺寸的模拟盒子会给出不同的强度量的数值），这是因为它（也即模拟盒子的尺寸）是人为施加给模拟体系的一个周期；我们在 4.5.3 小节中会对此举例说明。而对于本身就具有周期性结构的体系，这个人为施加的周期需要与模拟体系所固有的周期相匹配（即前者须是后者的整数倍）才能得到可靠的结果；对此感兴趣的读者可以参见文献 [1]。最后，在研究体系的相变时，由于模拟盒子的尺寸限制了体系的涨落，从模拟中直接得到的相变点与热力学极限下的并不相同；为了由前者得到后者，在 8.2 节中我们将介绍一级和二级相变的有限尺寸标度分析理论。

4.1.2 最小映像规则（minimum image convention）

使用周期边界条件所带来的一个问题是模拟盒子中的每个粒子（例如链节）可能和它的以及其他粒子的（无穷多个）映像产生非键作用。当无量纲的非键作用对势 $\tilde{u}^{\text{nb}}(r)$ 为短程时（即在粒子之间的距离 r 较大时，随着 r 的增加 $\left|\tilde{u}^{\text{nb}}(r)\right|$ 减小得比 r^{-d} 要快，其中 d 为体系的空间维度），最小映像规则是解决这个问题的一个办法，即在计算一个粒子的非键作用时，只考虑在以它为中心的、与模拟盒子大小相同的区域中所包含的其他粒子或者其映像；也就是说，在计算模拟盒子中粒子 i 与 j 之间的非键作用时，我们只计算 j 的映像（包括 j 本身）中距离 i 最近的那个与 i 的非键作用。最小映像规则等价于在 $\tilde{u}^{\text{nb}}(r)$ 中引入了一个截断距离 $\sigma = L/2$（即假设 $\tilde{u}^{\text{nb}}(r \geqslant \sigma) = 0$），其中 L 为在使用周期边界条件的方向上模拟盒子的边长。当然，如果 $\tilde{u}^{\text{nb}}(r)$ 本身的截断距离（例如 2.2 节中所讲的硬球势、WCA 势或者 DPD 势）就比 $L/2$ 小，会使得体系非键作用的计算更快。

值得注意的是：在周期边界条件下，① 长程的 $\tilde{u}^{\text{nb}}(r)$（例如静电势）不能直接截断，而是需要采用 Ewald 求和等方法来处理，对此读者可以参考文献 [2] 的第 6 章；② 为了完全避免周期边界条件对链构象的影响，$L/2$ 应该不小于链在最伸展构象时的长度；例如对于柔性的线形链，这要求 L 至少为链周线长度的两倍，或者说在三维体系中需要包含的链节数正比于 N^3。当链长 N 较大时，这会使得模拟的计算量很大。因此，作为模拟高分子体系的一个最低要求，$L/2$ 不能小于链的回转半径 R_g；对于柔性的线形链，如果用 $R_g \propto \sqrt{N}$，则在三维体系中需要包含的链节数正比于 $N^{3/2}$。我们建议在模拟中使用不同的 L 值来检查模拟结果的有限尺寸效应。

4.2 尝试运动

如 3.3 节所述，在 Markov 链 Monte Carlo 模拟中，我们使用尝试运动来改变体系的当前构型以产生新的构型；这里的尝试运动并不是真实的链运动，而只是对当前构型所做的（通常是局部的）随机扰动。我们之所以称其为尝试运动，是因为它只是尝试改变当前构型；只有当它产生的新构型被相应的接受准则判定为接受时，该尝试运动才会得到真正地实施，否则体系需要回到该尝试运动之前的构型。

由于模拟中需要保持链的连接性（即满足对链的键长和键角的要求），高分子体系的尝试运动与 3.3 节所讲的小分子体系的尝试运动差别较大。我们将在 4.2.1 小节中介绍不同系综下的模拟中都要用到的移动高分子链的尝试运动，在 4.2.2 小节中介绍改变高分子体系体积的尝试运动，而在 5.3 节中介绍插入和删除链的尝试运动。原则上来说，我们可以使用任何能够保持链的连接性、满足排除体积效应的要求，并且符合各态历经的尝试运动；但是，由于尝试运动决定了 Monte Carlo 模拟的抽样效率，选择或设计高效的尝试运动就非常重要了。

4.2.1 常用的移动高分子链的尝试运动

这里我们分别介绍在传统的格点和非格点模型中常用的一些移动高分子链的尝试运动；它们在第 7 章中所讲的快速 Monte Carlo 模拟中一般也可以使用。

1. 格点模型

如第 2 章所述，在传统的格点模型中，排除体积效应要求一个格点只能被一个高分子链节所占据（即链节不能重叠），而未被占据的格点被认为是空位（熔体体系）或者溶剂分子（溶液体系）。以表 2.1 中的四方格点模型为例，图 4.2 给出了一些在格点模型中常用的尝试运动：图 4.2(a) 所示的**末端旋转（end-rotation）**改变链的末端链节的位置，而图 4.2(b) 所示的**扭结跳跃（kink jump）**改变链的内部链节的位置。值得注意的是：① 这两种尝试运动每次只改变了一个链节的位置；② 在键长涨落模型中，可以同时改变与所移动链节相连的键长。图 4.2(c) 所示的**曲柄（crankshaft）运动**每次改变两个链节的位置，它一般只在四方格点模型和简立方格点模型中使用。与这些**局部运动（local moves）**不同，图 4.2(d) 所示的**蛇行运动（reptation）**每次可以改变一条链上所有链节的位置；这里我们随机选择链的一端（记为链上的第一个链节），再随机选择这个链节的一个近邻格点位置，若该位置为空位（或溶剂），就将这个链节移动到该位置上，然后将链的第 $s\ (=2,\cdots,N)$ 个链节依次递补到原来第 $s-1$ 个链节的位置上；对于均聚物，蛇形运动可以认为是将链的一个末端链节切除并将其重新连接到该链的另一端。值得注意的是：在键长涨落模型中，① 可以同时改变与该末端链节相连的键长，② 蛇形运动可以只对链的一段来做，即当链的连接性恢复时就停止，如图 4.2(f) 所示。

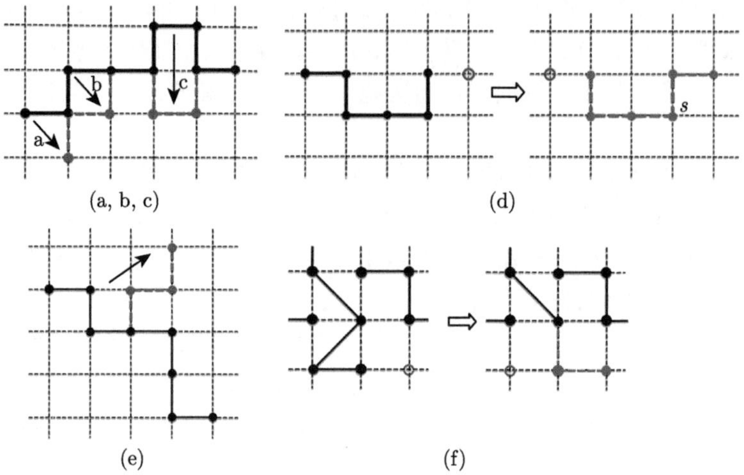

图 4.2 四方格点模型中常用的尝试运动：(a) 末端旋转，(b) 扭结跳跃，(c) 曲柄运动，(d) 蛇形运动，(e) 枢轴转动；而 (f) 为星形格点模型中的部分蛇形运动。这里黑色表示链节的当前位置，红色表示链节新的位置，而蓝色表示在尝试运动中所选中的空位的位置

上面的这些尝试运动对长链的构象改变都较小。相比之下，图 4.2(e) 所示的**枢轴转动（pivot move）**是改变链构象的最有效的尝试运动；这里我们随机选取链的一个内部链节将该链分为两段，然后以这个链节为中心对较短的链段做一个满足格点模型对称性的随机操作（例如旋转），同时保持每个链段的构象不变 [3]。由于它很容易违反排除体积效应的要求，枢轴转动在传统模型中一般只能用于单链体系。

上面的尝试运动都是首先选择要移动的链节，并且要求其尝试位置为空位（或者溶剂）以满足排除体积效应的要求，因此适用于体系中高分子的体积分数 $\phi \equiv nNv_0/V$ 不是很大的情况，其中 n 为体系中的链数，而 v_0 和 V 分别代表一个链节和整个体系的体积；对于单格点模型（即一个链节只占据一个格点），当 $\phi > 0.9$ 时这些尝试运动的平均接受率就会很低。为了解决这一问题，Reiter 于 1990 年提出了在简立方格点模型中的**空位扩散算法**（即首先选择要移动的空位）[4]，陆建明和杨玉良也于 1991 年提出了在星形格点模型中的空位扩散算法 [5]；这种尝试运动可以用于 ϕ 接近于 1 的体系。而 Pakula 于 1987 年提出的**协同运动算法** [6] 是目前唯一的可以用于单分散且不可压缩的高分子熔体（即 $\phi = 1$）的尝试运动。作者之一的课题组将这两种算法推广到了格点多占模型上 [7]；我们将在 7.4 节中详细介绍它们。

值得注意的是：尝试运动必须要符合各态历经，才不会影响模拟的结果；这一点可以通过比较使用不同尝试运动的模拟的结果来检查。

2. 非格点模型

与格点模型类似，非格点模型中的尝试运动也在一定程度上依赖于所使用的模型。例如对于**键长固定**的链模型，其局部运动一般是在保持键长不变的情况下旋转一个选定的链节。取决于所选链节是链的末端还是内部链节，其新位置分别在以与所选链节相连的链节为球心的球冠上或者在以与所选链节相连的两个链节的连线中点为圆心的圆弧上（球冠或者圆弧的中点为所选链节的当前位置）均匀分布；它们分别类似于图 4.2(a) 和 (b) 中的末端旋转和扭结跳跃。而与在格点模型中不同的是：这里（在模拟达到平衡之前）可以通过调节球冠或者圆弧的大小来控制尝试运动的平均接受率（它们是负相关的）。同样地，这里的蛇形运动类似于图 4.2(d)，而所选末端链节的新位置在以与所选链的另一末端链节为球心的球面上均匀分布。特别地，对于自由连接的硬球链，在末端旋转和蛇形运动中可以选取新位置在以球心为原点的球坐标系中的仰角范围来避免它与从它开始沿链数的第三个链节（即图 4.2(d) 中的链节 s）之间的重叠。

对于**键长可变**的链模型，其局部运动一般是将一个随机选取的链节在方向 $d\ (=x,y,z)$ 上各自移动一个随机产生的位移 $\xi_d\in(-\xi_{\max},\xi_{\max})$，其中 $\xi_{\max}>0$ 为在一个方向上可以移动的最大距离，在模拟达到平衡之前可以通过调节它的大小来控制尝试运动的平均接受率（它们是负相关的）。而在离散高斯链的蛇形运动中，我们可以按照均值为 0、在每个方向上的方差为 $b^2/3$ 的三维高斯分布来产生所选末端链节的新的键矢量，其中参数 b 控制了理想离散高斯链的键长的均方根；这样在 Metropolis 接受准则中就不需要包含键长作用能的变化了。

对于**不考虑键角作用**的单链体系（或者快速非格点 Monte Carlo 模拟中的多链体系，详见 7.2 节），我们还可以采用与图 4.2(e) 相似的枢轴转动 [8]。这里我们以随机选取的链的一个内部链节为中心随机旋转较短的链段；记 $\boldsymbol{r}_p$ 为旋转中心的空间位置，$\boldsymbol{r}_o$ 为旋转链段中一个链节的当前位置，则其新位置为 $\boldsymbol{r}_n=\boldsymbol{T}(\boldsymbol{r}_o-\boldsymbol{r}_p)+\boldsymbol{r}_p$，其中

$$\boldsymbol{T}=\begin{bmatrix} q_0^2+q_1^2-q_2^2-q_3^2 & 2\left(q_1q_2+q_0q_3\right) & 2\left(q_1q_3-q_0q_2\right) \\ 2\left(q_1q_2-q_0q_3\right) & q_0^2-q_1^2+q_2^2-q_3^2 & 2\left(q_2q_3+q_0q_1\right) \\ 2\left(q_1q_3+q_0q_2\right) & 2\left(q_2q_3-q_0q_1\right) & q_0^2-q_1^2-q_2^2+q_3^2 \end{bmatrix}$$

为旋转矩阵，而 q_0、q_1、q_2 和 q_3 为四个满足 $q_0^2+q_1^2+q_2^2+q_3^2=1$ 的随机数，可以用 Marsaglia 提出的在 d 维球面上均匀取点的方法 [9] 来产生（这里 $d=4$）：先产生两个独立的、在 $(-1,1)$ 上均匀分布的随机数 ξ_0 和 ξ_1，直到其满足 $\xi_0^2+\xi_1^2<1$；再产生两个独立的、在 $(-1,1)$ 上均匀分布的随机数 ξ_2 和 ξ_3，直到其满足 $\xi_2^2+\xi_3^2<1$；最后有 $q_i=\xi_i\ (i=0,1)$ 和 $q_i=\xi_i\sqrt{(1-\xi_0^2-\xi_1^2)/(\xi_2^2+\xi_3^2)}\ (i=2,3)$。对于**考虑**

键角作用能的单链体系，感兴趣的读者可以参见文献 [10]。

4.2.2　改变高分子体系体积的尝试运动

除了等温等压系综，改变体系体积的尝试运动也会在后面 5.5 节中所讲的 Gibbs 系综下的模拟中用到。我们将在 8.1.4 小节中介绍如何在格点模型中改变高分子体系的体积，而在本节中只讲在非格点模型中改变高分子体系体积的尝试运动。

这里和 3.3.4 小节中所讲的改变小分子体系体积的尝试运动的唯一不同是要保持链的连接性。虽然对于**键长没有限制**的链模型（例如 2.2 节中所讲的离散高斯链），我们在改变体系的体积 V 的尝试运动中可以像在小分子体系中的一样保持链节约化的空间位置 $\boldsymbol{S} \equiv \boldsymbol{R}/V^{1/3}$ 不变，其中 $\boldsymbol{R}$ 代表体系中所有链节的空间位置（也就是说，这个尝试运动改变了体系中所有的键长）；但是对于**键长固定或者有限制**的链模型（例如 2.2 节中所讲的自由连接链、自由旋转链、离散蠕虫链以及 Kremer-Grest 模型），该尝试运动却显然无法使用。对于这样的链模型，当 V 改变时我们需要保持所有链的构象不变；若以 $\boldsymbol{r}^n$ 和 $\boldsymbol{s}^n \equiv \boldsymbol{r}^n/V^{1/3}$ 来分别代表体系中所有链的第一个链节的空间位置和相应的约化空间位置，$\boldsymbol{B}^n$ 代表所有链的键矢量（即它们的构象），则在尝试运动中我们应该保持 $\boldsymbol{s}^n$ 和 $\boldsymbol{B}^n$ 不变。

4.3　初始构型与平衡步数的选取

4.3.1　初始构型

在进行尝试运动之前首先要产生体系的初始构型，它并不影响体系达到平衡后的模拟结果，只是决定了体系达到平衡所需要的时间（即 4.3.2 小节中所讲的 Monte Carlo 步数）。对于高分子体系的粗粒化模型，特别是使用软势（即允许粒子重叠）的可压缩模型，由于体系比较容易达到平衡，其初始构型一般可以随机地生成。当使用描述高分子熔体和浓溶液体系的传统（即不允许粒子重叠）或者不可压缩模型时，由于高分子的体积分数较大并且对其链节的重叠又有限制，我们可以采用规则排链（例如将链拉直；参见 7.4.2 小节）的方式来产生体系的初始构型。当然，这样产生的初始构型需要比较长的平衡时间。另一种方式是从一个随机产生的、高分子体积分数较小的初始构型开始，在使用上一节所讲的移动链的各种尝试运动对体系进行平衡的同时，还使用将在 5.1.2 小节中讲到的 Rosenbluth 方法不断地向体系中插入链，直至达到所需要的高分子体积分数为止。而使用已经在其他的模拟参数下平衡了的构型来作为新的模拟参数下的初始构型也是一种常用的方式。

4.3.2 平衡步数的选取

由于初始构型往往不是对系综平均有着重要贡献的构型，在计算系综平均时我们需要使用在体系达到平衡以后所抽取的样本；也就是说，只有在体系达到平衡以后，微观构型出现的概率才符合 Monte Carlo 模拟所要产生的构型概率分布。我们也可以认为：当体系达到平衡时，它已经完全失去了对初始构型的“记忆”。图 4.3 给出了四方格点模型中链长 $N = 64$ 的可压缩均聚物熔体在正则系综下进行 Monte Carlo 模拟时体系每个样本中平均每条链无量纲的非键作用能 $\tilde{u}_c$ 和链的均方回转半径 R_g^2 随着 Monte Carlo 步数 N_{MCS} 的变化，其中**一个 Monte Carlo 步（MCS）**是指 nN 个尝试运动（包括局部和蛇形运动）；这里我们使用了两个不同的初始构型：一个是随机产生的（记作 $\boldsymbol{R}_1$），另一个是通过规则排链产生的（记作 $\boldsymbol{R}_2$）。从图中可以看到：① 当体系达到平衡时，其样本的值达到了一个稳定的平台，即它围绕着相应的系综平均值上下波动（这反映了体系的涨落），而该系综平均值与体系的初始构型无关；② 我们可以认为 $\tilde{u}_c$ 大致在 $N_{\text{MCS}} \geqslant 100$ 时达到了平衡，从 $\boldsymbol{R}_1$ 开始的 R_g^2 大致在 $N_{\text{MCS}} \geqslant 1$ 时达到了平衡，而从 $\boldsymbol{R}_2$ 开始的 R_g^2 大致在 $N_{\text{MCS}} \geqslant 300$ 时才达到了平衡。一般来说，在高分子体系的模拟中，$\tilde{u}_c$ 等热力学量可以较快地达到平衡，而 R_g^2 等结构量达到平衡却较慢（这里因为在熔体中的链构象接近于理想链，从 $\boldsymbol{R}_1$ 开始的 R_g^2 可以很快达到平衡）。我们建议在模拟中监控对每个样本需要计算的所有的量随着 N_{MCS} 的变化（例如图 4.3）；只有当这些量全部都达到平衡时，才可以认为体系达到了平衡。

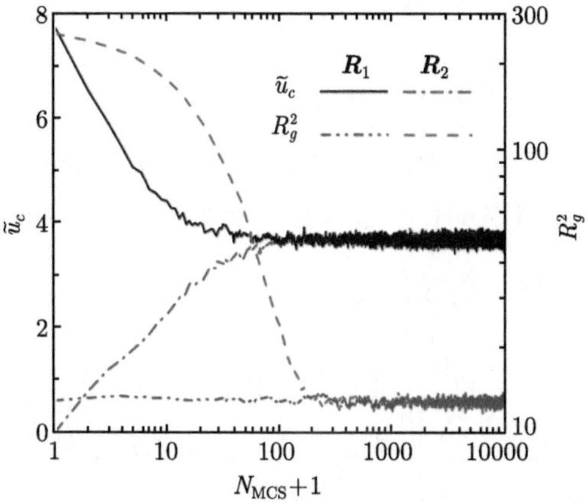

图 4.3　四方格点模型中链长 $N = 64$ 的可压缩均聚物熔体在正则系综下进行 Monte Carlo 模拟时体系每个样本中平均每条链无量纲的非键作用能 $\tilde{u}_c$（对应于左边的纵轴）和链的均方回转半径 R_g^2（对应于右边的纵轴）随着 Monte Carlo 步数 N_{MCS} 的变化（初始构型的结果对应于 $N_{\text{MCS}} = 0$）。具体的模型由式 (7.4) 给出，其中 $N/\kappa = 50$，$\rho_0 = 4$，模拟盒子的边长 $L = 96$（以晶格常数为长度单位）

由于在模拟中抽取的相邻样本一般是相关的，我们也可以计算样本的关联长度（详见 4.5.1 小节），而它对于不同的物理量往往也是不同的。因此在模拟经过了数倍于达到平衡最慢（即具有最大的关联长度）的物理量的关联长度后，我们可以认为体系达到了平衡。由于样本关联长度的计算需要使用在体系达到平衡以后所抽取的样本，这个监控平衡的方法可以用来和上面的方法互相印证。

作为监控平衡的第三种方法，我们还可以在模拟中计算链质心的均方位移（注意这里要去掉周期边界条件的影响，并且该方法不适用于某个链节固定的接枝链）；当它随着 $N_{\rm MCS}$ 的增加呈线性增长时，可以认为体系达到了平衡。

最后，由于对体系平衡步数的判定没有统一的量化标准，我们建议使用尽可能多的监控平衡的方法，并且在选取平衡步数时宜多不宜少。

4.4 物理量的计算

在 Monte Carlo 模拟中，由于（当体系达到平衡后）样本是按照相应系综下构型的概率分布而产生的，物理量 A 的系综平均 $\langle A\rangle$ 可以用这些样本的算数平均 $\overline{A}\equiv\dfrac{1}{M}\sum\limits_{i=1}^{M}A_i$ 来估计，其中 A_i 为第 i 个样本中 A 的值，而 M 为总的样本数。这里我们以 2.4 节所讲的单组分均聚物体系为例来说明如何在高分子体系的 Monte Carlo 模拟中计算一些常用的热力学量和结构量。

4.4.1 热力学量的计算

1. 正则系综下内能及其涨落的计算

在正则系综下的模拟中，记 $\tilde{U}_i\equiv\tilde{U}(\boldsymbol{R}_i)$ 为第 i 个构型样本 $\boldsymbol{R}_i$（即体系中所有链节的空间位置）无量纲的作用能（包括键合和非键作用能），则体系无量纲的**内能**为 $\left\langle\tilde{U}\right\rangle=\dfrac{1}{M}\sum\limits_{i=1}^{M}\tilde{U}_i$。值得注意的是：由于在 Monte Carlo 模拟中不考虑链节的动能，$\left\langle\tilde{U}\right\rangle$ 中并不包含因此而产生的内能中的理想气体部分。

由统计力学我们得到：在正则系综下，体系的**定容比热容** C_v 可以由其内能的涨落来计算，即

$$\sigma_{\tilde{U}}^2=\left\langle\tilde{U}^2\right\rangle-\left\langle\tilde{U}\right\rangle^2=nC_v/k_{\rm B}$$

其中 n 为体系中的链数，而 $k_{\rm B}$ 为 Boltzmann 常数；与上面的 $\left\langle\tilde{U}\right\rangle$ 一样，在 Monte Carlo 模拟中 C_v 也不包含理想气体部分。

2. 正则系综下压强的计算

在**格点模型**中计算体系的压强等价于计算其自由能，我们将在 8.1 节中对此做详细的讲解。在**非格点模型**中计算压强一般有两种方法。设 $\tilde{U}(\tilde{\boldsymbol{R}})$ 为体系无量纲的势能函数，$\tilde{\boldsymbol{R}} \equiv \boldsymbol{R}/\Lambda$，$\Lambda$ 为选取的长度单位，而 $\tilde{V} = V/\Lambda^3$ 为体系无量纲的体积。当可以计算 $\tilde{U}(\tilde{\boldsymbol{R}})$ 对 $\tilde{\boldsymbol{R}}$ 的导数（即 $\nabla_{\tilde{\boldsymbol{R}}}\tilde{U}$）时，体系无量纲的压强 $\tilde{P}$ 通常用 virial 来计算，即

$$\begin{aligned}\tilde{P} = \left(\frac{\partial \ln \tilde{Z}}{\partial \tilde{V}}\right)_{n,\varepsilon} &= \frac{1}{\tilde{Z}}\left(\frac{\partial\left[\tilde{V}^{nN}\displaystyle\int \mathrm{d}\boldsymbol{S}\exp\left(-\tilde{U}(\tilde{V}^{1/3}\boldsymbol{S})\right)\right]}{\partial \tilde{V}}\right)_{n,\varepsilon} \\ &= \frac{1}{\tilde{Z}}\left[nN\tilde{V}^{nN-1}\int \mathrm{d}\boldsymbol{S}\exp\left(-\tilde{U}(\tilde{V}^{1/3}\boldsymbol{S})\right)\right. \\ &\qquad \left. -\tilde{V}^{nN}\int \mathrm{d}\boldsymbol{S}\exp\left(-\tilde{U}(\tilde{V}^{1/3}\boldsymbol{S})\right)\nabla_{\tilde{\boldsymbol{R}}}\tilde{U}\cdot\frac{\tilde{V}^{-2/3}}{3}\boldsymbol{S}\right] \\ &= \frac{nN}{\tilde{V}} - \frac{1}{3\tilde{V}}\left\langle \nabla_{\tilde{\boldsymbol{R}}}\tilde{U}\cdot\tilde{\boldsymbol{R}}\right\rangle\end{aligned}$$

其中，$\tilde{Z} \equiv \displaystyle\int \mathrm{d}\tilde{\boldsymbol{R}}\exp\left[-\tilde{U}(\tilde{\boldsymbol{R}})\right]$ 为体系无量纲的构型积分，而 $\boldsymbol{S} \equiv \boldsymbol{R}/V^{1/3}$ 代表所有链节约化的空间位置（即 $\displaystyle\int \mathrm{d}\boldsymbol{S} = 1$），由此我们得到 $\tilde{\boldsymbol{R}} = \tilde{V}^{1/3}\boldsymbol{S}$ 和 $\mathrm{d}\tilde{\boldsymbol{R}} = \tilde{V}^{nN}\mathrm{d}\boldsymbol{S}$；由于 $\tilde{Z}$ 是对所有链节的空间位置的积分，$\tilde{P}$ 包含了理想气体部分（即 $nN/\tilde{V}$）。由 $\tilde{U}(\tilde{\boldsymbol{R}}) = \tilde{U}^{\mathrm{B}}(\tilde{\boldsymbol{R}}) + \tilde{U}^{\mathrm{nb}}(\tilde{\boldsymbol{R}})$，其中 $\tilde{U}^{\mathrm{B}}(\tilde{\boldsymbol{R}})$ 为体系无量纲的键合作用能，而 $\tilde{U}^{\mathrm{nb}}(\tilde{\boldsymbol{R}})$ 为体系无量纲的非键作用能，并且注意到 $\tilde{U}^{\mathrm{B}}(\tilde{\boldsymbol{R}})$ 中的键角（以及扭转角）作用能只与角度有关而与 $\tilde{V}$ 无关，我们得到 $\nabla_{\tilde{\boldsymbol{R}}}\tilde{U}\cdot\tilde{\boldsymbol{R}} = \nabla_{\tilde{\boldsymbol{R}}}\tilde{U}^{\mathrm{b}}\cdot\tilde{\boldsymbol{R}} + \nabla_{\tilde{\boldsymbol{R}}}\tilde{U}^{\mathrm{nb}}\cdot\tilde{\boldsymbol{R}}$，其中 $\tilde{U}^{\mathrm{b}}(\tilde{\boldsymbol{R}})$ 为体系无量纲的键长作用能。根据成对可加性，即

$$\tilde{U}^{\mathrm{nb}}(\tilde{\boldsymbol{R}}) = \frac{1}{2}\sum_{i=1}^{nN}\sum_{\substack{j=1\\ j\neq i}}^{nN}\tilde{u}^{\mathrm{nb}}(\tilde{r}_{ij})$$

其中 $\tilde{u}^{\mathrm{nb}}(\tilde{r})$ 为链节之间无量纲的非键作用对势，$\tilde{r}_{ij} \equiv |\tilde{\boldsymbol{r}}_{ij}|$ 为链节 i 和 j 之间无量纲的距离，$\tilde{\boldsymbol{r}}_{ij} \equiv \tilde{\boldsymbol{r}}_i - \tilde{\boldsymbol{r}}_j$，$\tilde{\boldsymbol{r}}_i \equiv \boldsymbol{r}_i/\Lambda$，而 $\boldsymbol{r}_i$ 为体系中第 i 个链节的空间位置，我们有

$$\nabla_{\tilde{\boldsymbol{R}}}\tilde{U}^{\mathrm{nb}}\cdot\tilde{\boldsymbol{R}} = \sum_{i'=1}^{nN}\nabla_{\tilde{\boldsymbol{r}}_{i'}}\tilde{U}^{\mathrm{nb}}\cdot\tilde{\boldsymbol{r}}_{i'}$$

$$
\begin{aligned}
&= \sum_{i'=1}^{nN} \left[\frac{1}{2} \left(\sum_{\substack{j=1 \\ j\neq i'}}^{nN} \frac{\mathrm{d}\tilde{u}^{\mathrm{nb}}(\tilde{r}_{i'j})}{\mathrm{d}\tilde{r}_{i'j}} \frac{\mathrm{d}\tilde{r}_{i'j}}{\mathrm{d}\tilde{\boldsymbol{r}}_{i'}} + \sum_{\substack{i=1 \\ i\neq i'}}^{nN} \frac{\mathrm{d}\tilde{u}^{\mathrm{nb}}(\tilde{r}_{ii'})}{\mathrm{d}\tilde{r}_{ii'}} \frac{\mathrm{d}\tilde{r}_{ii'}}{\mathrm{d}\tilde{\boldsymbol{r}}_{i'}} \right) \right] \cdot \tilde{\boldsymbol{r}}_{i'} \\
&= \frac{1}{2} \left(\sum_{i'=1}^{nN} \sum_{\substack{j=1 \\ j\neq i'}}^{nN} \frac{\mathrm{d}\tilde{u}^{\mathrm{nb}}(\tilde{r}_{i'j})}{\mathrm{d}\tilde{r}_{i'j}} \frac{\mathrm{d}\tilde{r}_{i'j}}{\underline{\mathrm{d}\tilde{\boldsymbol{r}}_{i'}}} \cdot \tilde{\boldsymbol{r}}_{i'} + \sum_{i'=1}^{nN} \sum_{\substack{i=1 \\ i\neq i'}}^{nN} \frac{\mathrm{d}\tilde{u}^{\mathrm{nb}}(\tilde{r}_{ii'})}{\mathrm{d}\tilde{r}_{ii'}} \frac{\mathrm{d}\tilde{r}_{ii'}}{\underline{\underline{\mathrm{d}\tilde{\boldsymbol{r}}_{i'}}}} \cdot \tilde{\boldsymbol{r}}_{i'} \right) \\
&= \frac{1}{2} \left(\sum_{i=1}^{nN} \sum_{\substack{j=1 \\ j\neq i}}^{nN} \frac{\mathrm{d}\tilde{u}^{\mathrm{nb}}(\tilde{r}_{ij})}{\mathrm{d}\tilde{r}_{ij}} \frac{\mathrm{d}\tilde{r}_{ij}}{\underline{\mathrm{d}\tilde{\boldsymbol{r}}_{ij}}} \cdot \tilde{\boldsymbol{r}}_{i} + \sum_{j=1}^{nN} \sum_{\substack{i=1 \\ i\neq j}}^{nN} \frac{\mathrm{d}\tilde{u}^{\mathrm{nb}}(\tilde{r}_{ij})}{\mathrm{d}\tilde{r}_{ij}} \frac{\mathrm{d}\tilde{r}_{ij}}{\underline{\underline{\mathrm{d}\tilde{\boldsymbol{r}}_{ji}}}} \cdot \tilde{\boldsymbol{r}}_{j} \right) \\
&= \frac{1}{2} \sum_{i=1}^{nN} \sum_{\substack{j=1 \\ j\neq i}}^{nN} \frac{\mathrm{d}\tilde{u}^{\mathrm{nb}}(\tilde{r}_{ij})}{\mathrm{d}\tilde{r}_{ij}} \frac{\mathrm{d}\tilde{r}_{ij}}{\mathrm{d}\tilde{\boldsymbol{r}}_{ij}} \cdot \tilde{\boldsymbol{r}}_{ij} \\
&= \frac{1}{2} \sum_{i=1}^{nN} \sum_{\substack{j=1 \\ j\neq i}}^{nN} \tilde{r}_{ij} \frac{\mathrm{d}\tilde{u}^{\mathrm{nb}}(\tilde{r}_{ij})}{\mathrm{d}\tilde{r}_{ij}} = \sum_{i=1}^{nN-1} \sum_{j>i}^{nN} \tilde{r}_{ij} \frac{\mathrm{d}\tilde{u}^{\mathrm{nb}}(\tilde{r}_{ij})}{\mathrm{d}\tilde{r}_{ij}}
\end{aligned} \tag{4.1}
$$

其中，第二行里相加的两项分别对应于在$\tilde{U}^{\mathrm{nb}}(\tilde{\boldsymbol{R}})$中（对$\nabla_{\tilde{\boldsymbol{r}}_{i'}}$有贡献的）$i = i'$ 和 $j = i'$ 的各项。类似地，由体系无量纲的键长作用能$\tilde{U}^{\mathrm{b}}(\tilde{\boldsymbol{R}}) = \sum_{k=1}^{n}\sum_{s=1}^{N-1} \tilde{u}^{\mathrm{b}}(\tilde{b}_{k,s})$，其中 $\tilde{u}^{\mathrm{b}}(\tilde{r})$ 为同一条链上相邻链节之间无量纲的键长作用能，$\tilde{b}_{k,s} \equiv \left|\tilde{\boldsymbol{b}}_{k,s}\right|$ 为第 k 条链上第 $s\ (=1,\cdots,N-1)$ 个键无量纲的键长，$\tilde{\boldsymbol{b}}_{k,s} \equiv \tilde{\boldsymbol{R}}_{k,s+1} - \tilde{\boldsymbol{R}}_{k,s}$，$\tilde{\boldsymbol{R}}_{k,s} \equiv \boldsymbol{R}_{k,s}/\Lambda$，而 $\boldsymbol{R}_{k,s}$ 为体系中第 k 条链上第 s 个链节的空间位置，我们得到

$$
\begin{aligned}
\nabla_{\tilde{\boldsymbol{R}}}\tilde{U}^{\mathrm{b}} \cdot \tilde{\boldsymbol{R}} &= \sum_{k=1}^{n}\sum_{t=1}^{N} \nabla_{\tilde{\boldsymbol{R}}_{k,t}} \tilde{U}^{\mathrm{b}} \cdot \tilde{\boldsymbol{R}}_{k,t} \\
&= \sum_{k=1}^{n} \left[\begin{array}{l} \dfrac{\mathrm{d}\tilde{u}^{\mathrm{b}}(\tilde{b}_{k,1})}{\mathrm{d}\tilde{b}_{k,1}} \dfrac{\mathrm{d}\tilde{b}_{k,1}}{\underline{\mathrm{d}\tilde{\boldsymbol{R}}_{k,1}}} \cdot \tilde{\boldsymbol{R}}_{k,1} \\
+ \displaystyle\sum_{t=2}^{N-1} \left(\dfrac{\mathrm{d}\tilde{u}^{\mathrm{b}}(\tilde{b}_{k,t-1})}{\mathrm{d}\tilde{b}_{k,t-1}} \dfrac{\mathrm{d}\tilde{b}_{k,t-1}}{\underline{\underline{\mathrm{d}\tilde{\boldsymbol{R}}_{k,t}}}} + \dfrac{\mathrm{d}\tilde{u}^{\mathrm{b}}(\tilde{b}_{k,t})}{\mathrm{d}\tilde{b}_{k,t}} \dfrac{\mathrm{d}\tilde{b}_{k,t}}{\underline{\mathrm{d}\tilde{\boldsymbol{R}}_{k,t}}} \right) \cdot \tilde{\boldsymbol{R}}_{k,t} \\
+ \dfrac{\mathrm{d}\tilde{u}^{\mathrm{b}}(\tilde{b}_{k,N-1})}{\mathrm{d}\tilde{b}_{k,N-1}} \dfrac{\mathrm{d}\tilde{b}_{k,N-1}}{\underline{\underline{\mathrm{d}\tilde{\boldsymbol{R}}_{k,N}}}} \cdot \tilde{\boldsymbol{R}}_{k,N}
\end{array} \right]
\end{aligned}
$$

$$= \sum_{k=1}^{n} \left[\begin{array}{l} \dfrac{\mathrm{d}\tilde{u}^{\mathrm{b}}(\tilde{b}_{k,1})}{\mathrm{d}\tilde{b}_{k,1}} \underline{\dfrac{\mathrm{d}\tilde{b}_{k,1}}{-\mathrm{d}\tilde{\boldsymbol{b}}_{k,1}}} \cdot \tilde{\boldsymbol{R}}_{k,1} + \sum_{t=2}^{N-1} \dfrac{\mathrm{d}\tilde{u}^{\mathrm{b}}(\tilde{b}_{k,t-1})}{\mathrm{d}\tilde{b}_{k,t-1}} \underline{\underline{\dfrac{\mathrm{d}\tilde{b}_{k,t-1}}{\mathrm{d}\tilde{\boldsymbol{b}}_{k,t-1}}}} \cdot \tilde{\boldsymbol{R}}_{k,t} \\ + \sum_{t=2}^{N-1} \dfrac{\mathrm{d}\tilde{u}^{\mathrm{b}}(\tilde{b}_{k,t})}{\mathrm{d}\tilde{b}_{k,t}} \underline{\dfrac{\mathrm{d}\tilde{b}_{k,t}}{-\mathrm{d}\tilde{\boldsymbol{b}}_{k,t}}} \cdot \tilde{\boldsymbol{R}}_{k,t} + \dfrac{\mathrm{d}\tilde{u}^{\mathrm{b}}(\tilde{b}_{k,N-1})}{\mathrm{d}\tilde{b}_{k,N-1}} \underline{\underline{\dfrac{\mathrm{d}\tilde{b}_{k,N-1}}{\mathrm{d}\tilde{\boldsymbol{b}}_{k,N-1}}}} \cdot \tilde{\boldsymbol{R}}_{k,N} \end{array} \right]$$

$$= \sum_{k=1}^{n} \left[\sum_{t=2}^{N} \frac{\mathrm{d}\tilde{u}^{\mathrm{b}}(\tilde{b}_{k,t-1})}{\mathrm{d}\tilde{b}_{k,t-1}} \frac{\mathrm{d}\tilde{b}_{k,t-1}}{\mathrm{d}\tilde{\boldsymbol{b}}_{k,t-1}} \cdot \tilde{\boldsymbol{R}}_{k,t} - \sum_{t=1}^{N-1} \frac{\mathrm{d}\tilde{u}^{\mathrm{b}}(\tilde{b}_{k,t})}{\mathrm{d}\tilde{b}_{k,t}} \frac{\mathrm{d}\tilde{b}_{k,t}}{\mathrm{d}\tilde{\boldsymbol{b}}_{k,t}} \cdot \tilde{\boldsymbol{R}}_{k,t} \right]$$

$$= \sum_{k=1}^{n} \left[\sum_{t=1}^{N-1} \frac{\mathrm{d}\tilde{u}^{\mathrm{b}}(\tilde{b}_{k,t})}{\mathrm{d}\tilde{b}_{k,t}} \frac{\mathrm{d}\tilde{b}_{k,t}}{\mathrm{d}\tilde{\boldsymbol{b}}_{k,t}} \cdot \tilde{\boldsymbol{R}}_{k,t+1} - \sum_{t=1}^{N-1} \frac{\mathrm{d}\tilde{u}^{\mathrm{b}}(\tilde{b}_{k,t})}{\mathrm{d}\tilde{b}_{k,t}} \frac{\mathrm{d}\tilde{b}_{k,t}}{\mathrm{d}\tilde{\boldsymbol{b}}_{k,t}} \cdot \tilde{\boldsymbol{R}}_{k,t} \right]$$

$$= \sum_{k=1}^{n} \sum_{t=1}^{N-1} \frac{\mathrm{d}\tilde{u}^{\mathrm{b}}(\tilde{b}_{k,t})}{\mathrm{d}\tilde{b}_{k,t}} \underline{\frac{\mathrm{d}\tilde{b}_{k,t}}{\mathrm{d}\tilde{\boldsymbol{b}}_{k,t}} \cdot \tilde{\boldsymbol{b}}_{k,t}} = \sum_{k=1}^{n} \sum_{s=1}^{N-1} \underline{\tilde{b}_{k,s}} \frac{\mathrm{d}\tilde{u}^{\mathrm{b}}(\tilde{b}_{k,s})}{\mathrm{d}\tilde{b}_{k,s}} \tag{4.2}$$

对于固定键长（即 $\tilde{u}^{\mathrm{b}}(\tilde{r})$ 不可导）的非格点模型，我们可以用 $\tilde{\boldsymbol{R}} = \{\tilde{\boldsymbol{R}}_{k,1}, \boldsymbol{\omega}_k\}$ 来表示体系的一个构型，其中 $\boldsymbol{\omega}_k = \{\theta_{k,s}, \varphi_{k,s}\}$ $(s = 1, \cdots, N-1)$ 表示第 k 条链的构象，$\theta_{k,s}$ 和 $\varphi_{k,s}$ 分别表示第 k 条链的第 $s+1$ 个链节在以该链的第 s 个链节为原点的球坐标系中所对应的仰角和方位角。由此我们得到 $\tilde{U}(\tilde{\boldsymbol{R}}) = \tilde{U}^{\mathrm{nb}}_{\mathrm{inter}}(\tilde{\boldsymbol{R}}) + \tilde{U}_{\mathrm{intra}}(\{\boldsymbol{\omega}_k\})$，其中 $\tilde{U}^{\mathrm{nb}}_{\mathrm{inter}}(\tilde{\boldsymbol{R}}) = \dfrac{1}{2}\sum\limits_{i=1}^{n}\sum\limits_{\substack{j=1\\ j\neq i}}^{n}\sum\limits_{s=1}^{N}\sum\limits_{t=1}^{N}\tilde{u}^{\mathrm{nb}}(\tilde{r}^{s,t}_{ij})$为链间无量纲的（非键）作用能，$\tilde{r}^{s,t}_{ij} \equiv \left|\tilde{\boldsymbol{R}}_{i,s} - \tilde{\boldsymbol{R}}_{j,t}\right|$，而 $\tilde{U}_{\mathrm{intra}}(\{\boldsymbol{\omega}_k\})$ 代表链内无量纲的（键合和非键）作用能；由于$\tilde{U}_{\mathrm{intra}}(\{\boldsymbol{\omega}_k\})$ 与 $\tilde{V}$ 无关，我们得到

$$\tilde{P} = \left(\frac{\partial \ln \tilde{Z}}{\partial \tilde{V}}\right)_{n,\varepsilon} = \frac{1}{\tilde{Z}} \left(\frac{\partial \left[\tilde{V}^n \left(\prod\limits_{k=1}^{n} \displaystyle\int \mathrm{d}\boldsymbol{s}_k \mathrm{d}\boldsymbol{\omega}_k \right) \exp\left(-\tilde{U}(\{\tilde{V}^{1/3}\boldsymbol{s}_k, \boldsymbol{\omega}_k\}) \right) \right]}{\partial \tilde{V}} \right)_{n,\varepsilon}$$

$$= \frac{1}{\tilde{Z}} \left[\begin{array}{l} n\tilde{V}^{n-1} \left(\prod\limits_{k=1}^{n} \displaystyle\int \mathrm{d}\boldsymbol{s}_k \mathrm{d}\boldsymbol{\omega}_k \right) \exp\left(-\tilde{U}(\{\tilde{V}^{1/3}\boldsymbol{s}_k, \boldsymbol{\omega}_k\}) \right) \\ -\tilde{V}^{n} \left(\prod\limits_{k=1}^{n} \displaystyle\int \mathrm{d}\boldsymbol{s}_k \mathrm{d}\boldsymbol{\omega}_k \right) \exp\left(-\tilde{U}(\{\tilde{V}^{1/3}\boldsymbol{s}_k, \boldsymbol{\omega}_k\}) \right) \\ \qquad\qquad \times \sum\limits_{k=1}^{n} \nabla_{\tilde{\boldsymbol{R}}_{k,1}} \tilde{U}^{\mathrm{nb}}_{\mathrm{inter}} \cdot \dfrac{\tilde{V}^{-2/3}}{3} \boldsymbol{s}_k \end{array} \right]$$

$$= \frac{n}{\tilde{V}} - \frac{1}{3\tilde{V}} \left\langle \sum_{k=1}^{n} \nabla_{\tilde{\boldsymbol{R}}_{k,1}} \tilde{U}^{\mathrm{nb}}_{\mathrm{inter}} \cdot \tilde{\boldsymbol{R}}_{k,1} \right\rangle$$

其中，$\boldsymbol{s}_k \equiv \boldsymbol{R}_{k,1}/V^{1/3}$ 代表第 k 条链的第一个链节约化的空间位置（即 $\int \mathrm{d}\boldsymbol{s}_k = 1$），由此我们得到$\tilde{\boldsymbol{R}}_{k,1} = \tilde{V}^{1/3}\boldsymbol{s}_k$和$\mathrm{d}\tilde{\boldsymbol{R}}_{k,1} = \tilde{V}\mathrm{d}\boldsymbol{s}_k$。类似于式 (4.1)，我们有

$$
\begin{aligned}
\sum_{k=1}^{n} \nabla_{\tilde{\boldsymbol{R}}_{k,1}} \tilde{U}_{\text{inter}}^{\text{nb}} \cdot \tilde{\boldsymbol{R}}_{k,1} &= \sum_{k=1}^{n} \left[\frac{1}{2} \left(\sum_{\substack{j=1 \\ j\neq k}}^{n} \sum_{s=1}^{N} \sum_{t=1}^{N} \frac{\mathrm{d}\tilde{u}^{\text{nb}}(\tilde{r}_{kj}^{s,t})}{\mathrm{d}\tilde{r}_{kj}^{s,t}} \frac{\mathrm{d}\tilde{r}_{kj}^{s,t}}{\mathrm{d}\tilde{\boldsymbol{R}}_{k,1}} \right.\right. \\
&\quad \left.\left. + \sum_{\substack{i=1 \\ i\neq k}}^{n} \sum_{s=1}^{N} \sum_{t=1}^{N} \frac{\mathrm{d}\tilde{u}^{\text{nb}}(\tilde{r}_{ik}^{s,t})}{\mathrm{d}\tilde{r}_{ik}^{s,t}} \frac{\mathrm{d}\tilde{r}_{ik}^{s,t}}{\mathrm{d}\tilde{\boldsymbol{R}}_{k,1}} \right) \right] \cdot \tilde{\boldsymbol{R}}_{k,1} \\
&= \frac{1}{2} \sum_{i=1}^{n} \sum_{\substack{j=1 \\ j\neq i}}^{n} \sum_{s=1}^{N} \sum_{t=1}^{N} \frac{\mathrm{d}\tilde{u}^{\text{nb}}(\tilde{r}_{ij}^{s,t})}{\mathrm{d}\tilde{r}_{ij}^{s,t}} \frac{\mathrm{d}\tilde{r}_{ij}^{s,t}}{\mathrm{d}\tilde{\boldsymbol{r}}_{ij}^{1,1}} \cdot \tilde{\boldsymbol{r}}_{ij}^{1,1} \\
&= \frac{1}{2} \sum_{i=1}^{n} \sum_{\substack{j=1 \\ j\neq i}}^{n} \sum_{s=1}^{N} \sum_{t=1}^{N} \frac{\mathrm{d}\tilde{u}^{\text{nb}}(\tilde{r}_{ij}^{s,t})}{\mathrm{d}\tilde{r}_{ij}^{s,t}} \frac{\mathrm{d}\tilde{r}_{ij}^{s,t}}{\mathrm{d}\tilde{\boldsymbol{r}}_{ij}^{s,t}} \cdot \tilde{\boldsymbol{r}}_{ij}^{1,1} \\
&= \sum_{i=1}^{n-1} \sum_{j>i}^{n} \sum_{s=1}^{N} \sum_{t=1}^{N} \frac{\tilde{\boldsymbol{r}}_{ij}^{s,t} \cdot \tilde{\boldsymbol{r}}_{ij}^{1,1}}{\tilde{r}_{ij}^{s,t}} \frac{\mathrm{d}\tilde{u}^{\text{nb}}(\tilde{r}_{ij}^{s,t})}{\mathrm{d}\tilde{r}_{ij}^{s,t}}
\end{aligned} \tag{4.3}
$$

其中，$\tilde{\boldsymbol{r}}_{ij}^{s,t} \equiv \tilde{\boldsymbol{R}}_{i,s} - \tilde{\boldsymbol{R}}_{j,t}$。

对于 $\tilde{u}^{\text{nb}}(\tilde{r})$ 不连续的非格点模型，我们可以用如下的方法来计算体系无量纲的非键作用能 $\tilde{U}^{\text{nb}}(\tilde{\boldsymbol{R}})$ 对 $\tilde{P}$ 的贡献（即 $-\left\langle \nabla_{\tilde{\boldsymbol{R}}} \tilde{U}^{\text{nb}} \cdot \tilde{\boldsymbol{R}} \right\rangle / 3\tilde{V}$）：以 2.2 节中所讲的软球势 $\tilde{u}^{\text{nb}}(\tilde{r}) = \varepsilon\theta(1-\tilde{r})$ 为例，其中 $\varepsilon > 0$（当 $\varepsilon \to \infty$ 时，软球势即为硬球势），$\theta(x)$ 为阶跃函数（即当 $x < 0$ 时 $\theta(x) = 0$，否则 $\theta(x) = 1$），这里我们取 $\Lambda = \sigma$，而 σ 为软球的直径。我们有

$$
\begin{aligned}
-\frac{1}{3\tilde{V}} \left\langle \nabla_{\tilde{\boldsymbol{R}}} \tilde{U}^{\text{nb}} \cdot \tilde{\boldsymbol{R}} \right\rangle &= -\frac{1}{3\tilde{V}} \left\langle \sum_{i=1}^{nN-1} \sum_{j=i+1}^{nN} \tilde{r}_{ij} \frac{\mathrm{d}\tilde{u}^{\text{nb}}(\tilde{r}_{ij})}{\mathrm{d}\tilde{r}_{ij}} \right\rangle \\
&= \frac{1}{3\tilde{V}} \left\langle \sum_{i=1}^{nN-1} \sum_{j=i+1}^{nN} \tilde{r}_{ij} \exp\left[\tilde{u}^{\text{nb}}(\tilde{r}_{ij})\right] \frac{\mathrm{d}}{\mathrm{d}\tilde{r}_{ij}} \underline{\exp\left[-\tilde{u}^{\text{nb}}(\tilde{r}_{ij})\right]} \right\rangle \\
&= \frac{1}{3\tilde{V}} \left\langle \sum_{i=1}^{nN-1} \sum_{j=i+1}^{nN} \tilde{r}_{ij} \exp\left[\tilde{u}^{\text{nb}}(\tilde{r}_{ij})\right] \frac{\mathrm{d}}{\mathrm{d}\tilde{r}_{ij}} \underline{\exp\left[-\varepsilon\theta(1-\tilde{r}_{ij})\right]} \right\rangle \\
&= \frac{1}{3\tilde{V}} \left\langle \sum_{i=1}^{nN-1} \sum_{j=i+1}^{nN} \tilde{r}_{ij} \exp\left[\tilde{u}^{\text{nb}}(\tilde{r}_{ij})\right] \right.
\end{aligned}
$$

$$\times \frac{\mathrm{d}}{\mathrm{d}\tilde{r}_{ij}}\underline{\{\exp(-\varepsilon)+[1-\exp(-\varepsilon)]\theta(\tilde{r}_{ij}-1)\}}\Bigg\rangle$$

$$=\frac{1-\exp(-\varepsilon)}{3\tilde{V}}\left\langle\sum_{i=1}^{nN-1}\sum_{j=i+1}^{nN}\tilde{r}_{ij}\exp\left[\tilde{u}^{\mathrm{nb}}(\tilde{r}_{ij})\right]\delta(\tilde{r}_{ij}-1)\right\rangle$$

$$=\frac{1-\exp(-\varepsilon)}{3\tilde{V}}\underline{\underline{\lim_{\tilde{r}_{ij}\to 1^+}\left\langle\sum_{i=1}^{nN-1}\sum_{j=i+1}^{nN}\tilde{r}_{ij}\frac{\theta(\tilde{r}_{ij}-1)}{\tilde{r}_{ij}-1}\right\rangle}}$$

$$=\frac{1-\exp(-\varepsilon)}{3\tilde{V}}\underline{\underline{\lim_{\Delta\tilde{r}\to 0^+}\frac{n_p(\Delta\tilde{r})}{\Delta\tilde{r}}}}$$

其中，我们使用了 $\lim_{\tilde{r}_{ij}\to 1^+}\exp\left[\tilde{u}^{\mathrm{nb}}(\tilde{r}_{ij})\right]=\lim_{\tilde{r}_{ij}\to 1^+}\{1+[\exp(\varepsilon)-1]\,\theta(1-\tilde{r}_{ij})\}=1, \Delta\tilde{r}\equiv\tilde{r}_{ij}-1$，而 $n_p(\Delta\tilde{r})$ 为链节之间无量纲的距离 $\tilde{r}$ 在 $[1,1+\Delta\tilde{r})$ 之间的链节对的数目的系综平均；在模拟中我们可以记录 $\tilde{r}$ 的直方图，即把 $[1,1+\Delta\tilde{r})$ 等分成 N_b 个宽度为 $\Delta=\Delta\tilde{r}/N_b$ 的小格并记录所有样本中 $\tilde{r}$ 落在第 $i'\ (=1,\cdots,N_b)$ 个小格里的链节对的数目 $H_{i'}$，从而得到 $n_p(\Delta\tilde{r}_{i'})=\sum_{j'=1}^{i'}H_{j'}$，其中 $\Delta\tilde{r}_{i'}\equiv(i'-1/2)\,\Delta$，最后将拟合的 $n_p(\Delta\tilde{r}_{i'})/\Delta\tilde{r}_{i'}$ 与 $\Delta\tilde{r}_{i'}$ 的关系外推至 $\Delta\tilde{r}_{i'}=0$ 就得到了 $\lim_{\Delta\tilde{r}\to 0^+}\frac{n_p(\Delta\tilde{r})}{\Delta\tilde{r}}$。值得注意的是：① 上面的极限方向（即 $\tilde{r}_{ij}\to 1^+$）是基于硬球之间无量纲的距离不能小于 1 而选取的。② 在实际计算中如果取较小的 $\Delta\tilde{r}$（例如 0.001），可以近似认为 $n_p(\Delta\tilde{r}_{i'})/\Delta\tilde{r}_{i'}$ 为常数（由拟合得到）。

上面所讲的 virial 方法（即式 (4.1) ~ (4.3)）需要计算链节之间对势的导数（等价于作用力），更适合于在分子动力学模拟中使用；在 Monte Carlo 模拟中，我们也可以用基于 $\tilde{P}=\left(\partial\ln\tilde{Z}/\partial\tilde{V}\right)_{n,\varepsilon}$ 的热力学方法来计算 $\tilde{P}$。记 ξ 为一个很小的正数；当体系的体积从 $\tilde{V}$ 增加到 $\tilde{V}_+\equiv(1+\xi)\tilde{V}$ 时，用一阶差商近似上面的偏导数，我们得到

$$\tilde{P}_+\approx\frac{1}{\xi\tilde{V}}\ln\frac{\tilde{V}_+^{nN}\displaystyle\int\mathrm{d}\boldsymbol{S}\exp\left[-\tilde{U}(\tilde{V}_+^{1/3}\boldsymbol{S})\right]}{\tilde{V}^{nN}\displaystyle\int\mathrm{d}\boldsymbol{S}\exp\left[-\tilde{U}(\tilde{\boldsymbol{R}})\right]}$$

$$=\frac{1}{\xi\tilde{V}}\ln\frac{\underline{\tilde{V}^{nN}\left(\tilde{V}_+/\tilde{V}\right)^{nN}}\displaystyle\int\mathrm{d}\boldsymbol{S}\exp\left[\tilde{U}(\tilde{\boldsymbol{R}})-\tilde{U}(\underline{\underline{\tilde{V}_+^{1/3}\boldsymbol{S}}})\right]\exp\left[-\tilde{U}(\tilde{\boldsymbol{R}})\right]}{\tilde{V}^{nN}\displaystyle\int\mathrm{d}\boldsymbol{S}\exp\left[-\tilde{U}(\tilde{\boldsymbol{R}})\right]}$$

$$=\frac{1}{\xi\tilde{V}}\ln\left\{\underline{(1+\xi)^{nN}}\left\langle\exp\left[\tilde{U}(\tilde{\boldsymbol{R}})-\tilde{U}(\underline{\underline{(1+\xi)^{1/3}\tilde{\boldsymbol{R}}}})\right]\right\rangle\right\} \tag{4.4}$$

类似地，当体系的体积从 $\tilde{V}$ 减小到 $\tilde{V}_{-}\equiv(1-\xi)\tilde{V}$ 时，我们得到

$$\tilde{P}_{-}\approx-\left(1/\xi\tilde{V}\right)\ln\left\{(1-\xi)^{nN}\left\langle\exp\left[\tilde{U}(\tilde{\boldsymbol{R}})-\tilde{U}((1-\xi)^{1/3}\tilde{\boldsymbol{R}})\right]\right\rangle\right\}$$

当然，更准确的结果可以用二阶中心差商近似上面的偏导数来得到，即

$$\tilde{P}_{\pm}\approx\frac{1}{2\xi\tilde{V}}\ln\left[\left(\frac{1+\xi}{1-\xi}\right)^{nN}\frac{\left\langle\exp\left[\tilde{U}(\tilde{\boldsymbol{R}})-\tilde{U}((1+\xi)^{1/3}\tilde{\boldsymbol{R}})\right]\right\rangle}{\left\langle\exp\left[\tilde{U}(\tilde{\boldsymbol{R}})-\tilde{U}((1-\xi)^{1/3}\tilde{\boldsymbol{R}})\right]\right\rangle}\right]$$

值得注意的是：① 在模拟过程中我们并不用（像在等温等压系综下的模拟中一样）真正地改变体系的体积，只是需要对所取的 ξ（例如 0.001）和每个构型样本 $\boldsymbol{R}$ 计算相应的 $\tilde{U}((1+\xi)^{1/3}\tilde{\boldsymbol{R}})$ 和 $\tilde{U}((1-\xi)^{1/3}\tilde{\boldsymbol{R}})$。② 对于键长有限制的非格点模型，在计算时需要保持链的连接性。例如对于 2.2 节中所讲的具有固定键长的链，当体系的体积改变时需要保持所有链的构象不变，即式 (4.4) 应为

$$\tilde{P}_{+}\approx\frac{1}{\xi\tilde{V}}\ln\frac{\tilde{V}_{+}^{n}\displaystyle\int \mathrm{d}\boldsymbol{s}^{n}\mathrm{d}\tilde{\boldsymbol{B}}^{n}\exp\left[-\tilde{U}(\tilde{V}_{+}^{1/3}\boldsymbol{s}^{n},\tilde{\boldsymbol{B}}^{n})\right]}{\tilde{V}^{n}\displaystyle\int \mathrm{d}\boldsymbol{s}^{n}\mathrm{d}\tilde{\boldsymbol{B}}^{n}\exp\left[-\tilde{U}(\tilde{\boldsymbol{R}})\right]}$$

$$=\frac{1}{\xi\tilde{V}}\ln\left\{(1+\xi)^{n}\left\langle\exp\left[\tilde{U}(\tilde{\boldsymbol{R}})-\tilde{U}((1+\xi)^{1/3}\boldsymbol{s}^{n},\tilde{\boldsymbol{B}}^{n})\right]\right\rangle\right\}$$

其中，$\boldsymbol{r}^{n}$ 和 $\boldsymbol{s}^{n}\equiv\boldsymbol{r}^{n}/V^{1/3}$ 分别代表体系中所有链的第一个链节的空间位置和相应的约化空间位置，而 $\boldsymbol{B}^{n}$ 和 $\tilde{\boldsymbol{B}}^{n}\equiv\boldsymbol{B}^{n}/\Lambda$ 分别代表所有链的键矢量和相应的无量纲的键矢量（即所有链的构象）；$\tilde{P}_{-}$ 和 $\tilde{P}_{\pm}$ 也有相应的结果。

3. 其他系综以及其他热力学量的计算

其他系综（如巨正则系综和等温等压系综）下系综平均的计算与上面的类似，但是需要注意的是：同一热力学量在不同系综下的涨落是不一样的。例如，**归一化的等温压缩系数**

$$\kappa_{T}\equiv-\frac{\rho_{c}}{\tilde{V}}\left(\frac{\partial\tilde{V}}{\partial\tilde{P}}\right)_{n,\varepsilon}=\left(\frac{\partial\rho_{c}}{\partial\tilde{P}}\right)_{n,\varepsilon} \tag{4.5}$$

其中 $\rho_{c}\equiv n/\tilde{V}$ 为体系无量纲的链数密度，可以在巨正则系综下通过链数 n 的涨落来计算，即 $\kappa_{T}=\left(\langle n^{2}\rangle-\langle n\rangle^{2}\right)/\langle n\rangle$，也可以在等温等压系综下通过 $\tilde{V}$ 的涨

落来计算，即 $\kappa_T = n\left(\left\langle \tilde{V}^2 \right\rangle / \left\langle \tilde{V} \right\rangle^2 - 1\right)$。关于不同系综下的涨落计算，读者可以参考文献 [2] 的 2.5 节。

我们将分别在 5.1 节和第 6 章中详细地讲述链化学势和体系自由能的计算。

4.4.2 结构量的计算

高分子体系的结构可以用链节的对关联函数（pair correlation function, PCF）来描述，包括**归一化的链内平均 PCF**

$$\omega(\tilde{\boldsymbol{r}}) \equiv \frac{1}{N^2}\sum_{s=1}^{N}\sum_{t=1}^{N}\omega_{s,t}(\tilde{\boldsymbol{r}}) = \frac{2}{nN^2}\left\langle \sum_{k=1}^{n}\sum_{s=1}^{N-1}\sum_{t=s+1}^{N}\delta\left(\tilde{\boldsymbol{r}} - \left(\tilde{\boldsymbol{R}}_{k,s} - \tilde{\boldsymbol{R}}_{k,t}\right)\right)\right\rangle + \frac{\delta(\tilde{\boldsymbol{r}})}{N}$$

（即 $\int \mathrm{d}\tilde{\boldsymbol{r}}\omega(\tilde{\boldsymbol{r}}) = 1$）和**链间平均总（total）PCF**

$$h(\tilde{\boldsymbol{r}}) \equiv \frac{1}{N^2}\sum_{s=1}^{N}\sum_{t=1}^{N}h_{s,t}(\tilde{\boldsymbol{r}}) = \frac{2\tilde{V}}{n^2N^2}\left\langle \sum_{k=1}^{n-1}\sum_{k'=k+1}^{n}\sum_{s=1}^{N}\sum_{t=1}^{N}\delta\left(\tilde{\boldsymbol{r}} - \left(\tilde{\boldsymbol{R}}_{k,s} - \tilde{\boldsymbol{R}}_{k',t}\right)\right)\right\rangle - 1$$

其中 $\tilde{\boldsymbol{r}} \equiv \boldsymbol{r}/\Lambda$，$\delta(\tilde{\boldsymbol{r}}) = \Lambda^3\delta(\boldsymbol{r})$ 为无量纲的三维 Dirac δ 函数，

$$\omega_{s,t}(\tilde{\boldsymbol{r}}) \equiv \frac{1}{n}\left\langle \sum_{k=1}^{n}\delta\left(\tilde{\boldsymbol{r}} - \left(\tilde{\boldsymbol{R}}_{k,s} - \tilde{\boldsymbol{R}}_{k,t}\right)\right)\right\rangle$$

和

$$h_{s,t}(\tilde{\boldsymbol{r}}) \equiv \frac{2\tilde{V}}{n^2}\left\langle \sum_{k=1}^{n-1}\sum_{k'=k+1}^{n}\delta\left(\tilde{\boldsymbol{r}} - \left(\tilde{\boldsymbol{R}}_{k,s} - \tilde{\boldsymbol{R}}_{k',t}\right)\right)\right\rangle - 1$$

分别为链节 s 和 t 之间的归一化的链内 PCF（即 $\int \mathrm{d}\tilde{\boldsymbol{r}}\omega_{s,t}(\tilde{\boldsymbol{r}}) = 1$）和链间总 PCF，而“平均”是指所有链节对的平均。与 1.4.1 小节中所讲的链的均方端端距以及回转半径相比，$\omega(\tilde{\boldsymbol{r}})$ 对链内的结构（即链的构象）的描述更为详细；而 $h(\tilde{\boldsymbol{r}})$ 描述了链间的结构。

对关联函数一般用于**各向同性**的体系，此时 $h(\tilde{r} \equiv |\tilde{\boldsymbol{r}}|) + 1$ 为链节的链间径向分布函数，而

$$\tilde{R}_\tau^2 \equiv \frac{1}{n(N-\tau)}\left\langle \sum_{k=1}^{n}\sum_{s=1}^{N-\tau}\left(\tilde{\boldsymbol{R}}_{k,s} - \tilde{\boldsymbol{R}}_{k,s+\tau}\right)^2\right\rangle = \frac{4\pi}{N-\tau}\int_0^\infty \mathrm{d}\tilde{r}\tilde{r}^4\sum_{s=1}^{N-\tau}\omega_{s,s+\tau}(\tilde{r})$$

为沿链相隔 $\tau\ (=1,\cdots,N-1)$ 个键的两个链节之间无量纲的均方距离（$\tilde{R}^2_{\tau=1}$ 为无量纲的均方键长，而 $\tilde{R}^2_{\tau=N-1}$ 为链无量纲的均方端端距）。由于在模拟中需要使用周期边界条件，

$$h(\tilde{r})=\frac{2\tilde{V}}{n^2N^2}\frac{1}{4\pi\tilde{r}^2}\left\langle\sum_{k=1}^{n-1}\sum_{k'=k+1}^{n}\sum_{s=1}^{N}\sum_{t=1}^{N}\delta(\tilde{r}-\left|\tilde{\boldsymbol{R}}_{k,s}-\tilde{\boldsymbol{R}}_{k',t}\right|_{\mathrm{MIC}})\right\rangle-1$$

只能在 $\tilde{r}\in[0,L/2)$ 的范围内计算（此时有 $h(\tilde{r})=h(\tilde{\boldsymbol{r}})$），其中的系数$1/4\pi\tilde{r}^2$是由直角坐标系（即 $\delta(\tilde{\boldsymbol{r}}-\tilde{\boldsymbol{r}}_0)$）转换为球坐标系（即一维的 Dirac δ 函数 $\delta(\tilde{r}-\tilde{r}_0)$）所产生的，下角标 "MIC" 表示由 4.1.2 小节中所讲的最小映像规则来确定的两个链节之间的距离，而 L 为（立方体）模拟盒子无量纲的边长。同样地，为了避免周期边界条件对链构象的影响，一般要求 $L/2$ 大于同一条链上任意两个链节之间的距离；此时有 $\omega(\tilde{r})=\omega(\tilde{\boldsymbol{r}})$ 和

$$h(\tilde{r})=\frac{\tilde{V}}{n^2N^2}\frac{1}{4\pi\tilde{r}^2}\left\langle\sum_{k=1}^{n}\sum_{k'=1}^{n}\sum_{s=1}^{N}\sum_{t=1}^{N}\delta(\tilde{r}-\left|\tilde{\boldsymbol{R}}_{k,s}-\tilde{\boldsymbol{R}}_{k',t}\right|_{\mathrm{MIC}})\right\rangle-\frac{\tilde{V}}{n}\omega(\tilde{r})-1$$

在模拟中我们可以通过记录链间链节对之间的距离 $\tilde{r}$ 的直方图，即把 $\tilde{r}\in[0,L/2)$ 等分成 N_b 个宽度为 $\Delta=L/2N_b$ 的小格并记录所有样本中 $\tilde{r}$ 落在第 $i\ (=1,\cdots,N_b)$ 个小格里的链间链节对的数目 H_i，来计算 $h(\tilde{r})$ 在每个小格中的平均值

$$\overline{h}(\tilde{r}_i)\equiv\frac{\displaystyle\int_{(i-1)\Delta}^{i\Delta}\mathrm{d}\tilde{r}4\pi\tilde{r}^2h(\tilde{r})}{\displaystyle\int_{(i-1)\Delta}^{i\Delta}\mathrm{d}\tilde{r}4\pi\tilde{r}^2}=\frac{2\tilde{V}H_i}{n^2N^24\pi\left[i^3-(i-1)^3\right]\Delta^3/3}-1$$

$$=\frac{3\tilde{V}H_i}{2\pi n^2N^2\Delta^3\left[3i(i-1)+1\right]}-1$$

其中，$\tilde{r}_i\equiv(i-1/2)\,\Delta$。类似地，通过记录链内链节对之间的距离 $\tilde{r}$ 的直方图，我们可以计算 $\omega(\tilde{r})-\delta(\tilde{\boldsymbol{r}})/N$ 在每个小格中的平均值；这里需要注意的是：对于固定键长 b 的链模型，在记录直方图时要排除键连的相邻链节（即实际计算的是 $\omega(\tilde{r})-\delta(\tilde{\boldsymbol{r}})/N-\left[2(N-1)/N^2\right]\delta(\tilde{r}-1)$ 在每个小格中的平均值；这里我们取 $\Lambda=b$）。

为了避免在非格点模型中使用直方图（即对 $\tilde{r}$ 的离散化）而引入的误差，在模拟中我们也可以计算对关联函数的三维 Fourier 变换（即结构因子）。**归一化的单链结构因子**为

$$\tilde{S}_1(\tilde{\boldsymbol{q}})\equiv\int\mathrm{d}\tilde{\boldsymbol{r}}\exp\left(-\sqrt{-1}\tilde{\boldsymbol{q}}\cdot\tilde{\boldsymbol{r}}\right)\omega(\tilde{r})$$

$$
\begin{aligned}
&= \frac{1}{nN^2}\left\langle \sum_{k=1}^{n}\sum_{s=1}^{N}\sum_{t=1}^{N} \int \mathrm{d}\tilde{\boldsymbol{r}} \exp\left(-\sqrt{-1}\tilde{\boldsymbol{q}}\cdot\tilde{\boldsymbol{r}}\right)\delta\left(\tilde{\boldsymbol{r}} - \left(\tilde{\boldsymbol{R}}_{k,s} - \tilde{\boldsymbol{R}}_{k,t}\right)\right)\right\rangle \\
&= \frac{1}{nN^2}\left\langle \sum_{k=1}^{n}\sum_{s=1}^{N}\sum_{t=1}^{N} \exp\left[-\sqrt{-1}\tilde{\boldsymbol{q}}\cdot\left(\tilde{\boldsymbol{R}}_{k,s} - \tilde{\boldsymbol{R}}_{k,t}\right)\right]\right\rangle \\
&= \frac{1}{nN^2}\left\langle \sum_{k=1}^{n}\sum_{s=1}^{N} \exp\left(-\sqrt{-1}\tilde{\boldsymbol{q}}\cdot\tilde{\boldsymbol{R}}_{k,s}\right)\sum_{t=1}^{N}\exp\left(\sqrt{-1}\tilde{\boldsymbol{q}}\cdot\tilde{\boldsymbol{R}}_{k,t}\right)\right\rangle \\
&= \frac{1}{nN^2}\left\langle \sum_{k=1}^{n}\left[\sum_{s=1}^{N}\cos\left(\tilde{\boldsymbol{q}}\cdot\tilde{\boldsymbol{R}}_{k,s}\right) - \sqrt{-1}\sum_{s=1}^{N}\sin\left(\tilde{\boldsymbol{q}}\cdot\tilde{\boldsymbol{R}}_{k,s}\right)\right]\right. \\
&\qquad \left. \times\left[\sum_{t=1}^{N}\cos\left(\tilde{\boldsymbol{q}}\cdot\tilde{\boldsymbol{R}}_{k,t}\right) + \sqrt{-1}\sum_{t=1}^{N}\sin\left(\tilde{\boldsymbol{q}}\cdot\tilde{\boldsymbol{R}}_{k,t}\right)\right]\right\rangle \\
&= \frac{1}{nN^2}\left\langle \sum_{k=1}^{n}\left\{\left[\sum_{s=1}^{N}\cos\left(\tilde{\boldsymbol{q}}\cdot\tilde{\boldsymbol{R}}_{k,s}\right)\right]^2 + \left[\sum_{s=1}^{N}\sin\left(\tilde{\boldsymbol{q}}\cdot\tilde{\boldsymbol{R}}_{k,s}\right)\right]^2\right\}\right\rangle
\end{aligned}
$$

其中，$\tilde{\boldsymbol{q}}$ 为**无量纲的波矢**，而 $\tilde{S}_1(\tilde{\boldsymbol{q}} = \boldsymbol{0}) = 1$；这通常是在计算 $h(\tilde{\boldsymbol{r}})$ 的三维 Fourier 变换的时候使用（见下一段）。在模拟中，当**各向同性**的体系满足 $\omega(\tilde{r}) = \omega(\tilde{\boldsymbol{r}})$ 时，上式中的 $\tilde{\boldsymbol{q}}$ 不受周期边界条件的限制（见下一段），即我们可以用任意的**无量纲的波数** $\tilde{q} \equiv |\tilde{\boldsymbol{q}}|$ 来计算

$$
\begin{aligned}
\tilde{S}_1(\tilde{q}) &= \tilde{S}_1(\tilde{\boldsymbol{q}}) = \frac{4\pi}{\tilde{q}}\int_0^{\infty} \mathrm{d}\tilde{r}\tilde{r}\sin\left(\tilde{q}\tilde{r}\right)\omega(\tilde{r}) \\
&= \frac{2}{nN^2}\left\langle \sum_{k=1}^{n}\sum_{s=1}^{N-1}\sum_{t=s+1}^{N} \frac{4\pi}{\tilde{q}}\int_0^{\infty}\mathrm{d}\tilde{r}\tilde{r}\sin\left(\tilde{q}\tilde{r}\right)\frac{1}{4\pi\tilde{r}^2}\delta\left(\tilde{r} - \left|\tilde{\boldsymbol{R}}_{k,s} - \tilde{\boldsymbol{R}}_{k,t}\right|\right)\right\rangle + \frac{1}{N} \\
&= \frac{2}{nN^2}\left\langle \sum_{k=1}^{n}\sum_{s=1}^{N-1}\sum_{t=s+1}^{N} \frac{\sin\left(\tilde{q}\left|\tilde{\boldsymbol{R}}_{k,s} - \tilde{\boldsymbol{R}}_{k,t}\right|\right)}{\tilde{q}\left|\tilde{\boldsymbol{R}}_{k,s} - \tilde{\boldsymbol{R}}_{k,t}\right|}\right\rangle + \frac{1}{N}
\end{aligned}
$$

其中的第二个等号为径向函数的三维 Fourier 变换，而 $\lim_{\tilde{q}\to\infty}\tilde{S}_1(\tilde{q}) = 1/N$。与 $\omega(\tilde{r})$ 一样，$\tilde{S}_1(\tilde{q})$ 描述了链的构象。

同样地，$h(\tilde{\boldsymbol{r}})$ 的三维 Fourier 变换为

$$
\begin{aligned}
&\hat{h}(\tilde{\boldsymbol{q}}) \\
&\equiv \int \mathrm{d}\tilde{\boldsymbol{r}} \exp\left(-\sqrt{-1}\tilde{\boldsymbol{q}}\cdot\tilde{\boldsymbol{r}}\right) h(\tilde{\boldsymbol{r}})
\end{aligned}
$$

$$
\begin{aligned}
&= \frac{2\tilde{V}}{n^2N^2}\left\langle \sum_{k=1}^{n-1}\sum_{k'=k+1}^{n}\sum_{s=1}^{N}\sum_{t=1}^{N}\int \mathrm{d}\tilde{\boldsymbol{r}} \exp\left(-\sqrt{-1}\tilde{\boldsymbol{q}}\cdot\tilde{\boldsymbol{r}}\right)\delta\left(\tilde{\boldsymbol{r}}-\left(\tilde{\boldsymbol{R}}_{k,s}-\tilde{\boldsymbol{R}}_{k',t}\right)_{\mathrm{MIC}}\right)\right\rangle - \delta(\tilde{\boldsymbol{q}}) \\
&= \frac{2\tilde{V}}{n^2N^2}\left\langle \underline{\sum_{k=1}^{n-1}\sum_{k'=k+1}^{n}\sum_{s=1}^{N}\sum_{t=1}^{N}\int \mathrm{d}\tilde{\boldsymbol{r}} \exp\left(-\sqrt{-1}\tilde{\boldsymbol{q}}\cdot\tilde{\boldsymbol{r}}\right)\delta\left(\tilde{\boldsymbol{r}}-\left[\left(\tilde{\boldsymbol{R}}_{k,s}-\tilde{\boldsymbol{R}}_{k',t}\right)+\boldsymbol{m}'L\right]\right)}\right\rangle - \delta(\tilde{\boldsymbol{q}}) \\
&= \frac{2\tilde{V}}{n^2N^2}\left\langle \underline{\sum_{k=1}^{n-1}\sum_{k'=k+1}^{n}\sum_{s=1}^{N}\sum_{t=1}^{N}\exp\left\{-\sqrt{-1}\tilde{\boldsymbol{q}}\cdot\left[\left(\tilde{\boldsymbol{R}}_{k,s}-\tilde{\boldsymbol{R}}_{k',t}\right)+\boldsymbol{m}'L\right]\right\}}\right\rangle - \delta(\tilde{\boldsymbol{q}}) \\
&= \frac{2\tilde{V}}{n^2N^2}\left\langle \underline{\sum_{k=1}^{n-1}\sum_{k'=k+1}^{n}\sum_{s=1}^{N}\sum_{t=1}^{N}\exp\left[-\sqrt{-1}\tilde{\boldsymbol{q}}\cdot\left(\tilde{\boldsymbol{R}}_{k,s}-\tilde{\boldsymbol{R}}_{k',t}\right)\right]}\right\rangle - \delta(\tilde{\boldsymbol{q}}) \\
&= \frac{\tilde{V}}{n^2N^2}\left\langle \sum_{k=1}^{n}\sum_{k'=1}^{n}\sum_{s=1}^{N}\sum_{t=1}^{N}\exp\left[-\sqrt{-1}\tilde{\boldsymbol{q}}\cdot\left(\tilde{\boldsymbol{R}}_{k,s}-\tilde{\boldsymbol{R}}_{k',t}\right)\right]\right\rangle - \frac{\tilde{V}}{n}\tilde{S}_1(\tilde{q}) - \delta(\tilde{\boldsymbol{q}}) \\
&= \frac{\tilde{V}}{n^2N^2}\left\langle \sum_{k=1}^{n}\sum_{s=1}^{N}\exp\left(-\sqrt{-1}\tilde{\boldsymbol{q}}\cdot\tilde{\boldsymbol{R}}_{k,s}\right)\sum_{k'=1}^{n}\sum_{t=1}^{N}\exp\left(\sqrt{-1}\tilde{\boldsymbol{q}}\cdot\tilde{\boldsymbol{R}}_{k',t}\right)\right\rangle - \frac{\tilde{V}}{n}\tilde{S}_1(\tilde{\boldsymbol{q}}) - \delta(\tilde{\boldsymbol{q}}) \\
&= \frac{\tilde{V}}{n^2N^2}\left\langle \left[\sum_{k=1}^{n}\sum_{s=1}^{N}\cos\left(\tilde{\boldsymbol{q}}\cdot\tilde{\boldsymbol{R}}_{k,s}\right) - \sqrt{-1}\sum_{k=1}^{n}\sum_{s=1}^{N}\sin\left(\tilde{\boldsymbol{q}}\cdot\tilde{\boldsymbol{R}}_{k,s}\right)\right]\right. \\
&\qquad \left.\times\left[\sum_{k'=1}^{n}\sum_{t=1}^{N}\cos\left(\tilde{\boldsymbol{q}}\cdot\tilde{\boldsymbol{R}}_{k',t}\right) + \sqrt{-1}\sum_{k'=1}^{n}\sum_{t=1}^{N}\sin\left(\tilde{\boldsymbol{q}}\cdot\tilde{\boldsymbol{R}}_{k',t}\right)\right]\right\rangle - \frac{\tilde{V}}{n}\tilde{S}_1(\tilde{\boldsymbol{q}}) - \delta(\tilde{\boldsymbol{q}}) \\
&= \frac{\tilde{V}}{n^2N^2}\left\{\left\langle\left[\sum_{k=1}^{n}\sum_{s=1}^{N}\cos\left(\tilde{\boldsymbol{q}}\cdot\tilde{\boldsymbol{R}}_{k,s}\right)\right]^2 + \left[\sum_{k=1}^{n}\sum_{s=1}^{N}\sin\left(\tilde{\boldsymbol{q}}\cdot\tilde{\boldsymbol{R}}_{k,s}\right)\right]^2\right\rangle - nN^2\tilde{S}_1(\tilde{\boldsymbol{q}})\right\} - \delta(\tilde{\boldsymbol{q}})
\end{aligned}
$$

其中，$\delta(\tilde{\boldsymbol{q}}) = \int \mathrm{d}\tilde{\boldsymbol{r}} \exp\left(-\sqrt{-1}\tilde{\boldsymbol{q}}\cdot\tilde{\boldsymbol{r}}\right)$（即当 $\tilde{\boldsymbol{q}} = \boldsymbol{0}$ 时 $\delta(\tilde{\boldsymbol{q}}) = \tilde{V}$，否则 $\delta(\tilde{\boldsymbol{q}}) = 0$）；$\boldsymbol{m}' = (m'_x, m'_y, m'_z)^{\mathrm{T}}$，而 m'_d $(d = x, y, z)$ 代表（由最小映像规则确定的）使得上式中的第二行成立的某个整数；由于周期边界条件的限制，$\tilde{\boldsymbol{q}} = (2\pi/L)\,(m_x, m_y, m_z)^{\mathrm{T}}$ 的取值是离散的，即 m_d 必须取整数；这也使得上面的倒数第五个等号成立。值得注意的是：在模拟中对于**各向同性**的体系，与上面 $\tilde{S}_1(\tilde{q})$ 的计算不同，由于 $h(\tilde{r}) = h(\tilde{\boldsymbol{r}})$ 只能在 $\tilde{r} \in [0, L/2)$ 的范围内计算，我们也只能通过对具有相同 $\tilde{q} = |\tilde{\boldsymbol{q}}|$（但是不同方向）的 $\tilde{\boldsymbol{q}}$ 下的 $\hat{h}(\tilde{\boldsymbol{q}})$ 进行算术平均而得到离散的 $\tilde{q}$ 值下的 $\hat{h}(\tilde{q})$。另一方面，由于键长 b 一般是高分子粗粒化模型中的最小尺度，$\hat{h}(\tilde{q})$ 在 $\tilde{q} > 2\pi$ 时并没有什么实际意义（这里我们取 $\Lambda = b$）；因此，为了获得更多的 $\hat{h}(\tilde{q} \leqslant 2\pi)$ 值，在模拟中需要使用较大的 L。

最后，体系归一化的（总）结构因子为

$$
\begin{aligned}
&\tilde{S}(\tilde{\boldsymbol{q}})\\
&\equiv \frac{1}{nN^2}\int \mathrm{d}\tilde{\boldsymbol{r}}\mathrm{d}\tilde{\boldsymbol{r}'}\exp\left[-\sqrt{-1}\tilde{\boldsymbol{q}}\cdot\left(\tilde{\boldsymbol{r}}-\tilde{\boldsymbol{r}'}\right)\right]\underline{\left\langle\left[\rho(\tilde{\boldsymbol{r}})-\rho_0\right]\left[\rho(\tilde{\boldsymbol{r}'})-\rho_0\right]\right\rangle}\\
&=\frac{1}{nN^2}\int \mathrm{d}\tilde{\boldsymbol{r}}\mathrm{d}\tilde{\boldsymbol{r}'}\exp\left[-\sqrt{-1}\tilde{\boldsymbol{q}}\cdot\left(\tilde{\boldsymbol{r}}-\tilde{\boldsymbol{r}'}\right)\right]\underline{\left[\left\langle\rho(\tilde{\boldsymbol{r}})\rho(\tilde{\boldsymbol{r}'})\right\rangle-\rho_0^2\right]}\\
&=\frac{1}{nN^2}\int \mathrm{d}\tilde{\boldsymbol{r}}\mathrm{d}\tilde{\boldsymbol{r}'}\exp\left[-\sqrt{-1}\tilde{\boldsymbol{q}}\cdot\left(\tilde{\boldsymbol{r}}-\tilde{\boldsymbol{r}'}\right)\right]\\
&\qquad\times\left[\left\langle\sum_{k=1}^{n}\sum_{s=1}^{N}\delta(\tilde{\boldsymbol{r}}-\tilde{\boldsymbol{R}}_{k,s})\sum_{k'=1}^{n}\sum_{t=1}^{N}\delta(\tilde{\boldsymbol{r}'}-\tilde{\boldsymbol{R}}_{k',t})\right\rangle-\rho_0^2\right]\\
&=\frac{1}{nN^2}\left\{\left\langle\sum_{k=1}^{n}\sum_{s=1}^{N}\sum_{k'=1}^{n}\sum_{t=1}^{N}\exp\left[-\sqrt{-1}\tilde{\boldsymbol{q}}\cdot\left(\tilde{\boldsymbol{R}}_{k,s}-\tilde{\boldsymbol{R}}_{k',t}\right)\right]\right\rangle-\rho_0^2\tilde{V}\delta(\tilde{\boldsymbol{q}})\right\}\\
&=\rho_c\left\{\frac{\tilde{V}}{n^2N^2}\left\langle\sum_{k=1}^{n}\sum_{s=1}^{N}\sum_{k'=1}^{n}\sum_{t=1}^{N}\exp\left[-\sqrt{-1}\tilde{\boldsymbol{q}}\cdot\left(\tilde{\boldsymbol{R}}_{k,s}-\tilde{\boldsymbol{R}}_{k',t}\right)\right]\right\rangle-\delta(\tilde{\boldsymbol{q}})\right\}\\
&=\tilde{S}_1(\tilde{\boldsymbol{q}})+\rho_c\hat{h}(\tilde{\boldsymbol{q}})
\end{aligned}
$$

其中，$\rho(\tilde{\boldsymbol{r}})\equiv\sum_{k=1}^{n}\sum_{s=1}^{N}\delta(\tilde{\boldsymbol{r}}-\tilde{\boldsymbol{R}}_{k,s})$ 为链节在 $\tilde{\boldsymbol{r}}$ 处无量纲的数密度，$\rho_0\equiv nN/\tilde{V}$ 为体系中平均的链节无量纲的数密度，而最后一个等号用到了上面 $\hat{h}(\tilde{\boldsymbol{q}})$ 式中的倒数第四个等号。$\tilde{S}(\tilde{\boldsymbol{q}})$ 描述了体系中链节数密度的空间涨落（由于上式分母中包含 N^2，$\tilde{S}(\tilde{\boldsymbol{q}})$ 实际上描述了体系中链数密度的空间涨落，即它与链节的定义无关），并且可以通过散射实验直接测得，因此提供了一种对比实验结果与模拟（以及理论）预测的方式。特别地，统计力学中的压缩系数方程（compressibility equation）给出：在巨正则系综下，

$$
\kappa_T=1+\rho_c\int \mathrm{d}\tilde{\boldsymbol{r}}\left[g(\tilde{r})-1\right]=1+\left(\rho_c/\tilde{V}\right)\int \mathrm{d}\tilde{\boldsymbol{r}}\mathrm{d}\tilde{\boldsymbol{r}'}\left[\left\langle\rho(\tilde{\boldsymbol{r}})\rho(\tilde{\boldsymbol{r}'})\right\rangle/\rho_0^2-1\right]=\tilde{S}(\tilde{q}\to 0)
$$

值得注意的是：在正则系综下，$\tilde{S}(\tilde{q}=0)=0\neq\tilde{S}(\tilde{q}\to 0)$，因此 $\tilde{S}(\tilde{q}\to 0)$ 的值需要由 $\tilde{S}(\tilde{q}>0)$ 的结果外推而得到。

在本节中我们所讨论的物理量主要是对于均相（即各向同性）的均聚物体系。在实际模拟中，需要计算哪些物理量是根据所研究的具体问题来决定的（例如对于嵌段共聚物的有序相和均聚物刷等非均相体系，通常需要计算链节沿着体系非均匀方向的分布）；作者的建议是：由于 Monte Carlo 模拟本身比较耗时，应该

(在计算量允许的前提下)尽可能多地计算(并检查)相关的物理量,以达到对模拟体系更全面的理解(详见 4.7 节)。

4.5 分子模拟的误差

如 1.2 节中所述,在排除了可能的人为错误(例如模拟程序的错误、体系的平衡步数不足、物理量的计算错误等等)后,分子模拟的误差主要有两个来源:统计误差和有限尺寸效应。我们在本节分别对它们进行详细地说明;这里讲的方法对于 Monte Carlo 和分子动力学模拟的结果都是适用的。

4.5.1 统计上相关的样本的误差估计

分子模拟和实验测量一样,都是有统计误差的;因此我们需要对分子模拟的结果(例如系综平均)估计其统计误差。而不同于实验中的往往是互不相关的重复测量,分子模拟中抽取的相邻样本一般是相关的,例如 Monte Carlo 模拟中的尝试运动通常只是对体系构型做局部的改动,而分子动力学模拟中的时间步长也只能取得很小。所以计算样本的关联长度(即统计无效性,见下)是估计分子模拟结果的统计误差的关键。

设在分子模拟中,对某个与时间无关的物理量 A 在其达到平衡后(等间隔地)抽取了 M 个样本,记为 A_i $(i=1,\cdots,M)$;这些样本的平均值 $\overline{A}\equiv\dfrac{1}{M}\sum\limits_{i=1}^{M}A_i$ 是系综平均 $\langle A\rangle$ 的一个估计值。我们可以用下面的**自相关函数(auto-correlation function)方法**来估计 $\overline{A}$ 的统计误差 σ:

$$\sigma^2\equiv\left\langle\left(\overline{A}-\langle\overline{A}\rangle\right)^2\right\rangle=\left\langle\overline{A}^2\right\rangle-\langle\overline{A}\rangle^2=\frac{1}{M^2}\sum_{i=1}^{M}\sum_{i'=1}^{M}\left(\langle A_iA_{i'}\rangle-\langle A\rangle^2\right)$$

$$=\frac{1}{M^2}\left[\sum_{i=1}^{M}\left(\langle A^2\rangle-\langle A\rangle^2\right)+\sum_{i=1}^{M}\sum_{\substack{i'=1\\ i'\neq i}}^{M}\left(\langle A_iA_{i'}\rangle-\langle A\rangle^2\right)\right]$$

$$=\frac{\langle A^2\rangle-\langle A\rangle^2}{M}+\frac{2}{M^2}\sum_{i=1}^{M}\sum_{i'>i}^{M}\left(\langle A_iA_{i'}\rangle-\langle A\rangle^2\right)$$

$$=\frac{\langle A^2\rangle-\langle A\rangle^2}{M}+\frac{2}{M}\sum_{j=1}^{M-1}\frac{M-j}{M}\left(\langle A_iA_{i+j}\rangle-\langle A\rangle^2\right)$$

$$=\frac{\langle A^2\rangle-\langle A\rangle^2}{M}\left[1+2\sum_{j=1}^{M-1}\left(1-\frac{j}{M}\right)\frac{\langle A_iA_{i+j}\rangle-\langle A\rangle^2}{\langle A^2\rangle-\langle A\rangle^2}\right]$$

$$\approx \frac{\overline{A^2}-\overline{A}^2}{M}\left[1+2\sum_{j=1}^{M-1}\left(1-\frac{j}{M}\right)\frac{B_j-\overline{A}^2}{\overline{A^2}-\overline{A}^2}\right]=g^{\mathrm{cf}}\frac{\sigma_0^2}{M} \tag{4.6}$$

这里我们用了$\langle A_i\rangle = \langle A\rangle$来得到上面第一行的最后一个等式，在第四行中定义了$j \equiv i'-i$，在第六行中用了样本的平均值来近似系综平均，并且定义了样本的方差 $\sigma_0^2 \equiv \frac{1}{M-1}\sum_{i=1}^{M}\left(A_i-\overline{A}\right)^2 = \frac{M}{M-1}\left(\overline{A^2}-\overline{A}^2\right)$、自相关函数 $B_j \equiv \frac{1}{M-j}\sum_{i=1}^{M-j}A_iA_{i+j}$、统计无效性（statistical inefficiency）

$$g^{\mathrm{cf}}(M)=\frac{M-1}{M}(1+2\tau)=\frac{M-1}{M}\left(1+2\sum_{j=1}^{M-1}C_j-\frac{2}{M}\sum_{j=1}^{M-1}jC_j\right) \tag{4.7}$$

归一化的自相关函数 $C_j \equiv \frac{B_j-\overline{A}^2}{\overline{A^2}-\overline{A}^2}$ 以及自相关长度 $\tau \equiv \sum_{j=1}^{M-1}\left(1-\frac{j}{M}\right)C_j$。

值得注意的是：① 如果样本是互不相关的（即 $g^{\mathrm{cf}}=1$，例如实验中的重复测量），则 σ 可以用式 (3.8) 来计算；因此相关样本的统计误差比不相关的要大。② 不同的 A 具有不同的 $g^{\mathrm{cf}}(M)$。③ 在得到给定 M 下的 σ 后，我们可以由 $\sigma \propto M^{-1/2}$ 来计算达到某个预先设定的误差（即模拟精度）所需要的样本数（也就是程序的运行时间）。④ 当 j 从 1 开始逐渐增加时，C_j 通常从一个接近于 1 的数值向 0 递减；但是，上面用样本的平均值来近似系综平均而引入的误差有时候会使得 C_j 并不具有这个性质，因此在实际计算中，我们可以用一个截断长度 N_c（例如取 N_c 为满足 $C_{N_c+1} \leqslant 0$ 的最小正整数）来计算 τ，即 $\tau=\sum_{j=1}^{N_c}\left(1-\frac{j}{M}\right)C_j$。为了加快 τ 的计算，Chodera 等在 ④ 的基础上提出 $\tau \approx \sum_j j\left\{1-\left[1+j(j-1)/2\right]/M\right\}C_{1+j(j-1)/2}$，并提供了相应的 Python 程序[①]，需要的读者可以免费下载使用。值得注意的是：在他们的程序中，式 (4.6) 的最后两行被写为

$$\sigma^2=\frac{\langle A^2\rangle-\langle A\rangle^2}{M}\left[1+2\sum_{j=1}^{M-1}\left(1-\frac{j}{M}\right)\frac{\langle(A_i-\langle A\rangle)(A_{i+j}-\langle A\rangle)\rangle}{\langle A^2\rangle-\langle A\rangle^2}\right]$$

$$\approx \frac{\overline{A^2}-\overline{A}^2}{M}\left[1+2\sum_{j=1}^{M-1}\left(1-\frac{j}{M}\right)\frac{B_j-\left(\overline{A_i}+\overline{A_{i+j}}-\overline{A}\right)\overline{A}}{\overline{A^2}-\overline{A}^2}\right]$$

① https://github.com/choderalab/automatic-equilibration-detection/blob/master/examples/liquid-argon/equilibration.py.

其中，$\overline{A_i} \equiv \dfrac{1}{M-j}\displaystyle\sum_{i=1}^{M-j} A_i$，而 $\overline{A_{i+j}} \equiv \dfrac{1}{M-j}\displaystyle\sum_{i=1+j}^{M} A_i$；由此得到的

$$C_j \equiv \frac{B_j - \left(\overline{A_i} + \overline{A_{i+j}} - \overline{A}\right)\overline{A}}{\overline{A^2} - \overline{A}^2}$$

以及 τ 和 $g^{\mathrm{cf}}(M)$ 与上面的结果在数值上并不完全相同。

在另一种估计统计误差的**块分析 (block analysis) 方法**中，M 个样本被分成 n_b 块，每块中包含 $M_b = M/n_b$ 个样本，$\overline{A}_k \equiv \dfrac{1}{M_b}\displaystyle\sum_{i=(k-1)M_b+1}^{kM_b} A_i$ 为第 k 块 $(k = 1, \cdots, n_b)$ 的样本平均值；当 M_b 大于样本的关联长度时，$\overline{A}_k$ 之间是互不相关的，因此这些块平均值的方差 $\sigma_b^2 \equiv \dfrac{1}{n_b - 1}\displaystyle\sum_{k=1}^{n_b}\left(\overline{A}_k - \overline{A}\right)^2$ 与 M_b 成反比。我们可以定义统计无效性 $g_\infty \equiv \displaystyle\lim_{M_b\to\infty} g^{\mathrm{ba}}(M_b)$；这里 $g^{\mathrm{ba}}(M_b) \equiv M_b\sigma_b^2/\sigma_0^2$。与 $M \to \infty$ 时的式 (4.7) 相比，我们得到 $g_\infty = \displaystyle\lim_{M\to\infty}\left(1 + 2\sum_{j=1}^{M-1} C_j\right)$；从式 (4.7) 的形式我们还得知：$\dfrac{M}{M-1}g^{\mathrm{ba}}(M_b)$ 对 $\dfrac{1}{M_b}$ 作图所得的直线的截距可以用来估计 g_∞。通过将 M_b 不断加倍，Flyvbjerg 和 Petersen 在他们的计算中发现 $\sigma^2 \geqslant g^{\mathrm{ba}}(M_b)\sigma_0^2/M$（即后者为统计误差的下限），并且随着 M_b 的增加，$g^{\mathrm{ba}}(M_b)$ 逐渐增大并趋向一个定值；他们还得到了 $g^{\mathrm{ba}}(M_b)$ 的相对误差为 $\sqrt{2/(n_b-1)}$[11]。

原则上说，在相同的计算量下，分子模拟所产生的互不相关的样本数越多，其效率就越高。但是在实践中却很难做到分子模拟效率的最优化，这是因为分子模拟的效率和体系的参数值有关。以 2.4 节中所讲的在传统格点模型中不可压缩的均聚物溶液为例，随着体系中高分子的链长和体积分数的变化，4.2.1 小节中所讲的各种尝试运动的效率也会发生变化。因此文献中常见的将一种尝试运动的平均接受率调整到某个值（例如 50%）的方法并不是普适的，而是需要在给定的体系参数值下来设定。另一方面，在每套给定的体系参数值下都去最优化模拟的效率显然是不可行的；由于分子模拟及其数据处理的时间较长，这将会很耗时。比较合适的方法是在一套或者几套体系参数值下来优化模拟的效率，然后将其直接用于其他的参数值下。毕竟所要研究的科学问题比所用的分子模拟的效率更为重要。

4.5.2 误差传递公式

误差传递是指一个函数的自变量的误差会引起其函数值的误差。我们考虑一个多元函数 $f(\boldsymbol{x})$，其中 $\boldsymbol{x} \equiv \{X_k\}$，$k = 1, \cdots, m$，而 m 为自变量的个数。由于准确值 $\langle \boldsymbol{x} \rangle$ 是不知道的，我们用 $\overline{\boldsymbol{x}}$ 作为其估计值，$\sigma_{\overline{X}_k}$ 为 $\overline{X}_k$ 的误差，而 $\sigma_f \equiv |f(\overline{\boldsymbol{x}}) - f(\langle \boldsymbol{x} \rangle)|$ 为 $f(\overline{\boldsymbol{x}})$ 的误差。当 $\{X_k\}$ 互不相关时，由 $f(\langle \boldsymbol{x} \rangle)$ 在点 $\overline{\boldsymbol{x}}$ 上的一阶 Taylor 展开我们可以得到

$$\sigma_f^2 \approx \sum_{k=1}^{m} \left(\left. \frac{\partial f}{\partial X_k} \right|_{\boldsymbol{x}=\overline{\boldsymbol{x}}} \right)^2 \sigma_{\overline{X}_k}^2$$

当 $\{X_k\}$ 相关的时候，我们需要考虑它们的协方差。以两个自变量 X 和 Y 为例，类似于式 (4.6) 的推导，它们的协方差为

$$\begin{aligned}
&\operatorname{cov}(\overline{X}, \overline{Y}) \\
&\equiv \left\langle \left(\overline{X} - \langle X \rangle\right) \left(\overline{Y} - \langle Y \rangle\right) \right\rangle = \left\langle \overline{X}\overline{Y} \right\rangle - \langle X \rangle \langle Y \rangle = \frac{1}{M^2} \sum_{i=1}^{M} \sum_{i'=1}^{M} \left(\langle X_i Y_{i'} \rangle - \langle X \rangle \langle Y \rangle \right) \\
&= \frac{1}{M^2} \left[\sum_{i=1}^{M} \left(\langle XY \rangle - \langle X \rangle \langle Y \rangle \right) + \sum_{i=1}^{M} \sum_{\substack{i'=1 \\ i' \neq i}}^{M} \left(\langle X_i Y_{i'} \rangle - \langle X \rangle \langle Y \rangle \right) \right] \\
&= \frac{\langle XY \rangle - \langle X \rangle \langle Y \rangle}{M} + \frac{1}{M^2} \sum_{i=1}^{M} \sum_{i'>i}^{M} \left(\langle X_i Y_{i'} \rangle + \langle X_{i'} Y_i \rangle - 2 \langle X \rangle \langle Y \rangle \right) \\
&= \frac{\langle XY \rangle - \langle X \rangle \langle Y \rangle}{M} + \frac{1}{M} \sum_{j=1}^{M-1} \frac{M-j}{M} \left(\langle X_i Y_{i'} \rangle + \langle X_{i'} Y_i \rangle - 2 \langle X \rangle \langle Y \rangle \right) \\
&= \frac{\langle XY \rangle - \langle X \rangle \langle Y \rangle}{M} \left[1 + 2 \sum_{j=1}^{M-1} \left(1 - \frac{j}{M} \right) \frac{\left(\langle X_i Y_{i+j} \rangle + \langle X_{i+j} Y_i \rangle \right)/2 - \langle X \rangle \langle Y \rangle}{\langle XY \rangle - \langle X \rangle \langle Y \rangle} \right] \\
&\approx \frac{\overline{XY} - \overline{X}\,\overline{Y}}{M} \left[1 + 2 \sum_{j=1}^{M-1} \left(1 - \frac{j}{M} \right) \frac{B_j - \overline{X}\,\overline{Y}}{\overline{XY} - \overline{X}\,\overline{Y}} \right] = g^{\mathrm{cf}} \frac{\sigma_0^2}{M}
\end{aligned}$$

其中，$g^{\mathrm{cf}}(M)$ 和 τ 的形式虽然与 4.5.1 小节中的一样，但都是对 X 和 Y 的交叉项而言的；相应地，这里我们有

$$C_j \equiv \frac{B_j - \overline{X}\,\overline{Y}}{\overline{XY} - \overline{X}\,\overline{Y}}, \quad B_j \equiv \frac{1}{2(M-j)} \sum_{i=1}^{M-j} \left(X_i Y_{i+j} + X_{i+j} Y_i \right)$$

而

$$\sigma_0^2 \equiv \frac{1}{M-1}\sum_{i=1}^{M}\left(X_i-\overline{X}\right)\left(Y_i-\overline{Y}\right)=\frac{M}{M-1}\left(\overline{XY}-\overline{X}\,\overline{Y}\right)$$

由此我们也得到式 (4.6) 中所推导的误差实则为 $\sigma_{\overline{X}}^2=\mathrm{cov}(\overline{X},\overline{X})$，而当 X 和 Y 互不相关时 $\mathrm{cov}(\overline{X},\overline{Y})=0$。

最后，作为一个简单的例子，$f(\overline{X},\overline{Y})\equiv\overline{X}-\overline{Y}$ 的误差为

$$\begin{aligned}\sigma_f^2&=\left\langle f^2(\overline{X},\overline{Y})\right\rangle-\left\langle f(\overline{X},\overline{Y})\right\rangle^2=\left\langle\overline{X}^2+\overline{Y}^2-2\overline{X}\,\overline{Y}\right\rangle-\left(\langle X\rangle^2+\langle Y\rangle^2-2\langle X\rangle\langle Y\rangle\right)\\&=\sigma_{\overline{X}}^2+\sigma_{\overline{Y}}^2-2\mathrm{cov}(\overline{X},\overline{Y})\end{aligned}$$

作为第二个例子，我们考虑 $f(\overline{X},\overline{Y})\equiv\overline{X}/\overline{Y}$ 的误差：$f(\overline{X},\overline{Y})$ 在点 $(\langle X\rangle,\langle Y\rangle)$ 上的一阶 Taylor 展开为

$$f(\overline{X},\overline{Y})\approx\frac{\langle X\rangle}{\langle Y\rangle}+\frac{1}{\langle Y\rangle}\left(\overline{X}-\langle X\rangle\right)-\frac{\langle X\rangle}{\langle Y\rangle^2}\left(\overline{Y}-\langle Y\rangle\right)=\frac{1}{\langle Y\rangle}\overline{X}-\frac{\langle X\rangle}{\langle Y\rangle^2}\left(\overline{Y}-\langle Y\rangle\right)$$

因此

$$\begin{aligned}\sigma_f^2&\approx\frac{\sigma_{\overline{X}}^2}{\langle Y\rangle^2}+\frac{\langle X\rangle^2\sigma_{\overline{Y}}^2}{\langle Y\rangle^4}-2\frac{\langle X\rangle}{\langle Y\rangle^3}\mathrm{cov}(\overline{X},\overline{Y})\\&=\frac{\langle X\rangle^2}{\langle Y\rangle^2}\left[\frac{\sigma_{\overline{X}}^2}{\langle X\rangle^2}+\frac{\sigma_{\overline{Y}}^2}{\langle Y\rangle^2}-2\frac{\mathrm{cov}(\overline{X},\overline{Y})}{\langle X\rangle\langle Y\rangle}\right]\approx\frac{\overline{X}^2}{\overline{Y}^2}\left[\frac{\sigma_{\overline{X}}^2}{\overline{X}^2}+\frac{\sigma_{\overline{Y}}^2}{\overline{Y}^2}-2\frac{\mathrm{cov}(\overline{X},\overline{Y})}{\overline{X}\,\overline{Y}}\right]\end{aligned}\tag{4.8}$$

其中在第一行我们用了第一个例子的结果，而为了得到最后的结果，我们用了样本的平均值来近似系综平均。

4.5.3 有限尺寸效应

我们在 4.1.1 小节中已经说过，关于一级和二级相变的有限尺寸效应的分析将在 8.2 节中介绍。这里我们以**没有相变且各向同性的均相体系**为例来说明其有限尺寸效应；此时体系的强度量在无量纲的模拟盒子体积 $\tilde{V}$ 足够大时一般与 $1/\tilde{V}$ 呈线性关系，我们也就可以籍此外推得到它们在热力学极限（即 $1/\tilde{V}\to 0$）下的值。图 4.4 显示了四方格点模型中链长 $N=64$ 的可压缩均聚物熔体在正则系综下进行 Monte Carlo 模拟时体系平均每条链无量纲的非键作用能的系综平均 $\langle\tilde{u}_c\rangle$ 和链无量纲的剩余化学势 $\tilde{\mu}^{\mathrm{ex}}$ 的有限尺寸效应，其中 $\tilde{\mu}^{\mathrm{ex}}=-\ln\left\langle\overline{R}\right\rangle$ 由 5.1.2 小节中所讲的 Rosenbluth 方法得到，$\overline{R}$ 为对一个构型样本进行 100 次插入链而得到的平均 Rosenbluth 权重，$\langle\tilde{u}_c\rangle$ 和 $\left\langle\overline{R}\right\rangle$ 的统计误差 σ 分别由式 (4.6) 得到，$\tilde{\mu}^{\mathrm{ex}}$

的误差由误差传递公式得到，图中每个数据点的误差线（error bar）取为 3σ（即 99.7%的置信区间），而图中的直线是用考虑了 $\langle \tilde{u}_c \rangle$ 和 $\tilde{\mu}^{\mathrm{ex}}$ 的数据点统计误差的最小二乘法对 $1/\tilde{V}$ 作线性回归得到的，它们分别给出了在热力学极限下（用下角标“∞”表示）$\langle \tilde{u}_{c,\infty} \rangle = 3.68754 \pm 0.00007$ 和 $\tilde{\mu}^{\mathrm{ex}}_{\infty} = 47.43 \pm 0.02$（这里的误差线同样取为 3σ，而 σ 代表由线性回归得到的对直线截距的误差估计）。

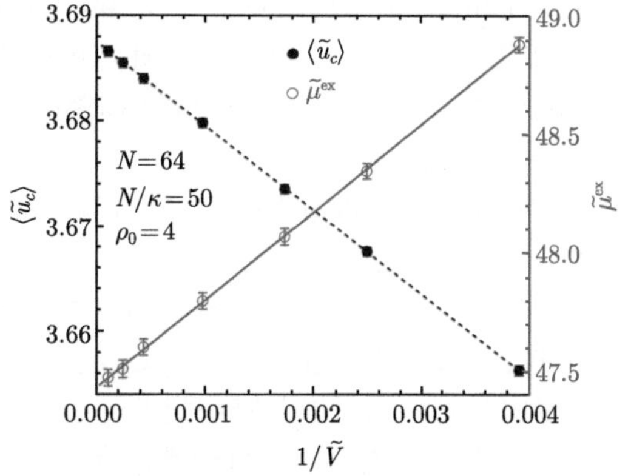

图 4.4 四方格点模型中链长 $N = 64$ 的可压缩均聚物熔体在正则系综下进行 Monte Carlo 模拟时体系平均每条链无量纲的非键作用能的系综平均 $\langle \tilde{u}_c \rangle$（对应于左边的纵轴）和链无量纲的剩余化学势 $\tilde{\mu}^{\mathrm{ex}}$（对应于右边的纵轴）随着模拟盒子无量纲的体积（即体系中总的格点数）$\tilde{V}$ 的变化。具体的模型由式 (7.4) 给出，其中 $N/\kappa = 50$，$\rho_0 = 4$

值得注意的是：虽然不同的统计系综在热力学极限下是等价的，但是由于只能对有限尺寸的微观体系做分子模拟，我们在比较不同系综下得到的模拟结果时就需要考虑有限尺寸效应；一般来说，不同系综下得到的模拟结果按照相应的有限尺寸效应外推到热力学极限下时（在其误差范围之内）应该是相同的，这可以作为检验 Monte Carlo 程序是否正确的一个方法。

4.6 重要性抽样的一个例子

在本节中我们再以 3.2.2 小节中提到的计算一条自避行走链的均方端端距为例给出使用 Metropolis 接受准则的 Monte Carlo 算法的基本步骤。我们还是考虑在传统四方格点模型上的一条单链（因此不使用周期边界条件）。与 3.2.2 小节中的自避链有所不同的是：这里我们赋予每一对非键连的位于近邻格点上的链节（称为近邻链节对）一个无量纲的能量 $\varepsilon \leqslant 0$；$\varepsilon = 0$ 即为 3.2.2 小节中的自避链，也就是在 1.4.3 小节中所讲的无热溶剂中的链，而 $\varepsilon < 0$ 则为在其他溶剂中的链。对于给定的链长 N，Metropolis Monte Carlo 算法的基本步骤如下：

(1) 建立两个整型的一维数组 $x(s)$ 和 $y(s)$ 以存储每个链节 $s\ (= 1, \cdots, N)$

的格点坐标（即链的构象），并初始化随机数发生器。链的构象也可以只用一个整型的一维数组 $b(s)$ 来存储，即第 $s\ (=1,\cdots,N-1)$ 个键矢量的编号（例如 0 代表 (1,0)、1 代表 (0,1)、2 代表 $(0,-1)$、而 3 代表 $(-1,0)$）；这两种存储方式可以在程序中同时使用，以便于计算和输出。

(2) 产生一个自避链构象（例如令 $b(s)=0$）作为初始构型，计算它的端端距的平方 $R_e^2=[x(N)-x(1)]^2+[y(N)-y(1)]^2$ 和近邻链节对数目 $n_{p,o}$，并输出该样本（在这个例子中可以只是 R_e^2）。这里 $n_{p,o}$ 的计算可以通过一个对链节编号 $s=1,\cdots,N-2$ 和 $t=s+2,\cdots,N$ 的二重嵌套循环来完成，在循环体内判断链节 s 和 t 所在的格点是否为近邻。

(3) 对于 $i=1,\cdots,N_{\text{MCS}}$，循环以下步骤 (4) ~ (8)；这里的 N_{MCS} 为预先设定的 Monte Carlo 步数（见 4.7.1 小节）。

(4) 对于 $j=1,\cdots,N_{\text{MOVE}}$，循环以下步骤 (5) ~ (7)；这里的 N_{MOVE} 为一个 Monte Carlo 步中所包含的尝试运动的次数，在这个例子中可以设为 N。

(5) 使用图 4.2 所示的尝试运动对当前链构型做一个随机扰动，从而产生一个新构型；图 4.2(e) 中的枢轴转动对于这个例子是最有效的尝试运动。当使用多种尝试运动时，可以按照预先设定的各种尝试运动的概率用随机数（或者根据随机选中的链节）来确定每次要做哪一种尝试运动。这里要注意的是：在初始构型中我们可以将第一个链节放在原点，但是当在枢轴转动中所旋转的链段包含第一个链节，或者在末端旋转和蛇形运动中所移动的是第一个链节时，这样的尝试运动会造成在模拟过程中链的“漂移”；由于 $x(s)$ 和 $y(s)$ 为整型数组，它们所存储的值是有一定的范围的（例如 4 个字节的整数范围为 $[-2^{31},2^{31}-1]$），因此我们需要检查新构型中链节的格点坐标，一旦它们可能超出这个范围，就要将整条链平移使得其第一个链节回到原点。

(6) 如果新构型中存在多个链节占据同一格点的情况（即不满足自避条件），则该次尝试运动失败，直接进行下一个 j 的循环。

(7) 计算由尝试运动所造成的近邻链节对数目的变化 $\Delta n_p \equiv n_{p,n}-n_{p,o}$（这比用步骤 (2) 中的方法直接计算新构型的近邻链节对数目 $n_{p,n}$ 要快得多）；如果 $\Delta n_p \geqslant 0$ 则接受新构型（同时将 $n_{p,o}+\Delta n_p$ 赋给 $n_{p,o}$），否则按照概率 $P_{acc}=\exp(-\varepsilon\Delta n_p)$ 来接受新构型（以及更新 $n_{p,o}$）。

(8) 当 i 为 N_{OUT} 的整数倍时，计算当前构型的 R_e^2 并输出该样本；这里的 N_{OUT} 为预先设定的抽样间隔。

(9) 输出最终的链构型、它的 $n_{p,o}$ 以及随机数发生器的状态（这是为了便于“续算”；见 4.7.2 小节），并释放数组。模拟结束。

值得注意的是：① 当 $\varepsilon=0$ 时，在步骤 (2) 和 (7) 中不需要计算近邻链节对的数目及其变化，并且新构型在步骤 (7) 中总是被接受的。② 与 3.2.2 小节中基于简单抽样的模拟相比，上述使用重要性抽样的模拟极大地提高了抽样效率，特别是对于 N 或者 $-\varepsilon$ 较大的情况。③ 对模拟结果的分析一般是用另外的程序；在读取了模拟输出的样本后，我们先通过作图判断出合适的平衡步数，再用平衡后的样本来计算系综平均和估计其统计误差，并根据样本的关联长度来选取合适的 N_{OUT} 和 N_{MCS}（详见 4.7.2 小节）。

4.7 一些关于做 Monte Carlo 模拟的具体建议

这里我们根据作者课题组的经验和体会，给出一些关于做 Monte Carlo 模拟的建议，希望能够对其他的研究人员（特别是刚开始做 Monte Carlo 模拟的学生）有所帮助。值得注意的是：在 1.2 节中我们已经提到过，分子模拟的计算量通常很大，因此更适合于定量的研究；这就要求对从分子模拟中得到的结果（如系综平均值）一定要估算其统计误差。另一方面也要尽量地减少或消除模拟中的系统误差（包括可能出现的假象）。和理论计算相比，分子模拟更像一个"黑盒子"；而把任何计算程序或者软件当成"黑盒子"使用所带来的一个问题，就是很难保证其结果的正确性，因此对计算结果的验证是十分必要的。下面我们以常规（例如在正则系综下）的 Monte Carlo 模拟为例，按照做模拟的三个阶段：编程、模拟和数据处理来依次讲述。值得注意的是：在每个阶段，研究人员都需要生成相应的记录文档；这和实验人员要有实验记录是一样的。

4.7.1 编程阶段

与在分子动力学模拟中一般使用现成的软件不同，Monte Carlo 模拟往往更加灵活，也更有针对性，经常会要求人们根据给定的体系和研究的问题来选择需要使用的系综和模拟方法（包括合适的尝试运动）并编写相应的模拟程序，因此它对编程的能力要求较高，也要求研究人员具有一些基本的计算机知识（这些实际上是所有使用计算机做科学计算的研究人员都要掌握的），例如整型数和浮点数的存储方式、算术溢出（arithmetic overflow）以及机器精度（machine epsilon）的概念等。编程的关键在于对程序的精心设计，而不是它的调试（后者当然也很重要，并且一般是最让人头疼的）。编程大致可以分为三个步骤：**第一步**是详细地写出要使用的物理模型体系、它在所选系综下的配分函数、具体的 Monte Carlo 模拟方法、要使用的尝试运动和它们的接受准则以及如何计算所需要的物理量；这基本上是（以后要发表的）科研文章中的"模型及方法"一节，不过可能需要更详细（直到编程的人完全明白了在程序中要做的所有计算）。

第二步是写出程序的设计框图或者伪代码。以面向过程的编程为例，这里包括程序结构（例如自定义函数和子程序以及它们的输入和输出）、尝试运动的计算流程、文件结构（即输入和输出文件以及它们的格式和内容）以及数据结构（例如变量和数组以及它们的类型、特性和大小）。对程序的设计要遵循“由上往下、逐步细化”的原则；这是编程中最为关键的一步，直接决定了程序的正确与否和效率高低，因此需要反复地推敲和修改，直到编程的人对程序的所有细节都很清楚，可以根据设计框图或者伪代码用某种编程语言在计算机上直接键入代码为止。和代码不同，伪代码的格式不受任何编程语言的限制，它不是给计算机（即编译软件）用的，而是编程的人用来记录程序是如何具体地实现上面第一步中要做的计算的一种方式。设计框图或者伪代码是其他人（甚至编程的人自己）理解程序所需要的最有用、也是最方便查阅的文档。

Monte Carlo 模拟程序的结构大体上包含三个部分：**首先**，从输入文件中读入所有参数值和初始构型，并做初始化（例如分配动态数组、将累加变量清零、开启计时器等）。这里需要对参数值的正确性（例如其范围）进行检查，计算一些相关的量（例如链节的数密度、初始构型无量纲的能量等），并将它们和程序的起始运行时间（包括日期）输出到结果文件中（这对做模拟的人员随后检查模拟的正确性很有帮助）。**其次**，进行在输入文件中给定的 Monte Carlo 步数（用 N_{MCS} 表示）的循环。一个 **Monte Carlo 步（MCS）**一般是指平均对体系中的每个粒子做一次尝试运动；当在模拟中使用多种尝试运动时，可以按照输入文件中给定的各种尝试运动的概率用随机数（或者根据随机选中的粒子的类型）来确定每次要做哪一种尝试运动。由于 Monte Carlo 模拟中要用到大量的随机数，我们推荐使用文献 [12]（C++ 语言）、[13]（FORTRAN 90 语言）或者 [14]（C 语言）中给出的随机数发生器，以保证随机数的质量。实现各种尝试运动的子程序是 Monte Carlo 模拟程序的核心，其计算流程取决于具体的尝试运动。这里我们只能建议在接受一个尝试运动之前，不要对存储体系当前构型的变量和数组做任何修改，而是使用临时变量和数组来存储尝试运动所提出的新构型；这样如果本次尝试运动被拒绝，就可以很方便地做下一次。在这一部分程序中还要每隔（在输入文件中给定的）N_{OUT} 个 MCS 对体系进行抽样，将当前构型的能量、链的均方回转半径 R_g^2（或者均方端端距 R_e^2）等样本值以及每种尝试运动在这 N_{OUT} 个 MCS 中的平均接受率用添加的方式输出到样本文件中（并将相应的累加器清零）。如果是在“制造”阶段（见 4.7.2 小节），还需要把当前构型作为样本输出。虽然很多作为样本的量（例如 4.4.2 小节中所讲的链节的对关联函数）在模拟的程序中可以计算，这却会使得模拟程序的结构变得比较复杂，也会降低其运行速度；更重要（也是经常发生）的情况是研究人员在模拟的时候还没有想到要计算某些量，而是在数据处理阶段随着对所研究问题的认知更深入后才意识到了它们的重要性，因此把体系的构型作为样本存储下来就避免了需要重新做模拟的尴尬。**最后**，把程序的运行时间输出到结果文件里，检查并输出最终的体系构型（这是为了便于“续算”；

见 4.7.2 小节），然后释放所有的动态数组。**另外**，在程序中还要包含一些检查构型的子程序，例如用最直接（也是最不容易出错）的方法计算体系的能量并判断它是否与在尝试运动接受后通过修正而得到的体系能量相同（这对程序的调试非常有用！）。值得一提的是，在格点上的体系构型可以用几种方式来表示：以高分子熔体为例，一种是每个链节的格点坐标（或编号），另一种是每个格点上的链节编号，还可以用每条链上第一个链节的格点编号和这条链上每个键矢量的编号；不同的方式在进行尝试运动和存储体系构型时各有优缺点，因此在程序中可以同时使用。而对这几种方式的一致性的检查在调试尝试运动的子程序时就非常有用了。即使是调试好的程序，对最终的体系构型在输出前做一次检查也能以防万一。

Monte Carlo 模拟程序中使用的数据结构一般不会太复杂。常用的数据类型有整型数（有时可能会用到长整型数以增加相应变量的数值范围）、浮点数（建议尽量使用双精度；在输出时要按指数方式全精度输出）、逻辑变量（用于判断，也可以用整型数来代替）、字符串（用来自动生成文件和目录名）以及相应的数组；出于程序运行速度的考虑，我们建议尽量避免使用高维的数组（例如用一维数组来存储在三维中格点的编号）。在处理顺序经常变化的数据（例如非格点模拟中的元胞列表）时，可以考虑使用链表；关于如何在非格点模拟中使用近邻和元胞列表来加速非键作用的计算，在文献 [15] 的附录 C 中有详细的说明。而在格点上对近邻的处理就很方便，可以根据当前格点的位置类型（即它是在模拟盒子的顶点、边上、面上、还是内部；这样分类是为了便于处理周期边界条件）和近邻的方向直接在其格点编号上加一个预先计算好的数来得到其近邻的格点编号。另一个在格点上常用的技巧是在对键矢量进行编号时使得任何两个反方向的键的编号加和都相等，这样就可以在尝试运动中很容易地找到一个键的反方向了。

第三步是程序代码的键入和调试。我们对前者有以下几个建议：一是在每个自定义函数和子程序的开始部分集中、显式地定义所有要用到的局部变量和数组，并使用一个公用模块来集中定义所有的全局变量和数组。二是使用的变量和数组名既要能直观地反映其含义，又不能太长（尽量在 2 ~ 6 个字符以内）；为了键入的方便，尽量避免下划线和大写字母（除非用来强调某些特殊的变量或数组）。三是严格遵守判断和循环语句的缩进格式，并用空行和空格增加程序的可阅读性；这对调试程序也很有帮助。四是尽量多地在程序中加入注释；这不仅对其他人，也对编程的人自己理解程序是非常有帮助的。

和设计程序时正相反，调试程序时要“由下往上、逐步汇总”；对每个自定义函数和子程序（有时甚至只是一段程序）都要先单独调试，而不能直接对整个程序进行调试。调试程序的**唯一**办法就是比较两个数：一个是由被调试的程序给出，而另一个可以是（正确的）解析解，也可以是由另一个独立（例如不同的人或者采用不同的方法编写）的程序给出（包括文献数据）；只有当这两个数在其精度范围内

(即在机器精度或者估计的统计误差附近）相等，才可以认为程序（有可能）是对的（看看任何一个软件升级的次数就不难明白：完全没有错误的程序几乎和大熊猫一样稀有!)。虽然解析解只对于非常简单的体系才能得到，却是调试程序时的首选；毕竟，此时的目的是找到程序中的错误，而不是“制造”数据（见 4.7.2 小节)。一个常用的、比较采用不同方法编写的程序的例子是：当在模拟中使用多种尝试运动时，模拟的结果（在其估计的统计误差附近）应该与使用哪种尝试运动无关；因此比较使用不同的尝试运动而得到的模拟结果对于发现错误（尤其是那些不是各态历经）的尝试运动非常有效。最后，对调试程序时所使用的算例都要有详细的记录；这些和程序的设计框图或者伪代码一样，都是程序文档的一部分。

我们最后要强调的是：写出一套可以给出正确结果的代码只是对编程最起码的要求，而远不是它的最终目的。除此之外，代码还要有较高的运行效率、良好的可读性和可维护性以及完备的程序文档。这些都要求相关人员具有较多的编程经验。

4.7.2　模拟阶段

在程序调试成功（或者从课题组的师兄师姐那里传承下来）后，就可以进入模拟阶段了。我们把在给定体系所有参数值下的一次模拟称为一个 **case**。如上所述，一个 case 一般有一个输入参数文件和一个初始构型文件，并会产生多个输出文件。输入参数文件是用户可读的文本文件，记录了这个 case 的所有输入参数值（包括初始构型的文件名)。而初始构型可以是按照某种（包括随机）方式由一个独立的程序产生的，也可以是这个 case 在上一次模拟时输出的最终构型（通过增大 N_{MCS} 来**“续算”**一个 case 的情况很常见)。构型文件一般比较大，为了节省存储空间常采用用户不可读的二进制文件格式；在构型文件中可以加入随机数发生器的状态参数值以用来控制随机数的序列（这样使得在同一台计算机上分几次“续算”和一次运行到最终步数的结果完全相同，对程序的调试很有用；当然，在正常情况下，使用不同的随机数序列不会在统计误差范围内改变模拟的结果)。一个 case 的输出文件包括结果文件、样本文件、作为样本的构型文件（可以是一个很大的、或者很多个按样本编号产生的文件）和最终的构型文件；最终的构型文件可以作为“续算”这个 case 的初始构型文件，也可以作为另一个（例如具有不同的非键作用大小的）case 的初始构型文件。因此我们建议，除了初始构型文件外，用由程序自动产生的相同的文件名（称为 case 号）和不同的后缀名来标识一个 case 的输入和输出文件；为了便于区分，case 号应该包括重要的体系参数值。我们还建议用 shell 或 Python 脚本把模拟作业的提交自动化，即用户只需要输入 case 号就可以做模拟了（当然要提前准备好输入参数文件和初始构型文件)；而在每一次模拟开始后，用户都需要认真地检查结果文件中的所有内容，以确保没有任何问题。

一个新 case 的模拟可以分为“试运行”和“制造”两个阶段。**“试运行”**的目的是产生“制造”所需要的、已经达到平衡的初始构型，并确定“制造”阶段的抽样间隔 N_{OUT}。新 case 的初始构型通常是没有达到平衡的，而判断平衡的标准一般是通过作图来看“试运行”阶段所产生的样本文件中的某些量（简称为平衡量）随着样本编号的增加是否达到了稳定的平台（如图 4.3 所示）。我们在 4.3.2 小节中已经说过，对于高分子体系，R_g^2（或 R_e^2）通常是最慢达到平衡的，因此可以选它作为平衡量。而合适的 N_{OUT} 值也可以用平衡量的统计无效性 g 来估算（详见 4.5.1 小节），即 $N_{\mathrm{OUT}} = N'_{\mathrm{OUT}}g/2$；这里 $g \geqslant 2$ 是通过对“试运行”阶段在给定的抽样间隔 N'_{OUT} 下所产生的、体系达到平衡后的平衡量的统计误差分析得出的（如果 $g < 2$，则需要减小 N'_{OUT}，重复“试运行”阶段的模拟和统计误差分析）。这样做的目的是将“制造”阶段的平衡量的 g 控制在 2 左右（当然，这里的 2 也可以用其他大于 1 的数来代替，例如 1.2)。将 N_{OUT} 和“试运行”阶段的最终构型文件名分别作为“制造”阶段的抽样间隔和初始构型文件名写到这个 case 的输入参数文件中，就可以开始**“制造”**阶段了；在这里还会产生作为样本的构型文件，并且其 N_{MCS}（即样本数）取决于预先设定的模拟精度（即估计的统计误差）要求。通过对“试运行”阶段的模拟时间和输出文件大小的分析，我们也可以估计“制造”阶段的模拟时间和所需的磁盘空间。

最后，和做实验需要实验记录本一样，做模拟也需要模拟记录本（这当然可以是电子文档），特别是当模拟的 case 比较多的时候。实际上，由于在计算机上的操作比在实验室里的更方便，模拟的 case 一般比实验的样品要多得多，因此更需要研究人员对模拟数据（例如每个 case 的路径、case 号的含义等等）做详细的记录。一个汇总了所有 case 的主要参数和结果的 Excel 文件对于模拟 case 的设计也会非常有用。另外，刚调试出来的模拟程序在使用的过程中经常会有一些需要改动的地方，特别是其输入和输出文件的格式；这些对程序以及文件格式的改动（即程序不同的版本，特别是当它们还被同时使用的时候）也需要被详细地记录下来。

4.7.3 数据处理阶段

数据处理指的是对模拟程序所产生的数据进行分析，例如上面提到的“试运行”阶段的平衡步数判断和统计误差分析就是数据处理的一部分。在 Monte Carlo 模拟程序调试好后，它很少只被用来做一个 case，在绝大多数情况下研究人员都会改变体系的各个参数，对几十个乃至成千上万个 case 进行模拟；对不同 case 的结果进行比较和分析是人们对所研究的问题加深认知和理解的一个重要方式。Monte Carlo 模拟因此会产生大量（有时甚至是上百 GB）的数据。如何对这些数据进行快速准确地分析和作图以提取对所研究的问题有用的信息是数据处理的关键。当然数据的具体分析取决于所研究的问题，也需要独立于做 Monte Carlo 模拟的程序（例如进行统计误差分析的程序）。由于模拟程序输出文件的格式都是固定的，我们在这里强烈建议将数据处理自动化，例如用 Python 脚本将不同的模拟和计算程序连接起来；用户只需要输入一个或多个 case 号，就可以进行自动的模拟、数据分析和作图。在这个过程中的人工操作越少，发生人为错误的可能性就越小。数据处理的自动化还能使研究人员把更多的时间和精力用在对所研究问题的思考和理解上，而不是用在既单调乏味又繁复耗时的数据操作上。最后，对数据处理的自动化流程要有详细的描述，以便于其他研究人员的使用。

参考文献

[1] Feng Y, Li B, Wang Q. Soft Matter, 2022, 18 (26): 4923-4929.

[2] Allen M P, Tildesley D J. Computer Simulation of Liquids. 2nd ed. Oxford, United Kingdom: Oxford University Press, 2017.

[3] Madras N, Sokal A D. J. Stat. Phys., 1988, 50 (1-2): 109-186.

[4] Reiter J, Edling T, Pakula T. J. Chem. Phys., 1990, 93 (1): 837-844.

[5] 陆建明, 杨玉良. 中国科学 A 辑, 1991, 21 (11): 1226-1232.

[6] Pakula T. Macromolecules, 1987, 20 (3): 679-682.

[7] Zhang P, Yang D, Wang Q. J. Phys. Chem. B, 2014, 118 (41): 12059-12067.

[8] Zong J, Wang Q. J. Chem. Phys., 2013, 139 (12): 124907.

[9] Marsaglia G. Ann. Math. Statist., 1972, 43 (2): 645-646.

[10] Stellman S D, Gans P J. Macromolecules, 2002, 5 (4): 516-526.

[11] Flyvbjerg H, Petersen H G. J. Chem. Phys., 1989, 91 (1): 461-466.

[12] Press W H. Numerical Recipes: The Art of Scientific Computing. 3rd ed. Cambridge, UK; New York: Cambridge University Press, 2007.

[13] Press W H. FORTRAN Numerical Recipes. 2nd ed. Cambridge England; New York: Cambridge University Press, 1996.

[14] Press W H. Numerical Recipes in C: The Art of Scientific Computing. 2nd ed. Cambridge; New York: Cambridge University Press, 1992.

[15] Frenkel D, Smit B. 分子模拟——从算法到应用. 汪文川, 等译. 北京: 化学工业出版社, 2002.

第 5 章 高分子体系的传统模拟方法

本章中我们介绍在高分子体系的 Monte Carlo 模拟中常用的一些传统方法；类似于第 3 和 4 章中所讲的，这些传统模拟方法侧重于计算体系的系综平均。我们先在 5.1 节中介绍如何在正则系综下计算链的化学势，以及由此引出的对单链体系的静态 Monte Carlo 模拟方法（即 Rosenbluth 方法和剪除强化的 Rosenbluth 方法，它们不同于 3.3 节中所讲的 Markov 链 Monte Carlo 模拟）；再在 5.2 节中介绍构型偏倚（configurational bias）方法，它们基于 Rosenbluth 方法中得到的权重使用了不对称的尝试运动，对高分子体系的模拟比 3.3 节中所讲的使用对称尝试运动的 Metropolis 方法更为有效；在 5.3 ~ 5.5 节中我们依次介绍高分子体系的巨正则和扩展巨正则系综、半巨正则系综以及 Gibbs 系综，它们比正则系综更适合于研究高分子体系的相平衡。

值得注意的是：① 本章所讲的方法最早在文献中提出时都是基于（采用硬排除体积作用的）高分子体系的传统模型，但是它们也都可以在第 7 章所讲的（采用软势的）快速 Monte Carlo 模拟中直接使用，以进一步提高后者的效率。② 除了 5.1 节中的静态 Monte Carlo 模拟方法（它们不涉及尝试运动）以外，我们对本章中所讲的尝试运动几乎都给出了其符合细致平衡条件的接受准则，希望读者在理解了它们的基础上能够举一反三，设计出对自己所研究的问题最为有效的尝试运动；毕竟这是 Monte Carlo 模拟最大的优点，也是其引人入胜之处。③ 使用构型偏倚方法的尝试运动的接受准则虽然在格点和非格点模型中是一样的，后者的推导过程却比较复杂；因此我们建议读者在理解了前者的基础之上再阅读后者。④ 本章中各节的内容也大多是环环相扣的；前面（除了 5.1.3 小节、5.2.2 小节和 5.4 节以外）的内容是阅读后面的基础，希望读者能够循序渐进。

5.1 正则系综下链化学势的计算以及单链体系的静态 Monte Carlo 模拟

5.1.1 Widom 插入法

化学势 μ 是热力学和统计力学中的一个重要概念。对于在 1.3 节中讲到的包含 n 个（球形）粒子的**经典原子体系**，粒子无量纲的化学势为 $\tilde{\mu} \equiv \beta\mu = \left(\partial\tilde{F}/\partial n\right)_{\tilde{V},\varepsilon}$，其中 $\tilde{F} \equiv \beta F = -\ln Q(n,\tilde{V},\varepsilon)$，$F$ 为体系的 Helmholtz 自由

能，$Q(n,\tilde{V},\varepsilon)$ 为其正则配分函数 [见式 (1.1)]，$\tilde{V}\equiv V/\Lambda^3$ 为体系无量纲的体积，$1/\beta$ 和 Λ 分别为所选取的能量和长度单位，而 ε 为无量纲的作用参数（详见 3.4 节）。用一阶差商来代替导数（这在 $n\to\infty$、$\tilde{V}\to\infty$ 且粒子无量纲的数密度 $\rho\equiv n/\tilde{V}$ 固定的热力学极限下是严格成立的），我们得到

$$\tilde{\mu}=\tilde{F}(n+1,\tilde{V},\varepsilon)-\tilde{F}(n,\tilde{V},\varepsilon)=-\ln\frac{Q(n+1,\tilde{V},\varepsilon)}{Q(n,\tilde{V},\varepsilon)}=\tilde{\mu}^{\mathrm{ig}}+\tilde{\mu}^{\mathrm{ex}}$$

其中化学势的理想部分为 $\tilde{\mu}^{\mathrm{ig}}=\ln\rho$（即理想气体的化学势，源于粒子的平动熵），而剩余化学势为

$$\begin{aligned}\tilde{\mu}^{\mathrm{ex}}&\equiv-\ln\frac{\displaystyle\int\mathrm{d}\boldsymbol{s}^{n+1}\exp\left[-\tilde{U}(\boldsymbol{r}^{n+1})\right]}{\displaystyle\int\mathrm{d}\boldsymbol{s}^{n}\exp\left[-\tilde{U}(\boldsymbol{r}^{n})\right]}\\&=-\ln\frac{\displaystyle\int\mathrm{d}\boldsymbol{s}^{n}\exp\left[-\tilde{U}(\boldsymbol{r}^{n})\right]\int\mathrm{d}\boldsymbol{s}_{n+1}\exp\left[-\Delta\tilde{U}(\boldsymbol{r}_{n+1})\right]}{\displaystyle\int\mathrm{d}\boldsymbol{s}^{n}\exp\left[-\tilde{U}(\boldsymbol{r}^{n})\right]}\\&=-\ln\left\langle\int\mathrm{d}\boldsymbol{s}_{n+1}\exp\left[-\Delta\tilde{U}(\boldsymbol{r}_{n+1})\right]\right\rangle\end{aligned}$$

其中，$\boldsymbol{s}\equiv\boldsymbol{r}/V^{1/3}$ 为粒子约化的空间位置（即 $\displaystyle\int\mathrm{d}\boldsymbol{s}=1$）；$\boldsymbol{r}^n$ 代表包含 n 个粒子的体系的一个构型（即所有 n 个粒子的空间位置）；$\tilde{U}\equiv\beta U(\boldsymbol{r}^n)$ 为体系无量纲的势能函数，$\Delta\tilde{U}(\boldsymbol{r}_{n+1})\equiv\tilde{U}(\boldsymbol{r}^{n+1})-\tilde{U}(\boldsymbol{r}^n)$为第 $n+1$ 个粒子与其他所有 n 个粒子的无量纲的作用能；$\boldsymbol{r}_{n+1}$ 代表第 $n+1$ 个粒子的空间位置，而 $\langle\rangle$ 代表（包含 n 个粒子的）体系的正则系综平均。

根据这个基本思想来计算 $\tilde{\mu}^{\mathrm{ex}}$ 的方法称为 **Widom 插入法** [1]，其具体步骤如下：在包含 n 个粒子的正则系综下的模拟中，对于每个构型样本 i $(=1,\cdots,M$；M 为总的构型样本数)，在随机（或者均匀）分布的空间位置上插入第 $n+1$ 个粒子并计算 $\Delta\tilde{U}(\boldsymbol{r}_{n+1})$（然后将该粒子删除）；重复 m 次这样的粒子插入以计算 $\exp\left[-\Delta\tilde{U}(\boldsymbol{r}_{n+1})\right]$ 的算术平均值（即 $\displaystyle\int\mathrm{d}\boldsymbol{s}_{n+1}\exp\left[-\Delta\tilde{U}(\boldsymbol{r}_{n+1})\right]$）；最后对所有的构型样本都进行上面的操作以得到系综平均，即

$$\tilde{\mu}^{\mathrm{ex}}=-\ln\left[\frac{1}{mM}\sum_{i=1}^{M}\sum_{j=1}^{m}\exp\left(-\Delta\tilde{U}_{i,j}\right)\right]$$

其中 $\Delta\tilde{U}_{i,j}$ 表示对第 i 个构型样本进行第 j 次粒子插入时的 $\Delta\tilde{U}(\boldsymbol{r}_{n+1})$。$M$ 和 m 的值决定了 $\tilde{\mu}^{\text{ex}}$ 的计算精度，其选取需要根据所研究的体系而定。

Widom 插入法的思想也可以推广到高分子体系。以 2.4 节中所讲的单组分的均聚物模型体系为例：包含 n 条链长为 N 的高分子链的体系的正则配分函数为

$$
\begin{aligned}
Q(n,\tilde{V},\varepsilon) &= \frac{1}{n!\Lambda^{3nN}}\int \mathrm{d}\boldsymbol{R}\exp\left[-\tilde{U}(\boldsymbol{R})\right] \\
&= \frac{1}{n!\Lambda^{3n}\Lambda^{3n(N-1)}}\int \mathrm{d}\boldsymbol{r}^n\mathrm{d}\boldsymbol{B}^n\exp\left[-\tilde{U}(\boldsymbol{R})\right] \\
&= \frac{\tilde{V}^n}{n!}\int \mathrm{d}\boldsymbol{s}^n\mathrm{d}\tilde{\boldsymbol{B}}^n\exp\left[-\tilde{U}(\boldsymbol{r}^n,\boldsymbol{B}^n)\right]
\end{aligned}
\tag{5.1}
$$

其中，$\boldsymbol{R} = (\boldsymbol{r}^n,\boldsymbol{B}^n)$ 代表体系的一个构型（即所有链节的空间位置），$\boldsymbol{r}^n$ 和 $\boldsymbol{s}^n$ 分别代表体系中所有链的第一个链节的空间位置和相应的约化空间位置；$\boldsymbol{B}$ 和$\tilde{\boldsymbol{B}} \equiv \boldsymbol{B}/\Lambda$分别代表一条链的所有键矢量和相应的无量纲的键矢量（即一条链的构象）。因此链无量纲的化学势为

$$
\begin{aligned}
\tilde{\mu} &= \tilde{\mu}^{\text{ig}} - \ln\frac{\displaystyle\int \mathrm{d}\boldsymbol{s}^{n+1}\mathrm{d}\tilde{\boldsymbol{B}}^{n+1}\exp\left[-\tilde{U}(\boldsymbol{r}^{n+1},\boldsymbol{B}^{n+1})\right]}{\displaystyle\int \mathrm{d}\boldsymbol{s}^n\mathrm{d}\tilde{\boldsymbol{B}}^n\exp\left[-\tilde{U}(\boldsymbol{r}^n,\boldsymbol{B}^n)\right]} \\
&= \tilde{\mu}^{\text{ig}} + \tilde{\mu}^{\text{in}} + \tilde{\mu}^{\text{ex}}
\end{aligned}
$$

其中化学势的理想部分 $\tilde{\mu}^{\text{ig}} = \ln\rho_c$ 源于链的平动熵，这里 $\rho_c \equiv n/\tilde{V}$ 为链无量纲的数密度；$\tilde{\mu}^{\text{in}} \equiv -\ln\int \mathrm{d}\tilde{\boldsymbol{B}}\exp\left[-\tilde{U}_1^{\text{B}}(\boldsymbol{B})\right]$ 为理想链的构象熵对化学势的贡献（这是高分子与上面所讲的球形粒子的不同之处），这里$\tilde{U}_1^{\text{B}}(\boldsymbol{B})$代表一条链无量纲的键合作用能，对于（没有扭转角作用的）高分子粗粒化模型，它包含了键长和键角作用能（在格点模型中 $\tilde{\mu}^{\text{in}} = -(N-1)\ln z_L$，其中 z_L 为表 2.1 中的配位数）；而剩余化学势

$$
\begin{aligned}
\tilde{\mu}^{\text{ex}} &\equiv -\ln\frac{\displaystyle\int \mathrm{d}\boldsymbol{s}^{n+1}\mathrm{d}\tilde{\boldsymbol{B}}^{n+1}\exp\left[-\tilde{U}(\boldsymbol{r}^{n+1},\boldsymbol{B}^{n+1})\right]}{\displaystyle\int \mathrm{d}\tilde{\boldsymbol{B}}_{n+1}\exp\left[-\tilde{U}_{n+1}^{\text{B}}(\boldsymbol{B}_{n+1})\right]\int \mathrm{d}\boldsymbol{s}^n\mathrm{d}\tilde{\boldsymbol{B}}^n\exp\left[-\tilde{U}(\boldsymbol{r}^n,\boldsymbol{B}^n)\right]} \\
&= -\ln\frac{\left\{\begin{array}{c}\displaystyle\int \mathrm{d}\boldsymbol{s}^n\mathrm{d}\tilde{\boldsymbol{B}}^n\exp\left[-\tilde{U}(\boldsymbol{r}^n,\boldsymbol{B}^n)\right]\int \mathrm{d}\tilde{\boldsymbol{B}}_{n+1}\exp\left[-\tilde{U}_{n+1}^{\text{B}}(\boldsymbol{B}_{n+1})\right] \\ \times\underline{\displaystyle\int \mathrm{d}\boldsymbol{s}_{n+1}\exp\left[-\Delta\tilde{U}^{\text{nb}}(\boldsymbol{r}_{n+1},\boldsymbol{B}_{n+1})\right]}\end{array}\right\}}{\displaystyle\int \mathrm{d}\tilde{\boldsymbol{B}}_{n+1}\exp\left[-\tilde{U}_{n+1}^{\text{B}}(\boldsymbol{B}_{n+1})\right]\int \mathrm{d}\boldsymbol{s}^n\mathrm{d}\tilde{\boldsymbol{B}}^n\exp\left[-\tilde{U}(\boldsymbol{r}^n,\boldsymbol{B}^n)\right]}
\end{aligned}
$$

$$= -\ln\left\langle\left\langle\underline{\int \mathrm{d}\boldsymbol{s}_{n+1}\exp\left[-\Delta\tilde{U}^{\mathrm{nb}}(\boldsymbol{r}_{n+1},\boldsymbol{B}_{n+1})\right]}\right\rangle_{\boldsymbol{B}_{n+1}}\right\rangle \tag{5.2}$$

源于链内和链间的非键作用能，这里

$$\Delta\tilde{U}^{\mathrm{nb}}(\boldsymbol{r}_{n+1},\boldsymbol{B}_{n+1}) \equiv \tilde{U}(\boldsymbol{r}^{n+1},\boldsymbol{B}^{n+1}) - \tilde{U}(\boldsymbol{r}^{n},\boldsymbol{B}^{n}) - \tilde{U}^{\mathrm{B}}_{n+1}(\boldsymbol{B}_{n+1})$$

包括了第 $n+1$ 条链（即插入链）的链内非键作用能和它与其他所有 n 条链之间的作用能，$\boldsymbol{s}_{n+1}$、$\boldsymbol{B}_{n+1}$ 和 $\tilde{U}^{\mathrm{B}}_{n+1}(\boldsymbol{B}_{n+1})$ 分别代表插入链的第一个链节的约化空间位置、其构象和无量纲的键合作用能，$\langle\rangle_{\boldsymbol{B}_{n+1}}$代表对插入链的所有理想链（即只有键合作用能而没有非键作用）的构象所做的系综平均，而 $\langle\rangle$ 代表（包含 n 条链的）体系的正则系综平均。

值得注意的是：① 如 3.4 节中所讲，上式对于**格点模型**依然成立；这里我们取 $\Lambda = l$，其中 l 为晶格常数，因此 $\tilde{V} \equiv V/l^3$ 为体系中格点的数目，而对 $\boldsymbol{s}_{n+1}$ 的积分实则表示对插入链第一个链节的格点位置的加和，即

$$\tilde{\mu}^{\mathrm{ex}} = -\ln\left\langle\left\langle\sum\nolimits_{\boldsymbol{r}_{n+1}}\exp\left[-\Delta\tilde{U}^{\mathrm{nb}}(\boldsymbol{r}_{n+1},\boldsymbol{B}_{n+1})\right]\Big/\tilde{V}\right\rangle_{\boldsymbol{B}_{n+1}}\right\rangle$$

② 由于这里定义的 $\tilde{\mu}^{\mathrm{ex}}$ 的参考态是链无量纲的数密度为 ρ_c 的理想链，即使在 $\rho_c \to 0$ 时（即单链体系），链内的非键作用能也可以使得 $\tilde{\mu}^{\mathrm{ex}} \neq 0$。

5.1.2 Rosenbluth 方法

虽然原则上可以采用随机插入第 $n+1$ 条链的方法来计算 $\tilde{\mu}^{\mathrm{ex}}$，但是当 N 较大时（特别是对于使用硬排除体积作用的传统模型），$\Delta\tilde{U}^{\mathrm{nb}}(\boldsymbol{r}_{n+1},\boldsymbol{B}_{n+1})$常常会很大（甚至 $\to\infty$，导致插入链失败）；类似于 3.2 节中所讲的简单抽样，这使得绝大多数插入链的构型对 $\tilde{\mu}^{\mathrm{ex}}$ 的贡献很小，因此该方法的效率就变得很低。Rosenbluth 等 [2] 于 1955 年提出了在插入链时有偏倚地选择$\Delta\tilde{U}^{\mathrm{nb}}(\boldsymbol{r}_{n+1},\boldsymbol{B}_{n+1})$较小的插入链构型，即引入了插入链的 Rosenbluth 权重 R，而 $\tilde{\mu}^{\mathrm{ex}}$ 可以由 R 得到。

以上面提到的**格点模型**为例，对于一个给定的体系构型样本在第 $j\ (=1,\cdots,m)$ 次插入链时，Rosenbluth 方法的具体步骤如下：

(1) 随机选取一个格点放置插入链的第一个链节，并计算该链节与体系中所有 n 条链的无量纲的作用能 $\tilde{u}^{(1)}$。若选取的格点不能被占据（即 $\tilde{u}^{(1)} \to \infty$），则此次插入链失败；否则记该链节的 Rosenbluth 权重因子为$w_1 = \exp\left(-\tilde{u}^{(1)}\right)$。

(2) 对于插入链的第 $s\ (=2,\cdots,N)$ 个链节，计算其第 $s-1$ 个链节所在格点的第 $k\ (=1,\cdots,z_L)$ 个近邻格点位的无量纲的作用能 $\tilde{u}^{(s)}_k$（即链节 s 在这个格点上时与体系中所有 n 条链以及与插入链的前 $s-1$ 个链节之间的非键作用能），

并记链节 s 的 Rosenbluth 权重因子为$w_s \equiv \sum_{k=1}^{z_L} \exp\left(-\tilde{u}_k^{(s)}\right)$。若 $w_s = 0$，则此次插入链失败，即 Rosenbluth 权重 $R_j = 0$；否则按照第 k 个近邻位的概率为 $\exp\left(-\tilde{u}_k^{(s)}\right)/w_s$ 来选择一个近邻位（记为 k'）放置链节 s，并记 $\tilde{u}^{(s)} = \tilde{u}_{k'}^{(s)}$。

(3) 重复步骤 (2)，直到插入整条链。此时我们得到了第 j 次插入链的构型 $\boldsymbol{R}_j$、其无量纲的（非键）作用能$\Delta\tilde{U}^{\text{nb}}(\boldsymbol{R}_j) = \sum_{s=1}^{N} \tilde{u}^{(s)}$和$R_j = \left(\prod_{s=1}^{N} w_s\right)/z_L^{N-1}$。

按照以上步骤得到 $\boldsymbol{R}_j$ 的归一化概率为

$$p(\boldsymbol{R}_j) = \frac{1}{\tilde{V}}\prod_{s=2}^{N}\frac{\exp\left(-\tilde{u}^{(s)}\right)}{w_s} = \frac{1}{\tilde{V}}\prod_{s=1}^{N}\frac{\exp\left(-\tilde{u}^{(s)}\right)}{w_s} = \frac{\exp\left[-\Delta\tilde{U}^{\text{nb}}(\boldsymbol{R}_j)\right]}{\tilde{V} z_L^{N-1} R_j} \tag{5.3}$$

其中 $\tilde{V}$ 为第一个链节可选位置的数目，而 m 次插入链的平均 Rosenbluth 权重 $\overline{R} \equiv \frac{1}{m}\sum_{j=1}^{m} R_j$ 在 $m \to \infty$ 时（即对插入链的所有理想链构型的加权平均）可以写为

$$\begin{aligned}\overline{R} &= \sum\nolimits_{\boldsymbol{R}_{n+1}} R_{n+1} p(\boldsymbol{R}_{n+1}) = \sum\nolimits_{\boldsymbol{R}_{n+1}} \exp\left[-\Delta\tilde{U}^{\text{nb}}(\boldsymbol{R}_{n+1})\right]\Big/\tilde{V} z_L^{N-1} \\ &= \left\langle \int \mathrm{d}\boldsymbol{s}_{n+1} \exp\left[-\Delta\tilde{U}^{\text{nb}}(\boldsymbol{r}_{n+1}, \boldsymbol{B}_{n+1})\right] \right\rangle_{\boldsymbol{B}_{n+1}}\end{aligned}$$

其中 $\boldsymbol{R}_{n+1} = (\boldsymbol{r}_{n+1}, \boldsymbol{B}_{n+1})$ 表示插入链的一个构型，而 R_{n+1} 为相应的 Rosenbluth 权重（此处的下角标 $n+1$ 表示插入链，而不是上面 j 的值）。因此 $\tilde{\mu}^{\text{ex}} = -\ln\left\langle\overline{R}\right\rangle$，在实际计算中即为对体系所有构型样本的算术平均。

值得注意的是：① 当链的两端不对称时（例如线形双嵌段共聚物 A-B），插入链的 Rosenbluth 权重与链节的插入顺序有关；此时在上面的步骤 (1) 中需要随机选取链的一端作为其插入的第一个链节。② Rosenbluth 方法不仅可以用来计算体系中链的剩余化学势，还可以计算和插入链相关的某个量 A（例如其端端距）的正则系综平均 $\langle A\rangle$。但是，由于式 (5.3) 的分母中含有 R_j，Rosenbluth 方法产生的插入链构型并不符合 Boltzmann 分布，因此在用这些构型来计算 $\langle A\rangle$ 时需要用 R_j 来作为权重，即对一个给定的体系构型样本我们定义 $A_R \equiv \sum_{j=1}^{m} A_j R_j \Big/ \sum_{j=1}^{m} R_j$，这里 A_j 代表第 j 次产生的插入链构型所对应的 A 值；在 $m \to \infty$ 时我们有

$$A_R = \frac{\sum_{\boldsymbol{R}_{n+1}} A(\boldsymbol{R}_{n+1}) R_{n+1} p(\boldsymbol{R}_{n+1})}{\sum_{\boldsymbol{R}_{n+1}} R_{n+1} p(\boldsymbol{R}_{n+1})} = \frac{\sum_{\boldsymbol{R}_{n+1}} A(\boldsymbol{R}_{n+1}) \exp\left[-\Delta\tilde{U}^{\mathrm{nb}}(\boldsymbol{R}_{n+1})\right]}{\sum_{\boldsymbol{R}_{n+1}} \exp\left[-\Delta\tilde{U}^{\mathrm{nb}}(\boldsymbol{R}_{n+1})\right]}$$

$\langle A_R \rangle$ 即为要计算的 $\langle A \rangle$。

对于**非格点模型**，上面的步骤需要稍加改动，具体如下：

(1) 随机放置插入链的第一个链节，并计算该链节与体系中所有 n 条链的无量纲的作用能 $\tilde{u}^{(1)}$。若 $\tilde{u}^{(1)} \to \infty$，则此次插入链失败；否则记该链节的 Rosenbluth 权重因子为$w_1 = \exp\left(-\tilde{u}^{(1)}\right)$。

(2) 对于插入链的第 $s\ (= 2, \cdots, N)$ 个链节，按照与$\exp\left[-\tilde{u}^{\mathrm{B}}(\boldsymbol{b}_{s,k})\right]$成正比的概率分布生成 $z_L > 1$ 个从链节 $s-1$ 指向链节 s 的尝试键矢量 $\boldsymbol{b}_{s,k}$ $(k = 1, \cdots, z_L)$，其中$\tilde{u}^{\mathrm{B}}(\boldsymbol{b}_{s,k})$为相应的无量纲的键合作用能；也就是生成 z_L 个链节 s 的尝试位置。计算链节 s 在第 k 个尝试位置时的无量纲的作用能 $\tilde{u}_k^{(s)}$（即它与体系中所有 n 条链以及与插入链的前 $s-1$ 个链节之间的非键作用能），并记该链节的 Rosenbluth 权重因子为$w_s \equiv \sum_{k=1}^{z_L} \exp\left(-\tilde{u}_k^{(s)}\right)$。若 $w_s = 0$，则此次插入链失败，即 Rosenbluth 权重 $R_{n+1} = 0$；否则按照第 k 个尝试位置的概率为 $\exp\left(-\tilde{u}_k^{(s)}\right)/w_s$ 来选择一个（记为第 k' 个）放置链节 s，并记 $\tilde{u}^{(s)} = \tilde{u}_{k'}^{(s)}$。

(3) 重复步骤 (2)，直到插入整条链。此时我们得到了一次插入链的构型 $\boldsymbol{R}_{n+1}$、其无量纲的（非键）作用能$\Delta\tilde{U}^{\mathrm{nb}}(\boldsymbol{R}_{n+1}) = \sum_{s=1}^{N} \tilde{u}^{(s)}$和$R_{n+1} = \left(\prod_{s=1}^{N} w_s\right) \Big/ z_L^{N-1}$。

按照以上步骤得到 $\boldsymbol{R}_{n+1}$ 的归一化概率为

$$\begin{aligned}
&p(\boldsymbol{R}_{n+1}) \\
&= \prod_{s=2}^{N} \left[z_L! \prod_{k=1}^{z_L} p^{\mathrm{B}}(\boldsymbol{b}_{s,k}) \right] \frac{\exp\left(-\tilde{u}^{(s)}\right)}{w_s} \\
&= \frac{\exp\left(-\tilde{u}^{(1)}\right)}{w_1} (z_L!)^{N-1} \prod_{s=2}^{N} \left[\prod_{k=1}^{z_L} p^{\mathrm{B}}(\boldsymbol{b}_{s,k}) \right] \frac{\exp\left(-\tilde{u}^{(s)}\right)}{w_s} \\
&= \frac{\exp\left[-\Delta\tilde{U}^{\mathrm{nb}}(\boldsymbol{R}_{n+1})\right]}{\underline{z_L^{N-1}} R_{n+1}} \underline{(z_L!)^{N-1}} \prod_{s=2}^{N} \left[\prod_{k=1}^{z_L} p^{\mathrm{B}}(\boldsymbol{b}_{s,k}) \right] \\
&= \frac{B^{N-1} \exp\left[-\tilde{U}^{\mathrm{B}}(\boldsymbol{R}_{n+1}) - \Delta\tilde{U}^{\mathrm{nb}}(\boldsymbol{R}_{n+1})\right]}{R_{n+1}} \underline{[(z_L-1)!]^{N-1}} \prod_{s=2}^{N} \prod_{\substack{k=1 \\ k\neq k'}}^{z_L} p^{\mathrm{B}}(\boldsymbol{b}_{s,k})
\end{aligned} \tag{5.4}$$

其中，$z_L!$ 代表尝试键矢量的顺序并不重要（即它们是简并的），

$$p^{\mathrm{B}}(\boldsymbol{b}) \equiv B\exp\left[-\tilde{u}^{\mathrm{B}}(\boldsymbol{b})\right]$$

为键矢量 $\boldsymbol{b}$ 的归一化概率分布函数，$B \equiv 1\Big/\int \mathrm{d}\tilde{\boldsymbol{b}}\exp\left[-\tilde{u}^{\mathrm{B}}(\boldsymbol{b})\right]$ 为归一化常数（即 $\int \mathrm{d}\tilde{\boldsymbol{b}}p^{\mathrm{B}}(\boldsymbol{b}) = 1$），而 $\tilde{\boldsymbol{b}} \equiv \boldsymbol{b}/\Lambda$ 为无量纲的键矢量；$p(\boldsymbol{R}_{n+1})$ 满足归一化条件

$$\begin{aligned}
&\int \mathrm{d}\boldsymbol{s}_{n+1}\prod_{s=2}^{N}\left(\frac{1}{z_L!}\prod_{k=1}^{z_L}\mathrm{d}\tilde{\boldsymbol{b}}_{s,k}\right)\sum_{k'=1}^{z_L}\underline{p(\boldsymbol{R}_{n+1})}\\
=&\int \mathrm{d}\boldsymbol{s}_{n+1}\prod_{s=2}^{N}\left(\frac{1}{z_L!}\prod_{k=1}^{z_L}\mathrm{d}\tilde{\boldsymbol{b}}_{s,k}\right)\sum_{k'=1}^{z_L}\cdot\underline{\frac{\exp\left[-\Delta\tilde{U}^{\mathrm{nb}}(\boldsymbol{R}_{n+1})\right]}{R_{n+1}}\left[(z_L-1)!\right]^{N-1}\prod_{s=2}^{N}\prod_{k=1}^{z_L}p^{\mathrm{B}}(\boldsymbol{b}_{s,k})}\\
=&\prod_{s=2}^{N}\int\left[\prod_{k=1}^{z_L}\mathrm{d}\tilde{\boldsymbol{b}}_{s,k}p^{\mathrm{B}}(\boldsymbol{b}_{s,k})\right]\sum_{k'=1}^{z_L}\cdot\int \mathrm{d}\boldsymbol{s}_{n+1}\frac{\exp\left[-\Delta\tilde{U}^{\mathrm{nb}}(\boldsymbol{R}_{n+1})\right]}{\prod_{s=1}^{N}w_s}\\
=&\prod_{s=2}^{N}\int\left[\prod_{k=1}^{z_L}\mathrm{d}\tilde{\boldsymbol{b}}_{s,k}p^{\mathrm{B}}(\boldsymbol{b}_{s,k})\right]\sum_{k'=1}^{z_L}\cdot\cancel{\int \mathrm{d}\boldsymbol{s}_{n+1}}\prod_{s=2}^{N}\frac{\exp\left(-\tilde{u}_{k'}^{(s)}\right)}{w_s}\\
=&\prod_{s=2}^{N}\int\left[\prod_{k=1}^{z_L}\mathrm{d}\tilde{\boldsymbol{b}}_{s,k}p^{\mathrm{B}}(\boldsymbol{b}_{s,k})\right]\cancel{\sum_{k'=1}^{z_L}\frac{\exp\left(-\tilde{u}_{k'}^{(s)}\right)}{w_s}}=1
\end{aligned}$$

其中，“·”代表在它前面的连乘不适用于在它后面的项（而它前面的积分和加和继续适用）。而 m 次插入链的平均 Rosenbluth 权重 $\overline{R}$ 在 $m\to\infty$ 时可以写为

$$\begin{aligned}
\overline{R}=&\int \mathrm{d}\boldsymbol{s}_{n+1}\prod_{s=2}^{N}\left(\frac{1}{z_L!}\prod_{k=1}^{z_L}\mathrm{d}\tilde{\boldsymbol{b}}_{s,k}\right)\sum_{k'=1}^{z_L}\underline{p(\boldsymbol{R}_{n+1})R_{n+1}}\\
=&\int \mathrm{d}\boldsymbol{s}_{n+1}\prod_{s=2}^{N}\left(\frac{1}{z_L!}\prod_{k=1}^{z_L}\mathrm{d}\tilde{\boldsymbol{b}}_{s,k}\right)\sum_{k'=1}^{z_L}\cdot\underline{\exp\left[-\Delta\tilde{U}^{\mathrm{nb}}(\boldsymbol{R}_{n+1})\right]\left[(z_L-1)!\right]^{N-1}\prod_{s=2}^{N}\prod_{k=1}^{z_L}p^{\mathrm{B}}(\boldsymbol{b}_{s,k})}\\
=&\prod_{s=2}^{N}\int\left[\prod_{k=1}^{z_L}\mathrm{d}\tilde{\boldsymbol{b}}_{s,k}p^{\mathrm{B}}(\boldsymbol{b}_{s,k})\right]\frac{1}{z_L}\sum_{k'=1}^{z_L}\cdot\int \mathrm{d}\boldsymbol{s}_{n+1}\exp\left[-\Delta\tilde{U}^{\mathrm{nb}}(\boldsymbol{R}_{n+1})\right]\\
=&\prod_{s=2}^{N}\int\cancel{\left[\prod_{\substack{k=1\\k\neq k'}}^{z_L}\mathrm{d}\tilde{\boldsymbol{b}}_{s,k}p^{\mathrm{B}}(\boldsymbol{b}_{s,k})\right]}\frac{1}{z_L}\sum_{k'=1}^{z_L}\int\mathrm{d}\tilde{\boldsymbol{b}}_{s,k'}p^{\mathrm{B}}(\boldsymbol{b}_{s,k'})\cdot\int \mathrm{d}\boldsymbol{s}_{n+1}\exp\left[-\Delta\tilde{U}^{\mathrm{nb}}(\boldsymbol{R}_{n+1})\right]
\end{aligned}$$

$$=\prod_{s=2}^{N}\int \mathrm{d}\tilde{\boldsymbol{b}}_{s,k'}p^{\mathrm{B}}(\boldsymbol{b}_{s,k'})\cdot\int \mathrm{d}\boldsymbol{s}_{n+1}\exp\left[-\Delta\tilde{U}^{\mathrm{nb}}(\boldsymbol{R}_{n+1})\right]$$

$$=\frac{\prod_{s=2}^{N}\int \mathrm{d}\tilde{\boldsymbol{b}}_{s,k'}\exp\left[-\tilde{u}^{\mathrm{B}}(\boldsymbol{b}_{s,k'})\right]\cdot\underline{\underline{\int \mathrm{d}\boldsymbol{s}_{n+1}\exp\left[-\Delta\tilde{U}^{\mathrm{nb}}(\boldsymbol{R}_{n+1})\right]}}}{\prod_{s=2}^{N}\int \mathrm{d}\tilde{\boldsymbol{b}}_{s,k'}\exp\left[-\tilde{u}^{\mathrm{B}}(\boldsymbol{b}_{s,k'})\right]}$$

$$=\left\langle\underline{\int \mathrm{d}\boldsymbol{s}_{n+1}\exp\left[-\Delta\tilde{U}^{\mathrm{nb}}(\boldsymbol{r}_{n+1},\boldsymbol{B}_{n+1})\right]}\right\rangle_{\boldsymbol{B}_{n+1}}$$

因此 $\tilde{\mu}^{\mathrm{ex}}=-\ln\left\langle\overline{R}\right\rangle$。在实际模拟中，$z_L$ 的值太小可能会导致插入链的成功率很低，而太大会使计算时间很长；因此需要通过最大化模拟的效率（即单位计算时间内产生的插入链的构型数）来确定 z_L 的值。

5.1.3　修剪强化的 Rosenbluth 方法

不同于在 Markov 链 Monte Carlo 模拟中基于当前构型通过尝试运动来产生新构型（因此相邻构型之间存在很强的关联），用 Rosenbluth 方法产生的插入链构型都是互不相关的；从这个角度讲，Rosenbluth 方法属于**静态 Monte Carlo 模拟**，适合于产生单链的构型。由 5.1.2 小节我们得到：通过该方法生成的单链构型 $\boldsymbol{R}$ 的 Rosenbluth 权重的自然对数为 $\ln R=\sum_{s=1}^{N}\ln w_s-(N-1)\ln z_L$；由于不同链节的 Rosenbluth 权重因子 w_s 可以看作是（弱关联的）随机变量，根据中心极限定理我们得到 $\ln R$ 的概率分布的方差会随着 N 的增加而线性增大。因此，当 N 很大时用 Rosenbluth 方法产生的构型的 R 会有很大的涨落，使得少数具有很大 R 的构型主导了和单链相关的某个量 A（例如其端端距）的正则系综平均 $\langle A\rangle$（即大多数构型对 $\langle A\rangle$ 的贡献很小），从而给 $\langle A\rangle$ 的计算带来了很大的统计误差；也就是说，随着 N 的增加，Rosenbluth 方法的效率会降低 [3]。

为了解决这一问题，Grassberger 于 1997 年提出了在用 Rosenbluth 方法产生（许多）单链构型的过程中使用修剪和强化（pruned-enriched）的策略，通过调节 R 的分布来提高抽样效率；这就是修剪强化的 Rosenbluth 方法（简称为 PERM）[4]。在产生一个单链构型的过程中，我们首先定义长度为 $s\ (=1,\cdots,N-1)$ 的已生长链段的 Rosenbluth 权重为 $R_s=\left(\prod_{s'=1}^{s}w_{s'}\right)/z_L^{s-1}$，再分别给定 R_s 的上下限 R_s^- 和 R_s^+。如果 $R_s>R_s^+$，我们就把已生长链段的构型（即当前副本）复制 m 份（即共有 $m+1$ 个链段长度为 s 的可用副本）并将 R_s 除以 $m+1$（这称为**强化**），然后使用当前副本继续生长链节 $s+1$。如果 $R_s<R_s^-$，我们就以 50%的概率来决定是

否弃用当前副本（这称为**修剪**）：若是，则使用另一个链段长度为 $s-1$ 的可用副本重新生长链节 s（若其可用副本数为 0，则使用一个链段长度为 $s-2$ 的可用副本重新生长链节 $s-1$；以此类推，直到找到一个可用副本，否则产生这个单链构型的过程失败）；否则将 R_s 加倍并继续用当前副本生长链节 $s+1$。如果 $R_s^- \leqslant R_s \leqslant R_s^+$，我们就保持 R_s 不变并继续用当前副本生长链节 $s+1$。当整条链生长完毕（即成功得到了一个单链构型）后，我们重新开始产生下一个单链构型的过程，直到成功产生了给定数目的单链构型。

由于在修剪和强化步骤中副本数目的变化与 R_s 的调整相匹配，PERM 保证了 R_s^+、R_s^- 和 m 值的选取不会影响计算结果，但是它们却决定了 PERM 的计算效率。一般来说，R_s^+ 和 R_s^- 的值可以在模拟之前选定，也可以在模拟过程中调整。一个较好的办法是在模拟开始前令 $R_s^- = 0$ 而 R_s^+ 为一个很大的值（例如 10^{100}），此时 PERM 就退化为 Rosenbluth 方法；在产生了第一个完整链的构型之后，再令 $R_s^- = c^- \overline{R}_s$ 和 $R_s^+ = c^+ \overline{R}_s$ 来继续进行模拟，其中 $\overline{R}_s = \sum_{i=1}^{n_C} R_{s,i}/n_C$，$n_C$ 为已经产生的长度为 s 的链段的构型数目（包括当前副本），而 $R_{s,i}$ 为其中第 i 个构型的 Rosenbluth 权重）；为了得到较好的计算效率，通常选取 c^- 和 c^+ 在 $O(1) \sim O(10)$ 之间并且 $c^+/c^- \approx 10$（例如 $c^- = 0.5$ 和 $c^+ = 5$）。最后，m 值通常可以取为 1。

在实际模拟中可以采用递归算法来实现 PERM，即把强化步骤中生成的副本压入堆栈（stack）中，并利用其“后进先出”的操作顺序，在模拟中一次只处理从堆栈中弹出的一个副本，直到堆栈为空（即产生一个单链构型的过程失败）或者成功得到了一个单链构型（此时将堆栈清空）。该递归算法极大地降低了对计算机内存量的要求，使得 PERM 能够用于 N 很大的体系；例如早在 1997 年该算法提出之时，Grassberger 就用它计算了在传统简立方格点模型中 $N = 10^6$ 的单链体系的 Θ 点的性质 [4]。

5.2 简单和拓扑构型偏倚方法

在 3.3.3 小节中我们讲过，在 Monte Carlo 模拟中，满足细致平衡条件

$$p_o \alpha_{on} c_{on} = p_n \alpha_{no} c_{no}$$

的接受准则可以取为

$$P_{acc}(\boldsymbol{R}_o \to \boldsymbol{R}_n) = c_{on} = \min\left(1, p_n \alpha_{no} / p_o \alpha_{on}\right)$$

其中 p_o 和 p_n 分别为体系处于当前构型 $\boldsymbol{R}_o$ 和尝试运动提出的新构型 $\boldsymbol{R}_n$ 的概率，α_{on} 为提出从 $\boldsymbol{R}_o$ 到 $\boldsymbol{R}_n$ 的尝试运动（记为 $\boldsymbol{R}_o \to \boldsymbol{R}_n$）的概率，$c_{on}$ 为该尝试

运动的接受概率，而 α_{no} 和 c_{no} 具有相应的含义。当采用对称的尝试运动（即 $\alpha_{no}=\alpha_{on}$）时，上面的接受准则即为 Metropolis 准则；而当采用精心设计的不对称的尝试运动（即 $\alpha_{no}\neq\alpha_{on}$）时，往往可以提高尝试运动的平均接受率。

Frenkel 和 Siepmann 于 1992 年首次基于 Rosenbluth 权重使用了不对称的尝试运动（即**构型偏倚方法**）[5,6]，以提高 Monte Carlo 模拟对高分子体系的抽样效率。在这类方法中，我们取 $\alpha_{on}\propto f(\tilde{U}(\boldsymbol{R}_n))$ 和 $\alpha_{no}\propto f(\tilde{U}(\boldsymbol{R}_o))$，其中 $f(x)$ 为偏倚函数，$\tilde{U}(\boldsymbol{R})$ 为体系无量纲的势能函数，而比例系数由 α 的归一化条件来确定；和上节中所讲的 Rosenbluth 方法不同，由于构型偏倚方法满足细致平衡条件，它们所产生的构型符合 Boltzmann 分布。

下面我们以 2.4 节中所讲的单组分的均聚物模型体系为例来分别说明简单和拓扑构型偏倚方法的具体步骤；对于每个方法，我们先介绍它们在配位数为 z_L 的格点模型（表 2.1）中的使用，再将其推广到非格点模型中。在本节的最后，我们给出两个节省计算时间的技巧和一个简单的例子。

5.2.1　简单构型偏倚方法

这里我们考虑如下的尝试运动：随机选取一条链，从其一端删除包含 l ($\leqslant N-1$) 个链节的链段，再从其另外一端生长该链段（当 $l=1$ 时，这就是常用的蛇形运动；l 在 5.2 节和 5.3 节中不是晶格常数！）。在**格点模型**中，该尝试运动在使用简单构型偏倚方法时的具体步骤如下：

(1) 从当前构型 $\boldsymbol{R}_o$ 中随机选取一条链及其一端，并从该端删除 l 个链节。记新的链端点的空间位置为 $\boldsymbol{r}$。

(2) 按照下面的步骤计算被删除链段的 Rosenbluth 权重 R_o：① 对于第 s $(=1,\cdots,l)$ 个被删除的链节（这里 $s=1$ 是指与新的链端点相连的那个），计算其在 $\boldsymbol{r}$ 的第 k $(=1,\cdots,z_L)$ 个近邻格点上时无量纲的作用能 $\tilde{u}_k^{(s)}$ [即它与体系中现有链节以及被删除的前 $s-1$ 个链节（仍在它们原来的空间位置上）之间的非键作用能]，并记链节 s 的 Rosenbluth 权重因子为 $w_{o,s}\equiv\sum_{k=1}^{z_L}\exp\left(-\tilde{u}_k^{(s)}\right)$。然后将 $\boldsymbol{r}$ 更改为链节 s 原来的空间位置，并记链节 s 无量纲的作用能为 $\tilde{u}_o^{(s)}=\tilde{u}_{k'}^{(s)}$（这里的 k' 对应于 $\boldsymbol{r}$）。② 重复步骤 ①，直到所有被删除链节的 $w_{o,s}$ 都计算完毕。此时我们得到了 $\tilde{u}_o^{\mathrm{nb}}\equiv\sum_{s=1}^{l}\tilde{u}_o^{(s)}$ 和 $R_o=\left(\prod_{s=1}^{l}w_{o,s}\right)/z_L^l$。

(3) 按照下面的步骤从链的另外一端（记其空间位置为 $\boldsymbol{r}$）生长 l 个链节并计算 R_n：① 对于第 s $(=1,\cdots,l)$ 个要生长的链节，计算其在 $\boldsymbol{r}$ 的第 k $(=1,\cdots,z_L)$ 个近邻格点位的无量纲的作用能 $\tilde{u}_k^{(s)}$（即链节 s 在这个格点上时与体系中现有链节之间的非键作用能)，并记链节 s 的 Rosenbluth 权重因子为 $w_{n,s} \equiv \sum_{k=1}^{z_L} \exp\left(-\tilde{u}_k^{(s)}\right)$。若 $w_{n,s} = 0$，则尝试运动失败（即不被接受）；否则按照第 k 个近邻位的概率为 $\exp\left(-\tilde{u}_k^{(s)}\right)/w_{n,s}$ 来选择一个近邻位（记为 k' 并将 $\boldsymbol{r}$ 更改为其位置）放置链节 s，并记 $\tilde{u}_n^{(s)} = \tilde{u}_{k'}^{(s)}$。② 重复步骤 ①，直到生长完 l 个链节。此时我们得到了 $\boldsymbol{R}_n$、$\tilde{u}_n^{\text{nb}} \equiv \sum_{s=1}^{l} \tilde{u}_n^{(s)}$ 和 $R_n = \left(\prod_{s=1}^{l} w_{n,s}\right)/z_L^l$。

在图 5.1 中，我们以 $l = 3$ 为例来说明上述步骤。利用式 (5.3) 我们得到

$$\frac{\alpha_{no}}{\alpha_{on}}\frac{p_n}{p_o} = \frac{\exp\left(-\tilde{u}_o^{\text{nb}}\right)/R_o}{\exp\left(-\tilde{u}_n^{\text{nb}}\right)/R_n}\exp\left[\tilde{U}(\boldsymbol{R}_o) - \tilde{U}(\boldsymbol{R}_n)\right]$$
$$= \frac{\exp\left(-\tilde{u}_o^{\text{nb}}\right)/R_o}{\exp\left(-\tilde{u}_n^{\text{nb}}\right)/R_n}\exp\left(\tilde{u}_o^{\text{nb}} - \tilde{u}_n^{\text{nb}}\right) = \frac{R_n}{R_o}$$

因此,对于上面的尝试运动 $\boldsymbol{R}_o \to \boldsymbol{R}_n$,满足细致平衡条件的接受准则为 $P_{acc}(\boldsymbol{R}_o \to \boldsymbol{R}_n) = \min(1, A_{on})$，其中 $A_{on} \equiv R_n/R_o$。

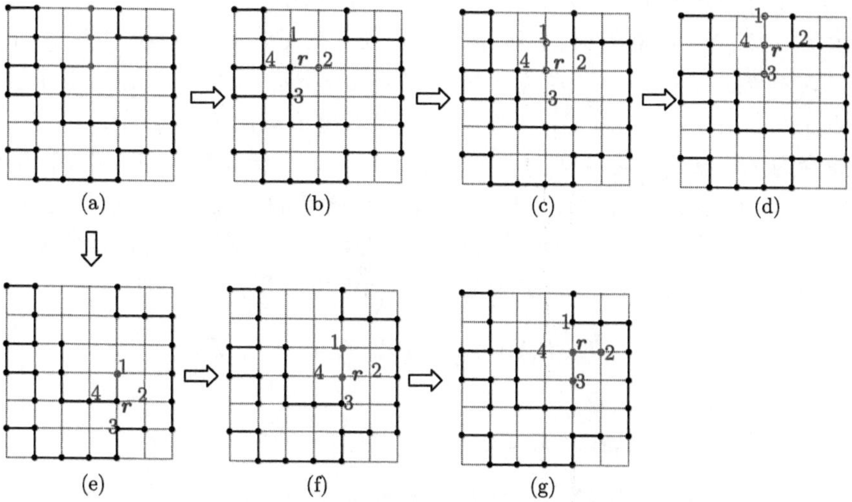

图 5.1 在传统的四方格点模型上使用简单构型偏倚方法的尝试运动的示意图 ($l = 3, N = 8$)：(a) 从当前构型 $\boldsymbol{R}_o$ 中随机选取一条链及其一端，红色为要删除的链段；(b)、(c) 和 (d) 给出了 R_o 的计算过程，分别对应于被删除的链节 $s = 1$、2 和 3，其中格点 1 ~ 4 为 $\boldsymbol{r}$ 的近邻，而红色的链端点为链节 s 原来的空间位置；(e)、(f) 和 (g) 给出了 R_n 的计算过程，分别对应于重新生长的链节 $s = 1$、2 和 3，其中格点 1 ~ 4 为 $\boldsymbol{r}$ 的近邻，而红色的链端点为被选中的放置链节 s 的近邻位 k'；(g) 也给出了新构型 $\boldsymbol{R}_n$，红色为重新生长的链段

值得注意的是：① 对于接枝链体系（例如聚合物刷），由于只有链的自由端可以移动，链段的删除和生长都需要在这一端进行。在链的两端不对称的其他情况下（例如线形双嵌段共聚物 A-B），我们也需要做相应的考虑。② 上述方法也可以用于删除/生长一整条链（即 $l = N$）。此时在生长第一个链节时（即在上面的步骤 (3) ① 中），需要随机地选取 $\boldsymbol{r}$ 并计算该链节在 $\boldsymbol{r}$ 上时与体系中现有的链节之间无量纲的作用能 $\tilde{u}_n^{(1)}$ 和 $w_{n,1} \equiv \exp\left(-\tilde{u}_n^{(1)}\right)$。若 $w_{n,1} = 0$，则尝试运动失败；否则将该链节放置在 $\boldsymbol{r}$ 上并执行步骤 (3) ②。相应地，在删除第一个链节时（即在上面的步骤 (2) ①中），只需要计算其在 $\boldsymbol{r}$（这里为步骤 1 中所选取的链的另外一端所在的空间位置）上时无量纲的作用能 $\tilde{u}_o^{(1)}$ 和 $w_{o,1} \equiv \exp\left(-\tilde{u}_o^{(1)}\right)$，然后执行步骤 (2) ②。③ 类似于 5.1.2 小节中所讲的 Rosenbluth 方法，当被删除链（段）的两端不对称时，R_o (R_n) 与其链节的删除（生长）顺序有关；此时需要在上面的步骤 (2) 和 (3) 中使用相同的顺序。④ 简单构型偏倚方法也可以用在 4.2 节中所讲的局部尝试运动中；在本节末我们将给出一个这样的例子。

类似于 5.1.2 小节中所讲的 Rosenbluth 方法，上面的步骤对于**非格点模型**依然适用，只是需要把步骤 (3) ① 中的 z_L 个近邻格点位改为按照与 $\exp\left[-\tilde{u}^{\mathrm{B}}(\boldsymbol{b}_{n,k})\right]$ 成正比的概率分布而生成的 $z_L > 1$ 个从 $\boldsymbol{r}$ 指向链节 s 的尝试键矢量 $\boldsymbol{b}_{n,k}$ ($k = 1, \cdots, z_L$)，其中 $\tilde{u}^{\mathrm{B}}(\boldsymbol{b}_{n,k})$ 为相应的无量纲的键合作用能；记这些尝试键矢量的集合为 $\{\boldsymbol{b}_n, \boldsymbol{T}_n\}$，其中 $\boldsymbol{b}_n = \boldsymbol{b}_{n,k}$ 代表在步骤 (3) ① 中被选中的键矢量，而 $\boldsymbol{T}_n$ 代表其余 $z_L - 1$ 个尝试键矢量。相应地，我们还需要把步骤 (2) ① 中的 z_L 个近邻格点位改为按照与 $\exp\left[-\tilde{u}^{\mathrm{B}}(\boldsymbol{b}_{o,k})\right]$ 成正比的概率分布而生成的 $z_L - 1$ 个尝试键矢量 $\boldsymbol{b}_{o,k}$ ($k = 1, \cdots, z_L - 1$)，并把原来的键矢量 $\boldsymbol{b}_o$ 作为第 z_L 个；记这些键矢量的集合为 $\{\boldsymbol{b}_o, \boldsymbol{T}_o\}$，其中 $\boldsymbol{T}_o$ 代表生成的 $z_L - 1$ 个尝试键矢量。由式 (5.4) 我们可以看出：在 Rosenbluth 方法中产生第 s 个链节的新位置的概率不仅与 $\boldsymbol{b}_n$ 有关，也与 $\boldsymbol{T}_n$ 有关；因此，在推导上面的尝试运动的接受准则时，我们需要考虑第 s 个链节的 $\{\boldsymbol{b}_o, \boldsymbol{T}_o\} \leftrightarrow \{\boldsymbol{b}_n, \boldsymbol{T}_n\}$ 之间的 “超” 细致平衡 [6]，即

$$
\begin{aligned}
& p_o \alpha_{on}(\boldsymbol{T}_o, \boldsymbol{T}_n) c_{on}(\boldsymbol{T}_o, \boldsymbol{T}_n) = p_n \alpha_{no}(\boldsymbol{T}_n, \boldsymbol{T}_o) c_{no}(\boldsymbol{T}_n, \boldsymbol{T}_o) \\
\Rightarrow & \frac{c_{on}(\boldsymbol{T}_o, \boldsymbol{T}_n)}{c_{no}(\boldsymbol{T}_n, \boldsymbol{T}_o)} = \frac{p_n \alpha_{no}(\boldsymbol{T}_n, \boldsymbol{T}_o)}{p_o \alpha_{on}(\boldsymbol{T}_o, \boldsymbol{T}_n)} \\
= & \frac{\exp\left[-\tilde{u}^{\mathrm{B}}(\boldsymbol{b}_n) - \tilde{u}_n^{(s)}\right] \cancel{p(\boldsymbol{T}_n, \boldsymbol{T}_o)} B \exp\left[-\tilde{u}^{\mathrm{B}}(\boldsymbol{b}_o)\right] \cancel{z_L} \exp\left(-\tilde{u}_o^{(s)}\right) / w_{s,o}}{\exp\left[-\tilde{u}^{\mathrm{B}}(\boldsymbol{b}_o) - \tilde{u}_o^{(s)}\right] \cancel{p(\boldsymbol{T}_o, \boldsymbol{T}_n)} B \exp\left[-\tilde{u}^{\mathrm{B}}(\boldsymbol{b}_n)\right] \cancel{z_L} \exp\left(-\tilde{u}_n^{(s)}\right) / w_{s,n}} \\
= & \frac{w_{s,n}}{w_{s,o}}
\end{aligned}
$$

其中，所有的 α 和 c 均与 $\boldsymbol{T}_o$ 和 $\boldsymbol{T}_n$ 有关，$p(\boldsymbol{T}_o, \boldsymbol{T}_n)$ 代表产生这些尝试键矢量的

概率，$B \equiv 1 \Big/ \int \mathrm{d}\tilde{\boldsymbol{b}} \exp\left[-\tilde{u}^{\mathrm{B}}(\boldsymbol{b})\right]$ 为归一化常数，$\tilde{\boldsymbol{b}} \equiv \boldsymbol{b}/\Lambda$ 为无量纲的键矢量，而 Λ 为所选取的长度单位。显然，“超”细致平衡保证了细致平衡，即

$$p_o \sum\nolimits_{\boldsymbol{T}_o} \sum\nolimits_{\boldsymbol{T}_n} \alpha_{on}(\boldsymbol{T}_o, \boldsymbol{T}_n) c_{on}(\boldsymbol{T}_o, \boldsymbol{T}_n) = p_n \sum\nolimits_{\boldsymbol{T}_o} \sum\nolimits_{\boldsymbol{T}_n} \alpha_{no}(\boldsymbol{T}_n, \boldsymbol{T}_o) c_{no}(\boldsymbol{T}_n, \boldsymbol{T}_o)$$

而对于整个链段(即使用简单构型偏倚方法的尝试运动 $\boldsymbol{R}_o \to \boldsymbol{R}_n$)，其满足(“超”)细致平衡条件的接受准则为

$$P_{acc}(\boldsymbol{R}_o \to \boldsymbol{R}_n) = \min\left(1, \prod_{s=1}^{l} \frac{w_{s,n}}{w_{s,o}}\right) = \min\left(1, \frac{R_n}{R_o}\right)$$

与在格点模型中的一样。

5.2.2 拓扑构型偏倚方法

类似于 5.1.3 小节中所讲的，随着链节数 l（见 5.2.1 小节）的增加，用简单构型偏倚方法产生的 R_n 的分布会变宽，导致其抽样效率降低；而使用较小的 l 又意味着对长链内段构型的抽样效率很低。为了解决这个问题，这里我们考虑如下的尝试运动：随机选取一条链，从其内部删除随机选取的包含 l $(1 \leqslant l \leqslant N-2)$ 个链节的链段，再重新生长该链段。为了保持链的连接性，除了 Rosenbluth 权重以外，我们还需要引入拓扑权重。特别地，在拓扑构型偏倚方法中需要用到包含 l 个链节（即 $l+1$ 个相连的键矢量）的、桥连坐标原点和空间位置 $\boldsymbol{r}$ 的理想链构型的数目 $\Omega(\boldsymbol{r}, l)$。对于四方格点模型 $\Omega(\boldsymbol{r}, l) = \sum\limits_{j=0}^{l_-} \dfrac{(l+1)!}{j!(x+j)!\,(l_+ - j)!\,(l_- - j)!}$，其中 $l_- \equiv \lfloor (l+1-x-y)/2 \rfloor$，$l_+ \equiv \lfloor (l+1-x+y)/2 \rfloor$，$x$ 和 y 分别为格点 $\boldsymbol{r}$ 的两个分量，而 $\lfloor a \rfloor$ 代表不大于 a 的最大整数；对于简立方格点模型

$$\Omega(\boldsymbol{r}, l) = \sum_{j=0}^{l_-} \sum_{i=0}^{l_- - j} \frac{(l+1)!}{i!(x+i)!j!(y+j)!\,(l_+ - i - j)!\,(l_- - i - j)!}$$

其中 $l_- \equiv \lfloor (l+1-x-y-z)/2 \rfloor$，$l_+ \equiv \lfloor (l+1-x-y+z)/2 \rfloor$，$x$、$y$ 和 z 分别为格点 $\boldsymbol{r}$ 的三个分量 [7]；而对于其他的格点模型 $\Omega(\boldsymbol{r}, l)$ 可以通过枚举法得到。在**格点模型**中，该尝试运动在使用拓扑构型偏倚方法时的具体步骤如下：

(1) 从当前构型 $\boldsymbol{R}_o$ 中随机选取一条链，并从该链的内部随机删除一个包含 l 个链节的链段。记与该链段的两端相连的链节的空间位置分别为 $\boldsymbol{r}$ 和 $\boldsymbol{r}'$（这里 $\boldsymbol{r}$ 上的链节与被删除的第一个链节相连，而 $\boldsymbol{r}'$ 上的链节与被删除的第 l 个链节相连），并令 $\boldsymbol{r}_0 = \boldsymbol{r}$。

(2) 按照下面的步骤计算被删除链段的 Rosenbluth 权重 R_o 和拓扑权重 C_o：① 对于第 $s\ (=1,\cdots,l)$ 个被删除的链节，计算其在 $\boldsymbol{r}$ 的第 $k\ (=1,\cdots,z_L)$ 个近邻格点位 $\boldsymbol{r}_k$ 上时无量纲的作用能 $\tilde{u}_k^{(s)}$ [即它与体系中现有链节以及被删除的前 $s-1$ 个链节（仍在它们原来的空间位置上）之间的非键作用能]，并记链节 s 的 Rosenbluth 权重因子为 $w_{o,s} \equiv \sum_{k=1}^{z_L} \exp\left(-\tilde{u}_k^{(s)}\right) \Omega(\boldsymbol{r}_k - \boldsymbol{r}', l-s+1)$。然后将 $\boldsymbol{r}$ 更改为链节 s 原来的空间位置，并记链节 s 无量纲的作用能为 $\tilde{u}_o^{(s)} = \tilde{u}_{k'}^{(s)}$ 和其拓扑权重因子为 $\omega_{o,s} = \Omega(\boldsymbol{r}_{k'} - \boldsymbol{r}'; l-s+1)$（这里的 k' 对应于 $\boldsymbol{r}$）。② 重复步骤 ①，直到所有被删除链节的 $w_{o,s}$ 和 $\omega_{o,s}$ 都计算完毕。此时我们得到了 $\tilde{u}_o^{\text{nb}} \equiv \sum_{s=1}^{l} \tilde{u}_o^{(s)}$、$R_o = \prod_{s=1}^{l} w_{o,s}$ 和 $C_o = \prod_{s=1}^{l} \omega_{o,s}$。

(3) 令 $\boldsymbol{r} = \boldsymbol{r}_0$，按照下面的步骤生长新的链段并计算 R_n 和 C_n：① 对于第 $s\ (=1,\cdots,l)$ 个要生长的链节，计算其在 $\boldsymbol{r}$ 的第 $k\ (=1,\cdots,z_L)$ 个近邻格点位 $\boldsymbol{r}_k$ 上时无量纲的作用能 $\tilde{u}_k^{(s)}$（即链节 s 在这个格点上时与体系中现有链节之间的非键作用能），并记链节 s 的 Rosenbluth 权重因子为

$$w_{n,s} \equiv \sum_{k=1}^{z_L} \exp\left(-\tilde{u}_k^{(s)}\right) \Omega(\boldsymbol{r}_k - \boldsymbol{r}'; l-s+1)$$

若 $w_{n,s} = 0$，则尝试运动失败（即不被接受）；否则按照第 k 个近邻位的概率为 $\exp\left(-\tilde{u}_k^{(s)}\right) \Omega(\boldsymbol{r}_k - \boldsymbol{r}'; l-s+1)/w_{n,s}$ 来选择一个近邻位（记为 k' 并将 $\boldsymbol{r}$ 更改为其位置）放置链节 s，并记 $\tilde{u}_n^{(s)} = \tilde{u}_{k'}^{(s)}$ 和 $\omega_{n,s} = \Omega(\boldsymbol{r}_{k'} - \boldsymbol{r}'; l-s+1)$。② 重复步骤 ①，直到生长完 l 个链节。此时我们得到了尝试构型 $\boldsymbol{R}_n$、$\tilde{u}_n^{\text{nb}} \equiv \sum_{s=1}^{l} \tilde{u}_n^{(s)}$、$R_n = \prod_{s=1}^{l} w_{n,s}$ 和 $C_n = \prod_{s=1}^{l} \omega_{n,s}$。

在图 5.2 中，我们以 $l=5$ 为例来说明上述步骤。类似于简单构型偏倚方法，对于上面的尝试运动 $\boldsymbol{R}_o \to \boldsymbol{R}_n$，满足细致平衡条件的接受准则为 $P_{acc}(\boldsymbol{R}_o \to \boldsymbol{R}_n) = \min(1, A_{on})$，其中 $A_{on} \equiv R_n C_o / R_o C_n$。值得注意的是：类似于 5.1.2 小节中所讲的 Rosenbluth 方法，当被删除链段的两端不对称时，R_o (R_n) 与其链节的删除（生长）顺序有关；此时需要在上面的步骤 (2) 和 (3) 中使用相同的顺序。

由于拓扑构型偏倚方法对长链内段构型的抽样效率较高，Escobedo 与 de Pablo[8]、Frenkel 与 Smit[9] 以及 Vendruscolo[10] 把它用到了具有固定键长 b 且没有键角和扭转角作用的**非格点模型**中。这里我们记

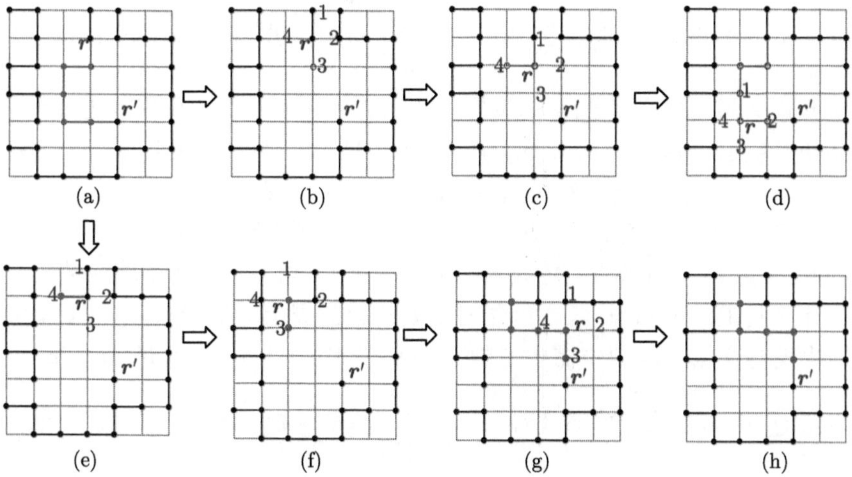

图 5.2 在传统的四方格点模型上使用拓扑构型偏倚方法的尝试运动的示意图 ($l=5, N=8$)：(a) 从当前构型 $\boldsymbol{R}_o$ 中随机选取一条链，红色为要删除的链段；(b)、(c) 和 (d) 给出了 R_o 和 C_o 的计算过程，分别对应于被删除的链节 $s=1$、2 和 5，其中格点 1 ~ 4 为 $\boldsymbol{r}$ 的近邻，而红色的链端点为链节 s 原来的空间位置；(e)、(f) 和 (g) 给出了 R_n 和 C_n 的计算过程，分别对应于重新生长的链节 $s=1$、2 和 5，其中格点 1 ~ 4 为 $\boldsymbol{r}$ 的近邻，而红色的链端点为被选中的放置链节 s 的近邻位 k'；(h) 给出了新构型 $\boldsymbol{R}_n$，红色为重新生长的链段

$$
\begin{aligned}
\Omega(\boldsymbol{r};l) &= \frac{1}{(2\pi)^2\,|\boldsymbol{r}|}\int_0^\infty \mathrm{d}q q\sin(q\,|\boldsymbol{r}|)\left[\frac{\sin(qb)}{qb}\right]^{l+1} \\
&= \frac{1}{2^{l+2}(l-2)!\pi b^2\,|\boldsymbol{r}|}\sum_{k=0}^{\lfloor(l+1-|\boldsymbol{r}|/b)/2\rfloor}(-1)^k\frac{(l+1)!}{k!(l+1-k)!}\left(l-2k-\frac{|\boldsymbol{r}|}{b}\right)^{l-1}
\end{aligned}
$$

为包含 $l\geqslant 1$ 个链节的、桥连坐标原点和空间位置 $\boldsymbol{r}$ 的自由连接链的归一化概率分布函数 [11]。鉴于 Vendruscolo 提出的算法比较简洁，我们给出其尝试运动的具体步骤如下：

(1) 从当前构型 $\boldsymbol{R}_o$ 中随机选取一条链，并从该链的内部随机删除一个包含 l 个链节的链段。记与该链段的两端相连的链节的空间位置分别为 $\boldsymbol{r}$ 和 $\boldsymbol{r}'$（这里 $\boldsymbol{r}$ 上的链节与被删除链段的第一个链节相连，而 $\boldsymbol{r}'$ 上的链节与被删除的第 l 个链节相连），并令 $\boldsymbol{r}_0=\boldsymbol{r}$。

(2) 按照下面的步骤计算被删除链段的 Rosenbluth 权重 R_o 和拓扑权重 C_o：① 对于第 $s\ (=1,\cdots,l-1)$ 个被删除的链节，在以 $\boldsymbol{r}$ 为球心、b 为半径的球面上随机生成 z_L-1 个尝试位置，并把链节 s 原来的位置作为第 z_L 个。计算链节 s 在第 $k\ (=1,\cdots,z_L)$ 个位置 $\boldsymbol{r}_k$ 上时无量纲的作用能 $\tilde{u}_k^{(s)}$ [即它与体系中现有链节以及被删除的前 $s-1$ 个链节（仍在它们原来的空间位置上）之间的非键作用能]，并记

链节 s 的 Rosenbluth 权重因子为 $w_{o,s} \equiv \sum_{k=1}^{z_L} \exp\left(-\tilde{u}_k^{(s)}\right) \Omega(\boldsymbol{r}_k - \boldsymbol{r}', l-s+1)$。然后将 $\boldsymbol{r}$ 更改为链节 s 原来的空间位置，并记链节 s 无量纲的作用能为 $\tilde{u}_o^{(s)} = \tilde{u}_{k'}^{(s)}$ 和其拓扑权重因子为 $\omega_{o,s} = \Omega(\boldsymbol{r}_{k'}, \boldsymbol{r}'; l-s+1)$（这里的 k' 对应于 $\boldsymbol{r}$）。② 重复步骤 ①，直到 $w_{o,s}$ 和 $\omega_{o,s}$ 对于所有的 $s \in [1, l-1]$ 都计算完毕。③ 第 l 个被删除链节的 Rosenbluth 权重因子的计算与前 $l-1$ 个的略有不同：由于它只能处于分别以 $\boldsymbol{r}'$ 和第 $l-1$ 个链节的位置 $\boldsymbol{r}$ 为球心、以 b 为半径的两个球面的相交圆周上，在计算其 Rosenbluth 权重因子时需要在该圆周上随机选取 $z_L - 1$ 个尝试位置（这也使得在接受准则中需要考虑 Jacobian 因子 [8] $J_o = 1/\left(b^2 |\boldsymbol{r} - \boldsymbol{r}'|\right)$），再按照步骤 ① 中的方法计算 $\tilde{u}_k^{(l)}$ 和 $w_{o,l} \equiv \sum_{k=1}^{z_L} \exp\left(-\tilde{u}_k^{(l)}\right) \Omega(\boldsymbol{r}_k - \boldsymbol{r}', 1)$。然后将 $\boldsymbol{r}$ 更改为链节 l 原来的空间位置，并记 $\tilde{u}_o^{(l)} = \tilde{u}_{k'}^{(l)}$ 和 $\omega_{o,l} = \Omega(\boldsymbol{r}_{k'} - \boldsymbol{r}'; 1)$（这里的 k' 对应于 $\boldsymbol{r}$）。此时我们得到了 $\tilde{u}_o^{\text{nb}} \equiv \sum_{s=1}^{l} \tilde{u}_o^{(s)}$、$R_o = \prod_{s=1}^{l} w_{o,s}$ 和 $C_o = \prod_{s=1}^{l} \omega_{o,s}$。

(3) 令 $\boldsymbol{r} = \boldsymbol{r}_0$，按照下面的步骤生长新的链段并计算 R_n 和 C_n：① 对于第 $s\,(=1, \cdots, l-1)$ 个要生长的链节，在以 $\boldsymbol{r}$ 为球心、b 为半径的球面上随机生成 z_L 个尝试位置，并计算链节 s 在第 $k\ (=1, \cdots, z_L)$ 个位置 $\boldsymbol{r}_k$ 上时无量纲的作用能 $\tilde{u}_k^{(s)}$（即它与体系中现有链节之间的非键作用能），然后计算链节 s 的 Rosenbluth 权重因子 $w_{n,s} \equiv \sum_{k=1}^{z_L} \exp\left(-\tilde{u}_k^{(s)}\right) \Omega(\boldsymbol{r}_k - \boldsymbol{r}'; l-s+1)$。若 $w_{n,s} = 0$，则尝试运动失败（即不被接受）；否则按照第 k 个位置的概率为 $\exp\left(-\tilde{u}_k^{(s)}\right) \Omega(\boldsymbol{r}_k - \boldsymbol{r}'; l-s+1)/w_{n,s}$ 来选择一个位置（记为 k' 并将 $\boldsymbol{r}$ 更改为其位置）放置链节 s，并记 $\tilde{u}_n^{(s)} = \tilde{u}_{k'}^{(s)}$ 和 $\omega_{n,s} = \Omega(\boldsymbol{r}_{k'} - \boldsymbol{r}'; l-s+1)$。② 重复步骤 ①，直到生长完 $l-1$ 个链节。③ 第 l 个链节的生长类似于步骤 (2) ③，在分别以 $\boldsymbol{r}'$ 和第 $l-1$ 个链节的位置 $\boldsymbol{r}$ 为球心、以 b 为半径的两个球面的相交圆周上随机生成 z_L 个尝试位置（这也使得在接受准则中需要考虑 Jacobian 因子 $J_n = 1/\left(b^2 |\boldsymbol{r} - \boldsymbol{r}'|\right)$），再按照步骤 ① 中的方法计算 $\tilde{u}_k^{(l)}$ 和 $w_{n,l} \equiv \sum_{k=1}^{z_L} \exp\left(-\tilde{u}_k^{(l)}\right) \Omega(\boldsymbol{r}_k - \boldsymbol{r}', 1)$。若 $w_{n,l} = 0$，则尝试运动失败；否则按照第 k 个位置的概率为 $\exp\left(-\tilde{u}_k^{(l)}\right) \Omega(\boldsymbol{r}_k - \boldsymbol{r}'; 1)/w_{n,l}$ 来选择一个位置（记为 k' 并将 $\boldsymbol{r}$ 更改为其位置）放置链节 l，并记 $\tilde{u}_n^{(l)} = \tilde{u}_{k'}^{(l)}$ 和 $\omega_{n,l} = \Omega(\boldsymbol{r}_{k'} - \boldsymbol{r}'; 1)$。此时我们得到了尝试构型 $\boldsymbol{R}_n$、$\tilde{u}_n^{\text{nb}} \equiv \sum_{s=1}^{l} \tilde{u}_n^{(s)}$、$R_n = \prod_{s=1}^{l} w_{n,s}$ 和 $C_n = \prod_{s=1}^{l} \omega_{n,s}$。

类似于 5.2.1 小节中所讲的在非格点模型中的简单构型偏倚方法，我们可以得到该尝试运动满足（“超”）细致平衡条件的接受准则为 $P_{acc}(\boldsymbol{R}_o \to \boldsymbol{R}_n) = \min(1, A_{on})$，其中 $A_{on} \equiv R_n J_n C_o / R_o J_o C_n$。值得注意的是：当所用的非格点模型中包含键角以及扭转角作用能时，由于 $\Omega(\boldsymbol{r}, l)$ 无法解析地得到，上面的算法不再适用；Wick 与 Siepmann[12] 以及 Chen 与 Escobedo[13] 分别提出了相应的算法，有兴趣的读者可以参考原文。

5.2.3 两个技巧和一个例子

在（简单和拓扑）构型偏倚方法中，如果产生 $\boldsymbol{R}_n$ 的尝试运动失败了，当然就不需要计算被删除链段的权重；因此我们可以交换上面步骤 (2) 和 (3) 的顺序，但是这里要注意如何正确地计算无量纲的非键作用能。

另一个技巧（称为**近似构型偏倚方法**）是：如果非键作用能（即 $\tilde{u}_k^{(s)}$）的计算比较耗时（例如对于具有长程作用的聚电解质体系），我们可以用一个省时的非键作用能（记为 $\hat{u}_k^{(s)}$）来近似它，即在上面的步骤中用 $\hat{u}_k^{(s)}$ 来代替 $\tilde{u}_k^{(s)}$（这样会得到与原来不同的 $w_{o,s}$、$w_{n,s}$、R_o 以及 R_n）；但是在产生了 $\boldsymbol{R}_n$ 后我们仍然要计算 $\tilde{u}_n^{\text{nb}} \equiv \sum_{s=1}^{l} \tilde{u}_n^{(s)}$ 和 $\tilde{u}_o^{\text{nb}} \equiv \sum_{s=1}^{l} \tilde{u}_o^{(s)}$。对于近似简单构型偏倚方法，在格点模型中我们得到 $\dfrac{\alpha_{no}}{\alpha_{on}} = \dfrac{\exp\left(-\hat{u}_o^{\text{nb}}\right)/R_o}{\exp\left(-\hat{u}_n^{\text{nb}}\right)/R_n}$，而相应的满足细致平衡条件的接受准则为

$$
\begin{aligned}
P_{acc}(\boldsymbol{R}_o \to \boldsymbol{R}_n) &= \min\left\{1, \frac{\alpha_{no}}{\alpha_{on}} \exp\left[\tilde{U}(\boldsymbol{R}_o) - \tilde{U}(\boldsymbol{R}_n)\right]\right\} \\
&= \min\left\{1, \frac{R_n}{R_o} \exp\left[\left(\tilde{u}_o^{\text{nb}} - \hat{u}_o^{\text{nb}}\right) - \left(\tilde{u}_n^{\text{nb}} - \hat{u}_n^{\text{nb}}\right)\right]\right\}
\end{aligned}
$$

在非格点模型中，我们由第 s 个链节的“超”细致平衡得到

$$
\begin{aligned}
&\frac{c_{on}(\boldsymbol{T}_o, \boldsymbol{T}_n)}{c_{no}(\boldsymbol{T}_n, \boldsymbol{T}_o)} = \frac{p_n \alpha_{no}(\boldsymbol{T}_n, \boldsymbol{T}_o)}{p_o \alpha_{on}(\boldsymbol{T}_o, \boldsymbol{T}_n)} \\
&= \frac{\exp\left[-\tilde{u}^{\mathrm{B}}(\boldsymbol{b}_n) - \tilde{u}_n^{(s)}\right] \cancel{p(\boldsymbol{T}_n, \boldsymbol{T}_o) B} \exp\left[-\tilde{u}^{\mathrm{B}}(\boldsymbol{b}_o)\right] \cancel{Z_L} \exp\left(-\hat{u}_o^{(s)}\right)/w_{s,o}}{\exp\left[-\tilde{u}^{\mathrm{B}}(\boldsymbol{b}_o) - \tilde{u}_o^{(s)}\right] \cancel{p(\boldsymbol{T}_o, \boldsymbol{T}_n) B} \exp\left[-\tilde{u}^{\mathrm{B}}(\boldsymbol{b}_n)\right] \cancel{Z_L} \exp\left(-\hat{u}_n^{(s)}\right)/w_{s,n}} \\
&= \frac{w_{s,n}}{w_{s,o}} \exp\left[\left(\tilde{u}_o^{(s)} - \hat{u}_o^{(s)}\right) - \left(\tilde{u}_n^{(s)} - \hat{u}_n^{(s)}\right)\right]
\end{aligned}
$$

而相应的满足（“超”）细致平衡条件的接受准则与在格点模型中是一样的。对于近似拓扑构型偏倚方法我们也可以得到相应的结果。

以传统（即使用自避和互避行走的）格点模型中的近似简单构型偏倚方法为例，在其步骤 (3) ① 中对于第 s 个要生长的链节，我们可以不计算 $\tilde{u}_k^{(s)}$ $(k=1,\cdots,z_L)$，而是用排除体积相互作用来近似它（即记 $\boldsymbol{r}$ 的所有可以被占据的近邻格点位的数目为 $w_{n,s}$）。若 $w_{n,s}=0$，则尝试运动失败；否则在其中随机选择一个近邻位（记为 k' 并将 $\boldsymbol{r}$ 更改为其位置）放置链节 s，再计算其在 $\boldsymbol{r}$ 上时无量纲的作用能 $\tilde{u}_n^{(s)}$。这样在步骤 (3) ② 中，当 l 个链节都生长完后，我们就得到了 $\boldsymbol{R}_n$、$\tilde{u}_n^{\text{nb}} \equiv \sum\limits_{s=1}^{l} \tilde{u}_n^{(s)}$ 和 $R_n = \left(\prod\limits_{s=1}^{l} w_{n,s}\right) / z_L^l$。同样地，我们在步骤 (2) ① 中不计算 $\tilde{u}_k^{(s)}$ $(k=1,\cdots,z_L)$，而是记 $\boldsymbol{r}$ 的所有可以被占据的近邻位的数目为 $w_{o,s}$；然后将 $\boldsymbol{r}$ 更改为链节 s 原来的空间位置，并计算其在 $\boldsymbol{r}$ 上时无量纲的作用能 $\tilde{u}_o^{(s)}$。这样在步骤 (2) ② 中，当所有被删除链节的 $w_{o,s}$ 都计算完后，我们就得到了 $\tilde{u}_o^{\text{nb}} \equiv \sum\limits_{s=1}^{l} \tilde{u}_o^{(s)}$ 和 $R_o = \left(\prod\limits_{s=1}^{l} w_{o,s}\right) / z_L^l$。该尝试运动相应的接受准则为 $P_{acc}(\boldsymbol{R}_o \to \boldsymbol{R}_n) = \min\left[1, (R_n/R_o)\exp\left(\tilde{u}_o^{\text{nb}} - \tilde{u}_n^{\text{nb}}\right)\right]$。近似构型偏倚方法的好处在于我们只需要对被删除的和重新生长的链段各做一次耗时的非键作用能计算 [而不是对步骤 (2) 和 (3) 中的每一个尝试位置 $\boldsymbol{r}_k$ 都做]，但是其尝试运动的平均接受率会有所降低（如下面的例子所示）；因此我们可以选择省时的非键作用能的形式以提高模拟效率。

最后，我们用一个简单的例子来直观地说明 Metropolis 抽样、构型偏倚方法与近似构型偏倚方法三者之间的区别。如图 5.3 所示，考虑在传统四方格点模型上链的末端旋转尝试运动；设这里 $\boldsymbol{R}_o$ 的无量纲的（非键）作用能 $\tilde{U}_o=0$，而（不同于 $\boldsymbol{R}_o$ 的）$\boldsymbol{R}_n$ 共有三个 [记作 $\boldsymbol{R}_{n,i}$ $(i=1,2,3)$]：$\tilde{U}_{n,1}\to\infty$（对应于链的端点在旋转后与其他链节重叠的构型），$\tilde{U}_{n,2}=1$（源于链的端点在旋转后与其他链节的近邻相互作用），而 $\tilde{U}_{n,3}=0$。当采用对称的尝试运动时，这三个 $\boldsymbol{R}_n$ 具有相同的 $\alpha_{on}=\alpha_{no}=1/3$，而相应的 Metropolis 接受准则为 $P_{acc}(\boldsymbol{R}_o \to \boldsymbol{R}_n) = \min\left[1, \exp\left(-\tilde{U}_n\right)\right]$；也就是说，在 Metropolis 抽样中所有尝试运动的平均接受率为 $(0+1/e+1)/3 \approx 45.6\%$。在构型偏倚方法中，我们可以取偏倚函数 $f(x)=\exp(-x)$，即三个 $\boldsymbol{R}_n$ 的 $\alpha_{on}=\exp\left(-\tilde{U}_n\right)/(1/e+1)$ 分别为 0、$1/(e+1)\approx 0.269$ 和 $e/(e+1)\approx 0.731$。由于 $\boldsymbol{R}_{n,1}$ 在这里不会被提出，我们不需要考虑它的 α_{no}，而 $\boldsymbol{R}_{n,2}$ 和 $\boldsymbol{R}_{n,3}$ 的 α_{no} 分别为 $1/2$ 和 $e/(e+1)$，其相应的接受概率分别为 $(e+1)/2e \approx 0.684$ 和 1；也就是说，在构型偏倚方法中所有尝试运动的平均接受率为 $0+1/2e+e/(e+1)\approx 91.5\%$，比 Metropolis 抽样中的要高很多。在近似构型偏倚方法中，我们可以省去近邻作用的计算，从而得到三个 $\boldsymbol{R}_n$

的 α_{on} 分别为 0、1/2 和 1/2。类似于构型偏倚方法，$\boldsymbol{R}_{n,2}$ 和 $\boldsymbol{R}_{n,3}$ 的 α_{no} 分别为 1/2 和 1/2，其相应的接受准则为 $P_{acc}(\boldsymbol{R}_o \to \boldsymbol{R}_n) = \min\left[1, \exp\left(-\tilde{U}_n\right)\right]$；虽然它看起来和 Metropolis 准则是一样的，但是 $\boldsymbol{R}_{n,1}$ 在这里不会被提出，也就是说，在近似构型偏倚方法中所有尝试运动的平均接受率为 $0 + (1/e+1)/2 \approx 68.4\%$，介于 Metropolis 抽样和构型偏倚方法之间。值得注意的是：Monte Carlo 模拟的效率是以在相同的计算量下产生的互不相关的样本数来衡量的（详见 4.5.1 小节），并不等同于尝试运动的平均接受率。

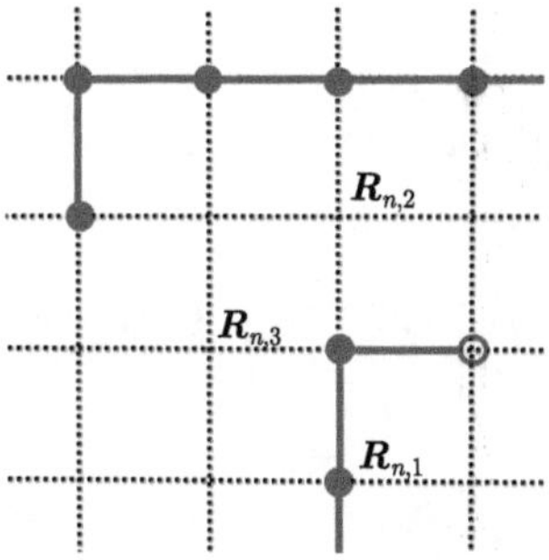

图 5.3　在传统的四方格点模型上链的末端旋转尝试运动，空心圈为要旋转的链末端

5.3 巨正则和扩展巨正则系综下的模拟

5.3.1 巨正则系综下的模拟

除了 5.1 节中所讲的在正则系综下计算链无量纲的化学势 $\tilde{\mu}$ 的方法以外，巨正则系综是“计算”$\tilde{\mu}$ 的另一种常用方法，它实际上计算的是在给定 $\tilde{\mu}$ 下高分子体积分数 ϕ 的巨正则系综平均。虽然在热力学极限下这两个系综是等价的，但是对于模拟中所必须使用的有限大小的体系，ϕ 在巨正则系综下的有限尺寸效应比 $\tilde{\mu}$ 在正则系综下的要小得多。

另外，在对某些问题的模拟研究上，使用巨正则系综比正则系综更合适。一个例子是高分子体系的宏观相分离，这时体系中共存的两相之间有一个相界面。对于宏观（即实验中所用的）体系，相界面的存在对两个共存的体相没有影响；但是对于微观（即模拟中所用的）体系，由于正则系综下相界面区域在体系中所占的分率是不可以忽略的，这会给相应的模拟结果带来较大的系统偏差。而在巨正则系综下的模拟中，ϕ 的涨落使得绝大多数的样本中没有相界面（即只属于两个共存相中的一相），因此相界面对模拟结果的影响可以忽略不计；再进一步结合有限尺寸标度理论（详见 8.2 节），我们就可以准确地构造出体系在热力学极限下的相图。另一个例子是与体相平衡（即具有相同 $\tilde{\mu}$）的受限高分子体系（如高分子溶液在平板上的吸附），这时 $\tilde{\mu}$ 是体系自然的控制参数。

在 3.3.5 小节中我们讲了在巨正则系综下对经典原子体系的 Monte Carlo 模拟。在本节中我们以 2.4 节中所讲的单组分的均聚物模型体系为例来说明对高分子体系的相应模拟；这里除了使用局部跳跃、末端旋转和蛇形运动等正则系综下的尝试运动（详见 4.2.1 小节）以外，还需要使用插入/删除一条链的尝试运动。而如 5.2.1 小节所讲的，在插入链的尝试运动中可以用简单构型偏倚方法来提高其平均接受率。下面我们来推导这两种尝试运动的接受准则。

单组分的均聚物模型体系的巨正则配分函数可以写为

$$\begin{aligned}\Xi(\tilde{\mu},\tilde{V},\varepsilon)&=\sum_{n=0}^{\infty}\exp(\tilde{\mu}n)\,Q(n,\tilde{V},\varepsilon)\\&=\sum_{n=0}^{\infty}\left[\exp(\tilde{\mu}n)\,\tilde{V}^n/n!\right]\int \mathrm{d}\boldsymbol{s}^n\mathrm{d}\tilde{\boldsymbol{B}}^n\exp\left[-\tilde{U}(\boldsymbol{r}^n,\boldsymbol{B}^n)\right]\end{aligned}$$

其中 $\tilde{V}\equiv V/\Lambda^3$ 为体系无量纲的体积，Λ 为所选取的长度单位，ε 为体系中无量纲的非键作用参数（详见 3.4 节），$Q(n,\tilde{V},\varepsilon)$为包含 n 条链的体系的正则配分函数 [见式 (5.1)]，$\boldsymbol{s}\equiv\boldsymbol{r}/V^{1/3}$ 代表体系中一条链的第一个链节的约化空间位置（即 $\int\mathrm{d}\boldsymbol{s}=1$），$\tilde{\boldsymbol{B}}\equiv\boldsymbol{B}/\Lambda$，$\boldsymbol{B}$ 代表一条链的 $N-1$ 个键矢量（即它的构象），而 $\tilde{U}(\boldsymbol{r}^n,\boldsymbol{B}^n)$ 为体系无量纲的势能函数。由此我们得到体系处于包含 n 条链的当前构型 $\boldsymbol{R}_o$（即 $(\boldsymbol{r}^n,\boldsymbol{B}^n)$）的概率为 $p_o=\tilde{V}^n\exp\left[\tilde{\mu}n-\tilde{U}(\boldsymbol{R}_o)\right]/n!\Xi(\tilde{\mu},\tilde{V},\varepsilon)$。在**格点模型**中，对于在 $\boldsymbol{R}_o$ 中插入一条链以得到新构型 $\boldsymbol{R}_n$ 的尝试运动（记为 $n\to n+1$），由式 (5.3) 我们得到提出它的归一化概率为$\alpha_{on}=\exp\left(-\Delta\tilde{U}^{\mathrm{nb}}\right)/z_L^{N-1}R_n$，其中 $\Delta\tilde{U}^{\mathrm{nb}}=\Delta\tilde{U}\equiv\tilde{U}(\boldsymbol{R}_n)-\tilde{U}(\boldsymbol{R}_o)$，$z_L$ 为格点模型的配位数（见表 2.1），而 R_n 为插入链的 Rosenbluth 权重；由于我们使用了 $\boldsymbol{s}$ 而不是 $\boldsymbol{r}$ 作为构型空间的参数，这里的α_{on}不包含式 (5.3) 中的 $\tilde{V}$。相反的尝试运动（即 $\boldsymbol{R}_n\to\boldsymbol{R}_o$）可以通过在（包含有 $n+1$ 条链的）$\boldsymbol{R}_n$ 中删除随机选取的一条链来实现；由于体系中的链是不可区分的，我们可以认为提出 $\boldsymbol{R}_n\to\boldsymbol{R}_o$ 的概率为$\alpha_{no}=1$。因此，满足细致平衡条件的 $n\to n+1$ 的接受准则为

$$\begin{aligned}&P_{acc}(n\to n+1)\\&=\min\left(1,\frac{\alpha_{no}p_n}{\alpha_{on}p_o}\right)=\min\left[1,\frac{z_L^{N-1}R_n\tilde{V}\exp(\tilde{\mu})\cancel{\exp\left(-\Delta\tilde{U}\right)}}{\cancel{\exp\left(-\Delta\tilde{U}^{\mathrm{nb}}\right)}(n+1)}\right]\end{aligned}$$

$$= \min\left[1, \frac{\cancel{z_L^{N-1}} R_n \tilde{V} \rho_c^{\mathrm{ig}} \cancel{\exp\left(\tilde{\mu}^{\mathrm{in}}\right)} \exp\left(\tilde{\mu}^{\mathrm{ex}}\right)}{n+1}\right] = \min\left[1, \frac{R_n n^{\mathrm{ig}} \exp\left(\tilde{\mu}^{\mathrm{ex}}\right)}{n+1}\right] \tag{5.5}$$

值得注意的是：① $\rho_c^{\mathrm{ig}} \equiv n^{\mathrm{ig}}/\tilde{V}$为在定义链无量纲的剩余化学势 $\tilde{\mu}^{\mathrm{ex}}$ 所用的参考态下的无量纲的链数密度（即链化学势的理想部分为$\tilde{\mu}^{\mathrm{ig}} = \ln \rho_c^{\mathrm{ig}}$），因此 n^{ig} 是一个固定值，与体系中（在模拟过程中变化）的 n 无关；② 在格点模型中理想链的构象熵对化学势的贡献 $\tilde{\mu}^{\mathrm{in}} = -\ln z_L^{N-1}$（详见 5.1.1 小节）。相应地，在 $\boldsymbol{R}_o$ 中用 5.2.1 小节中所讲的删除一整条链的方法（即在计算其 Rosenbluth 权重后）删除随机选取的一条链的尝试运动（记为 $n \to n-1$）的接受准则为

$$\begin{aligned}
&P_{acc}(n \to n-1) \\
&= \min\left(1, \frac{\alpha_{no} p_n}{\alpha_{on} p_o}\right) = \min\left[1, \frac{\cancel{\exp\left(\Delta\tilde{U}^{\mathrm{nb}}\right)} n \cancel{\exp\left(-\Delta\tilde{U}\right)}}{z_L^{N-1} R_o \tilde{V} \exp\left(\tilde{\mu}\right)}\right] \\
&= \min\left[1, \frac{n}{\cancel{z_L^{N-1}} R_o \tilde{V} \rho_c^{\mathrm{ig}} \cancel{\exp\left(\tilde{\mu}^{\mathrm{in}}\right)} \exp\left(\tilde{\mu}^{\mathrm{ex}}\right)}\right] = \min\left[1, \frac{n}{R_o n^{\mathrm{ig}} \exp\left(\tilde{\mu}^{\mathrm{ex}}\right)}\right]
\end{aligned} \tag{5.6}$$

其中，R_o 为删除链的 Rosenbluth 权重。

在**非格点模型**中，类似于 5.2.1 小节中所讲的对使用简单构型偏倚方法的尝试运动的接受准则的推导，我们需要考虑插入/删除链的“超”细致平衡 [14]；以插入链为例，记其除了第一个链节之外的所有链节的尝试键矢量的集合为 $\{\boldsymbol{B}, \boldsymbol{T}^{N-1}\}$，其中 $\boldsymbol{B}$ 代表被选中的 $N-1$ 个键矢量（即插入链的构象），而 $\boldsymbol{T}^{N-1}$ 代表其余的 $(z_L-1)(N-1)$ 个尝试键矢量，我们有

$$\begin{aligned}
&p_o \alpha_{on}(\boldsymbol{T}^{N-1}) c_{on}(\boldsymbol{T}^{N-1}) = p_n \alpha_{no}(\boldsymbol{T}^{N-1}) c_{no}(\boldsymbol{T}^{N-1}) \\
&\Rightarrow \frac{c_{on}(\boldsymbol{T}^{N-1})}{c_{no}(\boldsymbol{T}^{N-1})} = \frac{\alpha_{no}(\boldsymbol{T}^{N-1}) p_n}{\alpha_{on}(\boldsymbol{T}^{N-1}) p_o} = \frac{\cancel{p(\boldsymbol{T}^{N-1})} R_n \tilde{V} \exp\left(\tilde{\mu}\right) \cancel{\exp\left(-\Delta\tilde{U}\right)}}{\cancel{p(\boldsymbol{T}^{N-1})} B^{N-1} \cancel{\exp\left(-\Delta\tilde{U}\right)}} \\
&\qquad = \frac{R_n \tilde{V} \rho_c^{\mathrm{ig}} \cancel{\exp\left(\tilde{\mu}^{\mathrm{in}}\right)} \exp\left(\tilde{\mu}^{\mathrm{ex}}\right)}{\cancel{B^{N-1}}(n+1)} = \frac{R_n n^{\mathrm{ig}} \exp\left(\tilde{\mu}^{\mathrm{ex}}\right)}{n+1}
\end{aligned}$$

其中，所有的 α 和 c 均与 $\boldsymbol{T}^{N-1}$ 有关，$p(\boldsymbol{T}^{N-1})$ 代表产生这些尝试键矢量的概率[即式 (5.4) 的最后一行中分式后面的项]，$\tilde{\mu}^{\mathrm{in}} = \ln B^{N-1}, B \equiv 1 \Big/ \int \mathrm{d}\tilde{\boldsymbol{b}} \exp\left[-\tilde{u}^{\mathrm{B}}(\boldsymbol{b})\right]$ 为归一化常数，$\tilde{\boldsymbol{b}} \equiv \boldsymbol{b}/\Lambda$，而 $\tilde{u}^{\mathrm{B}}(\boldsymbol{b})$ 代表键矢量 $\boldsymbol{b}$ 无量纲的键合作用能。因此，满足（“超”）细致平衡条件的 $n \to n+1$ 的接受准则与在格点模型中的式 (5.5) 一

样。相应地，满足（“超”）细致平衡条件的 $n \to n-1$ 的接受准则也与在格点模型中的式 (5.6) 一样。

最后，在插入/删除链的尝试运动中也可以用 5.2.3 小节中所讲的近似构型偏倚方法，即在计算 R_n 和 R_o 时用一个省时的非键作用能来代替真正的非键作用能。

5.3.2 扩展巨正则系综下的模拟

当高分子的体积分数较大或者链很长时，即使采用构型偏倚方法，在巨正则系综下的模拟中插入一整条链的平均接受率也很低。针对此问题，Escobedo 与 de Pablo 提出了扩展巨正则系综 [15]。我们仍以单组分的均聚物模型体系为例：这里体系中包含了 n 条链长为 N 的（完整）链和一条链长可以在 $[0,N]$ 上变化的**标记链**，而在模拟中使用了在标记链上生长/删除一段包含 l ($\ll N$) 个链节的链段的尝试运动（l 在 5.2 节和 5.3 节中不是晶格常数！）；为了提高生长尝试运动的平均接受率，通常还要用到 5.2 节中所讲的构型偏倚方法。对于给定的（完整）链无量纲的化学势 $\tilde{\mu}$，扩展巨正则系综的配分函数可以写为 $\Xi_{\mathrm{E}}(\tilde{\mu}) = \sum_{n=0}^{\infty}\sum_{i=0}^{m}\exp\left(\tilde{\mu}n + w_i\right)Q(n,i)$（为了简洁，我们隐含了 Ξ_{E} 和 Q 对体系的体积和作用参数的依赖性），其中 $m \equiv N/l$ 为整数，$Q(n,i)$ 为包含 n 条完整链和一条处于状态 i 的标记链（即其链长为 il）的体系的正则配分函数，w_i 为标记链处于状态 i 时的权重（它不是 Rosenbluth 权重因子！）；因此体系中包含 n 条（完整）链且标记链的状态为 i 的概率为 $p(n,i) = Q(n,i)\exp\left(\tilde{\mu}n + w_i\right)/\Xi_{\mathrm{E}}(\tilde{\mu})$。

在扩展巨正则系综下的模拟中，需要选择合适的权重 w_i 使得（在相同的 n 下）所有状态 $i\ (=0,\cdots,m)$ 出现的概率近似相等，以增加状态 $i=0$ 和 $i=m$（此时标记链为完整链）被访问的次数；由此我们得到

$$
\begin{aligned}
w_i - w_{i'} &= \ln\left[p(n,i)\Xi_{\mathrm{E}}(\tilde{\mu})\exp\left(-\tilde{\mu}n\right)\right] - \ln Q(n,i) \\
&\quad - \left\{\ln\left[p(n,i')\Xi_{\mathrm{E}}(\tilde{\mu})\exp\left(-\tilde{\mu}n\right)\right] - \ln Q(n,i')\right\} \\
&= -\ln\frac{Q(n,i)}{Q(n,0)} - \left[-\ln\frac{Q(n,i')}{Q(n,0)}\right] \\
&= \tilde{\mu}^{\mathrm{ig}} + \tilde{\mu}^{\mathrm{in}}(i) + \tilde{\mu}^{\mathrm{ex}}(i) - \left[\tilde{\mu}^{\mathrm{ig}} + \tilde{\mu}^{\mathrm{in}}(i') + \tilde{\mu}^{\mathrm{ex}}(i')\right]
\end{aligned}
$$

其中，$\tilde{\mu}^{\mathrm{ig}}$ 为链无量纲的化学势的理想部分；$\tilde{\mu}^{\mathrm{in}}(i)$ 为链长为 il 的理想链的构象熵对化学势的贡献（详见 5.1.1 小节）；而 $\tilde{\mu}^{\mathrm{ex}}(i)$ 为标记链处于状态 i 时链无量纲的剩余化学势。因此我们可以取 $w_i = \tilde{\mu}^{\mathrm{in}}(i) + \tilde{\mu}^{\mathrm{ex}}(i) = \alpha_i(\tilde{\mu}^{\mathrm{in}} + \tilde{\mu}^{\mathrm{ex}})$，其中 $\tilde{\mu}^{\mathrm{in}}$

为链长为 N 的理想链的构象熵对化学势的贡献，$\tilde{\mu}^{\text{ex}}$ 为扩展巨正则系综下给定的链无量纲的剩余化学势，而 α_i 需要满足 $\alpha_{i=0}=0$ 和 $\alpha_{i=m}=1$；对于均聚物体系，由于在链上增加一个链节对其化学势的贡献与链长几乎无关，我们可以取 $\alpha_i = i/m$。

记体系的当前构型 $\boldsymbol{R}_o$ 中包含 n 条（完整）链且标记链的状态为 i，上面所讲的尝试运动的具体步骤如下：

(1) 随机选取生长（即标记链的新状态为 $i'=i+1$）或删除（即 $i'=i-1$）的尝试运动。若 $i=0$ 且选取的是删除尝试运动，则在 n 条（完整）链中随机选取一条作为标记链（如果 $n=0$ 则尝试运动失败），将 n 减去 1，并且将 i 改为 m（也相应地更新 i'）。类似地，若 $i=m$ 且选取的是生长尝试运动，则插入一条（链长为 0 的）新链作为标记链，将 n 加上 1，并且将 i 改为 0（也相应地更新 i'）。

(2) 用 5.2.1 小节中所讲的简单构型偏倚方法在标记链上（若 $i>0$ 则随机选取标记链的一端）做步骤 (1) 中所选的尝试运动来得到体系的新构型 $\boldsymbol{R}_n$、生长或删除链段无量纲的非键作用能 $\tilde{u}_n^{\text{nb}} \equiv \sum_{s=1}^{l} \tilde{u}^{(s)}$ 及其 Rosenbluth 权重 R（对于生长尝试运动，这里的 $\tilde{u}^{(s)}$ 和 R 分别为 5.2.1 小节的步骤 (3) 中所计算的 $\tilde{u}_n^{(s)}$ 和 R_n；而对于删除尝试运动，它们分别为 5.2.1 小节的步骤 (2) 中所计算的 $\tilde{u}_o^{(s)}$ 和 R_o）。

(3) 按照接受准则 $P_{acc}(\boldsymbol{R}_o \to \boldsymbol{R}_n) = \min\left[1, R^{\delta}\exp\left(w_{i'}-w_i\right)\right]$ 来进行体系构型和非键作用能的更新，其中对于生长尝试运动 $\delta=1$，而对于删除尝试运动 $\delta=-1$。

最后，在生长/删除链段的尝试运动中也可以用 5.2.3 小节中所讲的近似构型偏倚方法。

5.4 半巨正则系综下的模拟

当高分子的体积分数很大时（即在高分子的浓溶液甚至熔体中），由于链节之间具有很强的排除体积作用，链的剩余化学势变得很大；因此，无论是在正则系综下用 Rosenbluth 方法计算它还是在巨正则系综下进行链的插入/删除尝试运动都变得很困难。对于多组分的高分子体系，半巨正则系综下的模拟可以有效地避免这个问题。由于文献中对此都采用了格点模型，这里我们以格点模型中不可压缩的二元均聚物混合物为例来说明在半巨正则系综下的模拟。

考虑一个体积为 V、包含 n_{P} 条链长为 N_{P} 的均聚物 P (= A,B) 的两组分体

系（记为 A/B），它的正则配分函数可以写为

$$Q(n_{\mathrm{A}},n_{\mathrm{B}})=\frac{1}{n_{\mathrm{A}}!\Lambda^{3n_{\mathrm{A}}N_{\mathrm{A}}}}\frac{1}{n_{\mathrm{B}}!\Lambda^{3n_{\mathrm{B}}N_{\mathrm{B}}}}\int\mathrm{d}\boldsymbol{R}\exp\left[-\tilde{U}(\boldsymbol{R})\right]$$

其中 Λ 为所选取的长度单位（在格点模型中取为晶格常数；详见 3.4 节），$\boldsymbol{R}$ 代表体系的一个构型（即所有 A 和 B 链节的空间位置），$\tilde{U}(\boldsymbol{R})$ 为体系无量纲的势能函数，而为了简洁我们隐含了 Q 对 V 和体系作用参数的依赖性。类似于油和水的混合物，当 A 和 B 链节之间的排斥作用足够大时，A/B 体系会发生宏观相分离，形成分别富含 A 和 B 的两相。因此我们需要进一步写出上述体系（在热力学极限下）的巨正则配分函数

$$\begin{aligned}\Xi(\tilde{\mu}_{\mathrm{A}},\tilde{\mu}_{\mathrm{B}})&=\sum_{n_{\mathrm{A}},n_{\mathrm{B}}=0}^{\infty}\frac{\exp\left(\tilde{\mu}_{\mathrm{A}}n_{\mathrm{A}}\right)}{n_{\mathrm{A}}!\Lambda^{3n_{\mathrm{A}}N_{\mathrm{A}}}}\frac{\exp\left(\tilde{\mu}_{\mathrm{B}}n_{\mathrm{B}}\right)}{n_{\mathrm{B}}!\Lambda^{3n_{\mathrm{B}}N_{\mathrm{B}}}}\int\mathrm{d}\boldsymbol{R}\exp\left[-\tilde{U}(\boldsymbol{R})\right]\\&=\exp\left(\frac{\tilde{\mu}_{\mathrm{B}}N_t}{N_{\mathrm{B}}}\right)\sum_{n_{\mathrm{A}}=0}^{\infty}\frac{\exp\left(\tilde{\mu}_{\mathrm{A}}n_{\mathrm{A}}-\tilde{\mu}_{\mathrm{B}}n_{\mathrm{A}}N_{\mathrm{A}}/N_{\mathrm{B}}\right)}{n_{\mathrm{A}}![(N_t-n_{\mathrm{A}}N_{\mathrm{A}})/N_{\mathrm{B}}]!\Lambda^{3N_t}}\int\mathrm{d}\boldsymbol{R}\exp\left[-\tilde{U}(\boldsymbol{R})\right]\end{aligned}$$

其中，$\tilde{\mu}_{\mathrm{P}}$ 为 P 链无量纲的化学势，而体系的不可压缩条件限定了其中总的链节数目 $N_t\equiv n_{\mathrm{A}}N_{\mathrm{A}}+n_{\mathrm{B}}N_{\mathrm{B}}$ 是不变的，因此$n_{\mathrm{B}}=(N_t-n_{\mathrm{A}}N_{\mathrm{A}})/N_{\mathrm{B}}$。

我们不失一般性地记 $N_{\mathrm{B}}\leqslant N_{\mathrm{A}}$，并且要求 $m\equiv N_{\mathrm{A}}/N_{\mathrm{B}}$ 为正整数；定义**无量纲的交换化学势**为 $\Delta\tilde{\mu}\equiv\tilde{\mu}_{\mathrm{A}}-m\tilde{\mu}_{\mathrm{B}}=\Delta\tilde{\mu}^{\mathrm{ig}}+\Delta\tilde{\mu}^{\mathrm{in}}+\Delta\tilde{\mu}^{\mathrm{ex}}$（即将 m 条 B 链连接起来变成一条 A 链，记作 $m\mathrm{B}\to\mathrm{A}$，所导致的体系无量纲的 Helmholtz 自由能的变化；这是控制 A/B 相分离的一个参数），其中 $\Delta\tilde{\mu}^{\mathrm{ig}}\equiv\tilde{\mu}_{\mathrm{A}}^{\mathrm{ig}}-m\tilde{\mu}_{\mathrm{B}}^{\mathrm{ig}}$，$\tilde{\mu}_{\mathrm{P}}^{\mathrm{ig}}$ 为 P 链无量纲的化学势的理想部分，$\Delta\tilde{\mu}^{\mathrm{in}}\equiv\tilde{\mu}_{\mathrm{A}}^{\mathrm{in}}-m\tilde{\mu}_{\mathrm{B}}^{\mathrm{in}}$，$\tilde{\mu}_{\mathrm{P}}^{\mathrm{in}}=(1-N_{\mathrm{P}})\ln z_L$ 为理想 P 链的构象熵对其化学势的贡献（详见 5.1.1 小节），z_L 为表 2.1 中的配位数，$\Delta\tilde{\mu}^{\mathrm{ex}}\equiv\tilde{\mu}_{\mathrm{A}}^{\mathrm{ex}}-m\tilde{\mu}_{\mathrm{B}}^{\mathrm{ex}}$ 为 $m\mathrm{B}\to\mathrm{A}$ 所导致的体系无量纲的 Helmholtz 自由能的剩余部分的变化，而 $\tilde{\mu}_{\mathrm{P}}^{\mathrm{ex}}$ 为 P 链无量纲的剩余化学势。类似于式 (5.2)，我们得到

$$\begin{aligned}\Delta\tilde{\mu}^{\mathrm{ex}}&=-\ln\frac{\left(\begin{array}{l}\int\mathrm{d}\boldsymbol{s}_{\mathrm{A}}^{n_{\mathrm{A}}+1}\mathrm{d}\tilde{\boldsymbol{B}}_{\mathrm{A}}^{n_{\mathrm{A}}+1}\underline{\mathrm{d}\boldsymbol{s}_{\mathrm{B}}^{n_{\mathrm{B}}-m}}\underline{\underline{\mathrm{d}\tilde{\boldsymbol{B}}_{\mathrm{B}}^{n_{\mathrm{B}}-m}}}\exp\left[-\tilde{U}(n_{\mathrm{A}}+1,n_{\mathrm{B}}-m)\right]\\\times\left\{\underline{\underline{\int\mathrm{d}\tilde{\boldsymbol{B}}_{\mathrm{B}}}}\exp\left[-\tilde{U}_1^{\mathrm{B}}(\boldsymbol{B}_{\mathrm{B}})\right]\right\}^m\end{array}\right)}{\int\mathrm{d}\tilde{\boldsymbol{B}}_{\mathrm{A}}\exp\left[-\tilde{U}_1^{\mathrm{B}}(\boldsymbol{B}_{\mathrm{A}})\right]\int\mathrm{d}\boldsymbol{s}_{\mathrm{A}}^{n_{\mathrm{A}}}\mathrm{d}\tilde{\boldsymbol{B}}_{\mathrm{A}}^{n_{\mathrm{A}}}\mathrm{d}\boldsymbol{s}_{\mathrm{B}}^{n_{\mathrm{B}}}\mathrm{d}\tilde{\boldsymbol{B}}_{\mathrm{B}}^{n_{\mathrm{B}}}\exp\left[-\tilde{U}(n_{\mathrm{A}},n_{\mathrm{B}})\right]}\\&=-\ln\frac{\int\mathrm{d}\boldsymbol{s}_{\mathrm{A}}^{n_{\mathrm{A}}+1}\mathrm{d}\tilde{\boldsymbol{B}}_{\mathrm{A}}^{n_{\mathrm{A}}+1}\underline{\mathrm{d}\boldsymbol{s}_{\mathrm{B}}^{n_{\mathrm{B}}}}\underline{\underline{\mathrm{d}\tilde{\boldsymbol{B}}_{\mathrm{B}}^{n_{\mathrm{B}}}}}\exp\left[-\tilde{U}(n_{\mathrm{A}}+1,n_{\mathrm{B}}-m)-m\tilde{U}_1^{\mathrm{B}}(\boldsymbol{B}_{\mathrm{B}})\right]}{\int\mathrm{d}\tilde{\boldsymbol{B}}_{\mathrm{A}}\exp\left[-\tilde{U}_1^{\mathrm{B}}(\boldsymbol{B}_{\mathrm{A}})\right]\int\mathrm{d}\boldsymbol{s}_{\mathrm{A}}^{n_{\mathrm{A}}}\mathrm{d}\tilde{\boldsymbol{B}}_{\mathrm{A}}^{n_{\mathrm{A}}}\mathrm{d}\boldsymbol{s}_{\mathrm{B}}^{n_{\mathrm{B}}}\mathrm{d}\tilde{\boldsymbol{B}}_{\mathrm{B}}^{n_{\mathrm{B}}}\exp\left[-\tilde{U}(n_{\mathrm{A}},n_{\mathrm{B}})\right]}\end{aligned}$$

$$= -\ln \frac{\left\{\begin{array}{c}\displaystyle\int \mathrm{d}\boldsymbol{s}_{\mathrm{A}}^{n_{\mathrm{A}}} \mathrm{d}\tilde{\boldsymbol{B}}_{\mathrm{A}}^{n_{\mathrm{A}}} \mathrm{d}\boldsymbol{s}_{\mathrm{B}}^{n_{\mathrm{B}}} \mathrm{d}\tilde{\boldsymbol{B}}_{\mathrm{B}}^{n_{\mathrm{B}}} \exp\left[-\tilde{U}(n_{\mathrm{A}}, n_{\mathrm{B}})\right] \\ \displaystyle\times \int \mathrm{d}\tilde{\boldsymbol{B}}_{\mathrm{A},n_{\mathrm{A}}+1} \exp\left[-\tilde{U}^{\mathrm{B}}_{\mathrm{A},n_{\mathrm{A}}+1}(\boldsymbol{B}_{\mathrm{A},n_{\mathrm{A}}+1})\right] \\ \displaystyle\times \int \mathrm{d}\boldsymbol{s}_{\mathrm{A},n_{\mathrm{A}}+1} \exp\left[-\Delta\tilde{U}^{\mathrm{nb}}(m\mathrm{B} \to \mathrm{A})\right]\end{array}\right\}}{\displaystyle\int \mathrm{d}\tilde{\boldsymbol{B}}_{\mathrm{A}} \exp\left[-\tilde{U}_1^{\mathrm{B}}(\boldsymbol{B}_{\mathrm{A}})\right] \int \mathrm{d}\boldsymbol{s}_{\mathrm{A}}^{n_{\mathrm{A}}} \mathrm{d}\tilde{\boldsymbol{B}}_{\mathrm{A}}^{n_{\mathrm{A}}} \mathrm{d}\boldsymbol{s}_{\mathrm{B}}^{n_{\mathrm{B}}} \mathrm{d}\tilde{\boldsymbol{B}}_{\mathrm{B}}^{n_{\mathrm{B}}} \exp\left[-\tilde{U}(n_{\mathrm{A}}, n_{\mathrm{B}})\right]}$$

$$= -\ln \left\langle \left\langle \int \mathrm{d}\boldsymbol{s}_{\mathrm{A},n_{\mathrm{A}}+1} \exp\left[-\Delta\tilde{U}^{\mathrm{nb}}(m\mathrm{B} \to \mathrm{A})\right] \right\rangle_{\boldsymbol{B}_{m\mathrm{B}\to\mathrm{A}}} \right\rangle$$

其中 $\boldsymbol{r}_{\mathrm{P}}$ 和 $\boldsymbol{s}_{\mathrm{P}} \equiv \boldsymbol{r}_{\mathrm{P}}/V^{1/3}$ 分别代表体系中一条 P 链的第一个链节的空间位置和相应的约化空间位置，$\boldsymbol{B}_{\mathrm{P}}$ 和$\tilde{\boldsymbol{B}}_{\mathrm{P}} \equiv \boldsymbol{B}_{\mathrm{P}}/\Lambda$分别代表一条 P 链的所有键矢量和相应的无量纲的键矢量（即一条 P 链的构象），$\tilde{U}(n_{\mathrm{A}}+1, n_{\mathrm{B}}-m)$ 和 $\tilde{U}(n_{\mathrm{A}}, n_{\mathrm{B}})$ 分别代表 $m\mathrm{B} \to \mathrm{A}$之后（即包含 $n_{\mathrm{A}}+1$ 条 A 链和 $n_{\mathrm{B}}-m$ 条 B 链）和之前（即包含 n_{A} 条 A 链和 n_{B} 条 B 链）的体系无量纲的（键合和非键）作用能，$\tilde{U}_1^{\mathrm{B}}(\boldsymbol{B}_{\mathrm{P}})$代表一条 P 链无量纲的键合作用能，$\boldsymbol{s}_{\mathrm{A},n_{\mathrm{A}}+1}$、$\boldsymbol{B}_{\mathrm{A},n_{\mathrm{A}}+1}$ 和 $\tilde{U}^{\mathrm{B}}_{\mathrm{A},n_{\mathrm{A}}+1}(\boldsymbol{B}_{\mathrm{A},n_{\mathrm{A}}+1})$ 分别代表由 m 条 B 链连接起来变成的 A 链的第一个链节的约化空间位置、其构象和无量纲的键合作用能，

$$\Delta\tilde{U}^{\mathrm{nb}}(m\mathrm{B}\to\mathrm{A}) \equiv \tilde{U}(n_{\mathrm{A}}+1, n_{\mathrm{B}}-m) - \tilde{U}(n_{\mathrm{A}}, n_{\mathrm{B}}) - \tilde{U}^{\mathrm{B}}_{\mathrm{A},n_{\mathrm{A}}+1}(\boldsymbol{B}_{\mathrm{A},n_{\mathrm{A}}+1}) + m\tilde{U}_1^{\mathrm{B}}(\boldsymbol{B}_{\mathrm{B}})$$

是 $m\mathrm{B} \to \mathrm{A}$ 所导致的体系无量纲的（非键）作用能的变化，$\langle\ \rangle_{\boldsymbol{B}_{m\mathrm{B}\to\mathrm{A}}}$ 代表对所有可能的 $m\mathrm{B} \to \mathrm{A}$ 所做的系综平均，而 $\langle\rangle$ 代表（包含 n_{A} 条 A 链和 n_{B} 条 B 链）体系的正则系综平均。当 $N_{\mathrm{B}} = 1$ 时，$\Delta\tilde{\mu}^{\mathrm{ex}}$ 等价于式 (5.2)；值得注意的是：由于式 (5.2) 来自于单组分的均聚物模型体系（即 B 为隐式溶剂），它不包含这里的 $\tilde{U}$ 对 B 溶剂分子空间位置的依赖性以及相应的积分。

于是，我们可以把体系的巨正则配分函数写为

$$\Xi(\tilde{\mu}_{\mathrm{A}}, \tilde{\mu}_{\mathrm{B}}) = \exp\left(\tilde{\mu}_{\mathrm{B}} N_t / N_{\mathrm{B}}\right) \Xi_{\mathrm{SG}}(\Delta\tilde{\mu})$$

其中

$$\Xi_{\mathrm{SG}}(\Delta\tilde{\mu}) \equiv \sum_{n_{\mathrm{A}}=0}^{N_t/N_{\mathrm{A}}} \exp\left(n_{\mathrm{A}}\Delta\tilde{\mu}\right) \left[\tilde{V}^{n_{\mathrm{A}}+n_{\mathrm{B}}} / \left(n_{\mathrm{A}}! n_{\mathrm{B}}!\right)\right] \int \mathrm{d}\boldsymbol{s}_{\mathrm{A}}^{n_{\mathrm{A}}} \mathrm{d}\boldsymbol{s}_{\mathrm{B}}^{n_{\mathrm{B}}} \exp\left[-\tilde{U}(\boldsymbol{R})\right]$$

为在给定的 $\Delta\tilde{\mu}$ 下体系的半巨正则配分函数，$\tilde{V} \equiv V/\Lambda^3$ 为体系无量纲的体积（即其格点数），$n_{\mathrm{B}} = \left(N_t - n_{\mathrm{A}}N_{\mathrm{A}}\right)/N_{\mathrm{B}}$，而由 $\Xi_{\mathrm{SG}}(\Delta\tilde{\mu})$ 所描述的系综即为**半巨正则系综**；相应地，在半巨正则系综下体系构型 $\boldsymbol{R}$ 的概率分布函数为

$$p(\boldsymbol{R};\Delta\tilde{\mu})=\tilde{V}^{n_{\mathrm{A}}+n_{\mathrm{B}}}\exp\left[n_{\mathrm{A}}\Delta\tilde{\mu}-\tilde{U}(\boldsymbol{R})\right]/n_{\mathrm{A}}!n_{\mathrm{B}}!\Xi_{\mathrm{SG}}(\Delta\tilde{\mu})$$

在半巨正则系综下的模拟中，体系中的 N_t 不变而允许 n_{A}（以及相应的n_{B}）发生变化；因此需要引入一种新的尝试运动，在该运动中所有链节的空间位置都保持不变，而只改变它们的种类（例如 $m\mathrm{B}\to\mathrm{A}$），这样就避免了链节之间很强的排除体积作用所带来的问题，可以有效地对高分子混合物的浓溶液甚至熔体进行抽样。下面我们分别以链长相等和链长不相等的 A/B 体系为例来说明半巨正则系综下的 Monte Carlo 模拟。

5.4.1 链长相等的二元均聚物混合物

对于 $N_{\mathrm{A}}=N_{\mathrm{B}}=N$ 的 A/B，体系中总的链数 $n\equiv n_{\mathrm{A}}+n_{\mathrm{B}}=N_t/N$ 不变。在给定的作用参数和 $\Delta\tilde{\mu}$ 下，体系处于（包含 n_{A} 条 A 链的）当前构型 $\boldsymbol{R}_o$ 的归一化概率为 $p_o=\tilde{V}^n\exp\left[n_{\mathrm{A}}\Delta\tilde{\mu}-\tilde{U}(\boldsymbol{R})\right]/n_{\mathrm{A}}!\,(n-n_{\mathrm{A}})!\Xi_{\mathrm{SG}}(\Delta\tilde{\mu})$。在半巨正则系综下的模拟中，除了使用正则系综下的尝试运动（其接受准则不变）以外，还需要使用改变链的种类的尝试运动 [16]。我们把将一条在 $\boldsymbol{R}_o$ 中随机选中的 A 链改为 B 的尝试运动记为 $\mathrm{A}\to\mathrm{B}$，而把将一条在 $\boldsymbol{R}_o$ 中随机选中的 B 链改为 A 的尝试运动记为 $\mathrm{B}\to\mathrm{A}$；当提出它们的概率相同时，这两种尝试运动是对称的，因此它们满足细致平衡条件的接受准则为

$$\begin{aligned}P_{acc}(\mathrm{A}\to\mathrm{B})&=\min\left(1,\frac{p_n}{p_o}\right)\\&=\min\left\{1,\frac{\exp\left[(n_{\mathrm{A}}-1)\,\Delta\tilde{\mu}-\tilde{U}(\boldsymbol{R}_n)\right]/\,(n_{\mathrm{A}}-1)!\,(n-n_{\mathrm{A}}+1)!}{\exp\left[n_{\mathrm{A}}\Delta\tilde{\mu}-\tilde{U}(\boldsymbol{R}_o)\right]/n_{\mathrm{A}}!\,(n-n_{\mathrm{A}})!}\right\}\\&=\min\left[1,\frac{n_{\mathrm{A}}}{n-n_{\mathrm{A}}+1}\exp\left(-\Delta\tilde{\mu}-\Delta\tilde{U}\right)\right]\end{aligned}\tag{5.7}$$

$$\begin{aligned}P_{acc}(\mathrm{B}\to\mathrm{A})&=\min\left(1,\frac{p_n}{p_o}\right)\\&=\min\left\{1,\frac{\exp\left[(n_{\mathrm{A}}+1)\,\Delta\tilde{\mu}-\tilde{U}(\boldsymbol{R}_n)\right]/\,(n_{\mathrm{A}}+1)!\,(n-n_{\mathrm{A}}-1)!}{\exp\left[n_{\mathrm{A}}\Delta\tilde{\mu}-\tilde{U}(\boldsymbol{R}_o)\right]/n_{\mathrm{A}}!\,(n-n_{\mathrm{A}})!}\right\}\\&=\min\left[1,\frac{n-n_{\mathrm{A}}}{n_{\mathrm{A}}+1}\exp\left(\Delta\tilde{\mu}-\Delta\tilde{U}\right)\right]\end{aligned}\tag{5.8}$$

其中，$\Delta\tilde{U}\equiv\tilde{U}(\boldsymbol{R}_n)-\tilde{U}(\boldsymbol{R}_o)$。

作者之一的课题组首次对上述不可压缩的、链长相等的 A/B 体系进行了在半巨正则系综下的 Monte Carlo 模拟，并与 Flory-Huggins 理论的预测结果（即图 1.5 中的虚线）进行了定量的比较以揭示体系的涨落对其相行为的影响 [17]；有兴趣的读者可以参见原文。值得注意的是：在文献 [16] 和 [17] 中所用的尝试运动都是从体系的 n 条链中随机选择一条并改变它的种类，因此提出 A → B（即从 $\boldsymbol{R}_o$ 到包含 $n_\mathrm{A}-1$ 条 A 链的 $\boldsymbol{R}_n$ 的尝试运动）的概率为$\alpha_{on}=n_\mathrm{A}/n$，在通常情况下并不等于提出相反尝试运动（即 $\boldsymbol{R}_n \to \boldsymbol{R}_o$）的概率$\alpha_{no}=(n-n_\mathrm{A}+1)/n$；同样地，提出 B → A（即从 $\boldsymbol{R}_o$ 到包含 $n_\mathrm{A}+1$ 条 A 链的 $\boldsymbol{R}_n$ 的尝试运动）的概率为$\alpha_{on}=(n-n_\mathrm{A})/n$，在通常情况下也不等于提出相反尝试运动的概率$\alpha_{no}=(n_\mathrm{A}+1)/n$。也就是说，在文献 [16] 和 [17] 中用的并不是对称的尝试运动，因此那里的接受准则（即文献 [16] 中的式 (9)，对应于 $\Delta\tilde{\mu}=0$ 的情况；以及文献 [17] 中的式 (5) 和 (6)，其中等号右边的 n_A 为笔误，应予删除）不同于这里的式 (5.7) 和式 (5.8)。

另外，由于 Sariban 等在文献 [16] 中所用的正则系综下的尝试运动（即在传统简立方格点模型中的局部运动；详见 4.2.1 小节）要求体系中必须有空位（即 1.4.3 小节中讲到的无热溶剂），他们所模拟的体系实际上是三组分的（即在无热溶剂中的 A/B）。虽然由于改变链的种类的尝试运动并不涉及空位，这个不可压缩的三组分体系可以认为是不可压缩的 A/B 体系；但是，空位会减小 A 和 B 之间的排斥作用能，使得模拟的结果无法直接和 Flory-Huggins 理论对 A/B 体系的预测结果（即图 1.5 中的虚线）进行定量的比较。因此在文献 [16] 中模拟结果是和 Flory-Huggins 理论对不可压缩的三组分体系的预测结果进行定量比较的。

5.4.2 链长不相等的二元均聚物混合物

对于链长不相等的 A/B，在尝试改变链的种类时还需要相应地改变链长。Müller 和 Binder 针对 $N_\mathrm{A}=mN_\mathrm{B}$（其中 $m>1$ 为整数）的情况设计了相应的尝试运动 [18]；与文献 [16] 一样，他们所模拟的体系实际上也是三组分的。而这里我们仍以不可压缩的 A/B 体系为例，先来介绍如何计算剩余交换化学势 $\Delta\tilde{\mu}^{\mathrm{ex}}$（即 $m\mathrm{B}\to\mathrm{A}$ 所导致的体系无量纲的 Helmholtz 自由能的剩余部分的变化），其步骤与 5.1.2 小节中的类似。对于一个给定的（包含 n_A 条 A 链和 n_B 条 B 链的）体系构型样本，在第 $j\ (=1,\cdots,m')$ 次尝试 $m\mathrm{B}\to\mathrm{A}$ 时我们的具体步骤如下：

(1) 随机选取一条 B 链作为临时（即部分）A 链，令 $i=1$。计算将这条 B 链变成临时 A 链所导致的体系无量纲的作用能的变化 $\tilde{u}^{(1)}$，并记 Rosenbluth 权重因子$w_1=\exp\left(-\tilde{u}^{(1)}\right)$。再随机选择该临时 A 链的一端，记为 A 末端。

(2) 遍历 A 末端的所有近邻位上的所有链节，并记能与它成键的所有 B 链（但不包括已组成临时 A 链的 i 条 B 链）末端的个数为 n_i。若 $n_i=0$，则此次尝试失败，记 Rosenbluth 权重 $R_j=0$ 并结束；否则，令 $i=i+1$，计算将第 $k\,(=1,\cdots,n_{i-1})$ 个 B 末端所在的 B 链与 A 末端成键（即将该 B 链变成临时 A 链的一部分）所导致的体系无量纲的作用能的变化 $\tilde{u}_k^{(i)}$，并记 $w_i \equiv \sum_{k=1}^{n_{i-1}} \exp\left(-\tilde{u}_k^{(i)}\right)$，然后按照选中第 k 个 B 末端的概率为 $\exp\left(-\tilde{u}_k^{(i)}\right)/w_i$ 来选择一个 B 末端（记为 k'）与 A 末端成键，并记 $\tilde{u}^{(i)}=\tilde{u}_{k'}^{(i)}$，最后记该 B 链的另一末端为 A 末端。

(3) 若 $i<m'$ 则重复步骤 (2)；否则（即当 $i=m'$ 时）我们就得到了第 j 次尝试 $m\text{B}\to\text{A}$ 的构型 $\boldsymbol{R}_j$、该次尝试导致的体系无量纲的（非键）作用能的变化

$$\Delta\tilde{U}^{\text{nb}}(m\text{B}\to\text{A}) \equiv \tilde{U}^{\text{nb}}(n_\text{A}+1, n_\text{B}-m) - \tilde{U}^{\text{nb}}(n_\text{A}, n_\text{B}) = \sum_{i=1}^{m} \tilde{u}^{(i)}$$

和 $R_j = \left(\prod_{i=1}^{m} w_i\right)/z_L^{m-1}$。

按照以上步骤得到 $\boldsymbol{R}_j$ 的归一化概率为

$$p(\boldsymbol{R}_j) = \frac{1}{n_\text{B}} \prod_{i=2}^{m} \frac{\exp\left(-\tilde{u}^{(i)}\right)}{w_i} = \frac{1}{n_\text{B}} \prod_{i=1}^{m} \frac{\exp\left(-\tilde{u}^{(i)}\right)}{w_i} = \frac{\exp\left[-\Delta\tilde{U}^{\text{nb}}(m\text{B}\to\text{A})\right]}{n_\text{B} R_j z_L^{m-1}}$$

而 m' 次尝试的平均权重 $\overline{R} \equiv \frac{1}{m'}\sum_{j=1}^{m'} R_j$ 在 $m'\to\infty$ 时（即对所有可能的 $m\text{B}\to\text{A}$ 所做的系综平均）可以写为

$$\begin{aligned}\overline{R} &= \sum_{\boldsymbol{R}_j} R_j p(\boldsymbol{R}_j) = \frac{1}{n_\text{B} z_L^{m-1}} \sum_{\boldsymbol{R}_{n_\text{A}+1}} \exp\left[-\Delta\tilde{U}^{\text{nb}}(m\text{B}\to\text{A})\right] \\ &= \left\langle \int \mathrm{d}\boldsymbol{s}_{\text{A},n_\text{A}+1} \exp\left[-\Delta\tilde{U}^{\text{nb}}(m\text{B}\to\text{A})\right] \right\rangle_{\boldsymbol{B}_{m\text{B}\to\text{A}}}\end{aligned}$$

因此 $\Delta\tilde{\mu}^{\text{ex}} = -\ln\left\langle\overline{R}\right\rangle$，在实际计算中 $\langle\rangle$ 即为对体系所有构型样本的算术平均。

我们接下来推导在半巨正则系综下使用改变链的种类的尝试运动（即 $m\text{B}\to\text{A}$ 和将一条 A 链变成 m 条 B 链，记为 $\text{A}\to m\text{B}$）的接受准则。在给定的作用参数和 $\Delta\tilde{\mu}$ 下，体系处于包含 n_A 条 A 链和 n_B 条 B 链的当前构型 $\boldsymbol{R}_o$ 的归一化概率为 $p_o = \tilde{V}^{n_\text{A}+n_\text{B}} \exp\left[n_\text{A}\Delta\tilde{\mu} - \tilde{U}(\boldsymbol{R}_o)\right]/n_\text{A}!n_\text{B}!\Xi_{\text{SG}}$。$m\text{B}\to\text{A}$ 的过程与上面

计算 $\Delta\tilde{\mu}^{\rm ex}$ 的步骤相同；提出它的概率为$\alpha_{on}=\exp\left(-\Delta\tilde{U}^{\rm nb}\right)/R_n z_L^{m-1}$（由于链的不可区分性，这里选中第一条 B 链的概率为 1，因此分母中不包含 $n_{\rm B}$），其中 $\Delta\tilde{U}^{\rm nb}=\Delta\tilde{U}\equiv\tilde{U}(\boldsymbol{R}_n)-\tilde{U}(\boldsymbol{R}_o)$，而 R_n 为新构型 $\boldsymbol{R}_n$ 的 Rosenbluth 权重。体系处于 $\boldsymbol{R}_n$（包含 $n_{\rm A}+1$ 条 A 链）的归一化概率为

$$p_n=\tilde{V}^{n_{\rm A}+1+n_{\rm B}-m}\exp\left[(n_{\rm A}+1)\,\Delta\tilde{\mu}-\tilde{U}(\boldsymbol{R}_n)\right]/\,(n_{\rm A}+1)!\,(n_{\rm B}-m)!\Xi_{\rm SG}$$

而提出相反尝试运动（即 $\boldsymbol{R}_n\rightarrow\boldsymbol{R}_o$）的概率为$\alpha_{no}=1$。因此，满足细致平衡条件的 $m{\rm B}\rightarrow{\rm A}$ 的接受准则为

$$\begin{aligned}
P_{acc}(m{\rm B}\rightarrow{\rm A})&=\min\left(1,\frac{\alpha_{no}p_n}{\alpha_{on}p_o}\right)\\
&=\min\left[1,\frac{R_n z_L^{m-1}}{\exp\left(-\Delta\tilde{U}^{\rm nb}\right)}\frac{n_{\rm B}!\tilde{V}^{1-m}}{(n_{\rm A}+1)\,(n_{\rm B}-m)!}\exp\left(\Delta\tilde{\mu}-\Delta\tilde{U}\right)\right]\\
&=\min\left[1,\frac{R_n z_L^{m-1}n_{\rm B}!\tilde{V}^{1-m}}{(n_{\rm A}+1)\,(n_{\rm B}-m)!}\frac{\rho_{c,{\rm A}}^{\rm ig}z_L^{1-m}}{\left(\rho_{c,{\rm B}}^{\rm ig}\right)^m}\exp\left(\Delta\tilde{\mu}^{\rm ex}\right)\right]\\
&=\min\left[1,\frac{R_n n_{\rm B}!\left(n^{\rm ig}\right)^{1-m}}{(n_{\rm A}+1)\,(n_{\rm B}-m)!}\exp\left(\Delta\tilde{\mu}^{\rm ex}\right)\right]
\end{aligned}\tag{5.9}$$

其中，$\rho_{c,{\rm P}}^{\rm ig}$ (P = A,B) 为定义 $\tilde{\mu}_{\rm P}^{\rm ig}=\ln\rho_{c,{\rm P}}^{\rm ig}$ 时所用的 P 链无量纲的链数密度，因此我们可以通过设定$\rho_{c,{\rm A}}^{\rm ig}=\rho_{c,{\rm B}}^{\rm ig}\equiv n^{\rm ig}/\tilde{V}$来得到上面的最后一行，这里的$n^{\rm ig}$为一个固定的链数，与体系中的 $n_{\rm A}$ 和 $n_{\rm B}$ 无关。相应地，提出 ${\rm A}\rightarrow m{\rm B}$ 时，由于链的不可区分性，从 $\boldsymbol{R}_o$ 中选中一条 A 链变成 m 条 B 链的概率为$\alpha_{on}=1$，体系处于新构型 $\boldsymbol{R}_n$（包含 $n_{\rm A}-1$ 条 A 链）的归一化概率为

$$p_n=\tilde{V}^{n_{\rm A}-1+n_{\rm B}+m}\exp\left[(n_{\rm A}-1)\,\Delta\tilde{\mu}-\tilde{U}(\boldsymbol{R}_n)\right]/\,(n_{\rm A}-1)!\,(n_{\rm B}+m)!\Xi_{\rm SG}$$

提出相反尝试运动（即 $\boldsymbol{R}_n\rightarrow\boldsymbol{R}_o$）的概率为$\alpha_{no}=\exp\left(\Delta\tilde{U}^{\rm nb}\right)/R_o z_L^{m-1}$，而 R_o 为当前构型 $\boldsymbol{R}_o$ 的 Rosenbluth 权重。因此满足细致平衡条件的 ${\rm A}\rightarrow m{\rm B}$ 的接受准则为

$$\begin{aligned}
P_{acc}({\rm A}\rightarrow m{\rm B})&=\min\left(1,\frac{\alpha_{no}p_n}{\alpha_{on}p_o}\right)\\
&=\min\left[1,\frac{\exp\left(\Delta\tilde{U}^{\rm nb}\right)}{R_o z_L^{m-1}}\frac{n_{\rm A}n_{\rm B}!\tilde{V}^{m-1}}{(n_{\rm B}+m)!}\exp\left(-\Delta\tilde{\mu}-\Delta\tilde{U}\right)\right]
\end{aligned}$$

$$
\begin{aligned}
&= \min\left[1, \frac{n_{\mathrm{A}} n_{\mathrm{B}}! \tilde{V}^{m-1}}{R_o \cancel{z_L^{m-1}} (n_{\mathrm{B}}+m)!} \frac{\left(\rho_{c,\mathrm{B}}^{\mathrm{ig}}\right)^m}{\rho_{c,\mathrm{A}}^{\mathrm{ig}}} \cancel{z_L^{m-1}} \exp\left(-\Delta\tilde{\mu}^{\mathrm{ex}}\right)\right] \\
&= \min\left[1, \frac{n_{\mathrm{A}} n_{\mathrm{B}}!}{R_o \left(n_{\mathrm{B}}+m\right)! \left(n^{\mathrm{ig}}\right)^{1-m}} \exp\left(-\Delta\tilde{\mu}^{\mathrm{ex}}\right)\right] \qquad (5.10)
\end{aligned}
$$

值得注意的是：当 $N_{\mathrm{A}} = N_{\mathrm{B}}$ 时，我们有 $m=1$、$n_{\mathrm{B}} = n - n_{\mathrm{A}}$、$\Delta\tilde{\mu}^{\mathrm{ig}} = \Delta\tilde{\mu}^{\mathrm{in}} = 0$（即 $\Delta\tilde{\mu}^{\mathrm{ex}} = \Delta\tilde{\mu}$）、$R_n = \exp\left(-\Delta\tilde{U}^{\mathrm{nb}}\right)$和$R_o = \exp\left(\Delta\tilde{U}^{\mathrm{nb}}\right)$，因此对于 $\mathrm{B} \to \mathrm{A}$ 的尝试运动式 (5.9) 退化为式 (5.8)，而对于 $\mathrm{A} \to \mathrm{B}$ 的尝试运动式 (5.10) 退化为式 (5.7)；这正是我们所预期的。

最后，由于改变链的种类的尝试运动避免了链节之间排除体积作用的变化，而计算（非键）作用能的变化（即 $\tilde{u}_k^{(i)}$）又比较耗时，我们也可以采用 5.2.3 小节中所讲的近似构型偏倚方法，在上面计算 $\Delta\tilde{\mu}^{\mathrm{ex}}$ 的步骤 (2) 中按照相同的概率从 n_i 个 B 末端中随机挑选一个与 A 末端成键；也就是说，我们在得到了 $\boldsymbol{R}_j$ 后才计算$\Delta\tilde{U}^{\mathrm{nb}}(m\mathrm{B} \to \mathrm{A})$和$R_j = \left(\prod_{i=1}^{m-1} \frac{n_i}{z_L}\right) \exp\left[-\Delta\tilde{U}^{\mathrm{nb}}(m\mathrm{B} \to \mathrm{A})\right]$。按照这个方法，我们有 $p(\boldsymbol{R}_j) = 1\Big/\left(n_{\mathrm{B}} \prod_{i=1}^{m-1} n_i\right)$，而 $\overline{R}$ 的最终结果和上面的相同。相应地，在半巨正则系综下进行 $m\mathrm{B} \to \mathrm{A}$ 的尝试运动时，$\alpha_{on} = 1\Big/\prod_{i=1}^{m-1} n_i$，因此其满足细致平衡条件的接受准则仍为式 (5.9)，只是其中的$R_n = \left(\prod_{i=1}^{m-1} \frac{n_i}{z_L}\right) \exp\left(-\Delta\tilde{U}^{\mathrm{nb}}\right)$；而在进行 $\mathrm{A} \to m\mathrm{B}$ 的尝试运动时，$\alpha_{no} = 1\Big/\prod_{i=1}^{m-1} n_i$，因此其满足细致平衡条件的接受准则仍为式 (5.10)，只是其中的$R_o = \left(\prod_{i=1}^{m-1} \frac{n_i}{z_L}\right) \exp\left(\Delta\tilde{U}^{\mathrm{nb}}\right)$。文献 [18] 中用的就是这个近似构型偏倚方法；虽然其接受准则和这里的不同，但是两者都满足细致平衡。

5.5　Gibbs 系综下的模拟

由 Panagiotopoulos 于 1987 年提出来的 Gibbs 系综 [19, 20] 是研究相平衡的另一个常用的系综。以 2.4 节中所讲的单组分的均聚物模型体系的两相共存为例，其相平衡的条件是两个相中的温度（即作用参数）相等、压强相等以及链的化学势相等。Gibbs 系综下的模拟同时使用两个（立方体）模拟盒子（用下角标 “I” 和 “II” 表示，代表共存的两相），其体积分别为 $V_{\rm I}$ 和 $V_{\rm II}$，而其中的链数分别为 $n_{\rm I}$ 和 $n_{\rm II}$；在模拟过程中允许改变这些量，但要保持 $V \equiv V_{\rm I}+V_{\rm II}$ 和 $n \equiv n_{\rm I}+n_{\rm II}$ 不变，这也就保证了两个相中的压强相等和链的化学势相等。因此，Gibbs 系综一方面借鉴了等温等压系综和巨正则系综各自的特点（即允许改变盒子的体积和其中的链数），另一方面又避免了它们事先分别给定体系的压强和链的化学势的要求。

Gibbs 系综的配分函数可以写为

$$
\begin{aligned}
Q_{\rm G}(n,\tilde{V}) &= \sum_{n_{\rm I}=0}^{n}\int_0^{\tilde{V}} {\rm d}\tilde{V}_{\rm I} Q_{\rm I}(n_{\rm I},\tilde{V}_{\rm I}) Q_{\rm II}(n-n_{\rm I},\tilde{V}-\tilde{V}_{\rm I}) \\
&= \sum_{n_{\rm I}=0}^{n}\int_0^{\tilde{V}} {\rm d}\tilde{V}_{\rm I}\tilde{V}_{\rm I}^{n_{\rm I}}\left(\tilde{V}-\tilde{V}_{\rm I}\right)^{n-n_{\rm I}}\int {\rm d}\boldsymbol{s}_{\rm I}^{n_{\rm I}}{\rm d}\tilde{\boldsymbol{B}}_{\rm I}^{n_{\rm I}}\int {\rm d}\boldsymbol{s}_{\rm II}^{n-n_{\rm I}}{\rm d}\tilde{\boldsymbol{B}}_{\rm II}^{n-n_{\rm I}} \\
&\qquad \exp\left[-\tilde{U}(\boldsymbol{r}_{\rm I}^{n_{\rm I}},\boldsymbol{B}_{\rm I}^{n_{\rm I}})-\tilde{U}(\boldsymbol{r}_{\rm II}^{n-n_{\rm I}},\boldsymbol{B}_{\rm II}^{n-n_{\rm I}})\right]\Big/ n_{\rm I}!(n-n_{\rm I})!
\end{aligned}
$$

其中，$\tilde{V}\equiv V/\Lambda^3$，$\tilde{V}_{\rm I}\equiv V_{\rm I}/\Lambda^3$，$\tilde{V}_{\rm II}\equiv V_{\rm II}/\Lambda^3$，$\Lambda$ 为所选取的长度单位（详见 3.4 节），$Q_{\rm I}(n_{\rm I},\tilde{V}_{\rm I})$和$Q_{\rm II}(n-n_{\rm I},\tilde{V}-\tilde{V}_{\rm I})$分别为由式 (5.1) 给出的、两个盒子中的子体系的正则配分函数（为了简洁，这里我们隐含了它们对体系作用参数的依赖性），$\boldsymbol{s}_{\rm I}\equiv \boldsymbol{r}_{\rm I}/V_{\rm I}^{1/3}$ 和 $\tilde{\boldsymbol{B}}_{\rm I}\equiv \boldsymbol{B}_{\rm I}/\Lambda$ 分别代表盒子 I 中一条链的第一个链节的约化空间位置（即 $\int {\rm d}\boldsymbol{s}_{\rm I}=1$）和该链的 $N-1$ 个无量纲的键矢量，而 $\boldsymbol{s}_{\rm II}$ 和 $\tilde{\boldsymbol{B}}_{\rm II}$ 具有相应的含义。由此我们得到整个体系处于当前构型 $\boldsymbol{R}_o=(\boldsymbol{R}_{{\rm I},o},\boldsymbol{R}_{{\rm II},o})$（即盒子 I 中的链数为 $n_{\rm I}$、体积为 $\tilde{V}_{\rm I}$、构型为 $\boldsymbol{R}_{{\rm I},o}=(\boldsymbol{r}_{\rm I}^{n_{\rm I}},\boldsymbol{B}_{\rm I}^{n_{\rm I}})$ 并且盒子 II 中的构型为 $\boldsymbol{R}_{{\rm II},o}=(\boldsymbol{r}_{\rm II}^{n-n_{\rm I}},\boldsymbol{B}_{\rm II}^{n-n_{\rm I}})$）的归一化概率为

$$
p_o=\frac{\tilde{V}_{\rm I}^{n_{\rm I}}\left(\tilde{V}-\tilde{V}_{\rm I}\right)^{n-n_{\rm I}}\exp\left[-\tilde{U}(\boldsymbol{r}_{\rm I}^{n_{\rm I}},\boldsymbol{B}_{\rm I}^{n_{\rm I}})-\tilde{U}(\boldsymbol{r}_{\rm II}^{n-n_{\rm I}},\boldsymbol{B}_{\rm II}^{n-n_{\rm I}})\right]}{n_{\rm I}!(n-n_{\rm I})!Q_{\rm G}(n,\tilde{V})}
$$

在 Gibbs 系综下的模拟中，除了对每个盒子中的子体系使用正则系综下的尝试运动（其接受准则不变）以外，还需要下面两种尝试运动：**第一种尝试运动**是改变 $\tilde{V}_{\rm I}$（并保持 $\tilde{V}$ 不变；记为 $\tilde{V}_{\rm I}\to\tilde{V}_{\rm I}'$）。类似于在 3.3.4 小节中讲的等温等压系综下改变盒子体积的尝试运动，这里我们可以取新的盒子体积分别为 $\tilde{V}_{\rm I}'=\tilde{V}_{\rm I}+\Delta\tilde{V}$ 和 $\tilde{V}_{\rm II}'=\tilde{V}_{\rm II}-\Delta\tilde{V}$，其中 $\Delta\tilde{V}$ 在 $(-\Delta\tilde{V}_{\max},\Delta\tilde{V}_{\max})$ 中随机选取，而 $\Delta\tilde{V}_{\max}>0$ 可以在模拟达到平衡之前进行调整以使得这种尝试运动的平均接受率达到预定的值；在按照 4.2.2 小节中讲的方法生成了两个子体系的新构型 $\boldsymbol{R}_{{\rm I},n}$ 和 $\boldsymbol{R}_{{\rm II},n}$ 后，该尝试运动的接受准则为

$$P_{acc}(\tilde{V}_{\rm I} \to \tilde{V}_{\rm I}') = \min\left[1, \left(\frac{\tilde{V}_{\rm I}'}{\tilde{V}_{\rm I}}\right)^{n_{\rm I}} \left(\frac{\tilde{V} - \tilde{V}_{\rm I}'}{\tilde{V} - \tilde{V}_{\rm I}}\right)^{n-n_{\rm I}} \exp\left(-\Delta\tilde{U}_{\rm I} - \Delta\tilde{U}_{\rm II}\right)\right]$$

其中 $\Delta\tilde{U}_{\rm I} \equiv \tilde{U}(\boldsymbol{R}_{{\rm I},n}) - \tilde{U}(\boldsymbol{R}_{{\rm I},o})$ 而 $\Delta\tilde{U}_{\rm II} \equiv \tilde{U}(\boldsymbol{R}_{{\rm II},n}) - \tilde{U}(\boldsymbol{R}_{{\rm II},o})$。我们也可以取 $\ln\left[\tilde{V}_{\rm I}'/\left(\tilde{V} - \tilde{V}_{\rm I}'\right)\right] = \ln r + \xi$（即 $\tilde{V}_{\rm I}' = r\exp(\xi)\tilde{V}/[1 + r\exp(\xi)]$ 和 $\tilde{V}_{\rm II}' = \tilde{V}/[1 + r\exp(\xi)]$）[9]，其中 $r \equiv \tilde{V}_{\rm I}/\left(\tilde{V} - \tilde{V}_{\rm I}\right)$ 为两个盒子在当前构型中的体积比（由此可以得到 $\mathrm{d}\ln r \equiv \left[\tilde{V}/\tilde{V}_{\rm I}\left(\tilde{V} - \tilde{V}_{\rm I}\right)\right]\mathrm{d}\tilde{V}_{\rm I}$），$\xi$ 在 $(-\xi_{\max}, \xi_{\max})$ 中随机选取，而 $\xi_{\max} > 0$ 可以在模拟达到平衡之前进行调整以使得这种尝试运动的平均接受率达到预定的值；为了推导其接受准则，我们需要把上面的 $Q_{\rm G}$ 改写为

$$Q_{\rm G}(n, \tilde{V}) = \sum_{n_{\rm I}=0}^{n} \frac{1}{n_{\rm I}!\,(n - n_{\rm I})!} \int_{-\infty}^{\infty} \mathrm{d}(\ln r) \frac{\tilde{V}_{\rm I}^{n_{\rm I}+1}\left(\tilde{V} - \tilde{V}_{\rm I}\right)^{n-n_{\rm I}+1}}{\tilde{V}}$$
$$\times \int \mathrm{d}\boldsymbol{s}_{\rm I}^{n_{\rm I}} \mathrm{d}\tilde{\boldsymbol{B}}_{\rm I}^{n_{\rm I}} \int \mathrm{d}\boldsymbol{s}_{\rm II}^{n-n_{\rm I}} \mathrm{d}\tilde{\boldsymbol{B}}_{\rm II}^{n-n_{\rm I}} \exp\left[-\tilde{U}(\boldsymbol{r}_{\rm I}^{n_{\rm I}}, \boldsymbol{B}_{\rm I}^{n_{\rm I}}) - \tilde{U}(\boldsymbol{r}_{\rm II}^{n-n_{\rm I}}, \boldsymbol{B}_{\rm II}^{n-n_{\rm I}})\right]$$

然后可以得到该尝试运动的接受准则为

$$P_{acc}(\tilde{V}_{\rm I} \to \tilde{V}_{\rm I}') = \min\left[1, \left(\frac{\tilde{V}_{\rm I}'}{\tilde{V}_{\rm I}}\right)^{n_{\rm I}+1} \left(\frac{\tilde{V} - \tilde{V}_{\rm I}'}{\tilde{V} - \tilde{V}_{\rm I}}\right)^{n-n_{\rm I}+1} \exp\left(-\Delta\tilde{U}_{\rm I} - \Delta\tilde{U}_{\rm II}\right)\right]$$

值得注意的是：与 3.1.2 小节中所讲的等温等压系综类似，上面所讲的 Gibbs 系综的配分函数和归一化概率分布也只在热力学极限下才是正确的。Hatch 等于 2024 年提出了在 Gibbs 系综下对于小体系使用“壳”粒子的模拟，感兴趣的读者请详见文献 [21]；但是我们不建议在正则和巨正则系综下使用“壳”粒子。

第二种尝试运动是把在一个盒子中随机选取的一条链移到另一个盒子中（即在随机选取的一个盒子中删除随机选取的一条链，并在另一个盒子中插入一条链）；如 5.2.1 小节中所讲的，在插入/删除链的尝试运动中可以用简单构型偏倚方法来提高其平均接受率。在**格点模型**中，提出把在（包含 $n - n_{\rm I}$ 条链的）盒子 II 中随机选取的一条链移到（包含 $n_{\rm I}$ 条链的）盒子 I 中以得到新构型 $\boldsymbol{R}_n = (\boldsymbol{R}_{{\rm I},n}, \boldsymbol{R}_{{\rm II},n})$ 的尝试运动（记作 $n_{\rm I} \to n_{\rm I} + 1$）的概率为 $\alpha_{on} = \exp\left(-\Delta\tilde{U}_{\rm I}^{\rm nb}\right)/z_L^{N-1}R_n$，其中 $\Delta\tilde{U}_{\rm I}^{\rm nb} = \Delta\tilde{U}_{\rm I}$，而 R_n 为在盒子 I 中插入链的 Rosenbluth 权重；相应地，提出相反尝试运动（即 $\boldsymbol{R}_n \to \boldsymbol{R}_o$）的概率为 $\alpha_{no} = \exp\left(\Delta\tilde{U}_{\rm II}^{\rm nb}\right)/z_L^{N-1}R_o$，其中 R_o 为在盒子 II 中（在 $n_{\rm I} \to n_{\rm I} + 1$ 的过程中）删除链的 Rosenbluth 权重。因此，$n_{\rm I} \to n_{\rm I} + 1$ 满足细致平衡条件的接受准则为

$$
\begin{aligned}
P_{acc}(n_{\mathrm{I}} \to n_{\mathrm{I}}+1) &= \min\left(1, \frac{\alpha_{no}p_n}{\alpha_{on}p_o}\right) \\
&= \min\left[1, \frac{\cancel{\exp\left(\Delta\tilde{U}_{\mathrm{II}}^{\mathrm{nb}}\right)}}{\cancel{z_L^{N-1}}R_o}\frac{\cancel{z_L^{N-1}}R_n}{\cancel{\exp\left(-\Delta\tilde{U}_{\mathrm{I}}^{\mathrm{nb}}\right)}}\frac{(n-n_{\mathrm{I}})\,\tilde{V}_{\mathrm{I}}\cancel{\exp\left(-\Delta\tilde{U}_{\mathrm{I}}-\Delta\tilde{U}_{\mathrm{II}}\right)}}{(n_{\mathrm{I}}+1)\left(\tilde{V}-\tilde{V}_{\mathrm{I}}\right)}\right] \\
&= \min\left[1, \frac{(n-n_{\mathrm{I}})\,\tilde{V}_{\mathrm{I}}R_n}{(n_{\mathrm{I}}+1)\left(\tilde{V}-\tilde{V}_{\mathrm{I}}\right)R_o}\right]
\end{aligned}
$$

类似地，把在盒子 I 中随机选取的一条链移到盒子 II 中的尝试运动（记作 $n_{\mathrm{I}} \to n_{\mathrm{I}}-1$）的接受准则为

$$
\begin{aligned}
P_{acc}(n_{\mathrm{I}} \to n_{\mathrm{I}}-1) &= \min\left(1, \frac{\alpha_{no}p_n}{\alpha_{on}p_o}\right) \\
&= \min\left[1, \frac{\cancel{\exp\left(\Delta\tilde{U}_{\mathrm{I}}^{\mathrm{nb}}\right)}}{\cancel{z_L^{N-1}}R_o}\frac{\cancel{z_L^{N-1}}R_n}{\cancel{\exp\left(-\Delta\tilde{U}_{\mathrm{II}}^{\mathrm{nb}}\right)}}\frac{n_{\mathrm{I}}\left(\tilde{V}-\tilde{V}_{\mathrm{I}}\right)\cancel{\exp\left(-\Delta\tilde{U}_{\mathrm{I}}-\Delta\tilde{U}_{\mathrm{II}}\right)}}{(n-n_{\mathrm{I}}+1)\,\tilde{V}_{\mathrm{I}}}\right] \\
&= \min\left[1, \frac{n_{\mathrm{I}}\left(\tilde{V}-\tilde{V}_{\mathrm{I}}\right)R_n}{(n-n_{\mathrm{I}}+1)\,\tilde{V}_{\mathrm{I}}R_o}\right]
\end{aligned}
$$

其中，R_n 和 R_o 分别为该尝试运动中插入链和删除链的 Rosenbluth 权重。

在**非格点模型**中，类似于 5.2.1 小节中所讲的对使用简单构型偏倚方法的尝试运动的接受准则的推导，通过考虑插入/删除链的“超”细致平衡 [22]，我们可以得到与在格点模型中相同的接受准则。

最后，为了进一步提高在 Gibbs 系综下的模拟中第二种尝试运动的平均接受率，Escobedo 和 de Pablo 提出了使用 5.3.2 小节中所讲的扩展巨正则系综下的尝试运动，即在随机选取的一个盒子中的标记链上删除一个链段，并在另一个盒子中的标记链上生长相应的链段 [15]；有兴趣的读者可以参考原文。

参 考 文 献

[1] Widom B. J. Chem. Phys., 1963, 39 (11): 2808-2812.

[2] Rosenbluth M N, Rosenbluth A W. J. Chem. Phys., 1955, 23 (2): 356-359.

[3] Batoulis J, Kremer K. J. Phys. A, 1988, 21 (1): 127-146.

[4] Grassberger P. Phys. Rev. E, 1997, 56 (3): 3682-3693.

[5] Siepmann J I, Frenkel D. Mol. Phys., 1992, 75 (1): 59-70.

[6] Frenkel D. Mooij G, Smit B. J. Phys.: Condens. Matter, 1992, 4 (12): 3053-3076.
[7] Dijkstra M, Frenkel D, Hansen J P. J. Chem. Phys., 1994, 101 (4): 3179-3189.
[8] Escobedo F A, de Pablo J J. J. Chem. Phys., 1995, 102 (6): 2636-2652.
[9] Frenkel D, Smit B. Understanding Molecular Simulation: From Algorithms to Applications. San Diego: Academic Press, 1996.
[10] Vendruscolo M. J. Chem. Phys., 1997, 106 (7): 2970-2976.
[11] Yamakawa H. Modern Theory of Polymer Solutions. New York: Harper & Row, 1971.
[12] Wick C D, Siepmann J I. Macromolecules, 2000, 33 (19): 7207-7218.
[13] Chen Z, Escobedo F A. J. Chem. Phys., 2000, 113 (24): 11382-11392.
[14] Smit B. Mol. Phys., 1995, 85 (1): 153-172.
[15] Escobedo F A, de Pablo J J. J. Chem. Phys., 1996, 105 (10): 4391-4394.
[16] Sariban A, Binder K, Heermann D W. Colloid & Polymer Sci., 1987, 265 (5): 424-431.
[17] Zhang P, Wang Q. Polymer, 2016, 101: 7-14.
[18] Müller M, Binder K. Comp. Phys. Comm., 1994, 84 (1-3): 173-185.
[19] Panagiotopoulos A Z. Mol. Phys., 1987, 61 (4): 813-826.
[20] Panagiotopoulos A Z, Quirke N, Stapleton M, Tildesley D J. Mol. Phys., 1988, 63 (4): 527-545.
[21] Hatch D W, Shen V K, Corti D S. J. Chem. Phys., 2024, 161: 084106.
[22] Smit B, Karaborni S, Siepmann J I. J. Chem. Phys., 1995, 102 (5): 2126-2140.

第 6 章　自由能计算和高等 Monte Carlo 模拟方法

自由能是热力学中的核心量。如果知道了体系的某个自由能关于其独立变量的函数表达式（即热力学的基本方程），就可以推导出体系的所有热力学量。与分子动力学模拟相比，Monte Carlo 模拟更适合于自由能的计算，特别是从 21 世纪开始产生了一类以 Wang-Landau 方法为代表的、被称为“直方图平直化”的高等 Monte Carlo 模拟方法；与第 3~5 章中所讲的传统 Monte Carlo 模拟方法不同，这类方法侧重于对能级态密度或者构型积分（即自由能）的直接计算，也是本章的重点。值得一提的是：本章中的所有方法不仅适用于高分子体系，也适用于其他体系。

在本章中我们将着重讨论与正则系综相对应的 Helmholtz 自由能 F 的计算；由于人们通常不关心自由能的绝对值，因此这里所计算的都是体系相对于某个参考态的差值 ΔF。参考态的选取由所研究的体系和具体问题来决定：对于 1.3 节中讲到的经典原子体系，可以选取理想气体作为参考态；而对于单组分的均聚物体系，可以选取理想链（即只有键合作用能而没有非键作用的）或者单链（既有键合作用能也有非键作用能的）体系。

本章的内容可以分为两个部分：① 6.1~6.5 节为传统的计算 ΔF 的模拟方法。为了使读者便于理解 ΔF 计算中所遇到的问题，我们先在 6.1 节和 6.2 节中分别介绍两个较早的模拟方法：热力学积分和伞形抽样；再在 6.3 节和 6.4 节中分别介绍两种对一系列模拟的数据进行分析处理以得到 ΔF 的方法：加权直方图分析和多状态接受率方法，它们将会用到一些线性代数和 4.5 节中所讲的误差估计的知识；最后在 6.5 节中介绍并行回火算法。② 6.6~6.8 节为“直方图平直化”（即高等 Monte Carlo 模拟）方法，这里我们分别介绍 Wang-Landau、转移矩阵和优化系综算法（以及它们的结合）。虽然这两个部分之间并没有太多的联系，但每个部分中的内容是环环相扣的；除了 6.7 节和 6.8 节是相互独立的以外，前面的内容都是阅读后面的基础，希望读者能够循序渐进。

6.1　热力学积分（Thermodynamic Integration）

即使是传统的分子模拟方法，也可以用来计算自由能。以经典原子体系为例，在巨正则系综（即给定粒子化学势 μ 和体系体积 V）下的模拟中如果分别计算出

其无量纲的压强 $\tilde{P} \equiv \beta P \Lambda^3$ 和粒子数 n 的系综平均 $\langle n \rangle$，其中 P 为体系的压强，而 Λ 为所选取的长度单位（详见 3.4 节），就可以得到体系无量纲的 Helmholtz 自由能 $\tilde{F} \equiv \beta F = \tilde{\mu}\langle n \rangle - \tilde{P}\tilde{V}$，其中 $\tilde{\mu} \equiv \beta\mu$ 为粒子无量纲的化学势，而 $\tilde{V} \equiv V/\Lambda^3$ 为体系无量纲的体积。

在正则系综下的模拟中也可以计算 $\tilde{F} = \tilde{\mu}n - \tilde{P}\tilde{V}$，其中的 $\tilde{\mu}$（更准确地说是无量纲的剩余化学势 $\tilde{\mu}^{\mathrm{ex}}$）由 5.1 节中所讲的 Widom 插入法或者 Rosenbluth 方法求得；但是由于在正则系综下的有限尺寸效应比在巨正则系综下的大，这样得到的 $\tilde{F}$ 不如上面的准确。在正则系综下计算 $\tilde{F}$ 的另一个方法是基于热力学公式 $\left(\partial\tilde{F}/\partial\tilde{V}\right)_{n,\beta} = -\tilde{P}$；在模拟中如果计算出在给定 β（即作用参数；详见 3.4 节）下的 $\tilde{P}$ 作为 $\tilde{V}$ 的函数 $\tilde{P}(\tilde{V})$（也就是 $\tilde{P}$ 作为粒子无量纲的数密度 $\rho \equiv n/\tilde{V}$ 的函数 $\tilde{P}(\rho)$；这需要在不同的 ρ 下进行分子模拟），就可以得到 $\tilde{F}$ 在当前密度 $\rho_2 \equiv n/\tilde{V}_2$ 和参考密度 $\rho_1 \equiv n/\tilde{V}_1$ 之间的差值 $\Delta\tilde{F} \equiv \tilde{F}_2 - \tilde{F}_1 = -\int_{\tilde{V}_1}^{\tilde{V}_2} \tilde{P}(\tilde{V})\mathrm{d}\tilde{V} = n\int_{\rho_1}^{\rho_2} \left[\tilde{P}(\rho)/\rho^2\right]\mathrm{d}\rho$。值得注意的是：上面的这些方法都需要计算 $\tilde{P}$；在非格点模型中 $\tilde{P}$ 可以由 4.4.1 小节中所讲的方法求得，而在格点模型中计算 $\tilde{P}$ 也就等价于计算体系的自由能（详见 8.1 节）。

在分子模拟中更常见的是用势能函数 $U(\boldsymbol{R})$ 中的参数来作为被积变量，其中 $\boldsymbol{R}$ 表示体系的一个构型（即所有粒子的空间位置）。考虑一个将参考态（用下角标 1 表示）和当前状态（用下角标 2 表示）耦合起来的参数 λ，它的选取使得无量纲的势能函数 $\tilde{U}(\boldsymbol{R};\lambda) \equiv \beta U(\boldsymbol{R};\lambda)$ 满足 $\tilde{U}(\boldsymbol{R};\lambda=0) = \tilde{U}_1(\boldsymbol{R})$ 和 $\tilde{U}(\boldsymbol{R};\lambda=1) = \tilde{U}_2(\boldsymbol{R})$ （一个常用的形式为 $\tilde{U}(\boldsymbol{R};\lambda) = (1-\lambda)\tilde{U}_1(\boldsymbol{R}) + \lambda\tilde{U}_2(\boldsymbol{R})$）；由此我们得到在给定的 n 和 $\tilde{V}$ 下

$$\Delta\tilde{F} = \int_0^1 \mathrm{d}\lambda \left(\frac{\partial\tilde{F}}{\partial\lambda}\right)_{n,\tilde{V}} = -\int_0^1 \mathrm{d}\lambda \left(\frac{\partial \ln Q(n,\tilde{V},\lambda)}{\partial\lambda}\right)_{n,\tilde{V}} = \int_0^1 \mathrm{d}\lambda \left\langle \frac{\mathrm{d}\tilde{U}(\lambda)}{\mathrm{d}\lambda} \right\rangle_\lambda \tag{6.1}$$

其中，Q 表示体系的正则配分函数，而 $\langle\rangle_\lambda$ 表示在势能函数为 $\tilde{U}(\boldsymbol{R};\lambda)$ 的正则系综（此后称为热力学状态，简称为**状态**）下的系综平均。在计算对 λ 的积分时一般用高斯数值积分 (Gaussian quadrature) 来尽可能地减少所需的 λ 值（即分子模拟的次数），因此要求被积函数在 $\lambda \in [0,1]$ 上连续可导（例如不能有相变点）。

作为使用热力学积分 [即式 (6.1)] 的一个例子，考虑用正则系综下的传统分子模拟来计算双嵌段共聚物 A-B 熔体（即当前状态）与相应的均聚物（即参考态）之间的 $\Delta\tilde{F}$。我们通常用无量纲的参数 $\varepsilon_{\mathrm{AB}}$ 来控制 A 和 B 链节之间的排斥作用；

即参考态对应于 $\varepsilon_{\mathrm{AB}}=0$，而 $\tilde{U}_2(\boldsymbol{R})=\varepsilon_{\mathrm{AB}}n_{\mathrm{AB}}(\boldsymbol{R})$，这里 $n_{\mathrm{AB}}(\boldsymbol{R})$ 为 $\boldsymbol{R}$ 中 A 和 B 链节之间的“接触数”（例如传统格点模型中近邻对的数目）。取 $\lambda=\varepsilon/\varepsilon_{\mathrm{AB}}$（这定义了 ε），我们由式 (6.1) 得到 $\Delta\tilde{F}=\int_0^{\varepsilon_{\mathrm{AB}}}\mathrm{d}\varepsilon\left\langle n_{\mathrm{AB}}\right\rangle_\varepsilon$，其中 $\langle n_{\mathrm{AB}}\rangle_\varepsilon$ 表示在 A 和 B 链节之间排斥作用参数为 ε 的状态下“接触数”的系综平均。通过模拟多个具有不同 ε 值的状态和数值积分，我们就可以得到 $\Delta\tilde{F}$；但是，由于 $\langle n_{\mathrm{AB}}\rangle_\varepsilon$ 在 A-B 的有序-无序相转变点处是不连续的，这个方法只能用来计算 A-B 的无序相（而不能计算其有序相）与参考态之间的 $\Delta\tilde{F}$。

6.2 伞形抽样（Umbrella Sampling）

式 (6.1) 中的自由能之差还可以写为在无量纲的作用能空间（即 $\Delta\tilde{U}\equiv\tilde{U}_2(\boldsymbol{R})-\tilde{U}_1(\boldsymbol{R})$）中的积分：

$$\Delta\tilde{F}=-\ln\frac{\tilde{Z}_2}{\tilde{Z}_1}=-\ln\left\langle\exp\left(-\Delta\tilde{U}\right)\right\rangle_1=-\ln\int\mathrm{d}(\Delta\tilde{U})p_{b,1}(\Delta\tilde{U})\exp\left(-\Delta\tilde{U}\right)\tag{6.2}$$

其中 $\tilde{Z}_i\equiv\int\mathrm{d}\tilde{\boldsymbol{R}}\exp\left[-\tilde{U}_i(\boldsymbol{R})\right]$ 为在状态 i (=1,2) 下无量纲的构型积分，$\tilde{\boldsymbol{R}}\equiv\boldsymbol{R}/\Lambda$，$\langle\rangle_1$ 表示在状态 1 下的正则系综平均，而 $p_{b,1}(\Delta\tilde{U})\equiv\int\mathrm{d}\tilde{\boldsymbol{R}}\exp\left[-\tilde{U}_1(\boldsymbol{R})\right]\delta\left(\tilde{U}_2(\boldsymbol{R})-\tilde{U}_1(\boldsymbol{R})-\Delta\tilde{U}\right)/\tilde{Z}_1$ 为在状态 1 下 $\Delta\tilde{U}$ 出现的归一化概率分布函数（即 $\int\mathrm{d}(\Delta\tilde{U})p_{b,1}(\Delta\tilde{U})=1$）。如图 6.1 所示 [1]，通过在状态 1 下进行重要性抽样（详见 3.3 节）并记录 $\Delta\tilde{U}$ 的**直方图**，即把所关心的 $\Delta\tilde{U}$ 的范围 $[\Delta\tilde{U}_{\min},\Delta\tilde{U}_{\max})$ 等分成 N_b 个宽度为 Δ 的小格并记录使 $\tilde{U}_2(\boldsymbol{R})-\tilde{U}_1(\boldsymbol{R})$ 落在第 $j\ (=1,\cdots,N_b)$ 个小格中的样本 $\boldsymbol{R}$ 的数目 H_j，我们可以得到 $p_{b,1}(\Delta\tilde{U}_j)\approx H_j/M\Delta$，进而通过式 (6.2) 来计算 $\Delta\tilde{F}$；这里 $\Delta\tilde{U}_j\equiv\Delta\tilde{U}_{\min}+(j-1/2)\Delta$，$M$ 为（在模拟达到平衡后）所抽取的样本数，并且我们认为$\Delta\tilde{U}$ 是连续分布的。但是，这样得到的 $p_{b,1}(\Delta\tilde{U})$ 在 $\Delta\tilde{U}$ 较小时 [即图 6.1(b) 中的阴影部分] 的相对精度很差，而这一部分的 $p_{b,1}(\Delta\tilde{U})\exp\left(-\Delta\tilde{U}\right)$ 却对 $\Delta\tilde{F}$ 的准确计算很重要。换句话说，在状态 1 下进行的重要性抽样只在能量空间中的一个局部区域（即 $\Delta\tilde{U}=0$ 附近）才有效。

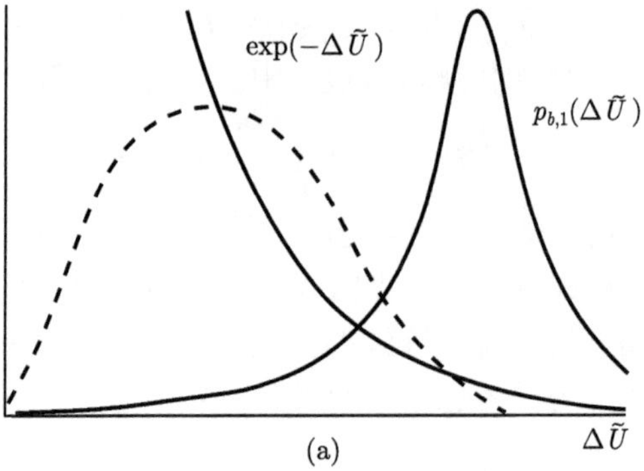

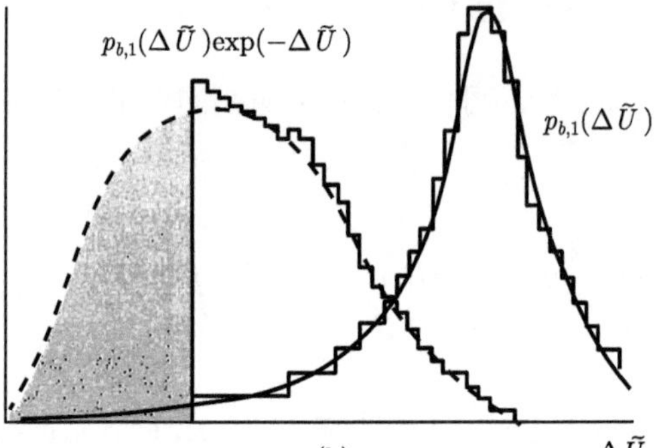

图 6.1 重要性抽样在能量空间中的问题 [1]：虚线代表 $p_{b,1}(\Delta\tilde{U})\exp(-\Delta\tilde{U})$ 的准确值，而 (b) 中的折线代表相应的、由在状态 1 下进行重要性抽样而得到的 $p_{b,1}(\Delta\tilde{U})$ 的直方图所给出的结果

为了提高模拟中得到的在 $\Delta\tilde{U}$ 较小时 $p_{b,1}(\Delta\tilde{U})$ 的精度，我们可以按照一个非 Boltzmann 分布在状态 1 下进行模拟，即在伞形抽样 [2] 中 $\boldsymbol{R}$ 的概率分布函数为 $p_W(\boldsymbol{R})=W(\Delta\tilde{U})\exp\left[-\tilde{U}_1(\boldsymbol{R})\right]/\tilde{Z}_W$，其中 $\tilde{Z}_W\equiv\int \mathrm{d}\tilde{\boldsymbol{R}}W(\Delta\tilde{U})\exp\left[-\tilde{U}_1(\boldsymbol{R})\right]$ 为使得 $p_W(\boldsymbol{R})$ 归一化的常数，而 $W(\Delta\tilde{U})$ 为一个非负的权重函数，它的选取是为了扩大在模拟中对 $\Delta\tilde{U}$ 的有效抽样范围，使得 $\Delta\tilde{F}$ 的计算更为准确。为了满足细致平衡条件，在伞形抽样中从当前构型 $\boldsymbol{R}_o$ 到新构型 $\boldsymbol{R}_n$ 的尝试运动的接受准则应为 $P_{acc}=\min\left(1,\dfrac{W(\boldsymbol{R}_n)}{W(\boldsymbol{R}_o)}\exp\left\{-\left[\tilde{U}_1(\boldsymbol{R}_n)-\tilde{U}_1(\boldsymbol{R}_o)\right]\right\}\right)$。由于 $p_{b,1}(\Delta\tilde{U})=\dfrac{p_{b,W}(\Delta\tilde{U})/W(\Delta\tilde{U})}{\left\langle 1/W(\Delta\tilde{U})\right\rangle_W}$，热力学量 A 在状态 1 下的正则系综平均可以按 $\langle A\rangle_1=\dfrac{\left\langle A/W(\Delta\tilde{U})\right\rangle_W}{\left\langle 1/W(\Delta\tilde{U})\right\rangle_W}$ 来计算；这里 $p_{b,W}(\Delta\tilde{U})\equiv\int \mathrm{d}\tilde{\boldsymbol{R}}p_W(\boldsymbol{R})\delta\left(\tilde{U}_2(\boldsymbol{R})-\tilde{U}_1(\boldsymbol{R})-\Delta\tilde{U}\right)$，

而 $\langle A\rangle_W \equiv \int \mathrm{d}\tilde{\boldsymbol{R}} p_W(\boldsymbol{R}) A(\boldsymbol{R})$ 为伞形抽样中 A 的系综平均。

和上节的热力学积分相比，这里我们只需要在状态 1（或者 2）下进行一次模拟就可以得到 $\Delta\tilde{F}$ 了。伞形抽样虽然很有效，却没有先验的方法可以得到合适的 $W(\Delta\tilde{U})$。在实际模拟中需要对其反复地调整，直到 $p_{b,W}(\Delta\tilde{U})$ 可以像一把伞似的覆盖状态 1 和 2；伞形抽样因此而得名。值得一提的是，当体系增大时，它的涨落会减小，因此 $p_{b,1}(\Delta\tilde{U})$ 会变窄，使得伞形抽样变得比较困难。我们将在 6.6~6.8 节中介绍一类被称为“直方图平直化”的高等 Monte Carlo 模拟方法，可以很好地解决这个问题。

6.3 加权直方图分析方法（Weighted Histogram Analysis Method, WHAM）

WHAM 可以被看作是一种对传统分子模拟的数据进行分析处理的方法，最初由 Ferrenberg 和 Swendsen 于 1989 年提出 [3]；本节所讲的是由 Chodera 等于 2007 年提出的改进方法 [4]，它正确地处理了误差的计算。与在 6.1 节和 6.2 节中一样，我们还是考虑如何计算体系在两个热力学状态之间无量纲的 Helmholtz 自由能的差 $\Delta\tilde{F}$；与式 (6.1) 略有不同，这里我们用下角标 $K \geqslant 2$ 来表示当前状态（即它的无量纲的势能函数为 $\tilde{U}_K(\boldsymbol{R})$，其中 $\boldsymbol{R}$ 表示体系的一个构型），而参考态还是用下角标 1 来表示。类似于热力学积分，我们使用不同的无量纲的势能函数 $\tilde{U}_k(\boldsymbol{R}) = \varepsilon_k E(\boldsymbol{R})$ $(k = 1, \cdots, K)$ 对相应的一系列状态进行了互不相关的传统分子模拟，其中 ε_k 为在状态 k 下体系无量纲的作用参数，而 $E(\boldsymbol{R})$ 为体系无量纲的作用能级。除了 $\Delta\tilde{F} \equiv \tilde{F}_K - \tilde{F}_1$ 之外，这里我们还想得到在一个势能函数为$\tilde{U}(\boldsymbol{R}) = \varepsilon E(\boldsymbol{R})$ 的状态下热力学量 A 的系综平均（与当前状态不同，我们并没有在这个所关心的状态下进行模拟），即

$$\langle A\rangle_\varepsilon = \int \mathrm{d}\tilde{\boldsymbol{R}} \exp\left[-\tilde{U}(\boldsymbol{R})\right] A(\boldsymbol{R})/\tilde{Z}_\varepsilon = \int \mathrm{d}E\tilde{\Omega}(E)\exp\left(-\varepsilon E\right) A(E)/\tilde{Z}_\varepsilon \quad (6.3)$$

其中，$\tilde{\boldsymbol{R}} \equiv \boldsymbol{R}/\Lambda$，$\Lambda$ 为所选取的长度单位（详见 3.4 节），$\tilde{Z}_\varepsilon \equiv \int \mathrm{d}\tilde{\boldsymbol{R}} \exp\left[-\tilde{U}(\boldsymbol{R})\right] = \int \mathrm{d}E\tilde{\Omega}(E)\exp\left(-\varepsilon E\right)$ 为在所关心状态下的无量纲的构型积分，$A(E) \equiv \int \mathrm{d}\tilde{\boldsymbol{R}}\, \delta\left(E(\boldsymbol{R}) - E\right) A(\boldsymbol{R})/\tilde{\Omega}(E)$，而 $\tilde{\Omega}(E) \equiv \int \mathrm{d}\tilde{\boldsymbol{R}}\delta\left(E(\boldsymbol{R}) - E\right)$ 为能级E的无量纲的态密度；这里我们考虑E 是连续分布的。值得注意的是 $\tilde{\Omega}(E)$ 与 ε 无关；因此在通过上面的模拟得到 $\tilde{\Omega}(E)$ 后，我们就可以用式 (6.3) 得到 $\langle A\rangle_\varepsilon$ 了。

如果我们把能级空间离散化，即把所关心的 E 的范围 $[E_{\min}, E_{\max})$ 分成 N_b 个宽度为 $\Delta E = (E_{\max} - E_{\min})/N_b$ 的小格，并且假设 $\tilde{\Omega}(E)\exp(-\varepsilon E)$ 在 ΔE 上变化很小，则式 (6.3) 可以被近似为

$$\langle A\rangle_\varepsilon \approx \frac{\Delta E}{\tilde{Z}_\varepsilon}\sum_{j=1}^{N_b}\tilde{\Omega}_j \exp(-\varepsilon E_j) A_j \tag{6.4}$$

其中，$E_j \equiv E_{\min} + (j-1/2)\Delta E$ 代表第 j $(=1,\cdots,N_b)$ 个小格所对应的（离散的）能级值，$\tilde{\Omega}_j \equiv \tilde{\Omega}(E_j)$，$A_j \equiv A(E_j)$，而 $\tilde{Z}_\varepsilon \approx \Delta E\sum_{j=1}^{N_b}\tilde{\Omega}_j\exp(-\varepsilon E_j)$。为此我们在每个状态下的模拟中都记录了 E 的直方图。记在第 k 个状态下的模拟中（达到平衡后）所抽取的第 i $(=1,\cdots,M_k)$ 个样本的能级为 E_{ki}，并定义该样本落入直方图中第 j 个小格的**标识函数** h_{jki} 为：如果 $E_{ki}\in[E_j-\Delta E/2, E_j+\Delta E/2)$ 则 $h_{jki}=1$，否则 $h_{jki}=0$；这里 M_k 为在第 k 个状态下的模拟中（达到平衡后）所抽取的样本数。在第 k 个状态下出现能级为 $E\in[E_j-\Delta E/2, E_j+\Delta E/2)$ 的样本的归一化概率分布函数 $p_{b,k}(E) = \tilde{\Omega}(E)\exp(-\varepsilon_k E)/\tilde{Z}_k$（即 $\int \mathrm{d}E p_{b,k}(E) = 1$）则可以用其直方图来近似，即 $p_{b,k}(E) \approx H_{jk}/M_k\Delta E$，其中

$$\tilde{Z}_k \equiv \int \mathrm{d}\tilde{\boldsymbol{R}}\exp\left[-\tilde{U}_k(\boldsymbol{R})\right] \approx \Delta E\sum_{j=1}^{N_b}\tilde{\Omega}_j\exp(-\varepsilon_k E_j) \tag{6.5}$$

为在第 k 个状态下的无量纲的构型积分，$H_{jk}\equiv\sum_{i=1}^{M_k}h_{jki} = M_k\overline{h}_{jk}$ 为在第 k 个状态下的模拟中（达到平衡后）所抽取的落入直方图中第 j 个小格的样本数，而 $\overline{h}_{jk}\equiv\sum_{i=1}^{M_k}h_{jki}\Big/M_k$。由此我们可以用第 k 个状态下的直方图得到对 $\tilde{\Omega}_j$ 的一个估计值，即

$$\hat{\Omega}_{jk} = \frac{H_{jk}\tilde{Z}_k}{\Delta E M_k\exp(-\varepsilon_k E_j)} \tag{6.6}$$

而它的方差为

$$\sigma^2_{\hat{\Omega}_{jk}} \equiv \left\langle \hat{\Omega}_{jk}{}^2\right\rangle - \left\langle\hat{\Omega}_{jk}\right\rangle^2 = \frac{\sigma^2_{H_{jk}}\tilde{Z}_k{}^2}{\left[\Delta E M_k\exp(-\varepsilon_k E_j)\right]^2} \tag{6.7}$$

其中，$\sigma^2_{H_{jk}}$ 为 H_{jk} 的方差，而 $\tilde{Z}_k$ 将在后面求得。由于相邻样本的标识函数是相关的，我们由式 (4.6) 可以得到

$$\sigma_{H_{jk}}^2 = {M_k}^2\sigma^2 = g_{jk}M_k\left(\left\langle {h_{jki}}^2\right\rangle - \langle h_{jki}\rangle^2\right) = g_{jk}M_k\left(\langle h_{jki}\rangle - \langle h_{jki}\rangle^2\right)$$
$$= g_{jk}\langle H_{jk}\rangle\left(1 - \langle H_{jk}\rangle / M_k\right) \approx g_{jk}H_{jk}$$

其中，σ 为 $\overline{h}_{jk}$ 的统计误差，$g_{jk} \equiv 1 + 2\tau_{jk}$ 和 τ_{jk} 分别为相应的标识函数的统计无效性和自相关长度（详见 4.5.1 小节），而最后的结果是在假设 $\langle H_{jk}\rangle \ll M_k$ 成立的情况下用样本的平均值来近似系综平均得到的。将其代入到式 (6.7) 中，我们得到

$$\sigma_{\hat{\Omega}_{jk}}^2 = \frac{g_{jk}H_{jk}{\tilde{Z}_k}^2}{\left[\Delta E M_k \exp\left(-\varepsilon_k E_j\right)\right]^2} = \frac{\hat{\Omega}_{jk}\tilde{Z}_k}{\Delta E\left(M_k/g_{jk}\right)\exp\left(-\varepsilon_k E_j\right)} \tag{6.8}$$

其中的第二个等号通过式 (6.6) 得到。

值得注意的是：当 ε 和 ε_k 相差较大时，在实际计算中这个只用一个直方图的结果 [即式 (6.6)] 的精度并不好（例如图 6.1 所示）。更好的办法是用在所有 K 个状态下的直方图的加权平均

$$\hat{\Omega}_j = \sum_{k=1}^{K} w_{jk}\hat{\Omega}_{jk} \tag{6.9}$$

来估计 $\tilde{\Omega}_j$；这里的权重 w_{jk} 满足

$$\sum_{k=1}^{K} w_{jk} = 1 \tag{6.10}$$

并且是通过极小化 $\hat{\Omega}_j$ 的方差来得到的。由于在这些状态下的模拟（即 $\hat{\Omega}_{jk}$）是互不相关的，$\hat{\Omega}_j$ 的方差可以按

$$\sigma_{\hat{\Omega}_j}^2 \equiv \left\langle {\hat{\Omega}_j}^2\right\rangle - \left\langle \hat{\Omega}_j\right\rangle^2 = \sum_{k=1}^{K} {w_{jk}}^2\sigma_{\hat{\Omega}_{jk}}^2 \tag{6.11}$$

来计算；用 Lagrange 乘数法将它在满足式 (6.10) 的约束条件下对 w_{jk} 做极小化，我们得到 $w_{jk} = \left(1\middle/\sigma_{\hat{\Omega}_{jk}}^2\right)\Big/\left(\sum\limits_{l=1}^{K} 1\middle/\sigma_{\hat{\Omega}_{jl}}^2\right)$；将这个结果代入到式 (6.9) 和 (6.11) 中，我们分别得到

$$\hat{\Omega}_j = \frac{\sum\limits_{k=1}^{K}\hat{\Omega}_{jk}\Big/\sigma_{\hat{\Omega}_{jk}}^2}{\sum\limits_{l=1}^{K} 1\Big/\sigma_{\hat{\Omega}_{jl}}^2} \tag{6.12}$$

和

$$\sigma^2_{\hat{\Omega}_j} = \frac{1}{\sum\limits_{l=1}^{K} 1\Big/\sigma^2_{\hat{\Omega}_{jl}}} \tag{6.13}$$

其中式 (6.13) 的推导用到了式 (6.10)。

我们仍然需要确定 $\tilde{Z}_k\ (k=1,\cdots,K)$；实际上，我们并不需要它们在所有 k 上的值，而只需要它们在不同 k 上的比值，例如 $\tilde{Z}_k/\tilde{Z}_1\ (k=2,\cdots,K)$，因此一般令 $\tilde{Z}_1=1$。相应地，我们也不需要 $\hat{\Omega}_j$ 的值，而只需要 $\hat{\Omega}_j/\tilde{Z}_1$。将式 (6.8) 中的 $\hat{\Omega}_{jk}$ 用更准确的 $\hat{\Omega}_j$ 来代替，我们得到

$$\sigma^2_{\hat{\Omega}_{jk}} = \frac{\hat{\Omega}_j\tilde{Z}_k}{\Delta E\,(M_k/g_{jk})\exp\left(-\varepsilon_k E_j\right)} \tag{6.14}$$

将式 (6.14) 和式 (6.6) 都代入到式 (6.12) 中，我们得到

$$\hat{\Omega}_j = \frac{\sum\limits_{k=1}^{K} H_{jk}\Big/g_{jk}}{\Delta E\sum\limits_{l=1}^{K}(M_l/g_{jl})\exp\left(-\varepsilon_l E_j\right)\Big/\tilde{Z}_l} \tag{6.15}$$

将其代入到式 (6.5) 中，我们得到

$$\tilde{Z}_k = \sum_{j=1}^{N_b}\frac{\exp\left(-\varepsilon_k E_j\right)\sum\limits_{l=1}^{K} H_{jl}\Big/g_{jl}}{\sum\limits_{l=1}^{K}(M_l/g_{jl})\exp\left(-\varepsilon_l E_j\right)\Big/\tilde{Z}_l}\quad (k=1,\cdots,K) \tag{6.16}$$

从这 K 个联立(但只有 K–1 个独立)的非线性方程中可以解出 $\tilde{Z}_k\,(k=2,\cdots,K)$，具体的方法参见 6.4 节中对式 (6.18) 的求解。体系在当前状态和参考态之间的自由能的差为 $\Delta\tilde{F}=\ln\left(\tilde{Z}_1/\tilde{Z}_K\right)$。将式 (6.14) 代入到式 (6.13) 中，我们得到 $\sigma^2_{\hat{\Omega}_j}=\hat{\Omega}_j\Big/\left[\Delta E\sum\limits_{l=1}^{K}(M_l/g_{jl})\exp\left(-\varepsilon_l E_j\right)\Big/\tilde{Z}_l\right]$。

最后，我们可以用$\sum\limits_{k=1}^{K}\sum\limits_{i=1}^{M_k}h_{jki}A_{ki}\Big/\sum\limits_{l=1}^{K}H_{jl}$ 和

$$\hat{A}_\varepsilon = \frac{\sum\limits_{j=1}^{N_b}\left[\hat{\Omega}_j\exp\left(-\varepsilon E_j\right)\sum\limits_{k=1}^{K}\sum\limits_{i=1}^{M_k}h_{jki}A_{ki}\Big/\sum\limits_{l=1}^{K}H_{jl}\right]}{\sum\limits_{j=1}^{N_b}\left[\hat{\Omega}_j\exp\left(-\varepsilon E_j\right)\sum\limits_{k=1}^{K}\sum\limits_{i=1}^{M_k}h_{jki}\Big/\sum\limits_{l=1}^{K}H_{jl}\right]} = \frac{\sum\limits_{k=1}^{K}\sum\limits_{i=1}^{M_k}\omega_{ki}A_{ki}}{\sum\limits_{k=1}^{K}\sum\limits_{i=1}^{M_k}\omega_{ki}} = \frac{\hat{X}}{\hat{W}}$$

来分别估计式 (6.4) 中的 A_j 和 $\langle A\rangle_\varepsilon$，其中 A_{ki} 表示在第 k 个状态下的模拟中（达到平衡后）所抽取的第 i 个样本的 A 值，$\omega_{ki}\equiv\sum\limits_{j=1}^{N_b}\hat{\Omega}_j\exp\left(-\varepsilon E_j\right)h_{jki}\Big/\sum\limits_{l=1}^{K}H_{jl}$，$\hat{X}\equiv\sum\limits_{k=1}^{K}M_kX_k$，$X_k\equiv\dfrac{1}{M_k}\sum\limits_{i=1}^{M_k}\omega_{ki}A_{ki}$，$\hat{W}\equiv\sum\limits_{k=1}^{K}M_kW_k$，而 $W_k\equiv\dfrac{1}{M_k}\sum\limits_{i=1}^{M_k}\omega_{ki}$。$\hat{A}_\varepsilon$ 的方差可以用误差传播公式 (4.8) 来估计，即

$$\sigma^2_{\hat{A}_\varepsilon}=\frac{\hat{X}^2}{\hat{W}^2}\left(\frac{\sigma^2_{\hat{X}}}{\hat{X}^2}+\frac{\sigma^2_{\hat{W}}}{\hat{W}^2}-2\frac{\operatorname{cov}(\hat{X},\hat{W})}{\hat{X}\hat{W}}\right)$$

由于在这些状态下的模拟是互不相关的，我们有 $\sigma^2_{\hat{X}}=\sum\limits_{k=1}^{K}{M_k}^2\sigma^2_{X_k}$，$\sigma^2_{\hat{W}}=\sum\limits_{k=1}^{K}{M_k}^2\sigma^2_{W_k}$ 以及协方差 $\operatorname{cov}(\hat{X},\hat{W})=\sum\limits_{k=1}^{K}{M_k}^2\operatorname{cov}(X_k,W_k)$。$\sigma^2_{X_k}$、$\sigma^2_{W_k}$ 以及 $\operatorname{cov}(X_k,W_k)$ 可以按 4.5 节中所讲的方法估计。

Chodera 等提供了 WHAM 的 FORTRAN 90 程序①；需要的读者可以下载使用。值得注意的是：对于能级是离散分布的体系（例如格点模型），我们可以不失一般性地认为上面的 $\Delta E=1$。

以 $K=2$ 为例，式 (6.16) 在 $k=1$ 和 $k=2$ 时分别为

$$1=\sum_{j=1}^{N_b}\frac{H_{j1}/g_{j1}+H_{j2}/g_{j2}}{M_1/g_{j1}+(M_2/g_{j2})\exp\left(\varepsilon_1E_j-\varepsilon_2E_j+\Delta\tilde{F}\right)}=\langle 1\rangle_1$$

和 $1=\sum\limits_{j=1}^{N_b}\dfrac{H_{j1}/g_{j1}+H_{j2}/g_{j2}}{(M_1/g_{j1})\exp\left(-\varepsilon_1E_j+\varepsilon_2E_j-\Delta\tilde{F}\right)+M_2/g_{j2}}=\langle 1\rangle_2$，其中 $\Delta\tilde{F}=\ln\left(\tilde{Z}_1/\tilde{Z}_2\right)$，而它们的最后一个等号均由 $\langle A\rangle_k\approx\dfrac{\Delta E}{\tilde{Z}_k}\sum\limits_{j=1}^{N_b}\hat{\Omega}_j\exp\left(-\varepsilon_kE_j\right)A_j$ [参见式 (6.4)] 和式 (6.15) 得到。因此，式 (6.16) 在 $k=1$ 和 $k=2$ 时的结果是等价的（即由这两个方程只能解出一个独立变量 $\Delta\tilde{F}$）。当 $g_{jk}=1$（即样本都互不相关）时，由上面 $\langle A\rangle_k$ 的表达式和式 (6.15) 我们还可以得到

$$\left\langle\left[1+\exp\left(-\varepsilon_1E_j+\varepsilon_2E_j-\Delta\tilde{F}\right)\frac{M_1}{M_2}\right]^{-1}\right\rangle_1 M_1$$

① https://pubs.acs.org/doi/suppl/10.1021/ct0502864

$$=\left\langle\left[1+\exp\left(\varepsilon_1E_j-\varepsilon_2E_j+\Delta\tilde{F}\right)\frac{M_2}{M_1}\right]^{-1}\right\rangle_2 M_2$$

这即是 Bennett 提出的用来计算两个状态之间 $\Delta\tilde{F}$ 的**接受率**（**acceptance ratio**）**方法** [见文献 [5] 中的式 (9)]。和 6.2 节所讲的伞形抽样不同，这里所讲的方法需要在状态 1 和 2 下各做一次重要性抽样。而热力学积分虽然也可以只在状态 1 和 2 下各做一次重要性抽样，相应的式 (6.1) 却只是梯形积分，并且它不使用直方图。

更重要的是：WHAM 中的直方图可以扩展为多个变量的；当其中一个变量为用来区分不同相的序参量时，WHAM 就可以计算这些相之间的自由能的差值。WHAM 还可以和 6.5 节中要讲的并行回火方法很好地结合起来。采用这两种方法的结合，作者之一的课题组研究了涨落对对称双嵌段共聚物的有序-无序相转变点（即两相的自由能相等时）[6,7] 以及对对称二元均聚物混合物的临界点和相边界 [8] 的影响，有兴趣的读者可以参见原文。

6.4 多状态接受率方法（Multistate Bennett Acceptance Ratio, MBAR）

Shirts 和 Chodera 于 2008 年提出的 MBAR 方法 [9] 将 Bennett 的接受率方法 [5] 推广到了多个状态下。类似于 6.3 节所讲的加权直方图分析方法（WHAM），MBAR 方法除了可以用来计算当前状态（用下角标 $K\geqslant 2$ 表示）与参考态（用下角标 1 表示）之间无量纲的 Helmholtz 自由能的差 $\Delta\tilde{F}\equiv\tilde{F}_K-\tilde{F}_1$ 之外，还可以计算涉及一些没做过模拟的状态与参考态之间的自由能的差，以及在这些状态下热力学量 A 的系综平均；而比 WHAM 更好的是：在 MBAR 方法中我们不需要记录直方图（即避免了对连续变量的分布空间进行离散化所带来的误差），并且还可以得到对自由能之差的误差估计。

和 6.3 节一样，我们使用无量纲的势能函数 $\tilde{U}_k(\boldsymbol{R})=\varepsilon_kE(\boldsymbol{R})$ $(k=1,\cdots,K)$ 在体系的一系列热力学状态下进行了传统分子模拟，并在第 k 个状态下的模拟中（达到平衡后）抽取了 M_k 个互不相关的构型样本；这里 $\boldsymbol{R}$ 表示体系的一个构型（即所有粒子的空间位置），ε_k 为在状态 k 下体系无量纲的作用参数，而 $E(\boldsymbol{R})$ 为体系无量纲的作用能级。记 $q_k(\boldsymbol{R})\equiv\exp\left[-\varepsilon_kE(\boldsymbol{R})\right]$，则由式 (6.5) 我们得到 $\tilde{Z}_k=\int\mathrm{d}\tilde{\boldsymbol{R}}q_k(\boldsymbol{R})$，其中 $\tilde{\boldsymbol{R}}\equiv\boldsymbol{R}/\Lambda$，而 Λ 为所选取的长度单位（详见 3.4 节）。若 $\tilde{Z}_k>0$ 对所有的 k 都成立，则对于任意的 $\alpha_{kk'}(\boldsymbol{R})$ 有 $\tilde{Z}_k\langle\alpha_{kk'}q_{k'}\rangle_k=\tilde{Z}_{k'}\langle\alpha_{kk'}q_k\rangle_{k'}$；用样本平均代替其中的系综平均并且对 k' 加和，我们得到

$$\begin{aligned}&\sum_{k'=1}^{K}\frac{\hat{Z}_k}{M_k}\sum_{i=1}^{M_k}\alpha_{kk'}(\boldsymbol{R}_{k,i})q_{k'}(\boldsymbol{R}_{k,i})\\&=\sum_{k'=1}^{K}\frac{\hat{Z}_{k'}}{M_{k'}}\sum_{i=1}^{M_{k'}}\alpha_{kk'}(\boldsymbol{R}_{k',i})q_k(\boldsymbol{R}_{k',i})\quad(k=1,\cdots,K)\end{aligned}\tag{6.17}$$

其中，$\hat{Z}_k$是对 $\tilde{Z}_k$ 的一个估计值，而 $\boldsymbol{R}_{k,i}$ 表示在第 k 个状态下的模拟中抽取的第 i 个构型样本。当取$\alpha_{kk'}(\boldsymbol{R})=\left(M_{k'}\middle/\hat{Z}_{k'}\right)\middle/\sum\limits_{j=1}^{K}q_j(\boldsymbol{R})M_j\middle/\hat{Z}_j$时，式 (6.17) 成为

$$\hat{Z}_k=\sum_{k'=1}^{K}\sum_{i=1}^{M_{k'}}\frac{q_k(\boldsymbol{R}_{k',i})}{\sum\limits_{j=1}^{K}q_j(\boldsymbol{R}_{k',i})M_j\Big/\hat{Z}_j}\quad(k=1,\cdots,K)\tag{6.18}$$

类似于 6.3 节所讲的 WHAM 中的式 (6.16)，我们可以从这 K 个联立的（但只有 $K-1$ 个独立的）非线性方程中解出具有最小方差的 $\hat{Z}_k$ $(k=2,\cdots,K$；一般令$\hat{Z}_1=1)$。实际上，式 (6.18) 等价于式 (6.16) 中的统计无效性 $g_{jk'}=1$ 且 $\Delta E=0$ 的极限情况。另外，当 $K=2$ 时 MBAR 方法退化为 Bennett 的接受率方法。

在样本数很大的极限情况下，$\hat{Z}_k/\hat{Z}_{k'}$ 的误差服从正态分布 [10]，而第 (k,k') 个元素为 $C_{kk'}=\mathrm{cov}(\ln\hat{Z}_k,\ln\hat{Z}_{k'})$ 的协方差矩阵为 [11]

$$\boldsymbol{C}=\boldsymbol{W}^{\mathrm{T}}\left(\boldsymbol{I}_M-\boldsymbol{WMW}^{\mathrm{T}}\right)^{+}\boldsymbol{W}\tag{6.19}$$

其中，我们把所有状态下的构型样本按下角标 $i'=1,\cdots,M\equiv\sum\limits_{k=1}^{K}M_k$ 来标识，$\boldsymbol{W}$ 代表第 (i',k) 个元素为 $W_{i'k}=q_k(\boldsymbol{R}_{i'})\Big/\left[\hat{Z}_k\sum\limits_{j=1}^{K}q_j(\boldsymbol{R}_{i'})M_j\Big/\hat{Z}_j\right]$ 的（$M\times K$ 的）矩阵，$\boldsymbol{I}_M$ 代表 $M\times M$ 的单位矩阵，$\boldsymbol{M}$ 代表第 (k,k) 个元素为 M_k 的（$K\times K$ 的）对角矩阵，而由于矩阵 $\boldsymbol{I}_M-\boldsymbol{WMW}^{\mathrm{T}}$ 通常不是满秩的，我们用上角标 “+” 来表示它的**伪逆矩阵**（例如 Moore-Penrose 广义逆矩阵）。值得注意的是 $\boldsymbol{W}^{\mathrm{T}}\boldsymbol{1}_M=\boldsymbol{1}_K$ 和 $\boldsymbol{WM1}_K=\boldsymbol{1}_M$，其中 $\boldsymbol{1}_M$ 代表所有元素都为 1 的 $M\times 1$ 的矩阵（即列向量）。任意两个函数 $\varphi(\ln\hat{Z}_1,\cdots,\ln\hat{Z}_K)$ 和 $\psi(\ln\hat{Z}_1,\cdots,\ln\hat{Z}_K)$ 的协方差可以通过 $\mathrm{cov}(\varphi,\psi)=\sum\limits_{j=1}^{K}\sum\limits_{j'=1}^{K}\left(\dfrac{\partial\varphi}{\partial\ln Z_j}\right)C_{jj'}\left(\dfrac{\partial\psi}{\partial\ln Z_{j'}}\right)$ 来计算；例如 $\ln\left(\hat{Z}_k\middle/\hat{Z}_{k'}\right)$ 是对体系在状态 k 和 k' 之间无量纲的 Helmholtz 自由能的差 $\Delta\tilde{F}_{kk'}\equiv\tilde{F}_{k'}-\tilde{F}_k$ 的一个估计值，而其方差为 $\mathrm{cov}(\ln\left(\hat{Z}_k\middle/\hat{Z}_{k'}\right),\ln\left(\hat{Z}_k\middle/\hat{Z}_{k'}\right))=\sum\limits_{j=1}^{K}\sum\limits_{j'=1}^{K}(-\delta_{jk'}+\delta_{jk})C_{jj'}(-\delta_{j'k'}+\delta_{j'k})=C_{kk}+$

$C_{k'k'}-2C_{kk'}$，其中 δ_{jk} 为 Kronecker δ 函数（即当 $j=k$ 时 $\delta_{jk}=1$，否则 $\delta_{jk}=0$）。

我们在这里介绍两种求解式 (6.18) 的迭代方法 [9]。通过引入第 k 个元素为 $x_k \equiv -\ln \hat{Z}_k$ 的 $K\times 1$ 的矩阵（即列向量）$\boldsymbol{x}$，我们可以把式 (6.18) 写为 $x_k^{(m+1)} = -\ln\sum_{i'=1}^{M}\left[q_k(\boldsymbol{R}_{i'})\Big/\sum_{j=1}^{K}q_j(\boldsymbol{R}_{i'})M_j\exp\left(x_j^{(m)}\right)\right]$，其中 $m=0,1,\cdots$ 代表迭代步数。由此我们就可以迭代求解 $\boldsymbol{x}$；即使采用初值 $x_k^{(0)}=0$，这个直接迭代方法也是会收敛的。当然，采用更好的初值可以收敛得更快，例如采用 $x_k^{(0)}=\dfrac{1}{M_k}\sum_{i=1}^{M_k}\ln q_k(\boldsymbol{R}_{k,i})$，或者固定 $x_1^{(0)}=0$ 并且使用 Bennett 提出的接受率方法来计算 $x_{k+1}^{(0)}-x_k^{(0)}$ $(k=1,\cdots,K-1)$。在计算中要注意以下几点：①为了得到唯一解，在每步迭代中都可以固定 $x_1=0$；即在得到新的 $\boldsymbol{x}$ 后，把相应的 x_1 的值从 $\boldsymbol{x}$ 的每个元素中都减掉。②可以用 $\max\limits_{k=2,\cdots,K}\left\{\left|x_k^{(m+1)}-x_k^{(m)}\right|\Big/\left|x_k^{(m)}\right|\right\}<10^{-7}$ 来作为直接迭代的收敛判据。③为了避免在计算指数函数 $\exp(a_{i'})$ 时发生算术溢出，应当使用 $\ln\sum_{i'=1}^{M}\exp(a_{i'})=c+\ln\sum_{i'=1}^{M}\exp(a_{i'}-c)$，其中 $c\equiv\max\limits_{i'}\{a_{i'}\}$；为了尽量减少算术下溢（即舍入误差），对 $\exp(a_{i'}-c)$ 的加和还应该按照递增的顺序进行。

上面的直接迭代方法是线性收敛的。当 $K<100$ 时，我们可以用平方收敛的 Newton-Raphson 方法来求解式 (6.18)。通过引入第 k 个元素为 $f_k(\boldsymbol{x})=M_k-M_k\sum_{i'=1}^{M}W_{i'k}(\boldsymbol{x})$ 的 $K\times 1$ 的矩阵（即列向量）$\boldsymbol{f}$，我们可以把式 (6.18) 写为 $\boldsymbol{f}(\boldsymbol{x})=\boldsymbol{0}$；Newton-Raphson 方法的第 $m+1$ $(m=0,1,\cdots)$ 步迭代公式为 $\boldsymbol{x}^{(m+1)}=\boldsymbol{x}^{(m)}-\lambda\left[\boldsymbol{J}(\boldsymbol{x}^{(m)})\right]^{+}\boldsymbol{f}(\boldsymbol{x}^{(m)})$，其中 $\boldsymbol{J}$ 为 Jacobi 矩阵，它的第 (k,k') 个元素为 $J_{kk'}(\boldsymbol{x})\equiv\dfrac{\partial f_k(\boldsymbol{x})}{\partial x_{k'}}$，而 $\lambda\in(0,1]$ 是用来控制收敛的参数。我们注意到：当 $k'=k$ 时，

$$
\begin{aligned}
\frac{\partial W_{i'k}}{\partial \hat{Z}_{k'}} &= -\frac{q_k(\boldsymbol{R}_{i'})}{\hat{Z}_k^{2}\sum\limits_{j=1}^{K}q_j(\boldsymbol{R}_{i'})M_j\Big/\hat{Z}_j} \\
&\quad+\frac{q_k(\boldsymbol{R}_{i'})}{\hat{Z}_k\left(\sum\limits_{j=1}^{K}q_j(\boldsymbol{R}_{i'})M_j\Big/\hat{Z}_j\right)^2}\frac{q_k(\boldsymbol{R}_{i'})M_k}{\hat{Z}_k^{2}} \\
&= -\frac{W_{i'k}}{\hat{Z}_k}\left(1-M_kW_{i'k}\right)
\end{aligned}
$$

否则 $\dfrac{\partial W_{i'k}}{\partial \hat{Z}_{k'}} = \dfrac{q_k(\boldsymbol{R}_{i'})}{\hat{Z}_k\left(\sum\limits_{j=1}^{K} q_j(\boldsymbol{R}_{i'})M_j\Big/\hat{Z}_j\right)^2}\dfrac{q_{k'}(\boldsymbol{R}_{i'})M_{k'}}{\hat{Z}_{k'}{}^2} = \dfrac{M_{k'}W_{i'k}W_{i'k'}}{\hat{Z}_{k'}}$。由此可以得到：当 $k' = k$ 时，

$$J_{kk'}(\boldsymbol{x}) = -M_k\sum_{i'=1}^{M} W_{i'k}(\boldsymbol{x})\left[1 - M_kW_{i'k}(\boldsymbol{x})\right]$$

否则 $J_{kk'}(\boldsymbol{x}) = M_kM_{k'}\sum\limits_{i'=1}^{M} W_{i'k}(\boldsymbol{x})W_{i'k'}(\boldsymbol{x})$。由于 $\boldsymbol{J}$ 不是满秩的，在计算中可以固定 $x_1 = 0$ 并且将 $\boldsymbol{J}$ 中对应于状态 1 的行和列都去掉。Newton-Raphson 方法要求 $\boldsymbol{x}^{(0)}$ 接近于最终的解，因此可以用上面讲到的 Bennett 接受率方法或者直接迭代方法来得到 $\boldsymbol{x}^{(0)}$。为了防止迭代发散，在前几步中可以采用较小的 λ 值（例如 0.1），然后再将其设为 1。最后，Newton-Raphson 方法的收敛判据可以取为 $\max\limits_{k}\left\{\left|f_k(\boldsymbol{x}^{(m)})\right|/M_k\right\} < 10^{-10}$。

式 (6.19) 的计算可以通过 $\boldsymbol{W}$ 的奇异值分解（singular value decomposition）来进行，即 $\boldsymbol{W} = \boldsymbol{U\Sigma V}^{\mathrm{T}}$，其中 $\boldsymbol{U}$ 为一个 $M\times M$ 的正交矩阵（即 $\boldsymbol{U}^{\mathrm{T}} = \boldsymbol{U}^{-1}$），$\boldsymbol{\Sigma}$ 为一个 $M\times K$ 的、后 $M-K$ 行全为 0 的对角矩阵，其前 $L\leqslant K$ 行的对角元素为 $\boldsymbol{W}$ 的非零奇异值（即 $\boldsymbol{W}$ 的秩为 L；这里的 L 不是模拟盒子的边长！），而 $\boldsymbol{V}$ 为一个 $K\times K$ 的正交矩阵。式 (6.19) 于是可以写为 $\boldsymbol{C} = \boldsymbol{V\Sigma}^{\mathrm{T}}\left(\boldsymbol{I}_M - \boldsymbol{\Sigma V}^{\mathrm{T}}\boldsymbol{MV\Sigma}^{\mathrm{T}}\right)^{+}\boldsymbol{\Sigma V}^{\mathrm{T}}$。我们再把 $\boldsymbol{\Sigma}$ 分为两部分，即 $\boldsymbol{\Sigma} = \begin{bmatrix}\boldsymbol{\Sigma}_K\\ \boldsymbol{0}\end{bmatrix}$，其中 $\boldsymbol{\Sigma}_K$ 为一个 $K\times K$ 的、只有前 L 行的对角元素不为 0 的对角矩阵；相应的，$\boldsymbol{I}_M = \begin{bmatrix}\boldsymbol{I}_K & \boldsymbol{0}\\ \boldsymbol{0} & \boldsymbol{I}_{N-K}\end{bmatrix}$。由此我们可以得到

$$\boldsymbol{C} = \boldsymbol{V\Sigma}_K\left(\boldsymbol{I}_K - \boldsymbol{\Sigma}_K\boldsymbol{V}^{\mathrm{T}}\boldsymbol{MV\Sigma}_K\right)^{+}\boldsymbol{\Sigma}_K\boldsymbol{V}^{\mathrm{T}} \tag{6.20}$$

这里伪逆矩阵的计算量就只和 K^3 成正比（当 $L < K$ 时，其计算量可以减少到只和 L^3 成正比）。由于 $\boldsymbol{W}^{\mathrm{T}}\boldsymbol{W} = (\boldsymbol{U\Sigma V}^{\mathrm{T}})^{\mathrm{T}}\boldsymbol{U\Sigma V}^{\mathrm{T}} = \boldsymbol{V\Sigma}^{\mathrm{T}}\boldsymbol{U}^{\mathrm{T}}\boldsymbol{U\Sigma V}^{\mathrm{T}} = \boldsymbol{V\Sigma}^{\mathrm{T}}\boldsymbol{\Sigma V}^{\mathrm{T}}$，通过 $\boldsymbol{W}^{\mathrm{T}}\boldsymbol{W}$ 的特征分解就可以得到 $\boldsymbol{\Sigma}_K$ 和 $\boldsymbol{V}$。当 $L = K$ 时，我们可以把式 (6.20) 写为

$$\begin{aligned}\boldsymbol{C} &= \left[\boldsymbol{V\Sigma}_K{}^{-1}\left(\boldsymbol{I}_K - \boldsymbol{\Sigma}_K\boldsymbol{V}^{\mathrm{T}}\boldsymbol{MV\Sigma}_K\right)\boldsymbol{\Sigma}_K{}^{-1}\boldsymbol{V}^{\mathrm{T}}\right]^{-1}\\ &= \left[\left(\boldsymbol{V\Sigma}_K{}^{-1} - \boldsymbol{MV\Sigma}_K\right)\boldsymbol{\Sigma}_K{}^{-1}\boldsymbol{V}^{\mathrm{T}}\right]^{-1}\\ &= \left[\boldsymbol{V\Sigma}_K{}^{-1}\boldsymbol{\Sigma}_K{}^{-1}\boldsymbol{V}^{\mathrm{T}} - \boldsymbol{M}\right]^{+} = \left[\left(\boldsymbol{W}^{\mathrm{T}}\boldsymbol{W}\right)^{-1} - \boldsymbol{M}\right]^{+}\end{aligned} \tag{6.21}$$

其中用到了 $(\boldsymbol{W}^{\mathrm{T}}\boldsymbol{W})^{-1}=\boldsymbol{V}(\boldsymbol{\Sigma}^{\mathrm{T}}\boldsymbol{\Sigma})^{-1}\boldsymbol{V}^{\mathrm{T}}=\boldsymbol{V}\left(\begin{bmatrix}\boldsymbol{\Sigma}_K & \boldsymbol{0}\end{bmatrix}\begin{bmatrix}\boldsymbol{\Sigma}_K \\ \boldsymbol{0}\end{bmatrix}\right)^{-1}\boldsymbol{V}^{\mathrm{T}}=$ $\boldsymbol{V}\boldsymbol{\Sigma}_K{}^{-1}\boldsymbol{\Sigma}_K{}^{-1}\boldsymbol{V}^{\mathrm{T}}$。由于 $\left[(\boldsymbol{W}^{\mathrm{T}}\boldsymbol{W})^{-1}-\boldsymbol{M}\right]\boldsymbol{1}_K=(\boldsymbol{W}^{\mathrm{T}}\boldsymbol{W})^{-1}\boldsymbol{1}_K-\boldsymbol{M}\boldsymbol{1}_K=$ $(\boldsymbol{W}^{\mathrm{T}}\boldsymbol{W})^{-1}\boldsymbol{W}^{\mathrm{T}}\boldsymbol{W}\boldsymbol{M}\boldsymbol{1}_K-\boldsymbol{M}\boldsymbol{1}_K=\boldsymbol{0}$,矩阵 $(\boldsymbol{W}^{\mathrm{T}}\boldsymbol{W})^{-1}-\boldsymbol{M}$ 的秩为 $K-1$(即它是不可逆的);于是我们可以把式 (6.21) 改写为 $\boldsymbol{C}=\left[(\boldsymbol{W}^{\mathrm{T}}\boldsymbol{W})^{-1}-\boldsymbol{M}+\boldsymbol{1}_K\boldsymbol{1}_K^{\mathrm{T}}/M\right]^{-1}$,其中采用系数 $1/M$ 是为了得到一个可逆的良态矩阵。

除了上面所讲的对 $\Delta\tilde{F}_{kk'}$ 及其统计误差的估计,我们还可以用 MBAR 方法来估计涉及一些没做过模拟的状态(用下角标 j' 表示)与参考态之间的自由能的差以及它们的统计误差;这是通过在式 (6.18) 和式 (6.19) 中添加这些状态以及它们的样本数 $M_{j'}=0$ 来实现的。值得一提的是:在这里并不需要重新迭代求解 $\boldsymbol{x}$ [即可以用式 (6.18) 来直接计算 $\hat{Z}_{j'}$]。另外,和 WHAM 一样,我们也可以用 MBAR 方法来计算热力学量 $A(\boldsymbol{R})$ 在这些没做过模拟的状态下的系综平均 $\langle A\rangle_{j'}=\tilde{Z}_A/\tilde{Z}_{j'}$,其中 $\tilde{Z}_A\equiv\int \mathrm{d}\tilde{\boldsymbol{R}}q_A(\boldsymbol{R})$, $q_A(\boldsymbol{R})\equiv A(\boldsymbol{R})q_{j'}(\boldsymbol{R})$,而 $\tilde{Z}_{j'}\equiv\int \mathrm{d}\tilde{\boldsymbol{R}}q_{j'}(\boldsymbol{R})$。具体方法是除了添加状态 j' 外,再在式 (6.18) 和式 (6.19) 中添加一个由 $q_A(\boldsymbol{R})$ 定义的状态 A;虽然 $q_A(\boldsymbol{R})$ 不一定是非负的,但是由于 $M_A=0$,添加后的式 (6.18) 对所有状态都成立。同样地,添加后并不需要重新迭代求解 $\boldsymbol{x}$。因此我们可以很容易地得到对 $\langle A\rangle_{j'}$ 的估计值 $\hat{A}_{j'}=\hat{Z}_A\big/\hat{Z}_{j'}=\sum_{i'=1}^{M}W_{i'j'}A(\boldsymbol{R}_{i'})$ 以及它的方差 $\sigma^2_{\hat{A}_{j'}}\equiv\mathrm{cov}(\hat{Z}_A/\hat{Z}_{j'},\hat{Z}_A/\hat{Z}_{j'})=\hat{A}_{j'}{}^2\left(C_{AA}+C_{j'j'}-2C_{Aj'}\right)$。用类似的方法,我们也可以得到对 $\langle A\rangle_{j'}$ 在不同状态 j' 下(或者对不同的热力学量 A 和 B 在同一状态 j' 下的系综平均)的估计值之间的协方差。Chodera 等提供了 MBAR 方法的 Python 程序①;需要的读者可以下载使用。

6.5 并行回火(Parallel Tempering)算法

对于具有崎岖能量全景图(rugged energy landscape,即无量纲的能级 E 有很多局部极小区域)的体系来说,传统的 Monte Carlo 模拟在低温(即无量纲的作用参数 ε 较大)时很容易陷入这些局部极小区域而无法对其他区域的构型进行有效的抽样,因此使得模拟不是各态历经的,也就无法得到可靠的系综平均结果。以 3.3.1 小节所讲的正则系综下的 Metropolis 抽样为例:从一个 E 较小的构型 $\boldsymbol{R}_o$ 到一个 E 较大的构型 $\boldsymbol{R}_n$(即 $\Delta E\equiv E(\boldsymbol{R}_n)-E(\boldsymbol{R}_o)>0$)的尝试运动的接

① https://github.com/choderalab/pymbar

受概率为 $\exp(-\varepsilon\Delta E)$，它随着 ε 的增加而指数减小。

并行回火（又称副本交换，replica exchange）算法可以有效地解决上述问题。它由 Swendsen 和 Wang 在 1986 年针对自旋玻璃体系提出 [12]，之后被广泛应用于 Lennard-Jones 流体，高分子溶液，蛋白质折叠等许多体系的模拟中；例如作者之一的课题组用它研究了聚电解质单链的构象转变 [13,14]。并行回火算法的**基本思想**是同时用多个互不相关的副本对体系在不同的 ε 值（即热力学状态，简称为**状态**）下进行模拟，并且每隔一定的模拟步数按照符合细致平衡条件的接受准则来交换不同副本的 ε 值，使得在 ε 值较大时陷入 E 的局部极小区域的副本在 ε 值较小时可以跳出该区域，从而能够对其他区域的构型也进行有效地抽样。除此之外，并行回火算法还有一个优点：一般来说，Monte Carlo 模拟是一个串行的过程，并不适合于并行计算；但是在并行回火算法中对不同副本的模拟是同时进行并且互不相关的，因此它很适合于多进程的并行计算。下面我们以正则系综为例来说明并行回火算法。

我们定义一个包含了 K 个副本（分别在 K 个状态下）的复合体系，其无量纲的构型积分为

$$\tilde{Z} \equiv \prod_{k=1}^{K} \tilde{Z}_k = \prod_{k=1}^{K} \int \mathrm{d}\tilde{\boldsymbol{R}} \exp\left[-\varepsilon_k E(\boldsymbol{R})\right]$$

其中，$\tilde{Z}_k$ 为体系在状态 k 下无量纲的构型积分，此时其无量纲的非键作用参数为 ε_k，$\tilde{\boldsymbol{R}} \equiv \boldsymbol{R}/\Lambda$，而 Λ 为所选取的长度单位（详见 3.4 节）。类似于 3.3.1 小节所讲的 Metropolis 算法，记 $p(\boldsymbol{R}_j;\varepsilon_j) = \exp\left(-\varepsilon_j E_j\right)/\tilde{Z}_j$ 为具有构型 $\boldsymbol{R}_j$（其无量纲的能级为 $E_j \equiv E(\boldsymbol{R}_j)$）的副本 j 在作用参数 ε_j 下出现的概率，则对于交换副本 j 和 k 的作用参数（分别为 ε_j 和 ε_k）的尝试运动（记为 $j \leftrightarrow k$），也就是从复合体系的当前构型（即构型 $\boldsymbol{R}_j$ 的作用参数为 ε_j 而构型 $\boldsymbol{R}_k$ 的作用参数为 ε_k）到新构型（即构型 $\boldsymbol{R}_k$ 的作用参数为 ε_j 而构型 $\boldsymbol{R}_j$ 的作用参数为 ε_k），其满足细致平衡条件的接受准则为 $P_{acc}(j \leftrightarrow k) = \min\left[1, \dfrac{p(\boldsymbol{R}_k;\varepsilon_j)p(\boldsymbol{R}_j;\varepsilon_k)}{p(\boldsymbol{R}_j;\varepsilon_j)p(\boldsymbol{R}_k;\varepsilon_k)}\right] = \min\left\{1, \exp\left[\left(\varepsilon_j - \varepsilon_k\right)\left(E_j - E_k\right)\right]\right\}$。若将 $\{\varepsilon_k\}$ 按大小顺序排列（例如 $\varepsilon_{\min} = \varepsilon_1 < \varepsilon_2 < \cdots < \varepsilon_K = \varepsilon_{\max}$），则交换在相邻状态下的副本（以下简称为**相邻副本**）的作用参数（即取 $j = k \pm 1$）时 $j \leftrightarrow k$ 的平均接受率最大。

并行回火算法的基本思想虽然简单，在具体实践中却有一些要考虑的重要问题，例如应该选取多少个副本（即状态）？这些副本的作用参数 $\{\varepsilon_k\}$ 应该如何分布？副本交换的方式应该是什么？等等。如何针对给定的体系来设计和优化并行回火的具体算法是决定其模拟效率的关键。下面我们就讨论这些具体的问题。

6.5.1 副本交换的方式

目前文献中常用的交换方式有三种：①从 K 个状态中随机选取一对相邻副本尝试进行交换；②在奇数次交换时，尝试所有的 1↔2、3↔4 等相邻副本对的交换，而在偶数次交换时，尝试所有的 2↔3、4↔5 等相邻副本对的交换；③随机地尝试交换②中两类相邻副本对中的一类。通常来说，第①种方式的效率最低，而 Lingenheil 等的研究表明第②种方式的效率最高 [15]。

6.5.2 副本作用参数的优化分配方案

目前文献中主要有两类副本作用参数的优化分配方案。**第一类**认为当所有相邻副本的交换成功率都相同时，模拟效率是最高的。考虑交换相邻副本 j 和 k 的平均接受率 $\overline{P}_{acc} \equiv \int_{E_{\min}}^{\infty} \mathrm{d}E_j \int_{E_{\min}}^{\infty} \mathrm{d}E_k p_b(E_j;\varepsilon_j) p_b(E_k;\varepsilon_k) \min\{1, \exp[(\varepsilon_j-\varepsilon_k)(E_j-E_k)]\}$，其中 $E_{\min}$ 为体系的基态，$p_b(E;\varepsilon_j)=\tilde{\Omega}(E)\exp(-\varepsilon_j E)/\tilde{Z}_j$ 为副本 j 处于无量纲的能级 E 上的概率分布函数（$p_b(E;\varepsilon_k)$ 的表达式类似，只是将下角标 j 换成 k），而 $\tilde{\Omega}(E) \equiv \int \mathrm{d}\tilde{\boldsymbol{R}} \delta(E(\boldsymbol{R})-E)$ 为能级 E 无量纲的态密度。若不失一般性地设 $\varepsilon_j > \varepsilon_k$，我们有

$$
\begin{aligned}
\overline{P}_{acc} &= \int_{E_{\min}}^{\infty} \mathrm{d}E_j \left\{ \int_{E_{\min}}^{E_j} \mathrm{d}E_k p_b(E_j;\varepsilon_j) p_b(E_k;\varepsilon_k) \right. \\
&\quad \left. + \int_{E_j}^{\infty} \mathrm{d}E_k p_b(E_j;\varepsilon_j) p_b(E_k;\varepsilon_k) \exp[(\varepsilon_j-\varepsilon_k)(E_j-E_k)] \right\} \\
&= \int_{E_{\min}}^{\infty} \mathrm{d}E_j \left\{ \begin{array}{c} \displaystyle\int_{E_{\min}}^{E_j} \mathrm{d}E_k p_b(E_j;\varepsilon_j) p_b(E_k;\varepsilon_k) \\ \displaystyle + \int_{E_j}^{\infty} \mathrm{d}E_k \frac{\tilde{\Omega}(E_j)}{\tilde{Z}_j} \exp(-\varepsilon_j E_j) \frac{\tilde{\Omega}(E_k)}{\tilde{Z}_k} \exp(-\varepsilon_k E_k) \\ \times \exp[(\varepsilon_j-\varepsilon_k)(E_j-E_k)] \end{array} \right\} \\
&= \int_{E_{\min}}^{\infty} \mathrm{d}E_j \int_{E_{\min}}^{E_j} \mathrm{d}E_k p_b(E_j;\varepsilon_j) p_b(E_k;\varepsilon_k) \\
&\quad + \int_{E_{\min}}^{\infty} \mathrm{d}E_j \int_{E_j}^{\infty} \mathrm{d}E_k \frac{\tilde{\Omega}(E_j)\tilde{\Omega}(E_k)}{\tilde{Z}_j \tilde{Z}_k} \exp(-\varepsilon_k E_j - \varepsilon_j E_k)
\end{aligned}
$$

而上面的最后一项可以写为

$$
\int_{E_{\min}}^{\infty} \mathrm{d}E_j \int_{E_j}^{\infty} \mathrm{d}E_k \frac{\tilde{\Omega}(E_j)}{\tilde{Z}_j} \frac{\tilde{\Omega}(E_k)}{\tilde{Z}_k} \exp(-\varepsilon_k E_j - \varepsilon_j E_k)
$$

$$
=\underline{\int_{E_{\min}}^{\infty} \mathrm{d}E_k \int_{E_k}^{\infty} \mathrm{d}E_j} \frac{\tilde{\Omega}(E_j)\tilde{\Omega}(E_k)}{\tilde{Z}_j\tilde{Z}_k} \exp\left(-\varepsilon_k E_k - \varepsilon_j E_j\right)
$$

$$
=\underline{\int_{E_{\min}}^{\infty} \mathrm{d}E_j \int_{E_{\min}}^{E_j} \mathrm{d}E_k} \frac{\tilde{\Omega}(E_j)\tilde{\Omega}(E_k)}{\tilde{Z}_j\tilde{Z}_k} \exp\left(-\varepsilon_k E_k - \varepsilon_j E_j\right)
$$

其中在第二行我们交换了被积变量 E_j 和 E_k，而在第三行交换了它们的积分顺序。由此我们得到 $\overline{P}_{acc} = 2\int_{E_{\min}}^{\infty} \mathrm{d}E_j \int_{E_{\min}}^{E_j} \mathrm{d}E_k p_b(E_j;\varepsilon_j)p_b(E_k;\varepsilon_k)$。假设 $p_b(E;\varepsilon_j)$ 满足方差为 $\sigma_j^2 = \left\langle E^2\right\rangle_j - \langle E\rangle_j^{\ 2}$ 的高斯分布，即

$$
p_b(E;\varepsilon_j) = \exp\left[-(E-\langle E\rangle_j)^2\Big/2\sigma_j^2\right]\Big/\sqrt{2\pi}\sigma_j
$$

（将下角标 j 换成 k 即得到 $p_b(E;\varepsilon_k)$），其中 $\langle E\rangle_j \equiv \int_{-\infty}^{\infty} p_b(E;\varepsilon_j)E\mathrm{d}E$，我们可以得到

$$
\begin{aligned}
\overline{P}_{acc} &= \frac{1}{\pi\sigma_j\sigma_k}\int_{-\infty}^{\infty} \mathrm{d}E_j \exp\left[-(E_j-\langle E\rangle_j)^2\Big/2\sigma_j^2\right] \\
&\quad \times \underline{\int_{-\infty}^{E_j} \mathrm{d}E_k \exp\left[-\left(E_k-\langle E\rangle_k\right)^2\Big/2\sigma_k^2\right]} \\
&= \frac{1}{\pi\sigma_j\sigma_k}\int_{-\infty}^{\infty} \mathrm{d}E_j \exp\left[-(E_j-\langle E\rangle_j)^2\Big/2\sigma_j^2\right] \\
&\quad \times \underline{\sqrt{\pi/2}\sigma_k \mathrm{erfc}\left[-\left(E_j-\langle E\rangle_k\right)\Big/\sqrt{2}\sigma_k\right]} \\
&= \frac{1}{\sqrt{2\pi}\sigma_j}\int_{-\infty}^{\infty} \mathrm{d}E_j \exp\left[-(E_j-\langle E\rangle_j)^2\Big/2\sigma_j^2\right] \mathrm{erfc}\left[-\left(E_j-\langle E\rangle_k\right)\Big/\sqrt{2}\sigma_k\right]
\end{aligned}
$$

其中，$\mathrm{erfc}(x) \equiv \left(2/\sqrt{\pi}\right)\int_x^{\infty} \mathrm{d}t \exp\left(-t^2\right)$ 为互补误差函数；再将上面的互补误差函数近似为 $\mathrm{erfc}\left[-\left(E_j-\langle E\rangle_k\right)\Big/\sqrt{2}\sigma_k\right] \approx 2\left[1-\theta\left(-\left(E_j-\langle E\rangle_k\right)\Big/\sqrt{2}\sigma_k\right)\right]$（$\sigma_k$ 越小则该近似越好），其中 $\theta(x)$ 为阶跃函数（即当 $x<0$ 时 $\theta(x)=0$，否则 $\theta(x)=1$），我们得到 $\overline{P}_{acc} = \left(2\Big/\sqrt{2\pi}\sigma_j\right)\int_{\langle E\rangle_k}^{\infty} \mathrm{d}E_j \exp\left[-(E_j-\langle E\rangle_j)^2\Big/2\sigma_j^2\right] = \mathrm{erfc}\left[\left(\langle E\rangle_k - \langle E\rangle_j\right)\Big/\sqrt{2}\sigma_j\right]$；最后，假设体系（由非键作用能而产生的）无量纲的

定容比热容 $\dfrac{C_v}{k_{\rm B}}=\dfrac{\varepsilon^2\sigma^2}{n}=\dfrac{{\rm d}\langle E\rangle}{n{\rm d}(1/\varepsilon)}$ 不随 ε 变化，即

$$\frac{\langle E\rangle_k-\langle E\rangle_j}{\sigma_j}={\varepsilon_j}^2\sigma_j\left(\frac{1}{\varepsilon_k}-\frac{1}{\varepsilon_j}\right)=\sqrt{\frac{nC_v}{k_{\rm B}}}\left(\frac{\varepsilon_j}{\varepsilon_k}-1\right)$$

我们得到 $\overline{P}_{acc}={\rm erfc}\left[\sqrt{\dfrac{nC_v}{2k_{\rm B}}}\left(\dfrac{\varepsilon_j}{\varepsilon_k}-1\right)\right]$。鉴于 $\overline{P}_{acc}$ 只取决于 $\varepsilon_j/\varepsilon_k$，为了使不同相邻副本的 $\overline{P}_{acc}$ 都相同，Predescu 等建议采用等比级数的方式来分配 ε_k $(k=2,\cdots,K-1)$，即 $\varepsilon_k=\varepsilon_1\left(\varepsilon_K/\varepsilon_1\right)^{(k-1)/(K-1)}$[16]。

由于 C_v 不随 ε 变化的假设不是严格成立的（例如在相变点处 C_v 发散），Rathore 等指出上述方案并不能真正使得不同相邻副本的 $\overline{P}_{acc}$ 相同；他们注意到 $\overline{P}_{acc}$ 与 $p_b(E;\varepsilon_j)$ 和 $p_b(E;\varepsilon_k)$ 的**交叠面积** $A=\displaystyle\int_{E_{\min}}^{E_{\rm X}}{\rm d}Ep_b(E;\varepsilon_k)+\int_{E_{\rm X}}^{\infty}{\rm d}Ep_b(E;\varepsilon_j)$（此处不失一般性地设 $\varepsilon_j>\varepsilon_k$）正相关，其中 $E_{\rm X}$ 代表 E 在 $p_b(E;\varepsilon_j)$ 和 $p_b(E;\varepsilon_k)$ 相交处的值 [即 $p_b(E_{\rm X};\varepsilon_j)=p_b(E_{\rm X};\varepsilon_k)$]，于是就通过分析 A 来设计 ε 的优化分配方案[17]。假设 $p_b(E;\varepsilon_j)$ 和 $p_b(E;\varepsilon_k)$ 都满足高斯分布；当它们的方差均为 σ^2 时 [即 $E_{\rm X}=(\langle E\rangle_j+\langle E\rangle_k)/2$]，有

$$A=2\int_{E_{\rm X}}^{\infty}p(E;\varepsilon_j){\rm d}E={\rm erfc}\left(\frac{\Delta E}{2\sqrt{2}\sigma}\right)\tag{6.22}$$

其中 $\Delta E\equiv\langle E\rangle_k-\langle E\rangle_j>0$；而当 $p_b(E;\varepsilon_j)$ 和 $p_b(E;\varepsilon_k)$ 的方差 $\sigma_j^2\neq\sigma_k^2$ 时，可以近似地把式 (6.22) 中的 σ 替换为 $\sigma_m\equiv(\sigma_j+\sigma_k)/2$，即近似认为 A 只是 $\Delta E/\sigma_m$ 的函数。由此，Rathore 等提出：对于预先设定的 $\Delta E/\sigma_m$ 的目标值 t^* 和给定的分布 $\{\varepsilon_k\}$，先用一次较短的并行回火模拟得到所有的 $\langle E\rangle_k$ 和 σ_k 并通过拟合得到 $\langle E\rangle(\varepsilon)$ 和 $\sigma(\varepsilon)$ 的连续函数，然后用它们逐个求解满足 $(\Delta E/\sigma_m)|_{\{\varepsilon_k^*\}}=t^*$ 的 ${\varepsilon_k}^*$ $(k=2,\cdots,K-1)$ 以及相应的 K 值，再用 $\{{\varepsilon_k}^*\}$ 进行最终的并行回火模拟[17]。

另外，在给定的无量纲的作用参数范围 $[\varepsilon_{\min},\varepsilon_{\max}]$ 内，尽管增加副本的数目 K 可以减小相邻副本的间隔，从而增加其交换的成功率，但这也同时增加了计算量，而且副本在 $\varepsilon_{\min}$ 和 $\varepsilon_{\max}$ 之间的**往返时间** τ（即平均来说一个副本从 $\varepsilon_{\min}$ 出发、到达 $\varepsilon_{\max}$ 后再返回到 $\varepsilon_{\min}$ 所需的 Monte Carlo 步数；后者参见 4.3.2 小节）也增加了。因此，K 并非越大越好，而是有个最优值。Rathore 等通过模拟发现，当交换相邻副本的平均接受率约为 20%时，所对应的 K 值最优（即在给定的模拟时间内得到的 C_v/k_B 的误差最小）[17]。Kone 和 Kofke 的理论分析也表

明，23%的平均接受率所对应的 K 值使得在给定的模拟时间内副本在 ε 空间中的均方位移达到最大 [18]。

从每个副本是在 ε 空间中行走的角度考虑，Katzgraber 等提出了**第二类**方案，即通过极小化 τ 来进行副本参数的优化分配 [19]。设初始的 ε 分布为 $\{\varepsilon_{\min} = \varepsilon_1 < \varepsilon_2 < \cdots < \varepsilon_K = \varepsilon_{\max}\}$，并在该分布下进行了一定 Monte Carlo 步数的并行回火模拟。为了在模拟中计算 τ，需要给每个副本一个标签：当其最近访问了端点 ε_1 时，该标签为 "+"，而当其最近访问了端点 ε_K 时该标签为 "−"。在模拟中每隔一定的模拟步数（例如每次交换不同副本的 ε 值时）记录下所有副本的标签和所在状态（即抽取一个样本）；用直方图 $H^+(\varepsilon_k)$ 和 $H^-(\varepsilon_k)$ 来分别记录所有样本中在状态 ε_k 上的标签为 "+" 和 "−" 的副本的数目，我们就可以定义标签为 "+" 的副本的分率 $f(\varepsilon_k) \equiv H^+(\varepsilon_k)/\left[H^+(\varepsilon_k) + H^-(\varepsilon_k)\right]$；由此我们得到 $f(\varepsilon_1) = 0$ 和 $f(\varepsilon_K) = 1$。

当 ε 的分布为连续时，假设从 ε_1 到 ε_K 的稳态流（steady-state current，即与 ε 无关）可以写为

$$J = D(\varepsilon)p_b(\varepsilon)\frac{\mathrm{d}f}{\mathrm{d}\varepsilon} \tag{6.23}$$

其中，$D(\varepsilon)$ 为局部扩散率，而 $p_b(\varepsilon)$ 为任一副本处于 ε 上的概率分布函数，它满足归一化条件 $\int_{\varepsilon_1}^{\varepsilon_K} p_b(\varepsilon)\mathrm{d}\varepsilon = 1$。由此我们得到 $\int_{\varepsilon_1}^{\varepsilon_K} \frac{\mathrm{d}\varepsilon}{D(\varepsilon)p_b(\varepsilon)} = \frac{1}{J}\int_{f(\varepsilon_1)=0}^{f(\varepsilon_K)=1} \mathrm{d}f = \frac{1}{J}$。因为 ε 空间的两端固定，所以 τ 与 J 成反比，于是极小化 τ 就等价于极小化 $1/J$；用 Lagrange 乘数法将 $\int_{\varepsilon_1}^{\varepsilon_K} \mathrm{d}\varepsilon/\left[D(\varepsilon)p_b(\varepsilon)\right]$ 在满足 $p_b(\varepsilon)$ 的归一化条件下对 $p_b(\varepsilon)$ 做极小化，我们可以得到极小化 τ（用上角标 "*" 表示）的 $p_b^*(\varepsilon) \propto D^{-1/2}(\varepsilon)$；将其代入式 (6.23)，我们得到

$$p_b^*(\varepsilon) \propto \frac{\mathrm{d}f}{\mathrm{d}\varepsilon} \tag{6.24}$$

对于离散的 ε 分布 $\{\varepsilon_k\}$，我们假设 $p_b(\varepsilon)$ 为阶跃函数的形式并且在 $\varepsilon \in [\varepsilon_k, \varepsilon_{k+1}]$ 时满足

$$p_b(\varepsilon) \propto \frac{1}{\varepsilon_{k+1} - \varepsilon_k} \tag{6.25}$$

将其代入式 (6.23) 并使用 $p_b^*(\varepsilon) \propto D^{-1/2}(\varepsilon)$，我们得到

$$p_b^*(\varepsilon) = c\sqrt{(\mathrm{d}f/\mathrm{d}\varepsilon)/(\varepsilon_{k+1} - \varepsilon_k)}$$

其中的常数 c 保证了 $p_b^*(\varepsilon)$ 满足其归一化条件。另外，将式 (6.25) 其代入式 (6.24) 并用一阶差商近似其中的导数，我们得到 $f(\varepsilon_{k+1}) - f(\varepsilon_k)$ 为一个与 ε 无关的常数，其值可以由 $\sum_{k=1}^{K-1}[f(\varepsilon_{k+1}) - f(\varepsilon_k)] = f(\varepsilon_K) - f(\varepsilon_1) = 1$ 得到，即

$$f(\varepsilon_{k+1}) - f(\varepsilon_k) = \frac{1}{K-1} \tag{6.26}$$

基于上面的结果，Katzgraber 等提出了一个迭代求解 $p_b^*(\varepsilon)$ 的方法：对于给定的分布 $\{\varepsilon_k\}$ $(k = 1, \cdots, K)$，可以用并行回火模拟得到 $f(\varepsilon_k)$；如果它不满足式 (6.26)（即 $\{\varepsilon_k\}$ 不是最优分布），就计算 $p_b(\varepsilon) = c\sqrt{(\mathrm{d}f/\mathrm{d}\varepsilon)\,/\,(\varepsilon_{k+1} - \varepsilon_k)}$（这里可以通过对 $f(\varepsilon_k)$ 的分段拟合 [20] 来得到 $\mathrm{d}f/\mathrm{d}\varepsilon$），并通过

$$\int_{\varepsilon_1}^{\varepsilon_k'} p_b(\varepsilon)\mathrm{d}\varepsilon = (k-1)/(K-1)\ (k = 2, \cdots, K-1)$$

来得到新的分布 $\{\varepsilon_1, \varepsilon_2', \cdots, \varepsilon_{K-1}', \varepsilon_K\}$[19]。用这个迭代方法可以很快地得到 ε 的最优分布。

对于研究体系的相变来说，这样得到的 ε 的最优分布在相变点附近具有较高的密度，可以把更多的计算资源分配到相变点附近，从而克服了传统模拟在二级相变点处的临界慢化问题和一级相变点处的能垒隧穿问题 [21]，实现并行回火算法的最优化。

6.5.3 超并行回火算法

上面所讲的并行回火算法局限于一维的参数（即 ε）空间。Yan 和 de Pablo 在 1999 年提出了在多维参数空间中的超并行回火（hyper-parallel tempering）算法 [22]。我们先考虑一个配分函数为 $Q(\boldsymbol{f}) = \int \mathrm{d}\boldsymbol{R}w(\boldsymbol{R}, \boldsymbol{f})/n(\boldsymbol{R})!\Lambda^{3n(\boldsymbol{R})}$ 的广义系综；这里的 $\boldsymbol{f}$ 代表了确定体系状态的多个强度量（它们组成了超并行回火算法的多维参数空间），$w(\boldsymbol{R}, \boldsymbol{f})$ 为相应的权重函数，$n(\boldsymbol{R})$ 为体系构型 $\boldsymbol{R}$ 中的粒子（例如链）数，而 Λ 为所选取的长度单位（详见 3.4 节）。例如，巨正则系综对应于 $\boldsymbol{f} = \{\varepsilon, \tilde{\mu}\}$ 且 $w(\boldsymbol{R}, \boldsymbol{f}) = \exp[-\varepsilon E(\boldsymbol{R}) + \tilde{\mu} n(\boldsymbol{R})]$，其中 ε 为无量纲的非键作用参数，而 $\tilde{\mu} \equiv \beta\mu$ 为粒子无量纲的化学势（这里对 n 的加和包含在了对 $\boldsymbol{R}$ 的积分中）。我们再定义一个包含了 K 个副本的复合体系，其配分函数为

$$Q_c(\boldsymbol{f}_1, \cdots, \boldsymbol{f}_K) \equiv \prod_{k=1}^{K} Q(\boldsymbol{f}_k)$$

则对于交换两个随机选取的副本 j 和 k 的状态的尝试运动 $j \leftrightarrow k$，其满足细致平衡条件的接受准则为 $P_{acc}(j \leftrightarrow k) = \min\left[1, \dfrac{w(\boldsymbol{R}_k, \boldsymbol{f}_j)w(\boldsymbol{R}_j, \boldsymbol{f}_k)}{w(\boldsymbol{R}_j, \boldsymbol{f}_j)w(\boldsymbol{R}_k, \boldsymbol{f}_k)}\right]$。与并行回火算法相比，超并行回火算法可以更有效地对体系的构型空间进行抽样；但是文献中还没有关于超并行回火算法中副本状态参数的优化分配以及副本交换机制的系统研究。

Yan 和 de Pablo 在巨正则系综下（即在 ε 和 $\tilde{\mu}$ 的二维参数空间中）使用超并行回火算法，并且结合 6.3 节中所讲的加权直方图分析方法以及 8.2 节中所讲的混合场有限尺寸标度理论，研究了 Lennard-Jones 流体和限定原始模型（restricted primitive model，即带等量相反电荷且直径相同的硬球体系）的相分离，构造了这些体系在热力学极限下的相图 [22]。他们还在 5.3.2 小节中所讲的扩展巨正则系综下（即在 ε、$\tilde{\mu}$ 和标记链长度的三维参数空间中）使用超并行回火算法结合加权直方图分析方法研究了在简立方格点模型上的均聚物溶液和不对称的二元均聚物混合物的相分离 [23]。有兴趣的读者可以参见原文。

6.5.4 并行回火算法与加权直方图分析方法的结合

Chodera 等也提出了与并行回火算法正确结合的加权直方图分析方法（WHAM）[4]。类似于 6.3 节中的 K 个互不相关的模拟（每个只在一个固定的状态下进行），在（超）并行回火中我们有 K 个互不相关的副本；但不同的是：这里每个副本通过交换都可以访问所有 K 个状态。因此和 6.3 节相比，这里多了一个副本的编号 k' $(=1,\cdots,K)$。

相应地，记 M 为每个副本在模拟中（达到平衡后）所抽取的样本数，第 k' 个副本在模拟中（达到平衡后）所抽取的第 i $(=1,\cdots,M)$ 个样本无量纲的能级为 $E_{k'i}$，并按照 $E_{k'i}$ 是否落入能级直方图中第 j $(=1,\cdots,N_b)$ 个小格来定义标识函数 $h_{jk'i}$。用第 k' 个副本的直方图可以得到对 $\tilde{\Omega}_j$ 的一个估计值 $\hat{\Omega}_{jk'} = H_{jk'}\Big/\left[\Delta E\sum\limits_{k=1}^{K} M_{kk'}\exp\left(-\varepsilon_k E_j\right)\Big/\tilde{Z}_k\right]$ [对应于式 (6.6)]，其中 $H_{jk'} \equiv \sum\limits_{i=1}^{M} h_{jk'i}$，$M_{kk'}$ 为第 k' 个副本在第 k 个状态下所抽取的样本数。而用所有副本的直方图的加权平均可以得到对 $\tilde{\Omega}_j$ 的最优估计值

$$\hat{\Omega}_j = \frac{\sum\limits_{k'=1}^{K} H_{jk'}\Big/g_{jk'}}{\Delta E\sum\limits_{k=1}^{K}\left(\sum\limits_{k'=1}^{K} M_{kk'}\Big/g_{jk'}\right)\exp\left(-\varepsilon_k E_j\right)\Big/\tilde{Z}_k}$$

[对应于式 (6.15)]，其中 $g_{jk'}$ 为标识函数的统计无效性（对应于 6.3 节中的 g_{jk}），

WHAM 方程组 $\tilde{Z}_k = \sum_{j=1}^{N_b} \dfrac{\exp(-\varepsilon_k E_j) \sum_{k'=1}^{K} H_{jk'} \Big/ g_{jk'}}{\sum_{l=1}^{K} \left(\sum_{k'=1}^{K} M_{lk'} \Big/ g_{jk'} \right) \exp(-\varepsilon_l E_j) \Big/ \tilde{Z}_l}$ $[k = 1, \cdots, K$；对应于式 (6.16)]，以及 $\hat{\Omega}_j$ 的方差

$$\sigma^2_{\hat{\Omega}_j} = \hat{\Omega}_j \Big/ \left[\Delta E \sum_{l=1}^{K} \left(\sum_{k'=1}^{K} M_{lk'} \Big/ g_{jk'} \right) \exp(-\varepsilon_l E_j) \Big/ \tilde{Z}_l \right]$$

最后，类似于 6.3 节，我们可以用 $\hat{A}_\varepsilon = \sum_{k'=1}^{K} \sum_{i=1}^{M} \omega_{k'i} A_{k'i} \Big/ \sum_{k'=1}^{K} \sum_{i=1}^{M} \omega_{k'i} = \hat{X}/\hat{W}$ 来估计式 (6.4) 中的 $\langle A \rangle_\varepsilon$，其中 $\omega_{k'i} \equiv \sum_{j=1}^{N_b} \hat{\Omega}_j \exp(-\varepsilon E_j) h_{jk'i} \Big/ \sum_{l=1}^{K} H_{jl}$，$A_{k'i}$ 表示第 k' 个副本在模拟中（达到平衡后）所抽取的第 i 个样本的 A 值，$\hat{X} \equiv M \sum_{k'=1}^{K} X_{k'}$，$X_{k'} \equiv \dfrac{1}{M} \sum_{i=1}^{M} \omega_{k'i} A_{k'i}$，$\hat{W} \equiv M \sum_{k'=1}^{K} W_{k'}$，而 $W_{k'} \equiv \dfrac{1}{M} \sum_{i=1}^{M} \omega_{k'i}$。$\hat{A}_\varepsilon$ 的方差为 $\sigma^2_{\hat{A}_\varepsilon} = \dfrac{\hat{X}^2}{\hat{W}^2} \left[\dfrac{\sigma^2_{\hat{X}}}{\hat{X}^2} + \dfrac{\sigma^2_{\hat{W}}}{\hat{W}^2} - 2 \dfrac{\mathrm{cov}(\hat{X}, \hat{W})}{\hat{X}\hat{W}} \right]$；由于 K 个副本是互不相关的，我们有 $\sigma^2_{\hat{X}} = M^2 \sum_{k'=1}^{K} \sigma^2_{X_{k'}}$，$\sigma^2_{\hat{W}} = M^2 \sum_{k'=1}^{K} \sigma^2_{W_{k'}}$ 以及协方差 $\mathrm{cov}(\hat{X}, \hat{W}) = M^2 \sum_{k'=1}^{K} \mathrm{cov}(X_{k'}, W_{k'})$；而 $\sigma^2_{X_{k'}}$、$\sigma^2_{W_{k'}}$ 以及 $\mathrm{cov}(X_{k'}, W_{k'})$ 可以按照 4.5 节中所讲的方法估计。Chodera 等也提供了与并行回火算法相结合的 WHAM 的 FORTRAN 90 程序①；需要的读者可以下载使用。

6.6 Wang-Landau 算法

6.6.1 基本思想和具体步骤

Wang 和 Landau 在 2001 年提出了一种通过在能级空间行走以获得其平坦的直方图、从而计算体系的态密度（以及它的所有热力学量）的方法 [24]，称为 Wang-Landau(WL) 算法。由于它具有快速收敛的特性，WL 算法可以用于较大的体系，自提出后就被广泛地应用到了各种问题上。记 M 为在固定体积和粒子数的模拟中（达到平衡后）所抽取的构型样本数，则在无量纲的能级 E 上的构型样

① https://pubs.acs.org/doi/suppl/10.1021/ct0502864

本数（即 E 的直方图）为 $H(E)=M\tilde{\Omega}(E)p(E(\boldsymbol{R}))$（为了简单起见，这里我们考虑$E$ 是离散分布的)，其中 $\tilde{\Omega}(E)\equiv\int \mathrm{d}\tilde{\boldsymbol{R}}\delta\left(E(\boldsymbol{R})-E\right)$ 为体系在E上无量纲的态密度，$\tilde{\boldsymbol{R}}\equiv\boldsymbol{R}/\Lambda$，$\Lambda$ 为所选取的长度单位（详见 3.4 节），而 $p(E(\boldsymbol{R}))$ 为（在模拟中给定的）产生在 E 上的一个构型 $\boldsymbol{R}$ 的概率，并且满足 $\sum_{E}p(E(\boldsymbol{R}))\tilde{\Omega}(E)=1$。如果我们取 $p(E(\boldsymbol{R}))\propto 1/\tilde{\Omega}(E)$，通过模拟原则上就会得到完全平坦的直方图。当然，我们在做模拟之前并不知道 $\tilde{\Omega}(E)$（否则也就不用做模拟了！)；因此 WL 算法的**基本思想**就是通过迭代 $p(E(\boldsymbol{R}))$（即对体系的反复模拟），以得到平坦的直方图的方法来计算 $\tilde{\Omega}(E)$。

这里我们以在传统简立方格点模型上的、由溶剂质量（详见 1.4.3 小节）变化而引起的均聚物单链的构象转变为例来说明 WL 算法的具体步骤。这里一条具有 N 个链节的高分子链的构型符合自避行走（self-avoiding walk)，而没有被高分子链节所占据的格点（即空位）被当作溶剂分子。为了考虑溶剂质量的影响，一对处于近邻格点上的非键连链节（简称为**近邻对**）受到一个无量纲的吸引势能 $\varepsilon<0$ 的作用，即体系无量纲的非键作用能为 $\tilde{U}^{\mathrm{nb}}(\boldsymbol{R})\equiv\varepsilon n_p(\boldsymbol{R})$；这里 $n_p(\boldsymbol{R})$ 为一个保持了链连接性的构型 $\boldsymbol{R}$ 中近邻对的数目（即体系的 E)。因此，体系无量纲的构型积分可以写为 $\tilde{Z}(\varepsilon)=\sum_{\boldsymbol{R}}\exp\left[-\tilde{U}^{\mathrm{nb}}(\boldsymbol{R})\right]=\sum_{n_p}\tilde{\Omega}(n_p)\exp\left(-\varepsilon n_p\right)$；这里 $\tilde{\Omega}(n_p)\equiv\sum_{\boldsymbol{R}}\delta_{n_p(\boldsymbol{R}),n_p}$，而 $\delta_{i,j}$ 为 Kronecker δ 函数（即当 $i=j$ 时 $\delta_{i,j}=1$，否则 $\delta_{i,j}=0$)。对于给定的 n_p 区间 $[n_{p,\min},n_{p,\max}]$，WL 算法的具体步骤如下：

(1) 构建并初始化两个数组：$g(n_p)=1$ 用来计算体系的态密度，而 $H(n_p)=0$ 用来储存能级 n_p 被访问的次数（即直方图)。

(2) 对于给定的当前构型 $\boldsymbol{R}_o$，采用尝试运动（例如 4.2.1 小节中所讲的局部运动和蛇形运动等）来提出一个新的构型 $\boldsymbol{R}_n$；记 $n_{p,o}$ 和 $n_{p,n}$ 分别为 $\boldsymbol{R}_o$ 和 $\boldsymbol{R}_n$ 中近邻对的数目。如果 $n_{p,n}\notin[n_{p,\min},n_{p,\max}]$，则直接拒绝该尝试运动；否则对于对称的尝试运动，其接受准则为 $P_{acc}(\boldsymbol{R}_o\to\boldsymbol{R}_n)=\min\left[1,g(n_{p,o})/g(n_{p,n})\right]$ [这不同于 Metropolis 接受准则式 (3.10)]。在按照尝试运动的接受结果更新了体系的 $\boldsymbol{R}$（以及 n_p）后，我们还需要将 $H(n_p)$ 加上 1，并将数组元素 $g(n_p)$ 乘上一个修正因子 $f>1$；这里 f 的初始值一般设为 e $(=2.718\cdots)$。

(3) 重复步骤 (2)，直到获得了平坦的直方图（例如，对于所有的 n_p，$H(n_p)\geqslant\lambda\overline{H}$；这里 $\overline{H}$ 代表直方图的平均值，而 $0<\lambda<1$ 则用来控制直方图的平坦标准，一般取 $\lambda=0.8$)。此时将直方图中的所有元素置 0，并按照某种方式（例如开平方）来减小 $f>1$。

(4) 重复步骤 (3)，直到 $f\leqslant f_{\mathrm{final}}$（例如取 $f_{\mathrm{final}}=1.000\,001$)，模拟结束。

值得注意的是：①为了避免算术溢出，在模拟中通常使用 $\ln g(n_p)$ 而不是

$g(n_p)$。②由于在模拟中 $\ln g(n_p)$ 一直在更新，上面的接受准则并不满足细致平衡；但是当模拟结束时，在模拟的误差（正比于 $\ln f_{\text{final}}$）之内我们有 $g(n_p) \propto \tilde{\Omega}(n_p)$，此时细致平衡是近似满足的。③类似于 6.3 节和 6.4 节中对体系在多个热力学状态下的构型积分的计算，这里我们并不需要 $\tilde{\Omega}(n_p)$ 在所有 n_p 上的值，而只需要它们在不同 n_p 上的比值；因此在步骤 (2) 的最后可以将 $\ln g(n_p)$ 平移使得 $\ln g(n_{p,\min}) = 0$。④需要根据不同的体系（包括其大小）来选择直方图的平坦标准和 f_{final} 的值；过于严格的平坦标准或者太小的 $\ln f_{\text{final}}$ 会导致模拟所需的时间过长（甚至不收敛），而过于宽松的平坦标准和太大的 $\ln f_{\text{final}}$ 会导致模拟的误差太大。⑤太大的 n_p 区间也会导致模拟所需的时间过长（甚至不收敛），此时可以把感兴趣的 n_p 区间划分为多个较小的、相互有交叠的区间，并独立地在每个小的区间上进行 WL 模拟以计算其态密度，然后通过平移每个小区间上的 $\ln g(n_p)$ 来极小化它们在交叠部分上的偏差（例如均方差）的方法来把各个小区间上的态密度连接起来，从而得到整个 n_p 区间上的态密度 [25]。由于各个小区间上的 WL 模拟是相互独立的，这使得 WL 算法很适合于并行计算，能够用于较大的体系。⑥由于上面的 WL 算法不涉及到 ε，对于使用构型偏倚方法的不对称的尝试运动，在计算 $\boldsymbol{R}_o$ 和 $\boldsymbol{R}_n$ 的 Rosenbluth 权重（分别记作 $R_o^{(0)}$ 和 $R_n^{(0)}$；详见 5.2 节）时不需要考虑与 ε 有关的能量贡献；相应地，上面步骤 (2) 中的接受准则应为

$$P_{acc}(\boldsymbol{R}_o \to \boldsymbol{R}_n) = \min\left[1, A_{on}^{(0)} g(n_{p,o})/g(n_{p,n})\right] \tag{6.27}$$

对于使用简单构型偏倚方法的尝试运动 $A_{on}^{(0)} = R_n^{(0)}/R_o^{(0)}$，而对于使用拓扑构型偏倚方法的尝试运动 $A_{on}^{(0)} = R_n^{(0)}C_o/R_o^{(0)}C_n$，其中 C_o 和 C_n 分别为 5.2.2 小节中所讲的 $\boldsymbol{R}_o$ 和 $\boldsymbol{R}_n$ 的拓扑权重。

图 6.2(a) 和 6.2(b) 分别给出了由 WL 算法得到的 $N = 100$ 的均聚物单链的 $\ln g(n_p)$ 和均方回转半径 ${R_g}^2$ 的微正则系综平均

$$\overline{{R_g}^2}(n_p) \equiv \sum_{i=1}^{M} {R_g}^2(\boldsymbol{R}_i)\delta_{n_p(\boldsymbol{R}_i),n_p} \Bigg/ \sum_{i=1}^{M} \delta_{n_p(\boldsymbol{R}_i),n_p}$$

随 n_p 的变化；这里 $\boldsymbol{R}_i$ 为在 WL 模拟中抽取的第 $i\ (=1,\cdots,M)$ 个样本。正如我们所预期的，链所占的空间尺寸（即 $\overline{{R_g}^2}$）随着 n_p 的增加而单调减小，但是其构型数（即体系的态密度 $\tilde{\Omega}$）却在 $n_p = 18$ 处达到最大值。图 6.2(c)~(f) 分别给出了 ${R_g}^2$ 的正则系综平均 $\left\langle {R_g}^2 \right\rangle_\varepsilon = \sum\limits_{n_p=0}^{n_{p,\max}} \overline{{R_g}^2}(n_p) g(n_p) \exp(-\varepsilon n_p) \Big/ \sum\limits_{n_p=0}^{n_{p,\max}} g(n_p) \exp(-\varepsilon n_p)$、$n_p$ 的正则系综平均 $\langle n_p \rangle_\varepsilon = \sum\limits_{n_p=0}^{n_{p,\max}} n_p g(n_p) \exp(-\varepsilon n_p) \Big/ \sum\limits_{n_p=0}^{n_{p,\max}} g(n_p) \exp(-\varepsilon n_p)$、

无量纲的非键作用能 $\tilde{U}(\varepsilon)=\varepsilon\left\langle n_p\right\rangle_\varepsilon$、$n_p$ 在正则系综下的涨落 $\left\langle {n_p}^2\right\rangle_\varepsilon-\left\langle n_p\right\rangle_\varepsilon{}^2$、由非键作用能引起的无量纲的定容比热容 $C_v(\varepsilon)/k_{\mathrm{B}}=\varepsilon^2\left(\left\langle {n_p}^2\right\rangle_\varepsilon-\left\langle n_p\right\rangle_\varepsilon{}^2\right)$、无量纲的 Helmholtz 自由能

$$\begin{aligned}\tilde{F}(\varepsilon) &\equiv-\ln\tilde{Z}(\varepsilon)\\ &=-\ln\left[\tilde{\Omega}(n_p=0)\sum_{n_p}\frac{\tilde{\Omega}(n_p)}{\underline{\tilde{\Omega}(n_p=0)}}\exp\left(-\varepsilon n_p\right)\right]\\ &=-\ln\sum_{n_p}\underline{g(n_p)}\exp\left(-\varepsilon n_p\right)-\ln\tilde{\Omega}(n_p=0)\end{aligned}$$

与它在无热溶剂（即 $\varepsilon=0$）中的差值

$$\begin{aligned}\Delta\tilde{F}(\varepsilon) &\equiv\tilde{F}(\varepsilon)-\tilde{F}(\varepsilon=0)\\ &=\ln\left[\sum\nolimits_{n_p}g(n_p)\Big/\sum\nolimits_{n_p}g(n_p)\exp\left(-\varepsilon n_p\right)\right]\end{aligned}$$

以及无量纲的熵与它在无热溶剂中的差值 $\Delta S(\varepsilon)/k_B=\tilde{U}(\varepsilon)-\Delta\tilde{F}(\varepsilon)$ 随 ε 的变化。值得注意的是：$\left\langle {R_g}^2\right\rangle_\varepsilon$ 随着 ε 的减小（即 $-\varepsilon$ 的增大）而单调减小，表明链的构象随着溶剂质量的变差发生了从伸展线团（coil）到塌缩球滴（globule）的转变。相应地，$\left\langle {n_p}^2\right\rangle_\varepsilon-\left\langle n_p\right\rangle_\varepsilon{}^2$ 在 $\varepsilon\approx-0.472$ 处呈现一个极大值，而 C_v/k_{B} 在 $\varepsilon\approx-0.566$ 处呈现一个极大值；它们近似对应于链的线团-球滴转变点。这两个峰值位置的差别源于有限链长效应；随着 N 的增加，两者的差距会变小，而在 $N\to\infty$ 时它们重合并对应于无限长链的线团球滴转变点。

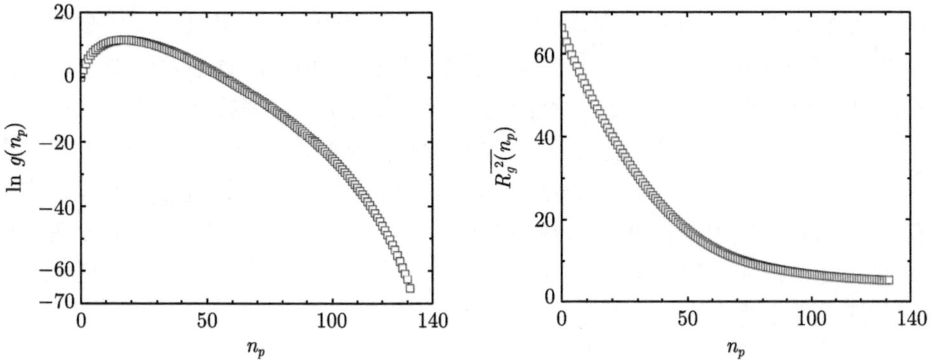

(a) (b)

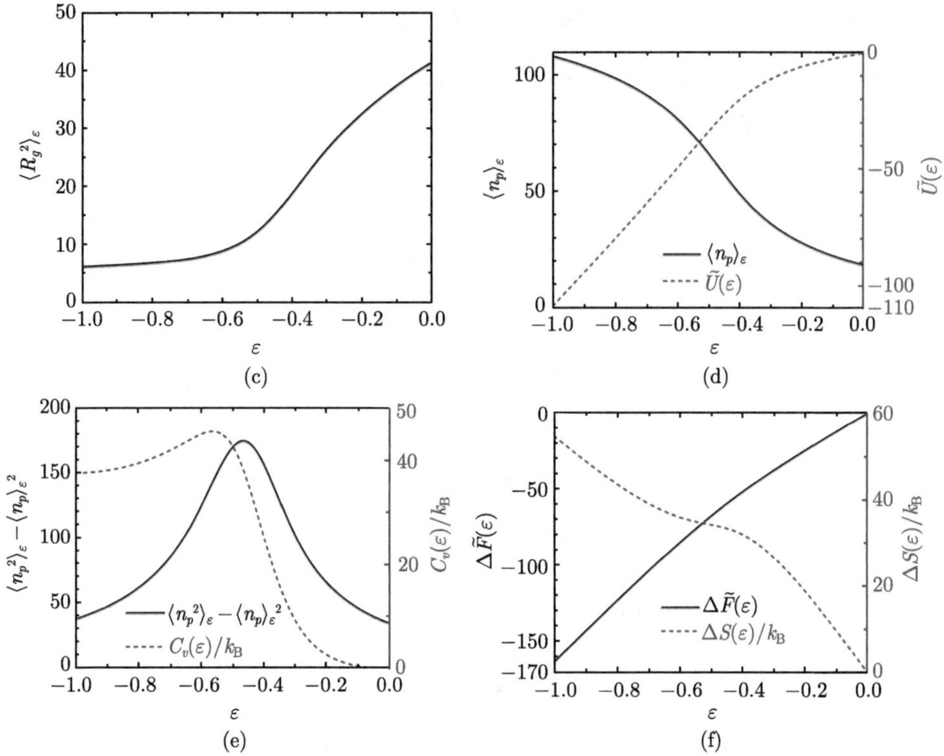

图 6.2　由 WL 算法得到的在简立方格点模型中满足自避行走的链长 N=100 的均聚物单链的 (a) $g(n_p)$（正比于其态密度），(b) 均方回转半径 $R_g{}^2$ 的微正则系综平均 $\overline{R_g{}^2}(n_p)$，(c) $R_g{}^2$ 的正则系综平均 $\langle R_g{}^2\rangle_\varepsilon$，(d) 近邻对数目 n_p 的正则系综平均 $\langle n_p\rangle_\varepsilon$ 和无量纲的非键作用能 $\tilde{U}(\varepsilon)$，(e) n_p 的涨落 $\langle n_p{}^2\rangle_\varepsilon - \langle n_p\rangle_\varepsilon{}^2$ 和无量纲的定容比热容 $C_v(\varepsilon)/k_{\rm B}$，(f) 无量纲的 Helmholtz 自由能和熵与链在无热溶剂（即 $\varepsilon = 0$）中的差值 $\Delta\tilde{F}(\varepsilon)$ 和 $\Delta S(\varepsilon)/k_{\rm B}$。我们取 $g(n_p = 0) = 1$、$n_{p,\min} = 0$ 和 $n_{p,\max} = 131$

上面的 WL 算法是在无量纲的能级空间中实现的；它也可以被推广到其他参数（例如体积、链数等）空间中，从而得到相应的自由能随该参数的变化。下面我们以无量纲的非键作用参数 ε 空间为例 [26] 来说明。在模拟之前我们先把所关心的区间 $[\varepsilon_{\min}, \varepsilon_{\max}]$ 离散化以得到一系列的热力学状态 ε_k ($k = 1, \cdots, K$；这里设 $\varepsilon_{\min} = \varepsilon_1 < \varepsilon_2 < \cdots < \varepsilon_K = \varepsilon_{\max}$)，然后构建并初始化数组 $g(\varepsilon_k)$ 和直方图 $H(\varepsilon_k)$。在 WL 模拟中需要采用两种尝试运动：一种是在给定的 ε_k 下改变链构型，其接受准则和正则系综下的相同，而另一种是在给定的构型 $\boldsymbol{R}$ 下改变 ε_k 的值，其接受准则为

$$P_{acc}(\varepsilon_k \to \varepsilon_j) = \min\left\{1, [g(\varepsilon_k)/g(\varepsilon_j)] \exp\left[-(\varepsilon_j - \varepsilon_k) E(\boldsymbol{R})\right]\right\}$$

这里和 6.5 节中所讲的并行回火类似，随机选取 $j=k\pm1$，若 $j<1$ 或 $j>K$ 则直接拒绝该尝试运动。其他的步骤和上面的一样。当模拟结束时，在其误差之内我们有 $g(\varepsilon_k)\propto\tilde{Z}(\varepsilon_k)$，因此可以用 $\ln[g(\varepsilon_1)/g(\varepsilon_k)]$ 来计算体系无量纲的 Helmholtz 自由能的差 $\Delta\tilde{F}\equiv\tilde{F}(\varepsilon_k)-\tilde{F}(\varepsilon_1)$。相比之下，在能级空间中的 WL 算法完全不涉及 ε，因此避免了 6.5 节中所讲的在 ε 较大时传统的 Monte Carlo 模拟无法有效抽样的问题；而与并行回火算法类似，在 ε 空间中的 WL 算法也可以很大程度地缓解这个问题。另外，对于能级是连续分布的体系（例如大多数的非格点模型），使用在能级空间中的 WL 算法时需要对该空间进行离散化，因此会引起一定的系统误差；而使用在 ε 空间中的 WL 算法就可以避免这个误差。

6.6.2 误差饱和问题与 $1/t$ 算法

当修正因子 $\ln f$ 减小到一定数值后，WL 算法的误差 σ 不再随着 $\ln f$ 的进一步减小而降低，却趋于一个常数值（该值与具体的研究体系和直方图的平坦标准有关）；这就是 WL 算法的**误差饱和问题** [27]。它产生的原因是在 WL 模拟中，随着 Monte Carlo 步数 N_{MCS} 的增加，$\ln f$ 减小的速度快于 σ^2 减小的速度 ($\sigma^2\propto{N_{\mathrm{MCS}}}^{-1}$)。图 6.3 用不同颜色（黑色除外）的线给出了上面例子中对 $N=18$ 的均聚物单链采用不同的直方图平坦标准 [由 6.6.1 小节步骤 (3) 中的参数 λ 控制] 而得到的 WL 算法的误差

$$\sigma\equiv\sqrt{\sum_{n_p=n_{p,\min}}^{n_{p,\max}}\left[\ln\overline{g}(n_p)/\ln\overline{g}^*(n_p)-1\right]^2/\left(n_{p,\max}-n_{p,\min}+1\right)}$$

随着 N_{MCS}（这里一个 Monte Carlo 步是指对体系中的每个链节平均做一次尝试运动）的变化，其中

$$\overline{g}(n_p)\equiv g(n_p)\bigg/\sum_{n_p'=n_{p,\min}}^{n_{p,\max}}g(n_p')$$

$$\overline{g}^*(n_p)\equiv g^*(n_p)\bigg/\sum_{n_p'=n_{p,\min}}^{n_{p,\max}}g^*(n_p')$$

$g(n_p)$ 由 WL 算法得到，而 $g^*(n_p)$ 为通过枚举法得到的 $g(n_p)$ 的精确值 [28]；我们可以清楚地看到 WL 算法的误差饱和问题，以及 σ 的饱和值随着 λ 的增加（即更严格的直方图平坦标准）而减小。

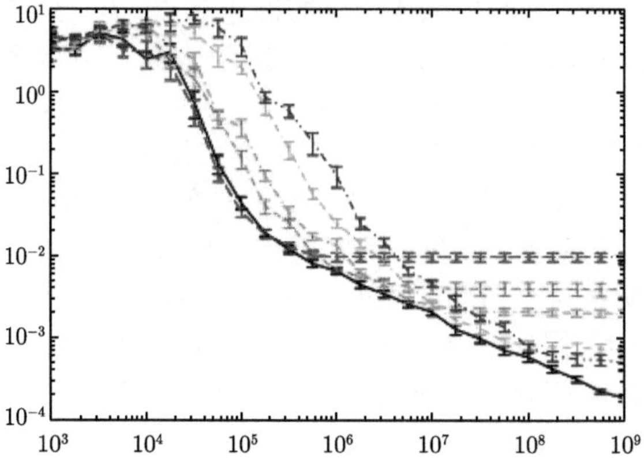

图 6.3 由 WL 算法得到的在简立方格点模型上自避行走的链长 $N = 18$ 的均聚物单链的态密度的误差 σ（纵轴）随着 Monte Carlo 步数 N_{MCS}（横轴）的变化，不同颜色的线代表了 WL 算法中采用的不同的平坦标准 [由 6.6.1 小节步骤 (3) 中的参数 λ 控制]：红色长虚线为 $\lambda = 0.8$，桔色短虚线为 $\lambda = 0.9$，绿色点划线为 $\lambda = 0.95$，浅蓝色点双划线为 $\lambda = 0.98$，蓝色双点划线为 $\lambda = 0.99$，而黑色线代表了 $1/t$ 算法的结果；取自文献 [29]

针对上述问题，Belardinelli 和 Pereyra 于 2007 年提出了 $1/t$ 算法 [29]。它与 WL 算法的唯一不同在于:当 $\ln f$ 较小的时候取 $\ln f = 1/t$,其中 $t \equiv N_{\mathrm{MCS}}/(n_{p,\max} - n_{p,\min} + 1)$，即把 6.6.1 小节中的步骤 (3) 改为：

(3) 重复步骤 (2)，直到获得了平坦的直方图（例如，对于所有的 n_p，$H(n_p) > 0$）。此时将直方图的所有元素置 0，并按照以下方式来减小 $f > 1$：当 $\ln f \geqslant 1/t$ 时把 f 开平方，否则取 $\ln f = 1/t$。

图 6.3 中的黑色线表明 $1/t$ 算法的 σ 随着 N_{MCS} 的增加而单调下降，即它成功地解决了 WL 算法的误差饱和问题。

6.7 转移矩阵（Transition Matrix, TM）算法

6.7.1 基本思想和具体步骤

6.3 节中的加权直方图分析方法和 6.6 节中的 Wang-Landau (WL) 算法都是基于直方图来计算体系的热力学量。Smith 和 Bruce 于 1995 年提出了利用体系不同能级之间的转移概率矩阵（简称为**转移矩阵**）来获取热力学量的方法 [30]，比基于直方图的方法更准确。在将 TM 算法用于高分子体系时，作者首次引入了不对称（即使用构型偏倚方法）的尝试运动 [31,32]。我们这里所讲的是基于 Shell 等在 2003 年的工作 [33]，并结合了作者使用的不对称的尝试运动。

为了方便起见，我们把 3.3.3 小节中的细致平衡条件写为 $p_i\pi_{ij} = p_j\pi_{ji}$，其中 p_i 和 p_j 分别为体系处于构型 $\boldsymbol{R}_i$ 和 $\boldsymbol{R}_j$ 的概率，而 π_{ij} 为体系从 $\boldsymbol{R}_i$ 到 $\boldsymbol{R}_j$

的转移概率。另外，我们定义体系处于**宏观态**（macrostate，例如能级）I 的概率为$p_b(I) \equiv \sum_{i\in I} p_i$（为了简单起见，这里我们考虑构型是离散分布的，即格点模型），其中的加和包括所有在 I 上的构型。我们进一步定义体系从 I 到宏观态 J 的转移概率为 $T_{IJ} \equiv \sum_{i\in I}\sum_{j\in J} p_i\pi_{ij} \Big/ p_b(I)$；由上面构型的细致平衡条件就可以得到宏观态的细致平衡条件，即

$$
\begin{aligned}
p_i\pi_{ij} = p_j\pi_{ji} &\Rightarrow p_b(I)\sum_{i\in I}\sum_{j\in J} p_i\pi_{ij}\Big/p_b(I) = p_b(J)\sum_{i\in I}\sum_{j\in J} p_j\pi_{ji}\Big/p_b(J) \\
&\Rightarrow p_b(I)T_{IJ} = p_b(J)T_{JI}
\end{aligned}
\tag{6.28}
$$

因此，如果知道了不同宏观态之间的转移矩阵 $[T_{IJ}]$，就可以得到体系在宏观态上的概率的比值；这就是 TM 算法的**基本思想**。

例如在正则系综下，当宏观态为能级时，我们有 $p_i = \exp\left[-\varepsilon I(\boldsymbol{R}_i)\right]/\tilde{Z}$，其中 ε 为无量纲的非键作用参数（详见 3.4 节），$I(\boldsymbol{R}_i)$ 为 $\boldsymbol{R}_i$ 所在的无量纲的能级，而 $\tilde{Z} \equiv \sum_i \exp\left[-\varepsilon I(\boldsymbol{R}_i)\right]$ 为体系无量纲的构型积分。当正则系综的温度为无穷大时（即 $\varepsilon = 0$ 时，用上角标 “(0)” 表示），我们进一步有 $p_b(I) = \tilde{\Omega}(I)/\tilde{Z}^{(0)}$，其中 $\tilde{\Omega}(I)$ 为体系在 I 上无量纲的态密度；于是由式 (6.28) 可以得到 $\tilde{\Omega}(I)T_{IJ}^{(0)} = \tilde{\Omega}(J)T_{JI}^{(0)}$。因此，如果知道了能级之间的转移矩阵 $\left[T_{IJ}^{(0)}\right]$，就可以得到体系的态密度（的比值）；值得注意的是：在有限温度（即 $\varepsilon \neq 0$）时，$T_{IJ}^{(0)}$ 即为提出体系从 I 到 J 的尝试运动的概率。

在 TM 模拟之前，我们先给定能级的范围，再构建一个二维矩阵 $\boldsymbol{C} \equiv [C_{I,J}]$ 并将其所有元素置 1（而不是 0；这样就避免了在模拟开始时计算下面的接受准则会遇到被 0 除的问题），用来记录提出体系从 I 到 J 的尝试运动的次数（以估计 $\left[T_{IJ}^{(0)}\right]$）。在模拟中，每次提出从（能级为 I 的）当前构型 $\boldsymbol{R}_i$ 到（能级为 J 的）新构型 $\boldsymbol{R}_j$ 的尝试运动（记为 $i \to j$）时，若 J 不在预先给定的能级范围之内，则直接拒绝该尝试运动并将矩阵元素 $C_{I,I}$ 加上 1；否则将 $C_{I,I}$ 加上 $1 - \min\left(1, A_{ij}^{(0)}\right)$ [对于对称的 $i \to j$，$A_{ij}^{(0)} = 1$；对于使用简单构型偏倚方法的 $i \to j$，$A_{ij}^{(0)} = R_j^{(0)}/R_i^{(0)}$，其中 $R_i^{(0)}$ 和 $R_j^{(0)}$ 分别为在 $\varepsilon = 0$ 时 $\boldsymbol{R}_i$ 和 $\boldsymbol{R}_j$ 的 Rosenbluth 权重（详见 5.2.1 小节）；而对于使用拓扑构型偏倚方法的 $i \to j$，$A_{ij}^{(0)} = R_j^{(0)}C_i/R_i^{(0)}C_j$，其中 C_i 和 C_j 分别为在 $\boldsymbol{R}_i$ 和 $\boldsymbol{R}_j$ 中为了保证链的连接性所引入的拓扑权重（详见 5.2.2 小节）]，将 $C_{I,J}$ 加上 $\min\left(1, A_{ij}^{(0)}\right)$，再使用接受准则 $P_{acc}(i \to j) = \min\left(1, A_{ij}^{(0)}\hat{T}_{JI}/\hat{T}_{IJ}\right)$ 来更新体系的构型，其中 $\hat{T}_{IJ} = C_{I,J}/H(I)$ 为 $T_{IJ}^{(0)}$ 的估计值，而 $H(I) \equiv \sum_{J'} C_{I,J'}$。这里值得注意的是：①我们对 $\boldsymbol{C}$ 矩阵的

更新方法是基于在 $\varepsilon=0$ 的正则系综下这些尝试运动的接受概率为 $\min\left(1, A_{ij}^{(0)}\right)$ 来设计的；②上面使用的接受准则与 6.6.1 小节中 WL 算法的 [即式 (6.27)] 类似。最后，当 $\{\tilde{\Omega}(I)\}$ 收敛（即经过给定的模拟步数后它的变化小于一个给定值）时，TM 模拟结束。

当然，$\tilde{\Omega}(I)$ 在做模拟之前是未知的，而由于在模拟中一直累积 $\boldsymbol{C}$ 矩阵，$\hat{T}_{IJ}$ 作为 $T_{IJ}^{(0)}$ 的估计值会随着模拟的进行变得越来越准确。每隔给定的模拟步数，我们通过 $n_I(n_I+1)/2$ 个方程 $\tilde{\Omega}(I)\hat{T}_{IJ}=\tilde{\Omega}(J)\hat{T}_{JI}$ 来求解 n_I 个态密度 $\tilde{\Omega}(I)$；这里 n_I 为除了最低能级之外的能级的数目，而我们只需要态密度的比值，因此可以不失一般性地令最低能级无量纲的态密度为 1。由于这是一个超定（overdetermined）问题，我们采用最小二乘法来求解 [34]，即求解极小化

$$\sum\nolimits_I \sum\nolimits_J \ln^2\left[\tilde{\Omega}(I)\hat{T}_{IJ}\Big/\tilde{\Omega}(J)\hat{T}_{JI}\right]\Big/\sigma_{IJ}^2$$

的 $\{\ln\tilde{\Omega}(I')\}$ $(I'=1,\cdots,n_I)$，其中

$$\begin{aligned}\sigma_{IJ}^2 \equiv \sigma_{\ln\left(\hat{T}_{IJ}/\hat{T}_{JI}\right)}^2 &= \sigma_{\ln C_{I,J}}^2+\sigma_{\ln H(I)}^2+\sigma_{\ln C_{J,I}}^2+\sigma_{\ln H(J)}^2 \\ &= \frac{\sigma_{C_{I,J}}^2}{C_{I,J}^2}+\frac{\sigma_{H(I)}^2}{H^2(I)}+\frac{\sigma_{C_{J,I}}^2}{{C_{J,I}}^2}+\frac{\sigma_{H(J)}^2}{H^2(J)}\end{aligned}$$

由 4.5.2 小节中所讲的误差传递公式得到。假设 $C_{I,J}$ 符合 Poisson 分布，则 $\sigma_{C_{I,J}}^2=C_{I,J}\Rightarrow\sigma_{H(I)}^2=\sum\nolimits_K\sigma_{C_{I,K}}^2=\sum\nolimits_K C_{I,K}=H(I)$，我们有 $\sigma_{IJ}^2=C_{I,J}^{-1}+H(I)^{-1}+C_{J,I}^{-1}+H(J)^{-1}$；因此由极小化得到

$$\begin{aligned}&\frac{\partial\sum\limits_{I,J}\left[\ln\left(\tilde{\Omega}(I)\hat{T}_{IJ}\Big/\tilde{\Omega}(J)\hat{T}_{JI}\right)\right]^2\Big/\sigma_{IJ}^2}{\partial\ln\tilde{\Omega}(I')}=0\\ &=\sum_{J\neq I'}\frac{2}{\sigma_{I'J}^2}\ln\frac{\tilde{\Omega}(I')\hat{T}_{I'J}}{\tilde{\Omega}(J)\hat{T}_{JI'}}-\sum_{I\neq I'}\frac{2}{\sigma_{II'}^2}\ln\frac{\tilde{\Omega}(I)\hat{T}_{II'}}{\tilde{\Omega}(I')\hat{T}_{I'I}}\\ &=\sum_{I\neq I'}\frac{2}{\sigma_{I'I}^2}\ln\frac{\tilde{\Omega}(I')\hat{T}_{I'I}}{\tilde{\Omega}(I)\hat{T}_{II'}}+\sum_{I\neq I'}\frac{2}{\sigma_{II'}^2}\ln\frac{\tilde{\Omega}(I')\hat{T}_{I'I}}{\tilde{\Omega}(I)\hat{T}_{II'}}=4\sum_{I\neq I'}\frac{1}{\sigma_{II'}^2}\ln\frac{\tilde{\Omega}(I')\hat{T}_{I'I}}{\tilde{\Omega}(I)\hat{T}_{II'}}\end{aligned}$$

即对（除了最低能级之外的）能级 $I'=1,\cdots,n_I$ 我们有

$$\ln\tilde{\Omega}(I')\sum_{I\neq I'}\frac{1}{\sigma_{II'}^2}-\sum_{I\neq I'}\frac{\ln\tilde{\Omega}(I)}{\sigma_{II'}^2}=\sum_{I\neq I'}\frac{1}{\sigma_{II'}^2}\ln\frac{\hat{T}_{II'}}{\hat{T}_{I'I}} \tag{6.29}$$

其中对能级的加和包括最低能级但不包括 I'。这是一个包含 n_I 个方程和变量的线性方程组。

在实际模拟中，由于尝试运动的限制，$\boldsymbol{C}$ 是 $(n_I+1)\times(n_I+1)$ 的带对角矩阵，可以用一个小很多的二维数组 C' 以更紧凑的形式来存储，即 $C'(I,J')=C_{I,I+J'}$，其中 $J'\equiv J-I\in[-\Delta I_{\max},\Delta I_{\max}]$，而 $\Delta I_{\max}>0$ 为尝试运动可以引起的能级的最大差值。相应地，我们可以将式 (6.29) 写为 $\boldsymbol{Ax}=\boldsymbol{b}$，其中 $\boldsymbol{A}$ 为 $n_I\times n_I$ 的对称带对角矩阵（也可以用一个小很多的二维数组来存储），$\boldsymbol{x}$ 为由 n_I 个要求解的 $\ln\tilde{\Omega}(I')$ 组成的列向量，而 $\boldsymbol{b}$ 为由式 (6.29) 等号右边的 n_I 个元素组成的列向量。式 (6.29) 可以用带对角矩阵的 LU 分解来求解，其计算量只与 n_I 成正比。

与 6.6.1 小节中所讲的 WL 算法类似，TM 算法也可以在其他宏观态（例如体积、链数等）空间中进行，从而得到相应的自由能随该宏观态的变化。例如，当取宏观态为 ε（即热力学状态）时，我们可以在正则系综下考虑一个包含了 K 个热力学状态的复合体系，其无量纲的构型积分为

$$\tilde{Z}\equiv\prod_{I=1}^{K}\tilde{Z}_I=\prod_{I=1}^{K}\int\mathrm{d}\tilde{\boldsymbol{R}}\exp\left[-\varepsilon_I E(\boldsymbol{R})\right]$$

其中 $\tilde{Z}_I$ 为体系在热力学状态 I 下无量纲的构型积分，此时其无量纲的非键作用参数为 ε_I，$\tilde{\boldsymbol{R}}\equiv\boldsymbol{R}/\Lambda$，而 Λ 为所选取的长度单位（详见 3.4 节）。体系处于构型 $\boldsymbol{R}_i$ 的概率为 $p_i=\exp\left[-\varepsilon_I E(\boldsymbol{R}_i)\right]/\tilde{Z}$，其中 $E(\boldsymbol{R}_i)$ 为 $\boldsymbol{R}_i$ 所在的无量纲的能级，而体系处于热力学状态 I 的概率为 $p_b(I)=\tilde{Z}_I/\tilde{Z}$。于是由式 (6.28) 可以得到 $\tilde{Z}_I T_{IJ}=\tilde{Z}_J T_{JI}$。因此，如果知道了不同热力学状态之间的转移矩阵 $[T_{IJ}]$，就可以得到体系的构型积分的比值（即其 Helmholtz 自由能在不同热力学状态之间的差值）；值得注意的是：与上面的 $T_{IJ}^{(0)}$ 不同，这里的 T_{IJ} 是体系从 I 到 J 的尝试运动的接受概率。

类似于 6.6.1 小节最后一段中所讲的 WL 模拟，我们先把所关心的区间 $[\varepsilon_{\min},\varepsilon_{\max}]$ 离散化以得到一系列的热力学状态 $I\ (=1,\cdots,K)$，然后构建一个二维矩阵 $\boldsymbol{C}\equiv[C_{I,J}]$ 并将其所有元素置 1，用来记录体系从 I 到 J 的尝试运动（记为 $I\to J$）的接受次数。在 TM 模拟中需要采用两种尝试运动：一种是在给定热力学状态下改变构型的尝试运动，使用正则系综下的接受准则。而另一种是在给定构型 $\boldsymbol{R}$ 下改变热力学状态（即 $I\to J$），这里我们随机选取 $J=I\pm1$，若 $J<1$ 或 $J>K$ 则直接拒绝该尝试运动并将矩阵元素 $C_{I,I}$ 加上 1；否则将 $C_{I,I}$ 加上 $1-\min\left\{1,\exp\left[-\left(\varepsilon_j-\varepsilon_i\right)E(\boldsymbol{R})\right]\right\}$，将 $C_{I,J}$ 加上 $\min\left\{1,\exp\left[-\left(\varepsilon_j-\varepsilon_i\right)E(\boldsymbol{R})\right]\right\}$，再使用接受准则 $P_{acc}(I\to J)=\min\left\{1,\left(\hat{T}_{JI}\Big/\hat{T}_{IJ}\right)\exp\left[-\left(\varepsilon_j-\varepsilon_i\right)E(\boldsymbol{R})\right]\right\}$ 来更新 $\boldsymbol{R}$，其中 $\hat{T}_{IJ}$ 为 T_{IJ} 的估计值。当 $\{\tilde{Z}_I\}$ 收敛时，TM 模拟结束。而求解 n_I 个 $\tilde{Z}_I$ 和存储 $\boldsymbol{C}$ 矩阵的方法与上面在能级空间中的一样（只需要将那里的 $\tilde{\Omega}(I)$ 换成这里的 $\tilde{Z}_I$）。

6.7.2 Wang-Landau 与转移矩阵算法的结合

在 TM 模拟的初期 $\hat{T}_{IJ}$ 并不准确；而当 n_I 较大时，TM 算法也收敛得很慢，这与 WL 模拟初期的快速收敛正好相反。另外，由于 $\hat{T}_{IJ}$ 会随着 TM 模拟的进行变得越来越准确，TM 算法正好克服了 WL 算法中的误差饱和问题。鉴于此，Shell 等于 2003 年提出了 WL-TM 算法，将两者的优点结合到一起，同时也消除了它们各自的缺点 [33]。以能级空间为例，对于给定的无量纲的能级 I 的区间 $[I_{\min}, I_{\max}]$，WL-TM 算法的具体步骤如下：

(1) 构建并初始化三个数组：$g(I) = 1$ 用来计算体系的态密度，$H(I) = 0$ 用来储存能级 I 被访问的次数（即直方图），而 $C_{I,J} = 0$ 用来记录提出体系从能级 I 到 J 的尝试运动的次数。

(2) 对于给定的当前构型 $\boldsymbol{R}_i$，采用尝试运动（例如跳跃运动和蛇形运动等）来提出一个新的构型 $\boldsymbol{R}_j$；记 I 和 J 分别为 $\boldsymbol{R}_i$ 和 $\boldsymbol{R}_j$ 无量纲的能级。如果 $J \notin [I_{\min}, I_{\max}]$，则直接拒绝该尝试运动并且将 $C_{I,I}$ 加上 1；否则将 $C_{I,I}$ 加上 $1 - \min\left(1, A_{ij}^{(0)}\right)$，将 $C_{I,J}$ 加上 $\min\left(1, A_{ij}^{(0)}\right)$，并且使用接受准则 $P_{acc}(\boldsymbol{R}_i \to \boldsymbol{R}_j) = \min\left[1, A_{ij}^{(0)} g(I)\big/g(J)\right]$（即 WL 模拟）。在按照尝试运动的接受结果更新了体系的构型 $\boldsymbol{R}$（以及能级 I）后，我们还需要将元素 $H(I)$ 加上 1，并将元素 $g(I)$ 乘上一个修正因子 $f > 1$；这里 f 的初始值一般设为 $e\ (= 2.718\cdots)$。

(3) 重复步骤 (2)，直到获得了平坦的直方图（例如每个能级只要被访问过至少一次即可）。此时将直方图的所有元素置 0，按照某种方式（例如开 10 次方）来减小 $f > 1$，并且通过求解式 (6.29) 来更新数组 $g(I)$。

(4) 重复步骤 (3)，直到 $f \leqslant f_{\text{final}}$（例如取 $f_{\text{final}} = 1.000\,01$）。此时 WL 模拟结束。

(5) 对于给定的当前构型 $\boldsymbol{R}_i$，采用尝试运动来提出一个新的构型 $\boldsymbol{R}_j$；记 I 和 J 分别为 $\boldsymbol{R}_i$ 和 $\boldsymbol{R}_j$ 无量纲的能级。如果 $J \notin [I_{\min}, I_{\max}]$，则直接拒绝该尝试运动并且将 $C_{I,I}$ 加上 1；否则将 $C_{I,I}$ 加上 $1-\min\left(1, A_{ij}^{(0)}\right)$，将 $C_{I,J}$ 加上 $\min\left(1, A_{ij}^{(0)}\right)$，并且使用接受准则 $P_{acc}(\boldsymbol{R}_i \to \boldsymbol{R}_j) = \min\left(1, A_{ij}^{(0)} \dfrac{C_{J,I}/\sum_K C_{J,K}}{C_{I,J}/\sum_K C_{I,K}}\right)$（即 TM 模拟）来更新体系的 $\boldsymbol{R}$。

(6) 重复步骤 (5)，并且每隔给定的模拟步数通过求解式 (6.29) 来更新数组 $g(I)$，直到 $\{g(I)\}$ 收敛。此时 TM 模拟结束，在模拟的误差之内我们有 $g(I) \propto \tilde{\Omega}(I)$。

在热力学状态空间中的 WL-TM 算法的步骤与上面的类似；这些步骤可以和 6.6.1 小节中 WL 算法以及 6.7.1 小节中 TM 算法的步骤相比较。值得注意的是：

WL-TM 算法中减小修正因子的方法和直方图的平坦标准可以与 WL 算法中的不同；这些差别缩短了 WL 算法中 $f \gg 1$ 时违背细致平衡条件的时间。

作者采用 WL-TM 算法对可压缩的均聚物熔体（等价于均聚物在隐性良溶剂中）[35] 和在溶剂中的均聚物刷 [31,32] 进行了快速格点 Monte Carlo 模拟（详见 7.3 节），并且通过将模拟结果和基于同一模型的自洽场理论以及高斯涨落理论的结果相比较，定量地揭示了体系中的涨落效应。有兴趣的读者可以参见原文。

6.8 优化系综（Optimized Ensemble, OE）算法

6.8.1 基本思想和具体步骤

Trebst 从 WL 算法是在一个参数空间中行走的角度考虑，提出了 OE 算法来提高 WL 算法的计算效率并且克服其误差饱和问题 [36]。与 6.5.2 小节所讲的并行回火算法中的第二类副本参数优化分配方案类似（它的提出其实是受到了 OE 算法的启发），OE 算法通过极小化在预先给定的参数区间中的**往返时间** τ（即平均来说从该区间的一端出发、到达另一端后再返回到出发端所需的 Monte Carlo 模拟步数；后者参见 4.3.2 小节）来提高抽样效率。

这里我们仍以 6.6 节中的均聚物单链为例来说明 OE 算法，其**基本思想**是对每个无量纲的能级（即近邻对）n_p 选取一个权重 $w(n_p)$，使得模拟在预先给定的 n_p 区间 $[n_{p,\min}, n_{p,\max}]$ 中的 τ 最小。对于给定的 $w(n_p)$，我们可以考虑一个相应的广义系综，其无量纲的构型积分为 $\tilde{Z} = \sum_{n_p} \tilde{\Omega}(n_p) w(n_p)$，其中 $\tilde{\Omega}(n_p)$ 为体系无量纲的态密度；体系处于一个具有 n_p 的构型 $\boldsymbol{R}$ 上的概率为 $p(\boldsymbol{R}) = w(n_p(\boldsymbol{R}))/\tilde{Z}$。因此，由细致平衡条件我们可以得到：从当前构型 $\boldsymbol{R}_o$ 到新构型 $\boldsymbol{R}_n$ 的尝试运动（记为 $\boldsymbol{R}_o \to \boldsymbol{R}_n$）的接受准则为 $P_{acc}(\boldsymbol{R}_o \to \boldsymbol{R}_n) = \min\left[1, A_{on}^{(0)} w(n_{p,n})/w(n_{p,o})\right]$，其中 $n_{p,n}$ 和 $n_{p,o}$ 分别代表 $\boldsymbol{R}_n$ 和 $\boldsymbol{R}_o$ 的 n_p 值，而 $A_{on}^{(0)}$ 的取值与 6.6.1 小节中的一样（对于对称的尝试运动 $A_{on}^{(0)} = 1$）。如果我们在模拟过程中用直方图 $H(n_p)$ 来记录体系访问 n_p 的次数，则当模拟时间足够长时，体系处于 n_p 上的概率 $p_b(n_p) = \tilde{\Omega}(n_p) w(n_p)/\tilde{Z}$ 可以用 $H(n_p) \Big/ \sum_{n_p'=n_{p,\min}}^{n_{p,\max}} H(n_p')$ 来近似得到（这也给出了下面要用到的 $H(n_p)/w(n_p) \propto \tilde{\Omega}(n_p)$）。例如，当取 $w(n_p) \propto \exp(-\varepsilon n_p)$ 时（其中 $\varepsilon < 0$ 为 6.6 节中所用的一对处于近邻格点上的非键连链节之间无量纲的吸引势能）这个广义系综即为正则系综，而 WL 算法在收敛时的系综对应于 $w(n_p) \propto 1/\tilde{\Omega}(n_p)$。

类似于 6.5.2 小节中所讲的，为了在模拟中计算 τ，我们用一个标签来表明体系最近访问的 n_p 区间的端点：当其最近访问了 $n_{p,\min}$ 时，该标签为 "+"，而

当其最近访问了 $n_{p,\max}$ 时该标签为 "−"。用直方图 $H^+(n_p)$ 和 $H^-(n_p)$ 来分别记录模拟中标签为 "+" 和 "−" 时 n_p 被访问的次数，我们就可以定义分率 $f(n_p) \equiv H^+(n_p)/H(n_p)$，其中 $H(n_p) = H^+(n_p) + H^-(n_p)$；由此我们得到 $f(n_{p,\min}) = 0$ 和 $f(n_{p,\max}) = 1$。

假设n_p 是连续分布的且从 $n_{p,\min}$ 到 $n_{p,\max}$ 的稳态流（steady-state current，即与 n_p 无关）可以写为 $J = D(n_p)p_b(n_p)\mathrm{d}f/\mathrm{d}n_p$，其中 $D(n_p)$ 为局部扩散率；按照式 (6.23) 下面的推导（将那里的 ε 换成这里的 n_p），我们得到极小化 τ（用上角标 "*" 表示）的 $p_b^*(n_p) \propto D^{-1/2}(n_p) \Rightarrow D(n_p) \propto [p_b^*(n_p)]^{-2}$；将其代入 J 的表达式中，我们得到 $p_b^*(n_p) \propto \sqrt{p_b(n_p)\mathrm{d}f/\mathrm{d}n_p}$。最后，用直方图的结果来近似分布概率，我们可以得到 $H^*(n_p) = H(n_p)w^*(n_p)/w(n_p) \propto \sqrt{H(n_p)\mathrm{d}f/\mathrm{d}n_p} \Rightarrow w^*(n_p) \propto w(n_p)\sqrt{(\mathrm{d}f/\mathrm{d}n_p)/H(n_p)}$。因此，类似于 WL 算法，OE 算法也是通过迭代来求得 $w^*(n_p)$ 的。

对于给定的 n_p 区间 $[n_{p,\min}, n_{p,\max}]$，OE 算法的具体步骤如下：

(1) 构建并初始化三个数组：$H^+(n_p) = 0$ 和 $H^-(n_p) = 0$ 用来储存 n_p 被访问的次数（即直方图），而 $w(n_p)$ 用来储存 n_p 的权重。

(2) 提出 $\boldsymbol{R}_o \to \boldsymbol{R}_n$ 的尝试运动；如果 $n_{p,n} \notin [n_{p,\min}, n_{p,\max}]$ 则直接拒绝该尝试运动，否则使用接受准则 $P_{acc}(\boldsymbol{R}_o \to \boldsymbol{R}_n) = \min\left[1, A_{on}^{(0)}w(n_{p,n})/w(n_{p,o})\right]$。在按照尝试运动的接受结果更新了体系的构型（以及 n_p）后，我们还需要按照体系最近访问的 n_p 区间的端点将相应的 $H^+(n_p)$ 或者 $H^-(n_p)$ 加上 1（在体系首次访问该区间的端点之前可以不记录直方图）。

(3) 重复 N_{MC} 次步骤 (2)（这里 N_{MC} 的取值应使得体系在 n_p 区间的两个端点之间往返多次），然后将数组 $w(n_p)$ 的每个元素乘上 $\sqrt{(\mathrm{d}f/\mathrm{d}n_p)/H(n_p)}$，其中的导数可以用差商来近似。这就完成了 OE 算法的一次迭代。

(4) 将数组 $H^+(n_p)$ 和 $H^-(n_p)$ 置 0 并将 N_{MC} 乘上一个大于 1 的因子 m（例如 $m = 2$），然后重复步骤 (3) 直到归一化的直方图 $H(n_p)\Big/\sum\limits_{n_p'=n_{p,\min}}^{n_{p,\max}} H(n_p')$ 对于所有的 $n_p \in [n_{p,\min}, n_{p,\max}]$（或者 $w(n_p)/w(n_{p,\min})$ 对于所有的 $n_p \in (n_{p,\min}, n_{p,\max}]$）都收敛（即它们与上次迭代结果的差别小于一个给定值） 。此时 $H(n_p)/w(n_p) \propto \tilde{\Omega}(n_p)$。

与 WL 算法类似，这里值得注意的是：①为了避免算术溢出，在模拟中通常使用 $\ln w(n_p)$ 而不是 $w(n_p)$。②我们并不需要 $w(n_p)$ 在所有 n_p 上的值，而只需要它们的比值；因此在步骤 (3) 的最后可以将 $\ln w(n_p)$ 平移使得 $\ln w(n_{p,\min}) = 0$。

6.8.2 Wang-Landau 与优化系综算法的结合

我们在 6.6.2 小节中已经讲过了 WL 算法的误差饱和问题。另外，类似于 TM 算法，OE 算法需要给定 $w(n_p)$ 的初值，它的选取决定了 OE 算法达到收敛的时间。因此，Trebst 等提出把 WL 和 OE 算法结合起来，既克服了 WL 算法中的误差饱和问题，又利用 WL 模拟初期的快速收敛为 OE 算法提供了较好的 $w(n_p)$ 的初值，因此提高了整个模拟过程的效率 [36]。这里我们还是以 6.6 节中的均聚物单链为例，对于给定的 n_p 区间 $[n_{p,\min}, n_{p,\max}]$，WL-OE 算法的具体步骤如下：

(1) 构建并初始化两个数组：$g(n_p)=1$ 用来计算体系的态密度，而 $H(n_p)=0$ 用来储存 n_p 被访问的次数（即直方图）。

(2) 提出 $\boldsymbol{R}_o \to \boldsymbol{R}_n$ 的尝试运动；如果 $n_{p,n} \notin [n_{p,\min}, n_{p,\max}]$ 则直接拒绝该尝试运动，否则使用 6.6.1 小节中所讲的 WL 模拟中的接受准则。在按照尝试运动的接受结果更新了体系的构型（以及 n_p）后，我们还需要将 $H(n_p)$ 加上 1，并将 $g(n_p)$ 乘上一个修正因子 $f>1$；这里 f 的初始值一般设为 $e\ (=2.718\cdots)$。

(3) 重复步骤 (2)，直到获得了平坦的直方图（例如每个能级只要被访问过至少一次即可）。此时将直方图的所有元素置 0，按照某种方式（例如开 10 次方）来减小 $f>1$。

(4) 重复步骤 (3)，直到 $f \leqslant f_{\text{final}}$（例如取 $f_{\text{final}}=1.000\,01$）。此时 WL 模拟结束，我们获得了体系态密度的估计值 $g(n_p)$。

(5) 令 $w(n_p)=1/g(n_p)$，按照 6.8.1 小节中的步骤 (1)~(4) 继续进行 OE 模拟。

作者之一的课题组采用 WL-OE 算法，显著地提高了在格点模型中计算高分子体系压强（包括接枝于平板上的均聚物刷被另一平行平板压缩时的法向压强 [37]、体相均聚物溶液的渗透压 [38] 以及受限于两个平行平板之间的均聚物溶液的法向压强 [39]）的精度（详见 8.1 节），并且通过将模拟结果和基于同一模型的自洽场理论的结果相比较，定量地揭示了体系中的涨落效应。有兴趣的读者可以参见原文。

参 考 文 献

[1] Allen M P, Tildesley D J. Computer Simulation of Liquids. New York: Oxford University Press, 1987.

[2] Torrie G M, Valleau J P. J. Comput. Phys., 1977, 23 (2): 187-199.

[3] Ferrenberg A M, Swendsen R H. Phys. Rev. Lett., 1989, 63 (12): 1195-1198.

[4] Chodera J D, Swope W C, Pitera J W, Seok C, Dill K A. J. Chem. Theory Comput., 2007, 3 (1): 26-41.

[5] Bennett C H. J. Comput. Phys., 1976, 22 (2): 245-268.
[6] Zong J, Wang Q. J. Chem. Phys., 2013, 139 (12): 124907.
[7] Zong J, Wang Q. J. Chem. Phys., 2015, 143 (18): 184903.
[8] Zhang P, Wang Q. Polymer, 2016, 101: 7-14.
[9] Shirts M R, Chodera J D. J. Chem. Phys., 2008, 129 (12): 124105.
[10] Tan Z Q. J. Am. Stat. Assoc., 2004, 99 (468): 1027-1036.
[11] Kong A, McCullagh P, Meng X L, Nicolae D, Tan Z. J. R. Stat. Soc. B, 2003, 65: 585-604.
[12] Swendsen R H, Wang J S. Phys. Rev. Lett., 1986, 57 (21): 2607-2609.
[13] Chi P, Li B H, Shi A C. Phys. Rev. E, 2011, 84 (2): 021804.
[14] Wang L, Wang Z, Jiang R, Yin Y H, Li B H. Soft Matter, 2017, 13 (11): 2216-2227.
[15] Lingenheil M, Denschlag R, Mathias G, Tavan P. Chem. Phys. Lett., 2009, 478 (1-3): 80-84.
[16] Predescu C, Predescu M, Ciobanu C V. J. Chem. Phys., 2004, 120 (9): 4119-4128.
[17] Rathore N, Chopra M, de Pablo J J. J. Chem. Phys., 2005, 122 (2): 024111.
[18] Kone A, Kofke D A. J. Chem. Phys., 2005, 122 (20): 206101.
[19] Katzgraber H G, Trebst S, Huse D A, Troyer M. J. Stat. Mech., 2006: P03018.
[20] Rozada I, Aramon M, Machta J, Katzgraber H G. Phys. Rev. E, 2019, 100 (4): 043311.
[21] Landau D P, Binder K. A Guide to Monte Carlo Simulations in Statistical Physics. 4th ed. Cambridge, United Kingdom: Cambridge University Press, 2015.
[22] Yan Q L, de Pablo J J. J. Chem. Phys., 1999, 111 (21): 9509-9516.
[23] Yan Q L, de Pablo J J. J. Chem. Phys., 2000, 113 (3): 1276-1282.
[24] Wang F G, Landau D P. Phys. Rev. Lett., 2001, 86 (10): 2050-2053.
[25] Schulz B J, Binder K, Müller M, Landau D P. Phys. Rev. E, 2003, 67 (6): 067102.
[26] Zhang C, Ma J P. Phys. Rev. E, 2007, 76 (3): 036708.
[27] Belardinelli R E, Pereyra V D. J. Chem. Phys., 2007, 127 (18): 184105.
[28] Swetnam A D, Allen M P. J. Comput. Chem., 2011, 32 (5): 816-821.
[29] Belardinelli R E, Pereyra V D. Phys. Rev. E, 2007, 75 (4): 046701.
[30] Smith G R, Bruce A D. J. Phys. A, 1995, 28 (23): 6623-6643.
[31] Zhang P, Li B, Wang Q. Macromolecules, 2011, 44 (19): 7837-7852.
[32] Zhang P, Li B, Wang Q. Macromolecules, 2012, 45 (5): 2537-2550.
[33] Shell M S, Debenedetti P G, Panagiotopoulos A Z. J. Chem. Phys., 2003, 119 (18): 9406-9411.
[34] Wang J S, Swendsen R H. J. Stat. Phys., 2002, 106 (1-2): 245-285.
[35] Zhang P, Zhang X, Li B, Wang Q. Soft Matter, 2011, 7 (9): 4461-4471.
[36] Trebst S, Huse D A, Troyer M. Phys. Rev. E, 2004, 70 (4): 046701.
[37] Zhang P, Wang Q. J. Chem. Phys., 2014, 140: 044904.
[38] Zhang P, Wang Q. Soft Matter, 2015, 11 (5): 862-870.
[39] Zhang P, Wang Q. Macromolecules, 2019, 52 (15): 5777-5790.

第 7 章 快速 Monte Carlo 模拟

快速 Monte Carlo 模拟是指在 Monte Carlo 模拟中使用允许高分子链节重叠的软势，如 2.1 节中所说的，这更适合于高分子体系的粗粒化模型。我们先在 7.1 节详细地阐述快速 Monte Carlo 模拟的优点。根据在第 2 章中对高分子粗粒化模型的划分，快速 Monte Carlo 模拟也可以分为两种：在连续空间上的（称为快速非格点 Monte Carlo 模拟 [1]）和在格点上的（称为快速格点 Monte Carlo 模拟 [2]）；我们将在 7.2 节和 7.3 节中分别介绍它们。特别地，快速格点 Monte Carlo 模拟采用一个格点可以被多个高分子链节所占据的软势（即格点多占模型），是目前最快的分子模拟方法。另外，由于实验中所用的高分子熔体都是接近于不可压缩的，在 7.4 节中我们将介绍如何把 Pakula 等提出的空穴扩散和协同运动算法推广到快速格点 Monte Carlo 模拟中，这对模拟实验中所用的高分子熔体是很有用的。协同运动算法是目前唯一的可以用于单分散性且不可压缩的高分子熔体的 Monte Carlo 尝试运动；在推广到快速格点 Monte Carlo 模拟中后，对于均聚物它的接受概率可以提高到非常接近于 1。还有，对于包含溶剂的高分子体系，在 2.3 节中我们已经提到了使用格点多占模型能够突破传统格点模型在粗粒化程度和定量处理溶剂熵上的限制，可以在没有可调参数的情况下做到与实验结果的定量吻合；我们将在 7.5 节中对此做详细的阐述。本章既可以看作是对作者之一的课题组自 2009 年提出快速 Monte Carlo 模拟 [1,2] 以来在这方面所做工作的回顾，也为我们在这本书中所讲的各种 Monte Carlo 方法提供了一些模拟实例。

7.1 为什么要使用快速 Monte Carlo 模拟？

在 2.1 节中我们已经提到：虽然两个原子不能重叠，两组原子的质心却是可以重叠的。因此与传统模型中的硬排除体积作用（例如在连续空间中的 Lennard-Jones 势或者在格点上的自避和互避行走）相比，软势更适合于高分子体系的粗粒化模型（即用一个链节来代表同一条链上多个相连单体的质心），也使得对体系的平衡和抽样快了至少几个数量级；快速 Monte Carlo 模拟由此而得名。当然，在分子动力学模拟中也可以使用软势，一个广泛应用的例子就是耗散粒子动力学模拟 [3,4]。但是由于高分子链节的相互穿越，使用软势的体系的动力学行为与真实体系的相差很大，而且 Monte Carlo 模拟中还可以使用各种非物理的尝试运动来显著地提高抽样的效率，因此对于研究高分子体系的平衡态（而不是动力学）性质来说，使用快速 Monte Carlo 模拟更为合适。我们将在 7.2.4 小节中详细地说明如何将最初提出的耗散粒子动力学模型用于快速非格点 Monte Carlo 模拟。

在 2.2 节中我们还提到了使用软势（即快速 Monte Carlo 模拟）可以定量地研究实验中所用的高分子体系的涨落效应。对称双嵌段共聚物 A-B 的有序-无序相转变点（order-disorder transition, ODT）就是涨落效应的一个经典但仍未完全解决的问题：Leibler 在 1980 年发表的关于 A-B 微观相分离的开创性工作中，使用随机相近似（random phase approximation, RPA）理论预测了对称 A-B 的 ODT 是一个二级相变；而这个理论忽略了体系的涨落效应，是一个平均场理论 [5]。Fredrickson 和 Helfand（FH）在 1987 年首次研究了涨落对 ODT 的影响，发现对称 A-B 的 ODT 是一个由涨落引起的弱一级相变 [6]。这个结论在实验和分子模拟中都得到了定性的证实。图 7.1 给出了一些实验中所用的接近对称的 A-B 熔体的 **等效聚合度** $\overline{\mathcal{N}}$（其定义可以参见 2.2 节或者文献 [7]）和它们的层状相周期 L_0; $\overline{\mathcal{N}}$ 控制着体系涨落的大小，并与实验中所用的共聚物的链长 N 成正比，而 L_0 也与 N 正相关，因此实验中的 $\overline{\mathcal{N}}$ 随着 L_0 的增加而增加，且大多在 $10^3 \sim 10^4$ 之间。而 FH 理论中的近似只有在 $\overline{\mathcal{N}} > 10^{10}$ 时才 "严格成立"[6]；与此相反，大多数的分子模拟中使用了硬排除体积作用，而由于计算量的限制，其 $\overline{\mathcal{N}} < 10^2$（参见图 2.1)。作者之一的课题组于 2013 年发表了第一篇用快速非格点 Monte Carlo 模拟来系统、定量地研究涨落对对称 A-B 的 ODT 影响的文章，它涵盖了实验体系中 $\overline{\mathcal{N}}$ 的范围 [7]。虽然在很多情况下高分子体系中的涨落效应较小，但是对于低分子量熔体、高分子溶液、聚电解质以及高分子的微乳相（microemulsion）等等，

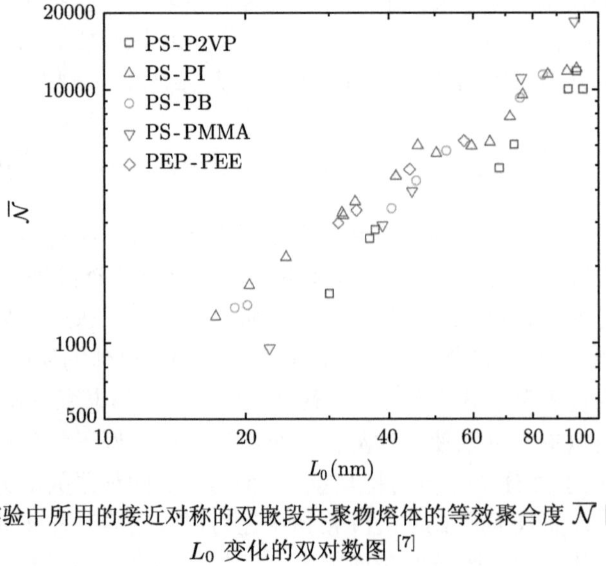

图 7.1　一些实验中所用的接近对称的双嵌段共聚物熔体的等效聚合度 $\overline{\mathcal{N}}$ 随其层状相周期 L_0 变化的双对数图 [7]

涨落效应都是不可忽略的，而且人们对其知之甚少，目前还没有成熟、通用的理论可以用来定量地描述高分子体系中的涨落效应。因此，使用快速 Monte Carlo 模拟来定量地研究实验中高分子体系的涨落效应是很有必要的。

软势在高分子场论中的普遍应用是使用快速 Monte Carlo 模拟的另一个原因。如图 1.4 所示，直接比较（即没有可以调节或者拟合的参数）基于相同模型体系的理论和分子模拟的结果可以明确地量化理论近似所产生的影响，进而可以用来改进理论。例如，在高分子体系中广泛应用的自洽场理论就完全忽略了体系的涨落效应，而较常用的高斯涨落理论也忽略了非高斯涨落的影响；把这些理论的结果与基于同一模型体系的快速 Monte Carlo 模拟的结果进行比较，就可以定量地揭示出高分子体系中的涨落效应，明确地指出理论近似所产生的后果，并对改进和测试更完善的理论提供必要的数据。这些都要求理论和模拟是基于同一模型体系的，即在它们的定量对比中没有可以调节或者拟合的参数。

我们以 A-B 熔体的微观相分离为例：Groot 和 Madden（GM）在 1998 年将耗散粒子动力学模拟和自洽场的结果做了比较，并在考虑了（基于 FH 理论的）涨落效应后得到了二者的相边界“定量吻合”的结论 [8]，从而促进了耗散粒子动力学模拟在高分子体系中的广泛应用。在当时作为一种刚提出不久的新方法，将耗散粒子动力学模拟用于高分子体系是具有创新性的，但是 GM 的比较却存在着以下问题：①耗散粒子动力学模拟中所用的（可压缩的）耗散粒子动力学模型（见 2.2 节）与自洽场中所用的（不可压缩的）“标准模型”[即非键作用距离为 0 （也就是 Dirac δ 函数）的连续高斯链] 并不一样，体系的可压缩性、链的离散程度和非键作用的形式都会定量地影响相边界；特别地，为了将耗散粒子动力学模型中的非键作用参数转换为“标准模型”中的 Flory-Huggins 参数 χ （即定量地比较这两种方法所得到的相边界），GM 将 Groot 和 Warren 在不同链长的均聚物共混物 A/B 中得到的二者之间的拟合关系 [9] 直接用到了 A-B 熔体中。还有，自洽场中用的是单一组分的 A-B，而由于在耗散粒子动力学模型中 $N=10$，当 A 在体系中的体积分数不是 0.1 的整数倍时，GM 使用了两种不同组分的 A-B 共混体系；这也会定量地改变相边界。②自洽场中忽略了体系涨落对相边界的影响，而耗散粒子动力学模拟中却包含了这个影响；虽然 GM 用 FH 理论对自洽场中的相边界做了涨落影响的修正，但是他们所用的耗散粒子动力学模型体系的 $\overline{\mathcal{N}}$ 太小（只有 28 和 77 左右；详见 7.2.4 小节），FH 理论在此并不适用。③自洽场中的相边界是通过比较不同相在其自然周期下的 Helmholtz （对于不可压缩体系，也就是 Gibbs）自由能密度得到的，而耗散粒子动力学模拟中的相边界是在固定边长的立方体模拟盒子中通过对体系最终的构型目测得到的；作为一种动力学模拟方法，后者的构型可能是处于局部而非全局的自由能极小状态，并且固定边长的模拟盒子很难使得有序相达到其自然周期（详见文献 [10]），因此这样得到的相边界并不是热力学意义上的（即通过比较不同相在自然周期下的 Gibbs 自由能密度而得到的）。在 GM 的比较中所有这些模型之间和方法之间的差别都混在了一起，使得他们的“定量吻合”的结论值得商榷。作者之一的课题组在 2013 年对此进行了详细的分析，并加入了基于相同耗散粒子动力学模型的快速非格点 Monte Carlo 模拟和自洽场的结果，得到了与 GM 不同的结论；有兴趣的读者可以参见文献 [11]。

其他一些模拟方法也可以用来研究实验中所用的高分子体系的涨落效应，包括 Fredrickson 等提出的场论模拟（field-theoretic simulation）[12]、Binder 等 [13] 和 Schmid 等 [14] 分别提出的部分场论模拟以及 Müller 等提出的单链平均场模拟（single-chain-in-mean-field simulation）[15] 和 Milano 与 Kawakatsu 提出的混合粒子-场分子动力学模拟（hybrid particle-field molecular dynamics simulation）[16]。高分子场论的基础是通过在数学上严格成立的 Hubbard-Stratonovich 变换 [17,18] 把对粒子空间位置的构型积分转化为对空间场的泛函积分，这在高分子物理中对应于把一个有相互作用的多链体系转化为一个在有涨落的空间场中的单链体系。在此基础上再做平均场近似（即忽略了空间场的涨落）就得到了在高分子体系中有着广泛应用的自洽场理论 [19]。而**场论模拟**不做任何近似，直接对有涨落的空间场进行抽样。但是，Hubbard-Stratonovich 变换却使得泛函积分中的统计权重变成了复数，因此不像在构型积分中的 Boltzmann 因子一样是正定的；这就产生了在量子 Monte Carlo 模拟中所遇到的符号问题（即如何计算一个高度振荡的被积函数的积分）[20]，使得常规的 Monte Carlo 方法无法在场论模拟中直接使用。为此，Fredrickson 等在场论模拟中使用了复数 Langevin 抽样，通过将积分空间的维数加倍的办法来解决符号问题；关于场论模拟的更多细节，感兴趣的读者可以参见文献 [12]、[19] 或 [21]。场论模拟的优点是它可以使用高分子场论中的常用模型（例如连续高斯链或者连续空间中的不可压缩模型，它们在分子模拟中是不能直接使用的）；特别是对于带电（例如聚电解质）体系，通过引入静电势场可以把长程的静电作用变成局部作用，从而避免了分子模拟中非常耗时的对长程作用的计算。而它的缺点是复数 Langevin 抽样不能保证收敛，并且其抽样的效率也有待提高，特别是当体系的涨落较大（即 $\bar{\mathcal{N}}$ 较小）时。与场论模拟相比，快速 Monte Carlo 模拟可以使用任何已有（例如在第 3~6 章中所讲）的 Monte Carlo 方法来提高其抽样效率，并且体系的 $\bar{\mathcal{N}}$ 越小，其模拟速度越快。

部分场论模拟是在高分子场论的基础上做了部分鞍点近似（partial saddle-point approximation），只允许部分的空间场发生涨落，从而避免了符号问题，可以使用常规（即实数）Langevin[13] 或者 Monte Carlo[14] 模拟进行抽样；因此它是一种近似的模拟方法。部分鞍点近似的准确程度与体系及其参数值有关，例如部分场论模拟可以用来研究双嵌段共聚物 A-B 体系在 $\chi N > 0$ 时的涨落，但是对于均聚物（即 $\chi N=0$ 时的双嵌段共聚物）却退化成了没有涨落的自洽场理论。与此类似，**单链平均场和混合粒子-场分子动力学模拟**是在高分子场论的基础上做了准瞬时近似（quasi-instantaneous approximation）[22]，分别使用 Monte Carlo[15] 和分子动力学 [16] 模拟对单链在不变的空间场中的构型进行抽样，然后再根据模拟结果（即单链的密度分布）用自洽场理论对空间场进行修正，并不断地重复这两步。准瞬时近似解耦了单链运动与其所引起的空间场的变化，实际上对应于在对多链体系的 Monte Carlo 模拟中忽略了尝试运动所引起的体系作用能的二阶变化量，因此不满足 Monte Carlo 模拟所要求的细致平衡条件（详见 3.3.3 小节）。这个近似所产生的误差随着空间场修正频率的增加而减小，但是却无法被完全消除。准瞬时近似使得对单链的构型抽样可以采用并行的方式，即在同一空间场中使用多条相互之间没有作用的单链，但是这也减小了空间场的修正频率。目前在文献中很少有快速 Monte Carlo 模拟、场论模拟、部分场论模拟和单链平均场以及混合粒子-场分子动力学模拟结果之间的直接、定量的比较。

7.2 快速非格点 Monte Carlo 模拟

7.2.1 使用格栅的 FOMC 模拟

高分子体系的快速非格点 Monte Carlo（fast off-lattice Monte Carlo, FOMC）模拟最早由 Zuckermann 等于 1994 年提出 [23,24]。在研究隐式溶剂中的均聚物刷时，他们采用了离散高斯链模型（详见 2.2 节）和下面这种形式的体系无量纲的非键作用能：

$$\tilde{U}^{\mathrm{nb}}=\frac{v}{2}\int \mathrm{d}\tilde{\boldsymbol{r}}\rho^2(\boldsymbol{r})+\frac{w}{3}\int \mathrm{d}\tilde{\boldsymbol{r}}\rho^3(\boldsymbol{r}) \tag{7.1}$$

其中，v 和 w 分别为表征溶剂质量（详见 1.4.3 小节）的无量纲的第二和第三 virial 系数，$\rho(\boldsymbol{r})\equiv\Lambda^3\sum_{k=1}^{n}\sum_{s=1}^{N}\delta(\boldsymbol{r}-\boldsymbol{R}_{k,s})$ 为高分子链节在空间位置 $\boldsymbol{r}$ 处无量纲的数密度，$\tilde{\boldsymbol{r}}\equiv\boldsymbol{r}/\Lambda$，$\Lambda$ 为选取的长度单位（详见 3.4 节），n 为体系中的链数，N 为每条链上的链节数，$\boldsymbol{R}_{k,s}$ 为在给定构型中第 k 条链上第 s 个链节的空间位置，而 $\delta(\boldsymbol{r})$ 代表三维的 Dirac δ 函数。为了计算给定构型的 $\tilde{U}^{\mathrm{nb}}$，他们用**格栅**把模拟盒子划分成了很多无量纲的体积为 Δ^3 的立方体元胞，将 (7.1) 式中的积分换成了对这些元胞的加和，并将其中的 $\rho(\boldsymbol{r})$ 用落在 $\boldsymbol{r}$ 所在的（记为第 m 个）元胞中的链节数 ρ_m 来代替 [24]；也就是说，他们真正使用的无量纲的非键作用能是 $\tilde{U}^{\mathrm{nb}}=\Delta^3\left(\frac{v}{2}\sum_m{\rho_m}^2+\frac{w}{3}\sum_m{\rho_m}^3\right)$。这样就避免了模拟中最耗时的非键作用对

势的计算，即使是三体相互作用 [即 (7.1) 式的最后一项] 也能算得很快。早期的 FOMC 模拟都使用了格栅，因此它们研究的大多数体系的尺寸是使用传统模型的分子模拟所无法达到的。

使用格栅来计算 $\tilde{U}^{\text{nb}}$ 的方法实际上是对各向同性的 $\delta(\tilde{\boldsymbol{r}}-\tilde{\boldsymbol{r}}')$ 做近似；例如 (7.1) 式等号右边第一项中的积分被近似为

$$\int \mathrm{d}\tilde{\boldsymbol{r}}\rho^2(\boldsymbol{r})=\int \mathrm{d}\tilde{\boldsymbol{r}}\mathrm{d}\tilde{\boldsymbol{r}}'\rho(\boldsymbol{r})\delta(\tilde{\boldsymbol{r}}-\tilde{\boldsymbol{r}}')\rho(\boldsymbol{r}')\approx\sum_m\sum_{m'}\rho_m\delta_{m,m'}\rho_{m'}=\sum_m {\rho_m}^2$$
$$=\int \mathrm{d}\tilde{\boldsymbol{r}}\mathrm{d}\tilde{\boldsymbol{r}}'\rho(\boldsymbol{r})\tilde{u}^{\text{nb}}(\tilde{\boldsymbol{r}},\tilde{\boldsymbol{r}}')\rho(\boldsymbol{r}')$$

其中的 $\delta_{m,m'}$ 为 Kronecker δ 函数（即当 $m=m'$ 时 $\delta_{m,m'}=1$，否则 $\delta_{m,m'}=0$），而用来近似 $\delta(\tilde{\boldsymbol{r}}-\tilde{\boldsymbol{r}}')$ 的无量纲的非键作用对势 $\tilde{u}^{\text{nb}}(\tilde{\boldsymbol{r}},\tilde{\boldsymbol{r}}')$ 既是各向异性的，也与 $\tilde{\boldsymbol{r}}$ 和 $\tilde{\boldsymbol{r}}'$ 都有关（而不是只与 $\tilde{\boldsymbol{r}}-\tilde{\boldsymbol{r}}'$ 有关）。对于均相体系，虽然使用格栅的 FOMC 模拟本身没有什么问题，但是这种 $\tilde{u}^{\text{nb}}(\tilde{\boldsymbol{r}},\tilde{\boldsymbol{r}}')$ 在理论中却很难处理 [对 (7.1) 式最后一项的近似甚至用到了无量纲的三体非键作用势 $\tilde{u}^{\text{nb}}(\tilde{\boldsymbol{r}},\tilde{\boldsymbol{r}}',\tilde{\boldsymbol{r}}'')$]，因此无法进行模拟和理论结果的直接比较。而对于非均相体系，使用格栅会使高分子链节趋向于低密度区域以减小它们之间的排斥作用，在模拟结果中引入人为的假象 [25]；当然，减小 Δ 可以减小（却不能完全消除）这种假象，但是同时也会增大计算量。De Pablo 等因此提出了在模拟过程中随机地移动格栅的位置以减小由于使用格栅而带来的影响 [25]，但是这也不能完全消除它的影响。本节下面要讲的 FOMC 模拟均不使用格栅。

7.2.2 软势的排除体积效应

作者之一的课题组 [1] 和 de Pablo 等 [26] 在 2009 年独立地提出了不使用格栅的 FOMC 模拟。虽然这增加了非键作用对势的计算时间，但是由于使用了软势，FOMC 模拟仍然比使用传统模型的分子模拟快了至少几个数量级。为了证明使用软势也能够正确地描述高分子链节之间的排除体积效应，我们做了链节之间的非键作用为软球势（即如果两个链节之间的距离 $r<\sigma$ 则 $\tilde{u}^{\text{nb}}(r)=\varepsilon$，否则 $\tilde{u}^{\text{nb}}(r)=0$，其中无量纲的参数 $\varepsilon>0$ 控制着链节间排斥作用的大小，而 σ 为软球的直径）的离散高斯链（简称为**软球链**）的单链模拟 [1]。这里的尝试运动包括了链节的随机运动和链的枢轴运动（详见 4.2.1 小节）；后者对长链的构型抽样非常有效。图 7.2 给出了在不同的 ε 和 σ 的组合下，链的均方回转半径和端端距（分别用 ${R_g}^2$ 和 ${R_e}^2$ 表示）随着链上键的数目 $N-1$ 变化的双对数图。对于自避行走（即 $\varepsilon\to\infty$ 时）的长链（即 $N\geqslant 100$ 时），${R_g}^2N/(N+1)$ 和 ${R_e}^2$ 都与 $(N-1)^{1.176}$ 成正比 [27]；图 7.2 中也给出这个标度关系。可以看到，在不同的 ε

和 σ 的组合下，用 $N > 100$ 的软球链数据拟合而得到的标度关系都与自避行走的长链的标度关系相当吻合。

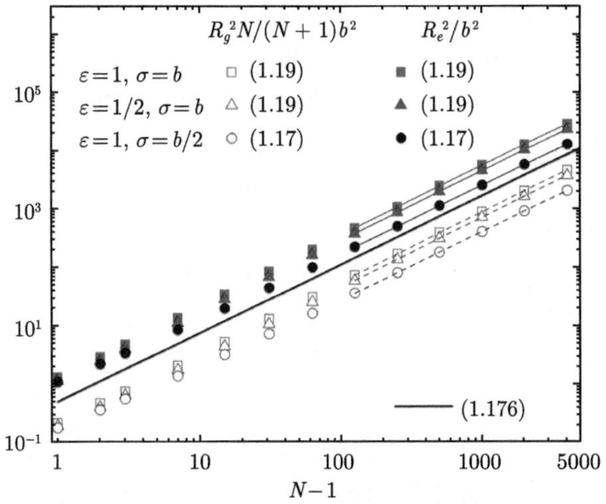

图 7.2 软球链的均方回转半径 ${R_g}^2$ 和端端距 ${R_e}^2$ 随着链上键的数目 $N-1$ 变化的双对数图。b 为理想链（即 $\varepsilon=0$ 时）键长的均方根。图例中括号内的数值为相应直线的斜率；这些（过模拟结果的）直线的斜率由对相应的模拟结果做线性回归而得到

7.2.3 多链体系的 FOMC 模拟

在 FOMC 模拟中使用各向同性的、与链节空间位置无关的 $\tilde{u}^{\mathrm{nb}}(r)$ 也使得其模拟结果可以和基于同一模型的高分子场论的结果直接比较。例如，对于可压缩均聚物熔体中的密度涨落，作者之一的课题组使用上面的软球链，直接比较了 FOMC 模拟和随机相近似（即高斯涨落）理论的结果，定量地揭示了后者所忽略的非高斯涨落的影响 [1]。要注意的是，在采用软势的粗粒化模型中，链节之间非键作用的大小与链长 N 和链（节）的数密度有关；但是，我们在 2.2 节中已经提到了这里的 N 并不是一个物理量（即与实际体系中高分子的链长无关），而只是高分子链粗粒化的一个模型参数。因此，链节的数密度和控制链节之间非键作用大小的参数也都不是物理量。以上面的可压缩均聚物熔体为例，包含 n 条链且体积为 V 的体系无量纲的非键作用能可以写为

$$
\begin{aligned}
\tilde{U}^{\mathrm{nb}} &= \sum_{i=1}^{nN-1}\sum_{j=i+1}^{nN}\tilde{u}^{\mathrm{nb}}(|\boldsymbol{r}_i-\boldsymbol{r}_j|) \\
&= \frac{N/\kappa}{2N^2\rho_c}\int \mathrm{d}\tilde{\boldsymbol{r}}\mathrm{d}\tilde{\boldsymbol{r}}'\rho(\boldsymbol{r})\tilde{u}_0^{\mathrm{nb}}(|\boldsymbol{r}-\boldsymbol{r}'|)\rho(\boldsymbol{r}') - \frac{nN/\kappa}{2N\rho_c}\tilde{u}_0^{\mathrm{nb}}(0) \qquad (7.2)
\end{aligned}
$$

这里的 $\boldsymbol{r}_i$ 为体系中第 $i\ (=1,\cdots,nN)$ 个链节的空间位置，第二个等号是高分子场论中常用的形式，其中 $\tilde{u}_0^{\mathrm{nb}}(r)$ 为归一化的非键作用对势（即 $\displaystyle\int \mathrm{d}\tilde{\boldsymbol{r}}\tilde{u}_0^{\mathrm{nb}}(|\boldsymbol{r}|)=1$），$\rho_c \equiv n\Lambda^3/V$ 为无量纲的链数密度，$N/\kappa \geqslant 0$ 是控制体系可压缩性的一个无量纲的物理量，而最后一项为链节的自能（作为常数可以省略）。因此，对于选定的 $\tilde{u}_0^{\mathrm{nb}}(r)$，这个模型体系共有两个物理参数（$\rho_c$ 和 N/κ）和一个模型参数（N）。在研究体系涨落（即 ρ_c，它正比于等效聚合度 $\overline{\mathcal{N}}$ 的平方根）的影响时我们应该固定 N/κ 和 N；当 $\rho_c \to \infty$ 时，体系中没有涨落和（由链节之间非零的非键相互作用引起的）关联效应，使得自洽场（和高斯涨落）理论的结果严格成立。

图 7.3 比较了在 $N/\kappa = 125$ 和 $N = 64$ 时体系的涨落对其归一化的结构因子 $\tilde{S}(q)$ 和单链结构因子 $\tilde{S}_1(q)$（详见 4.4.2 小节）的影响；这里 q 为波数，$R_{g,0}$ 为理想链的回转半径，$C \equiv \rho_c\,(R_{g,0}/\Lambda)^3$，而 $B \equiv N/\kappa C$。当 $B = 0$ 时，体系为理想链（即离散高斯链，DGC）；其 $\tilde{S}_1(q)$ 有解析表达式，而 $\tilde{S}(q)$ 的解析表达式也可以通过随机相近似（RPA）理论得到；当 $C = 0$ 时，$B \to \infty$，体系为一条硬球链，其 $\tilde{S}_1(q)$ 由不使用周期边界条件的单链 Monte Carlo 模拟得到；而对于有限的 $C > 0$，$\tilde{S}(q)$ 和 $\tilde{S}_1(q)$ 是在有周期边界条件的立方体模拟盒子中通过 FOMC 模拟得到的。我们看到：随着 C 的增加，体系的涨落减小，因此表征体系密度涨落的 $\tilde{S}(q)$ 趋向于 RPA 的结果；而 B 也相应地减小，使得表征链构象的 $\tilde{S}_1(q)$ 趋向于 DGC 的结果。我们在文献 [1] 中给出了更多的结果和分析，感兴趣的读者可以参考。

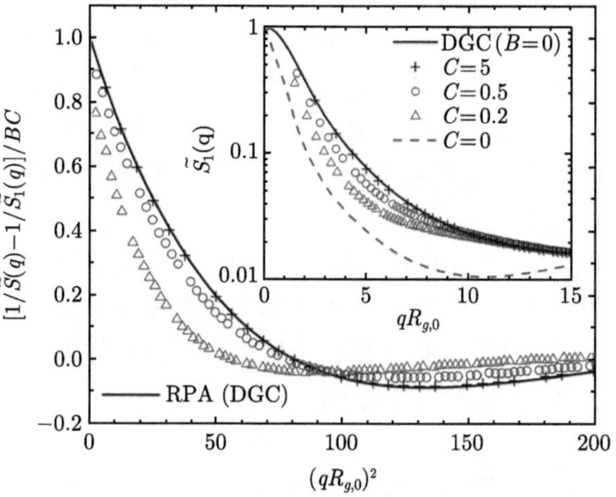

图 7.3　可压缩均聚物熔体中链无量纲的数密度参数 C 对其归一化的结构因子 $\tilde{S}(q)$ 的影响（图例参见插图），插图为 C 对归一化的单链结构因子 $\tilde{S}_1(q)$ 的影响的半对数图

7.2.4 耗散粒子动力学模型

最初提出耗散粒子动力学（dissipative particle dynamics, DPD）模型时给出的不是粒子之间的作用能，而是作用力（即作用能的负梯度）；它假设所有粒子都具有相同的质量 m，并且默认m 为质量单位、粒子之间非键作用的截断距离 σ 为长度单位（即 $\Lambda=\sigma$）、以及$1/\beta=k_{\mathrm{B}}T$ 为能量单位，其中 k_{B} 为 Boltzmann 常数，而 T 为体系的热力学温度（详见 3.4 节）[1]。我们这里以 Groot 和 Madden（GM）所用的双嵌段共聚物熔体 [8] 为例，详细说明如何将 DPD 模型用于 FOMC 模拟。

DPD 模拟最早由 Hoogerbrugge 和 Koelman 于 1992 年提出 [3]。在这个方法中，作用在体系中粒子 i 上的力由三部分组成：$\boldsymbol{F}_i=\sum\limits_{j\neq i}\left(\boldsymbol{F}_{ij}^C+\boldsymbol{F}_{ij}^D+\boldsymbol{F}_{ij}^R\right)$。这里来自粒子 $j\neq i$ 的**保守力** $\boldsymbol{F}_{ij}^C$ 满足如下关系：如果 $r_{ij}<\sigma$ 则 $\beta\sigma\boldsymbol{F}_{ij}^C=a_{ij}\left(1-r_{ij}/\sigma\right)\hat{\boldsymbol{r}}_{ij}$，否则 $\beta\sigma\boldsymbol{F}_{ij}^C=\mathbf{0}$，其中无量纲的参数 $a_{ij}\geqslant 0$ 控制了保守力的大小，$r_{ij}\equiv|\boldsymbol{r}_{ij}|$，$\boldsymbol{r}_{ij}\equiv\boldsymbol{r}_i-\boldsymbol{r}_j$，$\boldsymbol{r}_i$ 为粒子 i 的空间位置，而 $\hat{\boldsymbol{r}}_{ij}\equiv\boldsymbol{r}_{ij}/r_{ij}$。来自粒子 $j\neq i$ 的**耗散力** $\boldsymbol{F}_{ij}^D$ 满足如下关系：如果 $r_{ij}<\sigma$ 则 $\beta\sigma\boldsymbol{F}_{ij}^D=-\gamma\omega^D(r_{ij})\left[\hat{\boldsymbol{r}}_{ij}\cdot\sqrt{\beta m}\left(\boldsymbol{v}_i-\boldsymbol{v}_j\right)\right]\hat{\boldsymbol{r}}_{ij}$，否则 $\beta\sigma\boldsymbol{F}_{ij}^D=\mathbf{0}$，其中无量纲的参数 $\gamma\geqslant 0$ 控制了耗散力的大小，$\omega^D(r)\geqslant 0$ 为无量纲的耗散力的权重函数，而 $\boldsymbol{v}_i$ 为粒子 i 的速度。来自粒子 j 的**随机力** $\boldsymbol{F}_{ij}^R$ 满足如下关系：如果 $r_{ij}<\sigma$ 则 $\beta\sigma\boldsymbol{F}_{ij}^R=\alpha\omega^R(r_{ij})\xi_{ij}(t)\hat{\boldsymbol{r}}_{ij}$，否则 $\beta\sigma\boldsymbol{F}_{ij}^R=\mathbf{0}$，其中无量纲的参数 $\alpha\geqslant 0$ 控制了随机力的大小，$\omega^R(r)\geqslant 0$ 为无量纲的随机力的权重函数，$\xi_{ij}(t)$ 为满足期望为 0 和方差为 1 的高斯分布（并在不同的链节对和不同的时间 t 上都无关联）的随机数，并且 $\xi_{ij}=\xi_{ji}$（这保证了体系的动量守恒）。Español 和 Warren 在 1995 年证明了如果 $\alpha\omega^R(r)=\sqrt{2\gamma\omega^D(r)}$，则保守力的势能函数完全决定了体系的热力学行为 [4]；这使得 DPD 模型（即保守力的势能函数）可以用于 Monte Carlo 模拟。

GM 在 1998 年首次使用了（正则系综下的）DPD 模拟来研究双嵌段共聚物熔体 A-B 的微观相分离 [8]。在他们的 DPD 模型中，当 i 和 j 是同一条链上的相连链节时，$\beta\sigma\boldsymbol{F}_{ij}^C$ 还包含了无量纲的键长作用力 $\beta\sigma\boldsymbol{F}_{ij}^S=-4\boldsymbol{r}_{ij}/\sigma$；将它和离散高斯链的键长作用能（见 2.2 节）相比，我们得到 $b/\sigma=\sqrt{3}/2$，其中参数 b 控制着理想高斯链键长的均方根。在 GM 的模拟中 A-B 的链长 $N=10$，因此其理想链的均方端端距为 ${R_{e,0}}^2\equiv(N-1)b^2=27\sigma^2/4$。GM 同时使用了 $a_{\mathrm{AA}}=a_{\mathrm{BB}}$ 来控制一对 A（或者一对 B）链节之间的非键保守力的大小，以及 a_{AB} 来控制一对 A 和 B 链节之间的非键保守力的大小。类似于式 (7.2)，GM 的 DPD 模型体系无量纲的非键作用能可以写为

$$\begin{aligned}\tilde{U}^{\mathrm{nb}} =&\frac{N/\kappa}{2N\rho_0}\int \mathrm{d}\tilde{\boldsymbol{r}}\mathrm{d}\tilde{\boldsymbol{r}}'\rho(\boldsymbol{r})\tilde{u}_0^{\mathrm{nb}}(|\boldsymbol{r}-\boldsymbol{r}'|)\rho(\boldsymbol{r}') - \frac{nN/\kappa}{2N\rho_c}\tilde{u}_0^{\mathrm{nb}}(0)\\ &+\frac{\chi N}{N\rho_0}\int \mathrm{d}\tilde{\boldsymbol{r}}\mathrm{d}\tilde{\boldsymbol{r}}'\rho_{\mathrm{A}}(\boldsymbol{r})\tilde{u}_0^{\mathrm{nb}}(|\boldsymbol{r}-\boldsymbol{r}'|)\rho_{\mathrm{B}}(\boldsymbol{r}')\end{aligned} \tag{7.3}$$

其中，$\tilde{u}_0^{\mathrm{nb}}(r)$ 为非键保守力无量纲的归一化对势 [即当 $r<\sigma$ 时 $\tilde{u}_0^{\mathrm{nb}}(r)=(15/2\pi)(1-r/\sigma)^2$，否则 $\tilde{u}_0^{\mathrm{nb}}(r)=0$]，$\chi N \geqslant 0$ 是控制 A 和 B 嵌段之间排斥大小（相对于 A 和 A 或者 B 和 B 嵌段之间排斥大小）的一个物理量，$\rho_0 \equiv N\rho_c$ 为体系中链节无量纲的数密度，$\rho_c \equiv n\sigma^3/V$ 为链无量纲的数密度，$\rho(\boldsymbol{r}) \equiv \rho_{\mathrm{A}}(\boldsymbol{r})+\rho_{\mathrm{B}}(\boldsymbol{r})$，$\rho_{\mathrm{A}}(\boldsymbol{r}) \equiv \sigma^3\sum_{k=1}^{n}\sum_{s=1}^{N_{\mathrm{A}}}\delta(\boldsymbol{r}-\boldsymbol{R}_{k,s})$ 和 $\rho_{\mathrm{B}}(\boldsymbol{r}) \equiv \sigma^3\sum_{k=1}^{n}\sum_{s=N_{\mathrm{A}}+1}^{N}\delta(\boldsymbol{r}-\boldsymbol{R}_{k,s})$ 分别为 A 和 B 链节在空间位置 $\boldsymbol{r}$ 处无量纲的数密度，而 N_{A} 为一条链上 A 链节的数目。从式 (7.3) 中可以看出，一对 A（或者一对 B）链节之间无量纲的非键保守力的对势为 $\tilde{u}_0^{\mathrm{nb}}(r)/\rho_0\kappa$；与它们之间的非键保守力相比，我们得到 $a_{\mathrm{AA}}=a_{\mathrm{BB}}=15/\pi\rho_0\kappa$。同样地，一对 A 和 B 链节之间无量纲的非键保守力的对势为 $\left[\tilde{u}_0^{\mathrm{nb}}(r)/\rho_0\right](1/\kappa+\chi)$；因此 $a_{\mathrm{AB}}=(15/\pi\rho_0)(1/\kappa+\chi)$。GM 在 DPD 模拟中使用了 $\rho_0=3$、$a_{\mathrm{AA}}=a_{\mathrm{BB}}=25$ 和 $a_{\mathrm{AB}}=40$，这对应于 $\overline{\mathcal{N}} \equiv {\rho_c}^2(R_{e,0}/\sigma)^6 \approx 28$、$N/\kappa=50\pi$ 和 $\chi N=30\pi$；他们还使用了 $\rho_0=5$、$a_{\mathrm{AA}}=a_{\mathrm{BB}}=15$ 和 $a_{\mathrm{AB}}=21$，这对应于 $\overline{\mathcal{N}} \approx 77$、$N/\kappa=50\pi$ 和 $\chi N=20\pi$。

最后，我们指出：当 $\sigma \to 0$ 时 $\tilde{u}_0^{\mathrm{nb}}(r)=\delta(r/\sigma)$，这时的 κ 和 χ 分别为高分子物理中常用的 Helfand 压缩系数 [28] 和 Flory-Huggins 作用参数 [29]。

7.2.5　可变密度系综下的 FOMC 模拟

不使用格栅还使得 FOMC 模拟可以用于任何统计系综。例如作者之一的课题组在等温等压系综下用 FOMC 模拟，结合在不同压强下的并行回火和加权直方图分析方法（分别详见 6.5 节和 6.3 节），定量研究了体系涨落对于对称双嵌段共聚物的有序-无序相转变点的影响，并与在正则系综下的结果 [7] 进行了比较；有兴趣的读者可以参见文献 [30]。这里我们要指出的是：由于在可变密度系综下链（节）的数密度会有涨落，而使用软势的多链体系中链节之间非键作用的大小又与链（节）的数密度有关，因此体系的热力学参数在 FOMC 模拟完成之前是未知的。以 7.2.3 小节中的可压缩均聚物熔体为例，在 FOMC 模拟过程中必须要固定链节之间无量纲的非键作用参数 $\varepsilon \equiv (N/\kappa)/N^2\rho_c$；这可以用模拟前的输入参数值 $(N/\kappa)_0$ 和链无量纲的数密度 $\rho_{c,0}$ 来确定，即 $\varepsilon=(N/\kappa)_0/N^2\rho_{c,0}$。在模拟结束后，体系实际的热力学参数值为 $N/\kappa=(N/\kappa)_0\langle\rho_c\rangle/\rho_{c,0}$ 和 $\overline{\mathcal{N}}=\langle{\rho_c}^2\rangle(R_{e,0}/\sigma)^6$，而不是 $(N/\kappa)_0$ 和 $\overline{\mathcal{N}}_0={\rho_{c,0}}^2(R_{e,0}/\sigma)^6$。

7.3 快速格点 Monte Carlo 模拟

快速格点 Monte Carlo（fast lattice Monte Carlo, FLMC）模拟由作者之一在 2009 年提出 [2]。不同于在传统格点模型中使用的自避和互避行走（即每个格点最多被一个高分子链节所占据），它采用一个格点可以被多个高分子链节所占据的软势（即格点多占模型）。在 2.3 节中我们已经提到过，格点上的 Monte Carlo 模拟比在连续空间中的要快很多；FLMC 模拟是目前最快的分子模拟方法。

格点多占模型中无量纲的键长作用能 $\tilde{U}^{\mathrm{b}}$ 与在自避和互避行走中的一样，即 $\tilde{U}^{\mathrm{b}} = \sum_{k=1}^{n}\sum_{s=1}^{N-1} \tilde{u}^{\mathrm{b}}(|\boldsymbol{b}_{k,s}|)$，其中 $\boldsymbol{b}_{k,s} \equiv \boldsymbol{R}_{k,s+1} - \boldsymbol{R}_{k,s}$ 为体系中第 k 条链上的第 s 个键矢量，而 $\boldsymbol{R}_{k,s}$ 为第 k 条链上的第 s 个链节的格点位置；当 $\boldsymbol{b}_{k,s}$ 不属于相应的格点模型所允许的键矢量集合（见表 2.1）时，链的连接性被破坏，因此 $\tilde{u}^{\mathrm{b}}(|\boldsymbol{b}_{k,s}|) \to \infty$，否则通常取 $\tilde{u}^{\mathrm{b}}(|\boldsymbol{b}_{k,s}|) = 0$。

按照不同的无量纲的非键作用能 $\tilde{U}^{\mathrm{nb}}$，我们把格点多占模型分为可压缩的和不可压缩的两类，并分述如下。

7.3.1 可压缩模型

在可压缩的格点多占模型中，链节之间的排除体积作用（即软势）可以用 Helfand 压缩系数 [28] κ 来描述。例如对于包含 n 条链长为 N 的均聚物熔体，

$$\tilde{U}^{\mathrm{nb}} = \frac{1}{2\kappa\rho_0}\sum_{\boldsymbol{r}}[\rho(\boldsymbol{r}) - \rho_0]^2 \tag{7.4}$$

其中，$\rho_0 \equiv nN/\tilde{V}$ 为平均每个格点上的高分子链节数（即链节无量纲的数密度），$\tilde{V}$ 为体系中的格点数（即无量纲的体积），而 $\rho(\boldsymbol{r}) \equiv \sum_{k=1}^{n}\sum_{s=1}^{N}\delta_{\boldsymbol{r},\boldsymbol{R}_{k,s}}$ 为格点 $\boldsymbol{r}$ 上的链节数。当 $\kappa \to \infty$ 时，链节之间没有排除体积作用（即理想链体系），而当 $\kappa = 0$ 时，每个格点上的链节数都必须为 ρ_0（即不可压缩体系）。与式 (7.2) 相比，可以看出这里无量纲的归一化对势为各向同性的 Kronecker δ 函数；这不同于传统格点模型中所经常使用的各向异性的近邻相互作用，是格点多占模型的优势之一。值得注意的是：式 (7.4) 也可以等价地描述在隐式良溶剂中的均聚物溶液；此时 $1/\kappa\rho_0 > 0$ 即为表征溶剂质量（详见 1.4.3 小节）的无量纲的第二 virial 系数。

这个可压缩的均聚物体系无量纲的构型积分为

$$\tilde{Z}(n,\tilde{V}) = \prod_{k=1}^{n}\prod_{s=1}^{N}\sum_{\boldsymbol{R}_{k,s}} \cdot \exp\left(-\tilde{U}^{\mathrm{b}} - \tilde{U}^{\mathrm{nb}}\right)$$

其中的 “·” 代表在它前面的连乘不适用于在它后面的项（而它前面的加和继续适用）。基于这个模型，作者对均聚物不受限的主体相 [31]、受限于平行平板间的薄膜 [2] 以及接枝于平板上的刷子 [32] 采用重要性抽样和 Wang-Landau 与转移矩阵结合算法（分别详见 3.3 节和 6.7.2 小节）进行了 FLMC 模拟，并且通过将模拟结果和基于同一模型的高斯涨落或者自洽场理论的结果相比较，定量地揭示了体系中的涨落效应；有兴趣的读者可以参见原文。值得一提的是，在受限薄膜的模拟中所使用的等效聚合度（见 2.2 节）$\overline{\mathcal{N}} \approx 1.6 \times 10^{-4} \sim 5.1 \times 10^{6}$ 跨越了十个数量级以上，并且所有的模拟在一个 Intel Core 2 Q6600 2.4 GHz 处理器上只用了不到两天的时间就完成了，其中最大的体系包含了 1.2×10^{6} 个链节；这说明了 FLMC 模拟的确很快。

最后，我们注意到 Pelissetto 于 2008 年对在简立方上的 Domb-Joyce 模型 [33] 进行了多链体系（即在隐式良溶剂中的均聚物半稀溶液）的 Monte Carlo 模拟 [34]。该模型由 Domb 和 Joyce 于 1972 年提出，是用于研究链的空间尺寸（例如其均方端端距 $R_e{}^2$）与其链长的标度关系的一个单链格点模型；这里每对占据着同一个格点的链节具有无量纲的非键作用能 $\varepsilon \geqslant 0$，即 $\tilde{U}^{\text{nb}} = \varepsilon n_p$，其中 n_p 表示体系中这种链节对的数目。当 $\varepsilon > 0$ 时，这是一个描述单链在隐式良溶剂中的模型，因此在 $N \to \infty$ 的极限下满足 $R_e{}^2 \propto (N-1)^{2\nu}$ 这一普适的标度关系，而准确确定 ν 的值是高分子物理中的一个经典问题。鉴于分子模拟只能用有限的 N 来做，而有限的 N 又会导致 ν 值的偏差（称为标度修正），Domb-Joyce 模型的优点就在于：当 ε 取一个特定的值 $\varepsilon^* \approx 0.506$ 时，标度修正的首阶项为 0，因此可以用较小的 N（即较少的计算量）来确定 ν 的值。虽然 Pelissetto 所模拟的多链体系与式 (7.4) 是等价的，其研究目的却和使用单链的 Domb-Joyce 模型如出一辙，即在 ε^* 下用较小的 N 来确定与在良溶剂中的均聚物半稀溶液的渗透压和链空间尺寸相关的、普适的标度函数。正如我们在 7.2.3 小节中所说的，在用 FLMC 模拟来研究涨落的影响时，使用软势的多链体系中链节之间作用的大小要与链长和链（节）的数密度有关，而不像 ε^* 一样是个固定值；换句话说，对于式 (7.4) 所代表的高分子粗粒化模型来说，$\varepsilon = 1/\kappa\rho_0$ 并不是一个物理量，而 N/κ 才是 [参见式 (7.2)]。

7.3.2　不可压缩模型

由于实验中所用的高分子熔体和溶液几乎是不可压缩的，在理论和模拟中为了减少模型参数，经常假设体系满足不可压缩条件。以在小分子溶剂 S 中的均聚物溶液为例，这个条件在格点多占模型中可以写为：对于所有的格点 $\boldsymbol{r}$，$\rho(\boldsymbol{r}) + \rho_{\text{S}}(\boldsymbol{r})/r = \rho_0$，其中 $\rho_{\text{S}}(\boldsymbol{r}) \equiv \sum_{j=1}^{n_{\text{S}}} \delta_{\boldsymbol{r},\boldsymbol{r}_j}$ 为 $\boldsymbol{r}$ 上的溶剂分子数，n_{S} 为体系中的溶剂分子数，$\boldsymbol{r}_j$ 为体系中第 j 个溶剂分子的格点空间位置，r 为一个高分子链节和一个溶剂分子的体积比（这里 r 不代表距离！），而 $\rho_0 \equiv (nN + n_S/r)/\tilde{V}$ 可以被认为是能够占据同一个格点的最大链节数。显然，传统格点模型是对应于 $\rho_0 = 1$ 且 $r = 1$ 的不可压缩模型。另外，当 $n_S = 0$ 时体系为不可压缩的熔体。

在包含显式溶剂的格点多占模型中，我们可以用高分子链节和溶剂分子之间的 Flory-Huggins 作用参数 [29]χ 来描述溶剂质量，即

$$\tilde{U}^{\text{nb}} = \frac{\chi}{\rho_0} \sum_{\boldsymbol{r}} \rho(\boldsymbol{r}) \rho_S(\boldsymbol{r}) \tag{7.5}$$

当 $\chi = 0$ 时为无热溶剂，而在平均场意义下 $\chi = 1/2$ 为 Θ 溶剂，$0 \leqslant \chi < 1/2$ 为良溶剂，$\chi > 1/2$ 为不良溶剂（详见 1.4.3 小节）。由于使用了（各向同性的）同格点相互作用，式 (7.5) 只能用于 $\rho_0 > 1$ 的情况。为了将 $\rho_0 = 1$ 的情况也包含在内，可以像传统格点模型一样在位于近邻格点上的链节之间引入一个无量纲的有效吸引作用参数 $\varepsilon < 0$ 来描述溶剂质量，即

$$\tilde{U}^{\text{nb}} = \frac{\chi}{\rho_0 z_L} \sum_{\boldsymbol{r}} \rho(\boldsymbol{r}) \sum_{\boldsymbol{r}_n} \rho_S(\boldsymbol{r}_n) \tag{7.6}$$

其中，$\chi \equiv -\rho_0 z_L \varepsilon / 2r$，$z_L$ 为格点模型中非键作用所允许的近邻格点数（可以和表 2.1 中的配位数不同），而 $\boldsymbol{r}_n$ 表示格点 $\boldsymbol{r}$ 的一个近邻格点。使用不可压缩条件，我们可以很容易地证明式 (7.6) 与 $(\varepsilon/2) \sum_{\boldsymbol{r}} \rho(\boldsymbol{r}) \sum_{\boldsymbol{r}_n} \rho(\boldsymbol{r}_n)$ 是等价的（即它们只差一个常数）。

该体系无量纲的构型积分为

$$\tilde{Z}(n, n_S, \tilde{V}) = \prod_{k=1}^{n} \prod_{s=1}^{N} \sum_{\boldsymbol{R}_{k,s}} \cdot \prod_{j=1}^{n_S} \sum_{\boldsymbol{r}_j} \cdot \exp\left(-\tilde{U}^{\text{b}} - \tilde{U}^{\text{nb}}\right) \cdot \prod_{\boldsymbol{r}} \delta\left(\rho(\boldsymbol{r}) + \rho_S(\boldsymbol{r})/r - \rho_0\right)$$

其中最后一项代表不可压缩条件。利用这个条件，我们可以把构型积分中对所有高分子链节和溶剂分子的位置的双重求和简化为只对前者的求和：在给定所有链的构型下，由不可压缩条件可以得到

$$\rho_S(\boldsymbol{r}) = r\left[\rho_0 - \rho(\boldsymbol{r})\right] \tag{7.7}$$

而此时体系中所有溶剂分子的不同排列方式（即体系的**简并度**）为 $n_S!/W$，其中

$$W \equiv \prod_{\boldsymbol{r}} \{r\left[\rho_0 - \rho(\boldsymbol{r})\right]\}! \tag{7.8}$$

代表了溶剂分子平动熵的影响。于是我们可以把构型积分重写为

$$\tilde{Z}(n, \tilde{V}) = \prod_{k=1}^{n} \prod_{s=1}^{N} \sum_{\boldsymbol{R}_{k,s}} \cdot \frac{\exp\left(-\tilde{U}^{\text{b}} - \tilde{U}^{\text{nb}}\right)}{W} \cdot \prod_{\boldsymbol{r}} \theta\left[\rho_0 - \rho(\boldsymbol{r})\right] \tag{7.9}$$

这里通过将式 (7.7) 代入到式 (7.5) 或式 (7.6) 中，我们消除了 $\tilde{U}^{\rm nb}$ 对 $\rho_{\rm S}(\boldsymbol{r})$ 的依赖，因此将这个两组分体系简化成了只依赖于所有链构型的单组分体系；最后一项中的 $\theta(x)$ 为阶跃函数（即如果 $x<0$ 则 $\theta(x)=0$，否则 $\theta(x)=1$），它限制了能够占据每个格点的最大链节数；我们还省略了一个无关的常数因子。式 (7.9) 对不可压缩的高分子溶液的 FLMC 模拟提供了极大的便利，因为在模拟中不需要记录溶剂分子的空间位置；和非格点的分子模拟（包括 FOMC 模拟）相比，这是 FLMC 模拟的又一大优势。还有，虽然包含了显式溶剂的非格点分子模拟也可以正确地处理溶剂分子的平动熵，它们却不能用来研究在高分子理论中常用的不可压缩体系。

基于式 (7.9)（以及对链接枝的限制），作者之一的课题组对接枝于平板上的均聚物刷和低接枝密度的均聚物链 [35-37] 采用重要性抽样、Wang-Landau 与转移矩阵结合算法、Wang-Landau 与优化系综结合算法，或者并行回火算法结合加权直方图分析方法（分别详见 3.3 节、6.7.2 小节、6.8.2 小节和 6.5.4 小节）进行了 FLMC 模拟，并且通过将模拟结果和基于同一模型的自洽场理论的结果相比较，定量地揭示了体系中的涨落效应；有兴趣的读者可以参见原文。我们还对不可压缩的均聚物熔体 [38] 和二元混合物 [39] 进行了类似的研究；在 7.4 节我们将介绍对这些不含溶剂（即空位）的格点模型进行 FLMC 模拟所需要的两种尝试运动。

7.4 空位扩散算法和协同运动算法

在格点 Monte Carlo 模拟中常用的局部跳跃、末端旋转和蛇形运动等尝试运动（详见 4.2.1 小节）都要求体系中存在空位，并且其效率随着空位数的减少而降低。当高分子的体积分数 $\phi\equiv nN/\rho_0\tilde{V}$ 接近于 1（即体系为几乎不可压缩的高分子熔体）时，这些尝试运动的效率就变得很低了；这里 n 为链数，N 为链长，ρ_0 为能够占据同一个格点的最大链节数（即整个体系是不可压缩的），而 $\tilde{V}$ 为体系中的格点数。在传统（即使用自避和互避行走的）格点模型中，Reiter 等于 1990 年提出了空位扩散算法（vacancy diffusion algorithm, VDA）[40]；它对于即使是 $\phi>0.9$ 的体系也具有较高的效率，并且是 Pakula 所提出的协同运动算法（cooperative motion algorithm, CMA）[41] 的基础。而后者是目前唯一的、可以用于单分散性且不可压缩的高分子熔体的尝试运动。鉴于不可压缩的高分子熔体在高分子场论中的普遍使用，作者之一的课题组将这两种算法推广到了格点多占模型上 [38]；我们对其分述如下。

7.4.1 空位扩散算法（VDA）

对于一个给定的体系当前构型 $\boldsymbol{R}_o$，如果在格点 $\boldsymbol{r}_0$ 上的链节数 $\rho(\boldsymbol{r}_0)\leqslant\rho_0-1$，我们则定义 $\boldsymbol{r}_0$ 为**空位**。这里的 VDA 适用于二维中的六角和星形格点模型，以及

三维中的面心立方和单格点键长涨落（包括 I、II 和 III）模型（详见表 2.1）。一次 VDA 尝试运动只会改变一条链的构型，它包括下面两个步骤：

(1) 随机选取一个空位 $\boldsymbol{r}_0$，并对位于 $\boldsymbol{r}_0$ 的所有近邻格点（其数目可以和表 2.1 中的配位数不同；关于这一点，感兴趣的读者可以参见文献 [42] 中对星形链的处理方法）上的链节做如下测试：如果把某个链节移动到 $\boldsymbol{r}_0$ 时会导致少于两个键的断裂，则该链节为 **"可移动" 链节**。记 "可移动" 链节的总数为 A_o；如果 $A_o=0$ 则尝试运动失败，否则进行下一步。

(2) 从 "可移动" 链节的集合中随机选取一个链节 s 并将其移动到 $\boldsymbol{r}_0$。如果这不会导致键的断裂，则尝试运动完成。否则，记链节 s 和 s' 之间的键断裂。我们从链节 s' 开始对其所在的（且不包含链节 s 的）链段做蛇形运动，即依次把该链段的每个链节移动到上一个链节的原来位置上，直到移动链节 t 后链的连接性得到恢复为止（这等价于空位沿着该链段扩散）；如果移动一个链节会导致其多于一个键的断裂，或者该链段的蛇形运动无法恢复链的连接性，则尝试运动失败。

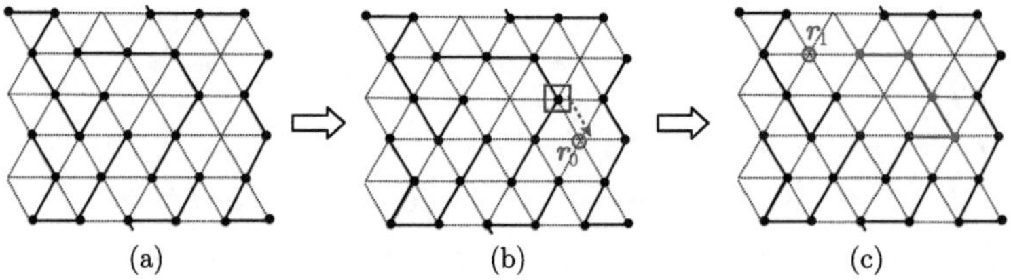

图 7.4 以在六角格点模型（虚线所示）上的自避和互避链（实线所示）为例的空位扩散算法的示意图：(a) 当前体系构型 $\boldsymbol{R}_o$；(b) 在 $\boldsymbol{R}_o$ 中随机选取一个空位 $\boldsymbol{r}_0$，并从位于 $\boldsymbol{r}_0$ 的所有近邻格点上的 "可移动" 链节的集合中随机选取一个链节（由蓝色方框标记）；(c) 将该链节移动到 $\boldsymbol{r}_0$，并把相应的链段做蛇形运动直到链的连接性被恢复（或者因多于一个键的断裂而使尝试运动失败），从而得到新的尝试构型 $\boldsymbol{R}_n$；移动的链段显示为红色。在这一尝试运动中，空位沿着移动的链段扩散到 $\boldsymbol{r}_1$，$A_o=6$ 而 $A_n=5$

在第 (2) 步完成后，我们就得到了一个新的尝试构型 $\boldsymbol{R}_n$。记 A_n 为 $\boldsymbol{R}_n$ 中位于链节 t 所在格点的所有近邻格点上的 "可移动" 链节的总数，则该尝试运动的接受准则为 $P_{acc}(\boldsymbol{R}_o\to\boldsymbol{R}_n)=\min\left[1,(A_oW_o/A_nW_n)\exp\left(-\Delta\tilde{U}\right)\right]$；这里由于构型偏倚（详见 5.2 节）而使用了 A_o 和 A_n，W_o 和 W_n 分别为 $\boldsymbol{R}_o$ 和 $\boldsymbol{R}_n$ 的 W 因子 [见式 (7.8)]，$\Delta\tilde{U}\equiv\tilde{U}_n^{\mathrm{nb}}-\tilde{U}_o^{\mathrm{nb}}$，而 $\tilde{U}_o^{\mathrm{nb}}$ 和 $\tilde{U}_n^{\mathrm{nb}}$ 分别为 $\boldsymbol{R}_o$ 和 $\boldsymbol{R}_n$ 无量纲的非键作用能。在图 7.4 中，我们以六角格点模型上 $\rho_0=1$ 的线形链体系为例，给出了一次 VDA 尝试运动的流程。值得一提的是：这里的 VDA 适用于任何链结构[42]。

7.4.2　协同运动算法（CMA）

CMA 可以看作是把上面的 VDA 扩展到不可压缩熔体（即 $\phi = 1$）的情况。在模拟开始时，我们先通过**规则排链**的方式生成初始构型：以六角格点模型为例，可以按顺序把每条链以最伸展的方式沿着 y 方向排列 [见图 7.5(a)]；如果链到达了模拟盒子的边界，则将其折回至近邻格点层继续规则地排列。这样生成的初始构型就自动满足了不可压缩条件。对于一个给定的体系当前构型 $\boldsymbol{R}_o$，一次 CMA 尝试运动包括下面三个步骤：

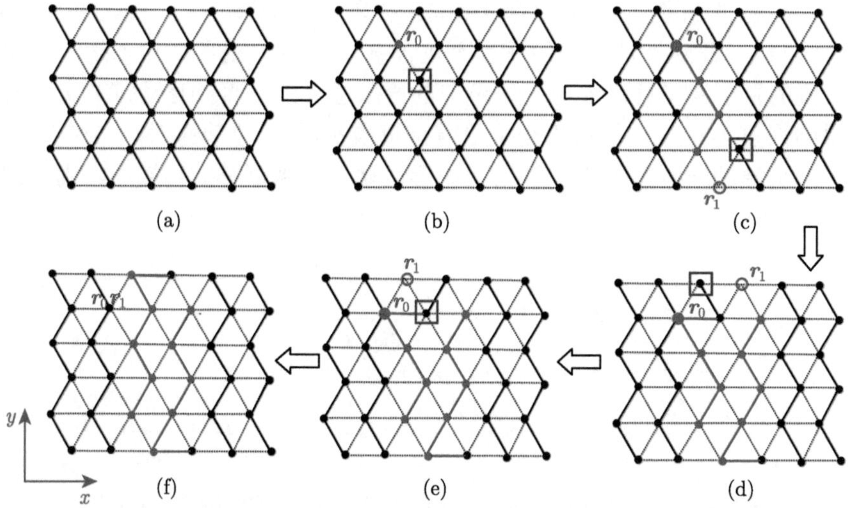

图 7.5　以在六角格点模型（虚线所示）上的自避和互避链（实线所示）为例的协同运动算法的示意图：(a) 当前构型 $\boldsymbol{R}_o$；(b)~(e) 尝试运动的中间构型，这里，在 (c)~(e) 中格点 $\boldsymbol{r}_0$ 被两个链节占据，因此用比其他链节略大的红点表示，而蓝色方框标记的是随机选取的“可移动”链节；(f) 尝试运动生成的新构型 $\boldsymbol{R}_n$，这里已移动的链段显示为红色

(1) 随机选取一个格点 $\boldsymbol{r}_0$，并从位于 $\boldsymbol{r}_0$ 的所有近邻格点上的“可移动”链节的集合中随机选取一个链节 s。如果没有“可移动”的链节，则尝试运动失败；否则进行下一步。

(2) 把选中的链节 s 移动到 $\boldsymbol{r}_0$。如果这不会导致键的断裂，则用 $\boldsymbol{r}_1$ 代表链节 s 原来的格点位置；否则就和 VDA 中的步骤 (2) 一样对相应的链段做蛇形运动，并用 $\boldsymbol{r}_1$ 代表链节 t 原来的位置。如果 $\boldsymbol{r}_1 = \boldsymbol{r}_0$，则得到了一个新的尝试构型 $\boldsymbol{R}_n$，尝试运动完成；否则进行下一步，此时 $\boldsymbol{r}_0$ 被 $\rho_0 + 1$ 个链节占据，而 $\boldsymbol{r}_1$ 被 $\rho_0 - 1$ 个链节占据（即 $\boldsymbol{r}_1$ 为空位）。

(3) 从位于 $\boldsymbol{r}_1$ 所有近邻上的“可移动”链节的集合中随机选取一个链节（但是要排除会导致与前一步正好相反的运动的链节；如果没有“可移动”的链节，则尝试运动失败)，并用步骤 (2) 中的方法将其移动到 $\boldsymbol{r}_1$，这样空位就开始在体系中扩散；相应地更新 $\boldsymbol{r}_1$，并重复这一步直至 $\boldsymbol{r}_1 = \boldsymbol{r}_0$，此时体系重新满足了不可压缩条件，因此得到了 $\boldsymbol{R}_n$，尝试运动完成。

在图 7.5 中，我们以六角格点模型上 $\rho_0 = 1$ 的体系为例，给出了一次 CMA 尝试运动的流程。在 CMA 尝试运动中，链节的移动轨迹形成了一个闭环，因此没有构型偏倚；它的接受准则为 $P_{acc}(\boldsymbol{R}_o \to \boldsymbol{R}_n) = \min\left[1, \exp\left(-\Delta\tilde{U}\right)\right]$。

对于均聚物熔体，由于没有排除体积以外的非键作用，失败的尝试运动直接被拒绝，而成功的尝试运动直接被接受。我们的模拟结果表明 CMA 尝试运动的平均接受率随着 ρ_0 的增加而单调趋向于 1。例如，对于 $N = 40$、在盒子边长为 20 的六角格点模型上的均聚物熔体，$\rho_0 = 1$、2 和 4 的尝试运动的平均接受率分别是 0.890204，0.996207 和 0.999997[38]；这说明我们推广到格点多占模型上的 CMA 是非常高效的。图 7.6 还给出了不可压缩的均聚物无热溶液中链的均方端端距 ${R_e}^2$ 随着 ϕ 的变化 [38]；正如我们所预期的，${R_e}^2$ 随着 ρ_0 的增加而减小，而且 VDA 的结果随着 ϕ 的增加而单调减小并趋向于 CMA 的结果。这证明了上述 VDA 和 CMA 的正确性。

采用六角格点模型，作者之一的课题组在正则系综下对不可压缩的均聚物熔体用 CMA 进行了 FLMC 模拟，并且通过将模拟结果和基于同一模型的高斯涨

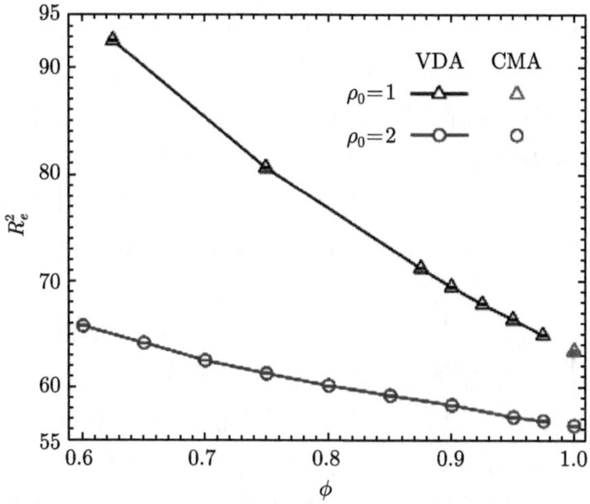

图 7.6 不可压缩的均聚物无热溶液中链的均方端端距 ${R_e}^2$ 随着高分子的体积分数 ϕ 的变化；当 $\phi = 1$ 时，体系为不可压缩的熔体。这里链长 $N = 40$，一个高分子链节具有和一个溶剂分子相同的体积（即 $r = 1$），ρ_0 为每个格点上的高分子链节和溶剂分子数（$\rho_0 = 1$ 对应于自避和互避行走），模拟在盒子边长为 L 的六角格点模型中进行；在 VDA 中 $L = 40$，而在 CMA 中 $L = 20$ [38]

落理论的结果相比较，定量地揭示了体系中的非高斯涨落效应 [38]。我们还在半巨正则系综（详见 5.4 节）下对不可压缩的对称二元均聚物混合物用 CMA 和并行回火结合加权直方图分析方法进行了 FLMC 模拟，并且使用有限尺寸标度分析（详见 8.2 节）构造了体系在热力学极限下的相图，定量地分析了体系的涨落对其临界点和临界指数的影响 [39]。有兴趣的读者可以参见原文。

7.5　格点多占模型对包含溶剂的高分子体系的定量粗粒化

格点模型在高分子体系的理论和模拟研究中有着广泛的应用，其中最著名的要数 20 世纪 40 年代初提出的高分子溶液的 Flory-Huggins 理论 [29,43,44]（详见 1.4.2 小节；该理论是现代高分子物理的奠基石之一)。在 2.3 节中我们已经说过，传统格点模型采用自避和互避行走（self- and mutual-avoiding walk, SMAW)，即一个格点最多只能被一个高分子链节所占据，而一个未被占据的格点通常被认为是一个溶剂分子。由于格点模型是高分子的粗粒化模型，其中的每个链节代表着同一条链上的多个相连单体，SMAW 就要求这些相连单体和一个溶剂分子具有相同的体积。这在实验体系中通常是不成立的；换句话说，传统格点模型一般无法定量地处理溶剂分子的平动熵，而平动熵对于小分子溶剂的行为却很重要。另一方面，SMAW 也极大地限制了传统格点模型对实验中所用的包含溶剂的高分子体系进行粗粒化的程度；由于计算量的限制，传统格点模型用于多链体系的模拟时，其链长 N 一般在 100 以下，远不能达到实验中所用的高分子的等效聚合度 $\overline{\mathcal{N}}$（参见图 2.1 和图 7.1)，因此严重地夸大了高分子体系的涨落效应。所以，即使在最好的情况下，使用硬排除体积作用的传统格点模型也只能对实验中所使用的多链体系给出定性的描述。与此相反，使用软势的格点多占（multiple occupancy of lattice sites, MOLS）模型可以很好地解决这两个问题，甚至可以在没有可调参数的情况下达到与实验结果的定量吻合。下面我们就详细地介绍如何用格点多占模型对包含溶剂的高分子体系进行定量的粗粒化 [45]。

为了简单起见，我们先考虑一个由 n 条链和 n_{S} 个溶剂分子组成的均相且不可压缩的均聚物溶液（称为**原始体系**)；这里每条链上有 N_{m} 个单体，每个单体和溶剂分子的体积分别用 v_0 和 v_{S} 来表示，体系的体积为 $V = nN_{\mathrm{m}}v_0 + n_{\mathrm{S}}v_{\mathrm{S}}$，而体系中高分子的体积分数为 $\phi = nN_{\mathrm{m}}v_0/V$。在格点多占模型中，我们依然有 n 条链和 n_{S} 个溶剂分子，只是每条链上有 N 个粗粒化的链节（称为**粗粒化体系**)。每个链节或者溶剂分子占据一个格点，而每个格点可以同时被 $i \geqslant 0$ 个链节和 $j \geqslant 0$ 个溶剂分子所占据，只要 i 和 j 满足 $i + j/r = \rho_0$，其中 $r > 0$ 为一个链节与一个溶剂分子的体积比，而 $\rho_0 > 0$ 为能够占据同一个格点的最大链节数（注意 r 和 ρ_0 不必是整数)。在粗粒化体系中，体系的体积为 $V = (nN/\rho_0 + n_{\mathrm{S}}/r\rho_0)\,l^3$，$l$ 为晶格常数，而高分子的体积分数为 $\phi = nNl^3/\rho_0 V = nNr/(nNr + n_S)$。

为了建立原始体系和粗粒化体系之间的定量对应关系，我们需要确定格点多占模型中 r、ρ_0 和 l 的值。首先，每个链节应该和其所代表的 N_m/N 个单体具有相同的体积，即 $r = N_m v_0/N v_S$，这不但正确地处理了溶剂分子的平动熵，也使得（均相的）原始和粗粒化体系具有相同的 ϕ。其次，取 $\rho_0 = Nl^3/N_m v_0$ 使得原始和粗粒化体系具有相同的 V。基于这两个对应关系，我们还可以得到原始和粗粒化体系（在平均场下）具有相同的无量纲的非键作用能，即 $\tilde{U}^{\mathrm{nb}} = \chi\phi(1-\phi)V/v_S$；这里 χ 为一个单体和一个溶剂分子之间的、以 v_S 为参考体积来定义的 Flory-Huggins 作用参数 [46]（尽管在文献中不经常提及，χ 的值是和定义它时所用的参考体积成正比的；例如在 Flory-Huggins 理论中所取的参考体积为一个格点的体积）。最后，为了使原始和粗粒化体系中的链具有相同的 $\overline{\mathcal{N}} \equiv \left(nR_e{}^3/V\right)^2$（即定量地处理体系的涨落），它们的均方端端距 $R_e{}^2$ 必须一样，即

$$R_{e,\mathrm{O}}{}^2(N_m, \chi, \phi) = R_{e,\mathrm{CG}}{}^2(N, \chi, \phi, r, \rho_0, b) \tag{7.10}$$

其中，下角标 “O” 和 “CG” 分别代表原始和粗粒化体系，而 $b(l)$ 为格点多占模型中理想链键长的均方根，对于选定的格点模型它只依赖于 l（例如对于简立方格点模型 $b = l$，而对于面心立方格点模型 $b = \sqrt{2}l$）。式 (7.10) 可以用来确定 l，这一般需要由实验测量而得到的 $R_{e,\mathrm{O}}{}^2$ 和对粗粒化体系进行 FLMC 模拟而得到的 $R_{e,\mathrm{CG}}{}^2(l)$。如果我们假设理想链构型（即 $R_e = \sqrt{N_m - 1}a = \sqrt{N-1}b$；这个近似适用于在 Θ 溶剂中的高分子溶液，详见 1.4.3 小节)，则式 (7.10) 简化为

$$l = \sqrt{(N_m - 1)/(N-1)}a\,(b/l)^{-1} \tag{7.11}$$

其中，a 为原始体系中高分子的统计链段长度（详见 1.4.4 小节）。

上面这个简单却定量的粗粒化方法使得原始体系中的溶剂分子平动熵和涨落效应在格点多占模型中都得到了正确的处理，并且同样地适用于非均相的高分子体系。作为一个示例，下面我们将其用于在显式溶剂中的均聚物刷。这里的实验（原始）体系为接枝于平板上的氘化聚苯乙烯链（a = 0.67 nm），其聚合度为 $N_m = 1515$，无量纲的接枝密度（即在面积为 $R_e{}^2$ 上的平均接枝链数）为 $\sigma = 12.76$（这里 σ 不代表非键作用的截断距离！），溶剂为邻苯二甲酸二辛酯，在实验温度（22°C）下是聚苯乙烯的 Θ 溶剂（即 $\chi = 1/2$），$v_0/v_S = 0.252$。Kent 等用中子反射（neutron reflectivity）测量了该体系在垂直于平板的方向（用 x 表示）上高分子的体积分数 $\phi(x)$ [47]。

在粗粒化体系中，我们采用简立方格点模型，把所有链的第一个链节都固定在第一层格点上 [即 $x = l$；后者由式 (7.11) 得到]，而把不能被高分子链节或溶

剂分子所占据（即不可穿透）的平板放在 $x=0$ 处；体系沿 x 方向总共有 N 层格点（不包括平板）。该体系无量纲的构型积分为

$$\tilde{Z}=\prod_{k=1}^{n}\prod_{s=1}^{N}\sum_{\boldsymbol{R}_{k,s}}\cdot\prod_{j=1}^{n_{\mathrm{S}}}\sum_{\boldsymbol{r}_j}\cdot\exp\left(-\tilde{U}^{\mathrm{b}}-\tilde{U}^{\mathrm{nb}}\right)\cdot$$
$$\prod_{\boldsymbol{r}}\delta\left[\rho(\boldsymbol{r})+\rho_{\mathrm{S}}(\boldsymbol{r})/r-\rho_0\right]\cdot\prod_{k=1}^{n}\delta_{\boldsymbol{R}_{k,s=1},\boldsymbol{g}_k}$$

其中 $\tilde{U}^{\mathrm{nb}}$ 由式 (7.5) 给出，而最后一项代表把第 k 条链的第一个链节固定在其接枝点 $\boldsymbol{g}_k$ 上（所有 $\boldsymbol{g}_k$ 的 x 分量都为 l）。值得注意的是，这个非均相体系中高分子的平均体积分数 $\overline{\phi}=(\sigma/\rho_0)\,(l/R_e)^2$。

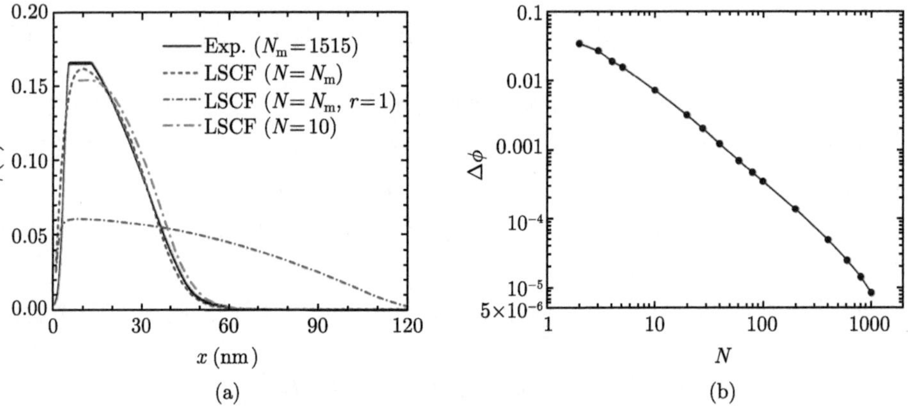

图 7.7 (a) 实验上测得的（实线所示）和对格点多占模型进行自洽场（LSCF）计算得到的 Θ 溶剂中的均聚物刷在垂直于接枝平板的方向（用 x 表示）上高分子的体积分数 $\phi(x)$，其中 N_{m} 为实验中所用的接枝链的聚合度，而 N 为自洽场计算中所用的链长。(b) 使用不同 N 的自洽场计算得到的 $\phi(x;N)$ 与 $\phi(x;N_{\mathrm{m}})$ 的偏差 $\Delta\phi$ 随 N 变化的双对数图 [45]

在图 7.7(a) 中，我们对比了实验上测得的和对格点多占模型进行自洽场计算得到的 $\phi(x)$；这里模型中的所有参数值均取自实验。我们首先考虑不做粗粒化（即 $N=N_{\mathrm{m}}$）的情况。当正确地处理了溶剂分子的平动熵（即 $r=v_0/v_{\mathrm{S}}$）时，自洽场计算的结果和实验结果几乎达到了定量的吻合；而当我们用传统格点模型（即 $r=1$）时，溶剂分子的平动熵被严重地高估了，导致自洽场计算的结果和实验结果相去甚远。这清楚地显示了正确处理溶剂分子平动熵的重要性。

我们再来研究粗粒化的影响；这里需要保持 σ 不变（即 Nl 和 $\overline{\phi}$ 是随 N 变化的）。图 7.7(b) 给出了使用不同 N 的自洽场计算得到的 $\phi(x;N)$ 与 $\phi(x;N_{\mathrm{m}})$ 的

偏差 $\Delta\phi \equiv \sqrt{\sum_{s=1}^{N}[\phi(x=sl;N)-\phi(x=sl;N_{\mathrm{m}})]^2 \Big/ N}$ 随着 N 的变化，其中 $l(N)$ 由式 (7.11) 得到，$r = N_{\mathrm{m}}v_0/Nv_{\mathrm{S}}$，而 $\phi(x=sl;N_{\mathrm{m}})$ 是通过对图 7.7(a) 中用虚线表示的自洽场计算结果进行三次样条插值（在 $x=0$ 端的 $\mathrm{d}\phi/\mathrm{d}x$ 用二阶差商近似，在另一端的设为 0）得到的。和我们预期的一样，粗粒化程度越高，与原始体系的偏差就越大；但是，即使把每条链从 $N_{\mathrm{m}} = 1515$ 个单体粗粒化为只有 $N = 10$ 个链节，我们依然有 $\Delta\phi < 0.01$。图 7.7(a) 中也给出了自洽场计算得到的 $\phi(x;N=10)$。这说明了我们用格点多占模型对包含溶剂的高分子体系的定量粗粒化非常成功。关于更多的示例，包括粗粒化对体系涨落的影响，感兴趣的读者可以参见文献 [45]。

参 考 文 献

[1] Wang Q, Yin Y. J. Chem. Phys., 2009, 130 (10): 104903.
[2] Wang Q. Soft Matter, 2009, 5 (22): 4564-4567.
[3] Hoogerbrugge P J, Koelman J M V A. Europhys. Lett., 1992, 19 (3): 155-160.
[4] Espanol P, Warren P. Europhys. Lett., 1995, 30 (4): 191-196.
[5] Leibler L. Macromolecules, 1980, 13 (6): 1602-1617.
[6] Fredrickson G H, Helfand E. J. Chem. Phys., 1987, 87 (1): 697-705.
[7] Zong J, Wang Q. J. Chem. Phys., 2013, 139 (12): 124907.
[8] Groot R D, Madden T J. J. Chem. Phys., 1998, 108 (20): 8713-8724.
[9] Groot R D, Warren P B. J. Chem. Phys., 1997, 107 (11): 4423-4435.
[10] Feng Y, Li B, Wang Q. Soft Matter, 2022, 18 (26): 4923-4929.
[11] Sandhu P, Zong J, Yang D, Wang Q. J. Chem. Phys., 2013, 138 (19): 194904.
[12] Fredrickson G H, Ganesan V, Drolet F. Macromolecules, 2002, 35 (1): 16-39.
[13] Reister E, Müller M, Binder K. Phys. Rev. E, 2001, 64 (4): 041804.
[14] Duchs D, Ganesan V, Fredrickson G H, Schmid F. Macromolecules, 2003, 36 (24): 9237-9248.
[15] Müller M, Smith G D. J. Polym. Sci. B: Polym. Phys., 2005, 43 (8): 934-958.
[16] Milano G, Kawakatsu T. J. Chem. Phys., 2009, 130 (21): 214106.
[17] Stratonovich R L. Doklady Akademii Nauk SSSR, 1957, 115 (6): 1097-1100.
[18] Hubbard J. Phys. Rev. Lett., 1959, 3 (2): 77-78.
[19] Fredrickson G H. The Equilibrium Theory of Inhomogeneous Polymers. New York: Oxford University Press, 2006.
[20] Suzuki M. Quantum Monte Carlo Methods in Equilibrium and Nonequilibrium Systems: Proceedings of the Ninth Taniguchi International Symposium, Susono, Japan, November 14-18, 1986. New York; Berlin: Springer-Verlag, 1987.

[21] Wang Q//Kobayashi S, Mullen K. Encyclopedia of Polymeric Nanomaterials. Springer, 2014: 400-405.

[22] Daoulas K C, Müller M. J. Chem. Phys., 2006, 125 (18): 184904.

[23] Laradji M, Guo H, Zuckermann M J. Phys. Rev. E, 1994, 49 (4): 3199-3206.

[24] Soga K G, Guo H, Zuckermann M J. Europhys. Lett., 1995, 29 (7): 531-536.

[25] Detcheverry F A, Kang H M, Daoulas K C, Müller M, Nealey P F, de Pablo J J. Macromolecules, 2008, 41 (13): 4989-5001.

[26] Detcheverry F A, Pike D Q, Nealey P F, Müller M, de Pablo J J. Phys. Rev. Lett., 2009, 102 (19): 197801.

[27] Li B, Madras N, Sokal A D. J. Stat. Phys., 1995, 80 (3-4): 661-754.

[28] Helfand E, Tagami Y. J. Polym. Sci. B: Polym. Lett., 1971, 9 (10): 741-746.

[29] Flory P J. Principles of Polymer Chemistry. Ithaca: Cornell University Press, 1953.

[30] Zong J, Wang Q. J. Chem. Phys., 2015, 143 (18): 184903.

[31] Zhang P, Zhang X, Li B, Wang Q. Soft Matter, 2011, 7 (9): 4461-4471.

[32] Zhang P, Li B, Wang Q. Macromolecules, 2011, 44 (19): 7837-7852.

[33] Domb C, Joyce G S. J. Phys. C, 1972, 5 (9): 956-976.

[34] Pelissetto A. J. Chem. Phys., 2008, 129 (4): 044901.

[35] Zhang P, Wang Q. J. Chem. Phys., 2014, 140: 044904.

[36] Zhang P, Li B, Wang Q. Macromolecules, 2012, 45 (5): 2537-2550.

[37] Yang D, Wang Q. J. Chem. Phys., 2013, 140: 194902.

[38] Zhang P, Yang D, Wang Q. J. Phys. Chem. B, 2014, 118 (41): 12059-12067.

[39] Zhang P, Wang Q. Polymer, 2016, 101: 7-14.

[40] Reiter J, Edling T, Pakula T. J. Chem. Phys., 1990, 93 (1): 837-844.

[41] Pakula T. Macromolecules, 1987, 20 (3): 679-682.

[42] Wu J-P, Li B-H, Wang Q. Chin. J. Polym. Sci., 2022, 40 (4): 413-420.

[43] Huggins M L. J. Chem. Phys., 1941, 9 (5): 440-440.

[44] Flory P J. J. Chem. Phys., 1941, 9 (8): 660-661.

[45] Zhang P, Wang Q. Soft Matter, 2013, 9 (47): 11183-11187.

[46] Brandrup J, Immergut E H, Grulke E A. Polymer Handbook. 4th ed. New York; Chichester: Wiley, 2004.

[47] Kent M S, Majewski J, Smith G S, Lee L T, Satija S. J. Chem. Phys., 1998, 108 (13): 5635-5645.

第 8 章　专　　题

本章中我们讲述两个独立的专题：8.1 节是关于如何在格点模型中计算高分子体系的压强，包括在体相溶液中的渗透压和在平板受限下的法向压强；这等价于在模拟中计算体系的配分函数。而 8.2 节是关于如何分析模拟中一级和二级相变的有限尺寸效应；这对于把模拟结果外推至热力学极限很有用。在阅读本章之前，读者最好能够掌握在第 5 章和第 6 章中（除了 5.1.3 小节、6.4 节和 6.7 节以外）讲的各种方法。

8.1　格点高分子体系的压强计算

我们在 2.3 节中已经提到，由于在格点上的 Monte Carlo 模拟比在连续空间中的要快很多，格点模型在研究高分子体系的热力学性质方面有着广泛的应用。但是，压强作为一个重要的热力学量，它在格点模型中的计算却并不像在非格点模型中最常用的 virial 方法那样直接。在这一节，我们以不可压缩的均聚物溶液在体相中的渗透压和在平板受限下的法向压强为例来说明文献中各种计算格点高分子体系压强的方法。我们在这里采用格点多占模型，并且认为高分子链节和溶剂分子的体积相同，即每个高分子链节或者溶剂分子占据一个格点，而每个格点都被 ρ_0 个高分子链节和溶剂分子所占据；如 7.3.2 小节中所述，当 $\rho_0 = 1$ 时该模型退化为使用自避和互避行走的传统格点模型。我们分别采用晶格常数和 $1/\beta$ 作为长度和能量的单位，并使用无量纲的物理量（详见 3.4 节）。

8.1.1　基于巨正则系综配分函数的方法

在正则系综下（即固定高分子的链数 n、体系无量纲的体积 $\tilde{V}$ 以及作用参数；为了简洁起见，我们将隐含后者），链无量纲的化学势（等价于高分子链和溶剂分子之间无量纲的交换化学势）为 $\tilde{\mu} = \left(\partial\tilde{F}\big/\partial n\right)_{\tilde{V}}$，其中 $\tilde{F}$ 代表体系无量纲的 Helmholtz 自由能。由此我们可以得到

$$\tilde{F}(\phi,\tilde{V}) - \tilde{F}(\phi=0,\tilde{V}) = \left(\rho_0\tilde{V}\big/N\right)\int_0^{\phi}\tilde{\mu}\mathrm{d}\phi$$

其中 $\phi \equiv nN/\rho_0\tilde{V}$ 为高分子的体积分数。再通过体系无量纲的压强的定义，即 $\tilde{P} \equiv -\left(\partial\tilde{F}\big/\partial\tilde{V}\right)_n$，我们就得到了不可压缩的均聚物溶液在体相中无量纲的渗透压为

$$\Pi(\phi) \equiv \tilde{P}(\phi) - \tilde{P}(\phi = 0) = (\rho_0/N)\left[\phi\tilde{\mu}(\phi) - \int_0^{\phi} \tilde{\mu}(\phi)\mathrm{d}\phi\right] = (\rho_0/N)\int_{\tilde{\mu}(\phi=0)}^{\tilde{\mu}(\phi)} \phi\mathrm{d}\tilde{\mu}。$$

因此，我们既可以在正则系综下的模拟中计算出不同 ϕ 下的 $\tilde{\mu}$（详见 5.1 节）[1]，也可以在巨正则系综下的模拟中（详见 5.3.1 小节）计算出不同 $\tilde{\mu}$ 下的 ϕ（即高分子体积分数的巨正则系综平均）[2]，然后通过数值积分得到 $\Pi(\phi)$。我们把这两种方法统称为**测试链插入（暨热力学积分）法**。

另一方面，由体系归一化的等温压缩系数的定义，即

$$\kappa_T \equiv -\left(n\Big/\tilde{V}^2\right)\left(\partial\tilde{V}\Big/\partial\tilde{P}\right)_n = (\rho_0/N)\left(\partial\phi\Big/\partial\tilde{P}\right)_n$$

[参见式 (4.5)]，我们可以得到

$$\Pi(\phi) = \frac{\rho_0}{N}\int_0^{\phi} \frac{1}{\kappa_T}\mathrm{d}\phi \tag{8.1}$$

因此，可以在模拟中计算出 $\kappa_T(\phi)$，然后通过数值积分得到 $\Pi(\phi)$。类似于测试链插入法，$\kappa_T(\phi)$ 既可以在巨正则系综下的模拟中通过 n 的涨落来得到（即 $\kappa_T = \left(\langle n^2\rangle - \langle n\rangle^2\right)\Big/\langle n\rangle$）[3]，也可以在正则系综下的模拟中通过将体系归一化的结构因子 $\tilde{S}(\tilde{q} > 0)$ 外推到无量纲的波数 $\tilde{q} \to 0$ 来得到 [即 $\kappa_T = \tilde{S}(\tilde{q} \to 0)$；详见 4.4.2 小节][4]。我们把这两种方法统称为**压缩系数（暨热力学积分）法**。

在巨正则系综下，我们有 $\kappa_T = (\partial\phi/\partial\tilde{\mu})_{\tilde{V}}/\phi$ 和 $\phi = \left(N\Big/\rho_0\tilde{V}\right)(\partial\ln\Xi/\partial\tilde{\mu})_{\tilde{V}}$，其中 Ξ 代表体系的巨正则配分函数。将它们分别代入式 (8.1) 及其结果中，我们得到 $\Pi(\phi) = (\rho_0/N)\int_{\tilde{\mu}(\phi=0)}^{\tilde{\mu}(\phi)} \phi\mathrm{d}\tilde{\mu} = \ln\left[\Xi(\tilde{\mu}(\phi),\tilde{V})\Big/\Xi(\tilde{\mu}(\phi=0),\tilde{V})\right]\Big/\tilde{V}$；这里的第一个等号表明了测试链插入法与压缩系数法的等价性，而第二个等号表明了这两种方法都是基于 Ξ 的。因此，通过直接计算 $\Xi(\tilde{\mu}(\phi),\tilde{V})/\Xi(\tilde{\mu}(\phi=0),\tilde{V})$，就可以避免这两种方法中所用到的比较耗时的热力学积分；这即是 Jiang 和 Wang 所使用的方法 [5]：进行多个在不同 $\tilde{\mu}$ 下的巨正则系综模拟并结合加权直方图分析方法（详见 6.3 节）来计算 Π。

8.1.2 基于正则系综配分函数的方法

1. 排斥墙（repulsive wall）方法

上面所讲的基于巨正则系综配分函数的方法都要在模拟中使用高分子链的插入/删除尝试运动，由于链插入的平均接受率随着高分子体积分数 ϕ 的增加而减小，这些方法不适用于 ϕ 较大的高分子溶液（特别是对于 N 较大的传统格点模

型)；而唯一的例外，即在正则系综下的压缩系数法，又难以控制结构因子外推的精度。Dickman 于 1987 年提出了在正则系综下的排斥墙方法 [6]，用来计算受限在两个分别置于 $x=0$ 和 $x=L_x+1$（即无量纲的板间距为 L_x）、无量纲的面积为 A，并且不能被高分子链节或溶剂分子所占据（即不可穿透）的平行平板之间的高分子溶液无量纲的法向压强：

$$\tilde{P}_n(L_x) \equiv -\frac{1}{A}\left(\frac{\partial \tilde{F}}{\partial L_x}\right)_n \approx \frac{1}{A}\ln\frac{\tilde{Z}_c(L_x)}{\tilde{Z}_c(L_x-1)} \tag{8.2}$$

这里用一阶差商近似了导数，$\tilde{Z}_c(L_x)=\sum_{\boldsymbol{R}}\exp\left[-\tilde{U}(\boldsymbol{R})\right]\Big/W'(\boldsymbol{R})$ 是板间距为 L_x 的受限体系无量纲的构型积分，$\boldsymbol{R}$ 代表体系的一个构型（即所有链节的格点位置)，$\tilde{U}(\boldsymbol{R})$ 为体系无量纲的势能函数，

$$W'(\boldsymbol{R}) \equiv \frac{\prod\limits_{\boldsymbol{r}}[\rho_0-\rho(\boldsymbol{r})]!}{\prod\limits_{\boldsymbol{r}}\theta\left[\rho_0-\rho(\boldsymbol{r})\right]} \tag{8.3}$$

$\rho(\boldsymbol{r})$ 为在 $\boldsymbol{R}$ 中位于格点 $\boldsymbol{r}$ 上的高分子链节的数目，而 $\theta(x)$ 为阶跃函数（详见 7.3.2 小节）。为了把对应于 $\tilde{Z}_c(L_x)$ 和 $\tilde{Z}_c(L_x-1)$ 的两个受限体系耦合起来，Dickman 引入了一个过渡体系，它和对应于 $\tilde{Z}_c(L_x)$ 的受限体系的唯一不同就是每个处于 $x=L_x$ 格点层上的高分子链节都受到一个无量纲的排斥势$\tilde{U}_c(\lambda)=-\ln\lambda$的作用；记该层上的链节数目为 N_c，则过渡体系无量纲的构型积分为

$$\tilde{Z'}_c(\lambda)=\sum_{\boldsymbol{R}}\frac{\exp\left[-\tilde{U}(\boldsymbol{R})-\tilde{U}_c(\lambda)N_c(\boldsymbol{R})\right]}{W'(\boldsymbol{R})}=\sum_{\boldsymbol{R}}\frac{\lambda^{N_c(\boldsymbol{R})}\exp\left[-\tilde{U}(\boldsymbol{R})\right]}{W'(\boldsymbol{R})} \tag{8.4}$$

由于 $\tilde{Z}'_c(\lambda=1)=\tilde{Z}_c(L_x)$，而 $\tilde{Z}'_c(\lambda=0)=\tilde{Z}_c(L_x-1)/\left(\rho_0!\right)^A$，我们得到

$$\begin{aligned}\tilde{P}_n(L_x) &\approx \frac{1}{A}\ln\frac{\tilde{Z}'_c(\lambda=1)}{\tilde{Z}'_c(\lambda=0)}-\ln\left(\rho_0!\right)=\frac{1}{A}\int_0^1\frac{\mathrm{d}\ln\tilde{Z}'_c(\lambda)}{\mathrm{d}\lambda}\mathrm{d}\lambda-\ln\left(\rho_0!\right)\\ &=\frac{1}{A}\int_0^1\frac{1}{\tilde{Z}'_c(\lambda)}\frac{\mathrm{d}\tilde{Z}'_c(\lambda)}{\mathrm{d}\lambda}\mathrm{d}\lambda-\ln\left(\rho_0!\right)=\frac{1}{A}\int_0^1\frac{\langle N_c\rangle_\lambda}{\lambda}\mathrm{d}\lambda-\ln\left(\rho_0!\right)\end{aligned}$$

因此，在正则系综下的模拟中计算出不同 λ 值所对应的系综平均 $\langle N_c\rangle_\lambda$，然后通过数值积分就能得到 $\tilde{P}_n(L_x)$ 了。最后，当用该方法来计算体相高分子溶液的渗

透压时，还需要做 $\tilde{P}_n(L_x) \approx \tilde{P}(\phi_m)$ 的近似，其中 ϕ_m 为受限体系中间（即最接近于体相处）的高分子的体积分数，并且要用到 $\tilde{P}(\phi = 0) = -\ln(\rho_0!)$。此时，为了减小体系中间的受限效应，$L_x$ 需要取较大的值。Stukan 等的研究表明，由该受限效应引起的体相渗透压的计算误差与 L_x 成反比；对于在传统格点模型上的、$N = 20$ 且平均体积分数为 1/2 的受限高分子溶液，即使在 $L_x = 160$ 时仍有比较明显的受限效应 [3]。

从上面我们看到，虽然排斥墙方法可以用来计算 ϕ 较大的高分子体系的压强，它却有两个缺点：一是它需要用到热力学积分（即较大的计算量），二是用于体相时存在受限效应（即需要模拟盒子在受限方向上具有较大的长度）。尽管该方法可以被推广到巨正则系综下 [3]，那里所需的高分子链的插入/删除尝试运动却限制了它所适用的 ϕ 的范围。

2. 对计算平板受限体系法向压强的排斥墙方法的改进

作者之一的课题组对计算平板受限体系法向压强的排斥墙方法进行了改进，不但避免了它所用到的比较耗时的热力学积分，而且提高了计算精度 [7]。以上面的受限体系为例，我们将式 (8.2) 改进为

$$\tilde{P}_n(L_x) \approx \frac{1}{2A} \ln \frac{\tilde{Z}_c(L_x+1)}{\tilde{Z}_c(L_x-1)} \tag{8.5}$$

即用二阶中心差商来近似导数。为了把对应于 $\tilde{Z}_c(L_x+1)$ 和 $\tilde{Z}_c(L_x-1)$ 的两个受限体系耦合起来，我们引入一个过渡体系，它和对应于 $\tilde{Z}_c(L_x+1)$ 的受限体系的唯一不同就是每个处于 $x = L_x$ 和 $x = L_x + 1$ 格点层上的高分子链节都受到一个无量纲的排斥势 $\tilde{U}_c$ 的作用。记在这两层上的总链节数目为 N_c，则该过渡体系无量纲的构型积分为

$$\tilde{Z}'_c(\tilde{U}_c) = \sum\nolimits_{\boldsymbol{R}} \exp\left[-\tilde{U}(\boldsymbol{R}) - \tilde{U}_c N_c(\boldsymbol{R})\right] \Big/ W'(\boldsymbol{R}) = \sum\nolimits_{N_c} \tilde{\Omega}(N_c) \exp\left(-N_c \tilde{U}_c\right)$$

与排斥墙方法 [即式 (8.4)] 不同，在这里的最后一个等号中我们把体系所有的构型 $\boldsymbol{R}$ 按照其 $N_c(\boldsymbol{R})$ 分成不同的“态”并引入无量纲的“态”密度

$$\tilde{\Omega}(N_c) \equiv \sum\nolimits_{\boldsymbol{R}} \delta_{N_c, N_c(\mathrm{R})} \exp\left[-\tilde{U}(\boldsymbol{R})\right] \Big/ W'(\boldsymbol{R})$$

其中 $\delta_{i,j}$ 为 Kronecker δ 函数（即如果 $i = j$ 则 $\delta_{i,j} = 1$，否则 $\delta_{i,j} = 0$）。由于 $\tilde{Z}'_c(\tilde{U}_c = 0) = \tilde{Z}_c(L_x + 1)$ 而 $\tilde{Z}'_c(\tilde{U}_c \to \infty) = \tilde{Z}_c(L_x - 1) / (\rho_0!)^{2A}$，我们最终由式 (8.5) 得到

$$\tilde{P}_n(L_x) \approx \left[\ln \sum\nolimits_{N_c} \omega(N_c)\right] \Big/ 2A - \ln(\rho_0!)$$

其中 $\omega(N_c) \equiv \tilde{\Omega}(N_c)/\tilde{\Omega}(N_c=0)$ 可以通过对 $\tilde{Z}_c(L_x+1)$ 所对应的受限体系用 6.8.2 小节中所讲的 WL-OE 模拟来快速准确地得到。具体来说，对于给定的 N_c 的范围 $[0,2\rho_0 A]$，我们按照 6.8.2 小节中给出的步骤进行模拟，但是需要把那里的 n_p、$n_{p,\min}$ 和 $n_{p,\max}$ 分别替换为 N_c、0 和 $2\rho_0 A$，并且对于从当前构型 $\boldsymbol{R}_o$ 到新构型 $\boldsymbol{R}_n$ 的尝试运动（记作 $\boldsymbol{R}_o \to \boldsymbol{R}_n$）使用如下的接受准则：在 WL 模拟中 $P_{acc}(\boldsymbol{R}_o \to \boldsymbol{R}_n) = \min[1, A_{on}W'(\boldsymbol{R}_o)g(N_{c,o})/W'(\boldsymbol{R}_n)g(N_{c,n})]$，而在 OE 模拟中 $P_{acc}(\boldsymbol{R}_o \to \boldsymbol{R}_n) = \min[1, A_{on}W'(\boldsymbol{R}_o)w(N_{c,n})/W'(\boldsymbol{R}_n)w(N_{c,o})]$，其中 $N_{c,o}$ 和 $N_{c,n}$ 分别为 $\boldsymbol{R}_o$ 和 $\boldsymbol{R}_n$ 中的 N_c 值，而 $g(N_c)$ 和 $w(N_c)$ 为 WL-OE 模拟中使用的数组（详见 6.8.2 小节）；这里对于对称的尝试运动 $A_{on} = \exp\left[\tilde{U}(\boldsymbol{R}_o) - \tilde{U}(\boldsymbol{R}_n)\right]$，对于使用简单构型偏倚方法的尝试运动 $A_{on} = R_n/R_o$，其中 R_o 和 R_n 分别为 5.2.1 小节中所讲的 $\boldsymbol{R}_o$ 和 $\boldsymbol{R}_n$ 的 Rosenbluth 权重，而对于使用拓扑构型偏倚方法的尝试运动 $A_{on} = R_n C_o/R_o C_n$，其中 C_o 和 C_n 分别为 5.2.2 小节中所讲的 $\boldsymbol{R}_o$ 和 $\boldsymbol{R}_n$ 的拓扑权重。在 WL-OE 模拟结束后我们有 $\omega(N_c) = H(N_c)w(N_c=0)/H(N_c=0)w(N_c)$，其中 $H(N_c)$ 为 WL-OE 模拟中得到的直方图。

采用这个改进的排斥墙方法，作者之一的课题组计算了接枝于平板上的均聚物刷被另一平行平板压缩时的法向压强，并和相应的自洽场计算结果做了定量的比较以揭示体系涨落的影响 [7]；有兴趣的读者可以参见原文。

3. 计算体相溶液渗透压的排斥墙方法的两种变体

作者之一的课题组还提出了计算体相溶液渗透压的排斥墙方法的两种变体，它们都避免了排斥墙方法中的热力学积分和受限效应，不但显著地减少了计算量，而且提高了计算精度 [8]。不同于排斥墙方法，这里我们考虑处于体相的高分子溶液（即模拟盒子在所有方向上都采用周期边界条件）。由体系无量纲的压强的定义可以得到

$$\tilde{P}(\phi) \equiv -\left(\frac{\partial \tilde{F}}{\partial \tilde{V}}\right)_n = -\frac{1}{A}\left(\frac{\partial \tilde{F}}{\partial L_x}\right)_n \approx \frac{1}{A}\ln\frac{\tilde{Z}(L_x)}{\tilde{Z}(L_x-1)} \tag{8.6}$$

其中，L_x 为模拟盒子在某一个（记为 x）方向上无量纲的长度，A 为模拟盒子在垂直于 x 方向上无量纲的面积，我们还采用了二阶中心差商来近似导数，即上式中的$\phi = nN/\rho_0 A(L_x - 1/2)$。

在**排斥平面及桥连键（repulsive plane with bridging bonds, RPBB）方法**中，我们引入一个带有排斥平面和桥连键的过渡体系把对应于 $\tilde{Z}(L_x)$ 和 $\tilde{Z}(L_x-1)$ 的两个体相溶液耦合起来。该过渡体系和对应于 $\tilde{Z}(L_x)$ 的体相溶液只有两个差别：一是每个处于 $x = x_0$ 格点层（称为**排斥平面**）上的高分子链节都受到一

个无量纲的排斥势 $\tilde{U}_c$ 的作用；而鉴于周期边界条件，x_0 可以是在 $[1,L_x]$ 上的任一整数。二是分别处于 $x = x_0-1$ 和 $x = x_0+1$（这里要考虑到周期边界条件）格点层上且其他方向上的坐标相同的两个链节之间可以有一个跨越排斥平面的桥连键，也就是说，从所允许的键矢量集合的角度来考虑，这两层上的每个格点的配位数都比表 2.1 中的多一个；同样地，如果体系中有近邻之间的非键相互作用，则这两层上的每个格点的近邻数也比其他格点的近邻数（可以与表 2.1 中的配位数不同）多一个。需要注意的是：桥连键并不会改变链的拓扑结构，而每个桥连键都受到另一个无量纲的排斥势 $\tilde{U}_b$ 的作用。记在构型 $\boldsymbol{R}$ 中有 N_c 个链节处于排斥平面上且有 N_b 个桥连键，则过渡体系无量纲的构型积分为

$$\begin{aligned}\tilde{Z}'(\tilde{U}_c,\tilde{U}_b) &= \sum_{\boldsymbol{R}} \frac{\exp\left[-\tilde{U}(\boldsymbol{R}) - \tilde{U}_c N_c(\boldsymbol{R}) - \tilde{U}_b N_b(\boldsymbol{R})\right]}{W'(\boldsymbol{R})} \\ &= \sum_{N_c}\sum_{N_b} \tilde{\Omega}(N_c,N_b)\exp\left(-\tilde{U}_c N_c - \tilde{U}_b N_b\right)\end{aligned}$$

这里 $\tilde{\Omega}(N_c,N_b) \equiv \sum_{\boldsymbol{R}} \delta_{N_c,N_c(\boldsymbol{R})}\delta_{N_b,N_b(\boldsymbol{R})} \exp\left[-\tilde{U}(\boldsymbol{R})\right] \Big/ W'(\boldsymbol{R})$。由于 $\tilde{Z}'(\tilde{U}_c = 0,\tilde{U}_b \to \infty) = \tilde{Z}(L_x)$ 而 $\tilde{Z}'(\tilde{U}_c \to \infty,\tilde{U}_b = 0) = \tilde{Z}(L_x-1)/\left(\rho_0!\right)^{-A}$，我们得到

$$\tilde{P}(\phi)\approx\frac{1}{A}\ln\frac{\sum\limits_{N_c}\tilde{\Omega}(N_c,N_b=0)}{\sum\limits_{N_b}\tilde{\Omega}(N_c=0,N_b)} - \ln\left(\rho_0!\right) = \frac{1}{A}\ln\frac{\sum\limits_{N_c}\omega^{(N_b=0)}(N_c)}{\sum\limits_{N_b}\omega^{(N_c=0)}(N_b)} - \ln\left(\rho_0!\right) \tag{8.7}$$

其中的两个一维数组 $\omega^{(N_b=0)}(N_c) \equiv \tilde{\Omega}(N_c,N_b=0)/\tilde{\Omega}(N_c=0,N_b=0)$ 和 $\omega^{(N_c=0)}(N_b) \equiv \tilde{\Omega}(N_c=0,N_b)/\tilde{\Omega}(N_c=0,N_b=0)$ 可以分别通过对 $\tilde{Z}(L_x)$ 和 $\tilde{Z}(L_x-1)$ 所对应的体相溶液用 6.8.2 小节中所讲的 WL-OE 模拟来得到（这类似于上面改进的排斥墙方法中 $\omega(N_c)$ 的计算），从而避免了获得 $\tilde{\Omega}(N_c,N_b)$ 所需的较大的计算量。值得一提的是：式 (8.7) 中使用的两个一维数组等价于把式 (8.6) 写为 $\tilde{P}(\phi)\approx\frac{1}{A}\left[\ln\frac{\tilde{Z}(L_x)}{\tilde{Z}_c(L_x-1)} - \ln\frac{\tilde{Z}(L_x-1)}{\tilde{Z}_c(L_x-1)}\right]$，其中 $\tilde{Z}_c(L_x-1)$ 为受限在两个分别置于 $x=0$ 和 $x=L_x$ 的不可穿透的平行平板之间的体系的正则配分函数。

类似地，在**双排斥平面（double repulsive plane, DRP）方法**中，式 (8.6) 可以写为

$$\tilde{P}(\phi)\approx\frac{1}{A}\left[\ln\frac{\tilde{Z}(L_x)}{\tilde{Z}_c(L_x-2)} - \ln\frac{\tilde{Z}(L_x-1)}{\tilde{Z}_c(L_x-2)}\right] \tag{8.8}$$

为了计算上式方括号中的第一项，我们引入一个过渡体系，它与对应于 $\tilde{Z}(L_x)$ 的体相溶液的唯一不同就在于每个处于 $x = x_0$ 和 $x = x_0 + 1$（这里要考虑到周期边界条件）格点层（称为**双排斥平面**）上的高分子链节都受到一个无量纲的排斥势 $\tilde{U}_c$ 的作用；而鉴于周期边界条件，x_0 可以是在 $[1,L_x]$ 上的任一整数。记在构型 $\boldsymbol{R}$ 中有 $N_{c,2}$ 个链节处于双排斥平面上，则该过渡体系无量纲的构型积分为 $\tilde{Z}_2'(\tilde{U}_c) = \sum_{N_{c,2}} \tilde{\Omega}^{(2)}(N_{c,2}) \exp\left(-\tilde{U}_c N_{c,2}\right)$，其中 $\tilde{\Omega}^{(2)}(N_{c,2}) \equiv \sum_{\boldsymbol{R}} \delta_{N_{c,2},N_{c,2}(\boldsymbol{R})} \exp\left[-\tilde{U}(\boldsymbol{R})\right] \Big/ W'(\boldsymbol{R})$。我们引入另一个过渡体系来计算式 (8.8) 方括号中的第二项，它与对应于 $\tilde{Z}(L_x - 1)$ 的体相溶液的唯一不同就是 $x = x_0$ 格点层为排斥平面，而它无量纲的构型积分为 $\tilde{Z}'(\tilde{U}_c) = \sum_{N_c} \tilde{\Omega}(N_c) \exp\left(-\tilde{U}_c N_c\right)$。因此，式 (8.8) 可以写为

$$\tilde{P}(\phi) = \frac{1}{A} \ln\left[\sum_{N_{c,2}} \omega^{(2)}(N_{c,2}) \Big/ \sum_{N_c} \omega(N_c)\right] - \ln(\rho_0!)$$

其中的 $\omega^{(2)}(N_{c,2}) \equiv \tilde{\Omega}^{(2)}(N_{c,2})/\tilde{\Omega}^{(2)}(N_{c,2} = 0)$ 和 $\omega(N_c) \equiv \tilde{\Omega}(N_c)/\tilde{\Omega}(N_c = 0)$ 可以分别通过对 $\tilde{Z}(L_x)$ 和 $\tilde{Z}(L_x - 1)$ 所对应的体相溶液用 6.8.2 小节中所讲的 WL-OE 模拟来得到（这类似于上面改进的排斥墙方法中 $\omega(N_c)$ 的计算）。

这里所讲的 RPBB 和 DRP 方法可以用于四方、星形和简立方格点模型以及单格点键长涨落模型 I 和 Ⅲ。对于在四方格点模型上的 $N = 20$ 的自避和互避行走，我们的计算结果表明 RPBB 比 DRP 方法更有效一些 [8]；但是后者可以很容易地推广到其他格点模型上，而将前者推广到其他格点模型上还需要做进一步的研究。

8.1.3 *Z* 方法

1. *Z* 方法的基本思想和算法

作者之一的课题组提出了能够高效地计算体相高分子溶液渗透压的 Z 方法 [8]。对于给定无量纲的链化学势 $\tilde{\mu}$ 的体相高分子溶液，其无量纲的压强 $\tilde{P}$ 可以由体系的巨正则配分函数 Ξ 得到，即 $\tilde{P}(\tilde{\mu}) = \frac{1}{\tilde{V}} \ln \Xi(\tilde{\mu}) = \frac{1}{\tilde{V}} \ln \sum_{n=0}^{n_m} \frac{\exp(\tilde{\mu} n)}{n!} \tilde{Z}(n)$，其中 n_m 代表无量纲的体积为 $\tilde{V}$ 的模拟盒子中所允许的最大链数（在热力学极限下，$\tilde{V} \to \infty$ 且 $n_m \to \infty$），$\tilde{Z}$ 为包含 n 条链的体系无量纲的构型积分，而为了简洁起见，我们隐含了 Ξ 和 $\tilde{Z}$ 对体系的 $\tilde{V}$ 和作用参数的依赖。由此我们得到体相高分子溶液无量纲的渗透压

$$\Pi(\tilde{\mu}) = \frac{1}{\tilde{V}} \ln \sum_{n=0}^{n_m} \exp(\tilde{\mu} n) z(n) \tag{8.9}$$

其中，$z(n) \equiv \tilde{Z}(n)/n!\tilde{Z}(n=0) = \tilde{Z}(n)/n!\left(\rho_0!\right)^{\tilde{V}}$。另一方面，溶液中高分子的体积分数（即它的巨正则系综平均）为

$$\phi(\tilde{\mu}) = \frac{N}{\rho_0 \tilde{V}} \frac{\sum\limits_{n=0}^{n_m} n \exp(\tilde{\mu} n) z(n)}{\sum\limits_{n=0}^{n_m} \exp(\tilde{\mu} n) z(n)} \tag{8.10}$$

因此，Z 方法的**基本思想**就是通过模拟得到数组 $z(n)$，然后在任一指定的 $\phi \in [0, \phi_m \equiv n_m N/\rho_0 \tilde{V})$ 下由式 (8.10) 求出相应的 $\tilde{\mu}$，再将其代入式 (8.9) 中，就得到了 $\Pi(\phi)$。值得一提的是，由 Z 方法得到的 $\Pi(\phi)$ 是一条以 ϕ 为独立变量（即它没有误差）的连续曲线。实际上，由于 Z 方法给出了体系的构型积分（和巨正则配分函数），我们可以计算出体系所有的热力学量。

为了快速准确地得到 $z(n)$，我们采用 6.8.2 小节中所讲的 WL-OE 模拟。具体来说，我们按照 6.8.2 小节中给出的步骤进行模拟，但是需要把那里的能级空间换成这里的链数空间（即 $n \in [0, n_m]$），还需要使用两种尝试运动：一种是在正则系综下的尝试运动（包括 4.2.1 小节中所讲的局部和蛇形运动），其接受准则为

$$P_{acc}(\boldsymbol{R}_o \to \boldsymbol{R}_n) = \min\left[1, \exp\left(-\Delta\tilde{U}\right) W'(\boldsymbol{R}_o) \Big/ W'(\boldsymbol{R}_n)\right]$$

其中 $\boldsymbol{R}_o$ 和 $\boldsymbol{R}_n$ 分别表示当前和尝试构型（即所有链节的格点位置），$\Delta\tilde{U} \equiv \tilde{U}(\boldsymbol{R}_n) - \tilde{U}(\boldsymbol{R}_o)$，而 $W'(\boldsymbol{R})$ 由式 (8.3) 给出；另一种是链的插入/删除尝试运动。为了增加链插入的平均接受率，我们可以使用 5.2 节中讲到的近似构型偏倚方法，即在计算插入链和删除链的 Rosenbluth 权重（分别用 R_i 和 R_d 表示）时只考虑排除体积而不考虑其他的非键作用能。因此，在 WL 模拟中，在包含 n 条链的 $\boldsymbol{R}_o$ 中插入一条链的尝试运动（记为 $n \to n+1$；如果 $n = n_m$，则插入尝试运动失败）的接受准则为

$$\begin{aligned} & P_{acc}(n \to n+1) \\ = & \min\left[1, \exp\left(-\Delta\tilde{U}\right) \tilde{V} z_L^{N-1} R_i g(n) W'(\boldsymbol{R}_o) \Big/ (n+1) g(n+1) W'(\boldsymbol{R}_n)\right] \end{aligned}$$

而从 $\boldsymbol{R}_o$ 中随机删除一条链的尝试运动（记为 $n \to n-1$）的接受准则为

$$\begin{aligned} & P_{acc}(n \to n-1) \\ = & \min\left[1, \exp\left(-\Delta\tilde{U}\right) n g(n) W'(\boldsymbol{R}_o) \Big/ \tilde{V} z_L^{N-1} R_d g(n-1) W'(\boldsymbol{R}_n)\right] \end{aligned}$$

其中，z_L 为格点模型中所允许的键矢量的数目（即表 2.1 中的配位数）；在 OE 模拟中，

$$\begin{aligned}&P_{acc}(n \to n+1)\\&=\min\left[1,\exp\left(-\Delta\tilde{U}\right)\tilde{V}z_L^{N-1}R_i w(n+1)W'(\boldsymbol{R}_o)/(n+1)w(n)W'(\boldsymbol{R}_n)\right]\end{aligned}$$

而

$$P_{acc}(n \to n-1)=\min\left[1,\exp\left(-\Delta\tilde{U}\right)nw(n-1)W'(\boldsymbol{R}_o)/\tilde{V}z_L^{N-1}R_d w(n)W'(\boldsymbol{R}_n)\right]$$

这里，$g(n)$ 和 $w(n)$ 为 WL-OE 模拟中使用的数组（详见 6.8.2 小节）。在 WL-OE 模拟结束后我们有 $z(n)=H(n)w(n=0)/H(n=0)w(n)$，其中 $H(n)$ 为 WL-OE 模拟中得到的直方图。

对于四方格点模型（即 $z_L=4$）中 $N=20$ 的自避和互避链，图 8.1 中的插图给出了由在无量纲的边长为 80 的正方形盒子中的 Z 方法得到的 $\ln z(n)$，而图 8.1 中的蓝色实线和红色短虚线分别给出了链无量纲的剩余化学势 $\tilde{\mu}^{\mathrm{ex}}(\phi)\equiv\tilde{\mu}(\phi)-\ln(\phi/N)+(N-1)\ln z_L$ 与单链剩余化学势 $\tilde{\mu}_1^{\mathrm{ex}}$ 的差和体系无量纲的剩余渗透压 $\Pi^{\mathrm{ex}}(\phi)\equiv\Pi(\phi)-\phi/N$，其中 $\tilde{\mu}_1^{\mathrm{ex}}=-\ln\left(83,779,155/4^{18}\right)$ 通过枚举法而得到；这里我们取 $n_m=220$（即 $\phi_m=0.6875$）[8]。

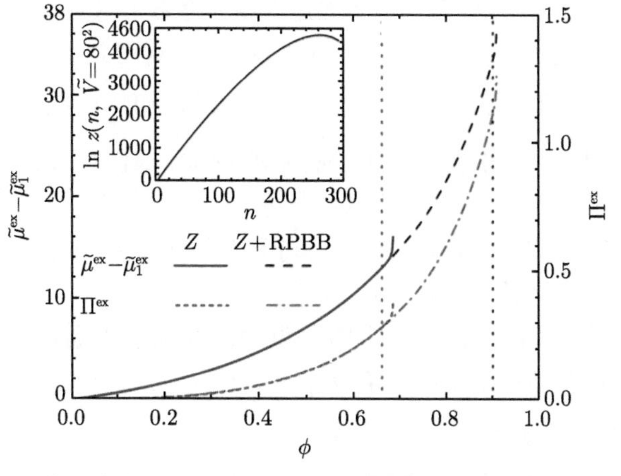

图 8.1 分别由 Z 方法和结合的 Z+RPBB 方法得到的四方格点模型中自避和互避链无量纲的剩余化学势 $\tilde{\mu}^{\mathrm{ex}}$ 和剩余渗透压 Π^{ex} 随着高分子的体积分数 ϕ 的变化；这里的链长 $N=20$，$\tilde{\mu}_1^{\mathrm{ex}}=-\ln\left(83,779,155/4^{18}\right)$ 为通过枚举法得到的单链剩余化学势，而两条点竖线分别给出了这两种方法的结果不受在链数 n 空间的截断误差影响的最大 ϕ 值。插图中给出了在体系无量纲的体积为 $\tilde{V}=80^2$ 时的 $z(n)$；这里 $n\leqslant n_m=220$ 的结果由在无量纲的边长为 80 的正方形模拟盒子中的 Z 方法得到，而 $n>n_m$ 的结果由 Z+RPBB 方法得到，其中 RPBB 方法使用了边长为 40 的正方形盒子 [8]

2. Z 方法与 RPBB（或者 DRP）方法的结合

虽然 Z 方法通过一次 WL-OE 模拟就能快速准确地给出 $\Pi(\phi)$ 的连续曲线，但是它需要使用插入/删除链的尝试运动，不适用于 ϕ 较大的高分子溶液。而在 8.1.2 小节中所讲的 RPBB（或者 DRP）方法适用于 ϕ 较大的溶液，却需要两次 WL-OE 模拟才能给出在一个指定 ϕ 值上的 Π。因此，在这里我们把二者结合起来，从而可以得到整个 $\phi \in [0, \phi'_m]$ 内的 $\Pi(\phi)$ 的连续曲线；这里 ϕ'_m 为 RPBB（或者 DRP）方法中所允许的最大 ϕ 值（可以很接近于 1）。

由体系无量纲的压强的定义，我们可以得到

$$\tilde{P} \equiv -\left(\frac{\partial \tilde{F}}{\partial \tilde{V}}\right)_n = \frac{\rho_0}{N}\phi^2 \left[\frac{\partial\left(\tilde{F}(\phi,\tilde{V})/n\right)}{\partial \phi}\right]_n = \frac{\phi^2}{\tilde{V}}\left[\frac{\partial\left(\tilde{F}(\phi,\tilde{V})/\phi\right)}{\partial \phi}\right]_{\tilde{V}}$$

$$\Rightarrow \tilde{F}(\phi,\tilde{V}) = \phi\tilde{V}\int_{\phi_m}^{\phi}\frac{\tilde{P}(\varphi)}{\varphi^2}\mathrm{d}\varphi + \frac{\phi\tilde{F}(\phi_0,\tilde{V})}{\phi_0}$$

$$\Rightarrow \ln z(n,\tilde{V}) = -\phi\tilde{V}\int_{\phi_m}^{\phi}\frac{\tilde{P}(\varphi)}{\varphi^2}\mathrm{d}\varphi + \frac{n}{n_m}\ln z(n_m,\tilde{V}) + \left(\frac{n}{n_m}-1\right)\ln\tilde{Z}(n=0,\tilde{V})$$

因此，我们可以用 Z 方法得到 $\ln z(n_m,\tilde{V})$，用 RPBB（或 DRP 方法）得到在 $\phi \in [\phi_m, \phi'_m]$ 内的若干 $\tilde{P}(\phi)$ 值，然后通过三次样条插值（这里所需的在端点处的一阶导数值用二阶差商近似）来计算上式中的积分，就得到了在所有 $n \in (n_m, n'_m]$ 内的 $\ln z(n,\tilde{V})$ 的数值；这里 $n'_m \equiv \left\lfloor \rho_0\tilde{V}\phi'_m/N \right\rfloor$，而 $\lfloor a \rfloor$ 代表不大于 a 的最大整数。值得注意的是：由于在计算积分时不涉及 $\tilde{V}$，RPBB（或者 DRP）方法中所用的模拟盒子的尺寸可以与 Z 方法中的不同。

对于四方格点模型中 $N = 20$ 的自避和互避链，图 8.1 中的插图也给出了由 Z+RPBB 方法得到的 $\ln z(n > n_m)$，其中在 RPBB 方法中使用了无量纲的边长为 40 的正方形盒子，而图 8.1 中的黑色虚线和绿色点划线分别给出了相应的 $\tilde{\mu}^{\mathrm{ex}}(\phi) - \tilde{\mu}_1^{\mathrm{ex}}$ 和 $\Pi^{\mathrm{ex}}(\phi)$；这里我们取 $\phi'_m \approx 0.9094$[8]。

3. Z 方法的误差分析

Z 方法的误差来源有三个：一是模拟的统计误差，可以用多次互不相关的模拟的结果来估算。二是有限尺寸效应（即使用有限的 $\tilde{V}$），可以用不同 $\tilde{V}$ 的结果来分析。这些误差是所有的分子模拟结果中都存在的。三是由于在 Z 方法中需要使用插入/删除链的尝试运动，$n_m < n_{\max} \equiv \rho_0\tilde{V}/N$（即 $\phi_m < 1$）的取值不能太大；由此而带来的截断误差会影响 Π 在 ϕ_m 附近的结果的准确性。因此我们在这里来定量地分析该截断误差的影响。忽略模拟的统计误差和有限尺寸效应，我们

记 Π 的准确值为 $\Pi^*(\tilde{\mu}) = \dfrac{1}{\tilde{V}} \ln \sum_{n=0}^{n_{\max}} \exp(\tilde{\mu} n) z(n)$，则可以得到 $\Pi^*(\tilde{\mu}) - \Pi(\tilde{\mu}) = \dfrac{1}{\tilde{V}} \ln \left\{ 1 + \sum_{n=n_m+1}^{n_{\max}} \exp(\tilde{\mu} n) z(n) \Big/ \exp\left[\Pi(\tilde{\mu})\tilde{V}\right] \right\} > 0$。但是从图 8.1 中可以看到，$\Pi(\phi)$ 在 ϕ_m 附近向上发散；这是由截断误差对 ϕ 的影响（也就是使用式 (8.10)）造成的。相应地，记 ϕ 的准确值为

$$\phi^*(\tilde{\mu}) = \left(N \Big/ \rho_0 \tilde{V}\right) \sum_{n=0}^{n_{\max}} n \exp(\tilde{\mu} n) z(n) \Big/ \sum_{n=0}^{n_{\max}} \exp(\tilde{\mu} n) z(n)$$

我们有

$$\begin{aligned}
&\sum_{n=0}^{n_m} \sum_{n'=n_m+1}^{n_{\max}} (n' - n) \exp(\mu n) z(n) \exp(\mu n') z(n') > 0 \\
\Rightarrow &\sum_{n=0}^{n_m} \exp(\mu n) z(n) \sum_{n'=n_m+1}^{n_{\max}} n' \exp(\mu n') z(n') \\
&> \sum_{n=0}^{n_m} n \exp(\mu n) z(n) \sum_{n'=n_m+1}^{n_{\max}} \exp(\mu n') z(n') \\
\Rightarrow &\sum_{n=0}^{n_m} \exp(\tilde{\mu} n) z(n) \sum_{n'=n_m+1}^{n_{\max}} n' \exp(\tilde{\mu} n') z(n') \\
&+ \underline{\sum_{n=0}^{n_m} \exp(\tilde{\mu} n) z(n) \sum_{n'=0}^{n_m} n' \exp(\tilde{\mu} n') z(n')} \\
&> \sum_{n=0}^{n_m} n \exp(\tilde{\mu} n) z(n) \sum_{n'=n_m+1}^{n_{\max}} \exp(\tilde{\mu} n') z(n') \\
&+ \underline{\sum_{n=0}^{n_m} n \exp(\tilde{\mu} n) z(n) \sum_{n'=0}^{n_m} \exp(\tilde{\mu} n') z(n')} \\
\Rightarrow &\sum_{n=0}^{n_m} \exp(\tilde{\mu} n) z(n) \sum_{n'=0}^{n_{\max}} n' \exp(\tilde{\mu} n') z(n') \\
&> \sum_{n=0}^{n_m} n \exp(\tilde{\mu} n) z(n) \sum_{n'=0}^{n_{\max}} \exp(\tilde{\mu} n') z(n') \\
\Rightarrow &\phi^*(\tilde{\mu}) > \phi(\tilde{\mu})
\end{aligned}$$

因此我们下面来估算 Π^* 和 ϕ^* 的上界。

由于一个稳定的均相体系的 $\ln z(n)$ 是 n 的凸函数（即 $\left(\partial^2 \ln z/\partial n^2\right)_{\tilde{V}} < 0$），我们可以用

$$\begin{aligned}\ln \hat{z}(n) &\equiv \ln z(n_m) + (\partial \ln z/\partial n)_{\tilde{V}}\big|_{n=n_m} (n - n_m) \\ &\approx \ln z(n_m) + [(3/2)\ln z(n_m) - 2\ln z(n_m - 1) \\ &\quad + (1/2)\ln z(n_m - 2)]\,(n - n_m)\end{aligned}$$

来作为 $\ln z(n)$ 在 $n \in [n_m, n_{\max}]$ 中的上界，其中我们用了二阶差商来近似导数。相应地，Π^* 和 ϕ^* 的上界分别为

$$\hat{\Pi}(\tilde{\mu}) = \frac{1}{\tilde{V}} \ln \left[\sum_{n=0}^{n_m} \exp(\tilde{\mu} n)\, z(n) + \sum_{n=n_m+1}^{n_{\max}} \exp(\tilde{\mu} n)\, \hat{z}(n)\right]$$

和

$$\begin{aligned}\hat{\phi}(\tilde{\mu}) = &\frac{N}{\rho_0 \tilde{V}} \left[\sum_{n=0}^{n_m} n \exp(\tilde{\mu} n)\, z(n) + \sum_{n=n_m+1}^{n_{\max}} n \exp(\tilde{\mu} n)\, \hat{z}(n)\right] \\ &\Bigg/ \left[\sum_{n=0}^{n_m} \exp(\tilde{\mu} n)\, z(n) + \sum_{n=n_m+1}^{n_{\max}} \exp(\tilde{\mu} n)\, \hat{z}(n)\right]\end{aligned}$$

由于 $\sum_{n=0}^{n_m} \sum_{n'=n_m+1}^{n_{\max}} (n'-n)\,[\hat{z}(n')-z(n')] \exp(\tilde{\mu} n)\, z(n) \exp(\tilde{\mu} n') > 0$，我们可以证明 $\hat{\phi}(\tilde{\mu}) > \phi^*(\tilde{\mu})$ [8]。

对于四方格点模型中 N =20 的自避和互避链，图 8.2 比较了由截断误差所导致的 Π 和 ϕ 的相对误差的上界（分别为 $\Delta_c\Pi \equiv \hat{\Pi}(\tilde{\mu})/\Pi(\tilde{\mu}) - 1$ 和 $\Delta_c\phi \equiv \hat{\phi}(\tilde{\mu})/\phi(\tilde{\mu}) - 1$）与相应的模拟的统计误差（分别为 $\Delta_s\Pi \equiv \sigma_{\Pi(\tilde{\mu})}/\Pi(\tilde{\mu})$ 和 $\Delta_s\phi \equiv \sigma_{\phi(\tilde{\mu})}/\phi(\tilde{\mu})$，通过三次独立的 WL-OE 模拟而得到）的大小。通过设定 $\Delta_s\Pi \leqslant \Delta_c\Pi$，我们可以得到 $\Pi(\tilde{\mu})$ 不受截断误差影响的最大的链无量纲的化学势 $\tilde{\mu}_\Pi$；也就是说，当 $\tilde{\mu} \leqslant \tilde{\mu}_\Pi$ 时，截断误差对 $\Pi(\tilde{\mu})$ 的影响不大于其统计误差。我们同样也可以得到 $\phi(\tilde{\mu})$ 不受截断误差影响的最大化学势 $\tilde{\mu}_\phi$。图 8.2 清楚地表明 $\tilde{\mu}_\phi < \tilde{\mu}_\Pi$，即截断误差对 $\phi(\tilde{\mu})$ 的影响比对 $\Pi(\tilde{\mu})$ 的大；这与图 8.1 的结果是一致的。该误差分析也同样适用于 Z 方法与 RPBB（或者 DRP）方法结合而得到的结果。图 8.1 中的红色和黑色点竖线分别给出了 Z 方法和 Z+RPBB 方法的结果不受截断误差影响的最大 ϕ 值，其中 Z 方法的为 0.6631 而 Z+RPBB 方法的为 0.9009[8]。

关于 Z 方法的更多结果，感兴趣的读者可以参见文献 [8]。值得一提的是：Z 方法并不局限于格点模型，也可以被推广到非格点模型。

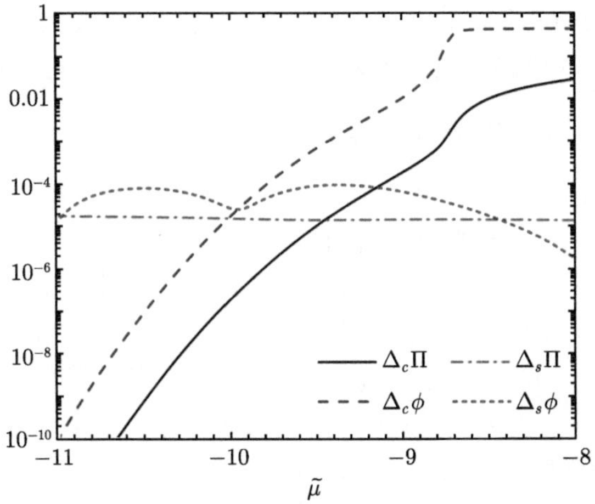

图 8.2 对于图 8.1 中的体系，Z 方法中由链数空间的截断误差所导致的无量纲的渗透压 Π 和高分子的体积分数 ϕ 的相对误差的上界（分别为 $\Delta_c\Pi$ 和 $\Delta_c\phi$）与相应的模拟的统计误差（分别为 $\Delta_s\Pi$ 和 $\Delta_s\phi$，通过三次独立的 WL-OE 模拟而得到）随着 $\tilde{\mu}$ 变化的半对数图 [8]

4. Z 方法用于计算受限体系的巨势

除了体相高分子溶液，我们还把 Z 方法推广到了与其平衡（即具有相同的链化学势）并且受限于两个平行平板之间的高分子溶液，以计算后者的巨势；如下所示，这对应着由高分子介导的平板之间的有效相互作用能，在研究位于高分子溶液中的（尺寸远大于链的回转半径的）胶体粒子体系的稳定性时很重要。

和 8.1.2 小节中提到的排斥墙及其改进方法所研究的体系一样，这里我们考虑受限在分别置于 $x = 0$ 和 $x = L_x + 1$（即无量纲的板间距为 L_x）、无量纲的面积为 A、并且不能被高分子链节或溶剂分子所占据（即不可穿透）的平行平板之间的高分子溶液。在给定链无量纲的化学势 $\tilde{\mu}$ 下，该体系（在热力学极限下）的巨正则配分函数为 $\Xi(\tilde{\mu}, L_x) = \sum_{n=0}^{\infty} \exp(\tilde{\mu}n)\,\tilde{Z}_c(n, L_x)/n!$，其中 $\tilde{Z}_c(n, L_x) = \sum_{\boldsymbol{R}} \exp\left[-\tilde{U}(\boldsymbol{R})\right] \Big/ W'(\boldsymbol{R})$ 为包含 n 条链的受限体系无量纲的构型积分，$\boldsymbol{R}$ 代表体系的一个构型（即所有链节的格点位置），$\tilde{U}(\boldsymbol{R})$ 为体系无量纲的势能函数，而 $W'(\boldsymbol{R})$ 由式 (8.3) 给出。体系**无量纲的巨势**为 $\tilde{\Omega}_{\mathrm{G}}(L_x) \equiv -\ln \Xi(L_x)$（为了简洁起见，我们隐含了它们对 $\tilde{\mu}$ 和体系作用参数的依赖），无量纲的法向压强为 $\tilde{P}_n(L_x) \equiv -\left(\partial\tilde{\Omega}_{\mathrm{G}} \Big/ \partial L_x\right)_A \Big/ A$（这与式 (8.2) 在热力学极限下是等价的；也就是说，在正则系综下对给定高分子的平均体积分数 $\overline{\phi}$ 的受限体系进行模拟而得到的 $\tilde{P}_n(L_x)$ 与在巨正则系综下对给定相应（即可以得到相同 $\overline{\phi}$）的 $\tilde{\mu}$ 的受限体系进行模拟而得到的 $\tilde{P}_n(L_x)$ 是相同的），无量纲的板间压强（也称为**分离压**，disjoining pressure）为 $\tilde{P}_d(L_x) \equiv \tilde{P}_n(L_x) - \tilde{P}(\tilde{\mu})$，$\tilde{P}(\tilde{\mu})$ 为与受限体系处于平衡的体相高分子溶液无量纲的压强。而两板之间的有效相互作用能可以用**无量纲的板间势** $W_d(L_x) = -\int_{\infty}^{L_x} \tilde{P}_d(x)\mathrm{d}x = \tilde{\Omega}_{\mathrm{G}}(L_x)/A + \tilde{P}(\tilde{\mu})L_x + c$ 来描述，即把平板从间距为无穷远移到 L_x 所做的功，其中常数 c 的选取使得 $W_d(L_x \to \infty) = 0$。因此我们可以用推广的 Z 方法分别得到受限体系的 $\Xi(L_x)$（这里对每个给定的 L_x 都需要做一次 WL-OE 模拟）和体相溶液的 $\tilde{P}(\tilde{\mu})$，进而得到在给定 $\tilde{\mu}$（即体相溶液的高分子体积分数 ϕ）下的 $W_d(L_x)$。我们也可以进一步用（高阶）差商来近似导数，从而得到 $\tilde{P}_d(L_x) = -\partial W_d(L_x)/\partial L_x$；与 8.1.2 小节中改进的排斥墙方法相比，推广的 Z 方法更适合于以 $\tilde{\mu}$（即 ϕ）为独立变量（并且 ϕ 不大）的受限体系，而改进的排斥墙方法以受限体系的 $\overline{\phi}$ 为独立变量（并且可以用于 $\overline{\phi}$ 较大的体系）。

采用推广的 Z 方法，我们计算了溶剂质量、ϕ 以及空间维度（即二维和三维）对非吸收板（即板和高分子溶液没有能量作用）之间的 $W_d(L_x)$ 的影响，并和相应的自洽场计算结果做了定量的比较，发现了由体系涨落引起的板间有效排斥作用 [9,10]；有兴趣的读者可以参见原文。

8.1.4　其他方法

为了完整起见，我们这里再简单地介绍两种在文献中用过的其他方法。一种是**等压（即变体积）方法**，也就是在等温等压 [11,12] 或者 Gibbs[13] 系综下进行模拟，需要使用改变模拟盒子无量纲的体积（即总格点数）$\tilde{V}$ 的尝试运动。Nies 和 Cifra 曾采用这个方法研究了受限于两个不可穿透的墙之间的高分子溶液；在每一步改变 $\tilde{V}$ 的尝试运动中，他们把其中一面墙所占据的格点数目随机地增加/减少一个 [11]。除了墙面不平整以外，这个方法还与排斥墙方法类似，在用于研究体相高分子溶液的性质时会有较大的受限效应。Mackie 等通过在体相溶液的模拟中使用随机插入/删除一整层格点的尝试运动 [12,13] 避免了这两个问题，但是为了保持链的连接性，所有被截断的链都需要按照原来的链长重新连好；即使他们用了构型偏倚来提高这些尝试运动的平均接受率，这个方法也与其他使用链插入/删除尝试运动的方法类似，不适用于高分子体积分数较大的体系。

另一种是 Addison 等提出的在正则系综下的 **流体静力平衡（hydrostatic equilibrium）方法** [14]。在该方法中，高分子溶液受限在分别置于 $x = 0$ 和 $x = L_x + 1$ 的两块平板之间，并受到一个无量纲的外势 $\tilde{U}_e(x) = -\lambda x$ 的作用，其中 $\lambda > 0$ 为无量纲的参数。在局部密度近似（local density approximation）下可以得到 $\mathrm{d}\tilde{P}(x)/\mathrm{d}x = -\lambda\rho_0\phi(x)$，其中 $\tilde{P}(x)$ 和 $\phi(x)$ 分别为在 x 格点层上无量纲的压强和高分子的体积分数，而后者由模拟得到。当选取足够大的 L_x 使得 $\phi(L_x) = 0$ 时，可以得到高分子溶液无量纲的渗透压 $\Pi(x) = \tilde{P}(x) - \tilde{P}(x = L_x) =$

$-\lambda\rho_0 \int_{L_x}^{x} \phi(x)\mathrm{d}x$；消去 $\Pi(x)$ 和 $\phi(x)$ 中的变量 x 就得到了 $\Pi(\phi)$ 的函数关系。虽然流体静力平衡方法和 Z 方法类似，通过一次模拟就可以得到在一个 ϕ 范围内的 $\Pi(\phi)$，它却需要较大的 L_x。

对于体相高分子溶液渗透压的计算，Ivanov 等比较了流体静力平衡方法、在巨正则系综下的测试链插入（暨热力学积分）法、以及在正则系综和巨正则系综下的排斥墙方法，认为前两者差不多并且都比排斥墙方法好 [2]；而我们认为 Z 方法及其与 RPBB（或者 DRP）方法的结合是目前所有方法中最好的 [8]。

8.2 一级和二级相变的有限尺寸标度理论

高分子体系丰富的相态和性质使得它们在很多领域中都有着广泛的应用，而研究其不同相之间转变的机理对于高分子材料的设计具有至关重要的指导意义。高分子体系常见的相变包括单链的构象随着溶剂质量的改变在伸展线团（coil）和塌缩球滴（globule）之间的转变，均聚物溶液和混合物的宏观相分离，以及嵌段共聚物的微观相分离等等。Monte Carlo 模拟是研究高分子体系相变的一种重要工具。但是，由于 Monte Carlo 模拟只能研究在有限尺寸下的微观体系，尽管使用了周期边界条件，其模拟结果也无法直接用来解释宏观实验体系的物理性质。从微观体系的模拟结果获得热力学极限下的结果需要恰当地考虑前者的有限尺寸效应，特别是在相变点处，有限尺寸效应对体系的性质有着很重要的影响，因此人们发展了一套有限尺寸标度理论 [15-19]。这里我们以不可压缩的二元均聚物混合物（包括均聚物溶液）为例，来说明一级和二级相变中的有限尺寸效应，以及如何使用有限尺寸标度理论来获得体系在热力学极限下的相变信息。

我们考虑格点模型中含有 n_P 条链长为 N_P 的均聚物 P (=A,B) 的二元混合物 A/B。模拟盒子在每一维上无量纲的长度（以格点模型的晶格常数为长度单位）均为 L，且都使用了周期边界条件。每个 P 链节占据一个格点，而每个格点都被 ρ_0 个链节所占据（即体系是不可压缩的）。我们可以用 A 和 B 链节之间无量纲的 Flory-Huggins 作用参数 $\chi > 0$ 来描述它们之间的非键作用能，即体系无量纲的势能函数为 $\tilde{U}^{\mathrm{nb}} = \chi\tilde{n}_{\mathrm{AB}}$，其中 $\tilde{n}_{\mathrm{AB}} \equiv \sum_{\boldsymbol{r}} \rho_\mathrm{A}(\boldsymbol{r})\rho_\mathrm{B}(\boldsymbol{r})/\rho_0$ 为 A 和 B 链节之间的“接触数”，而 $\rho_\mathrm{P}(\boldsymbol{r})$ 为格点 $\boldsymbol{r}$ 上 P 链节的数目。值得注意的是：这样定义的 $\tilde{n}_{\mathrm{AB}}$ 使用了各向同性的同格点相互作用，只适用于 $\rho_0 > 1$（即不可压缩的格点多占模型，参见 7.3.2 小节）；当 $\rho_0 = 1$ 时（即在传统格点模型中），为了避免 $\tilde{n}_{\mathrm{AB}}$ 恒为 0 的问题，可以将其改为使用各向异性的近邻相互作用，即 $\tilde{n}_{\mathrm{AB}} \equiv \sum_{\boldsymbol{r}} \rho_\mathrm{A}(\boldsymbol{r}) \sum_{\boldsymbol{r}_n} \rho_\mathrm{B}(\boldsymbol{r}_n)/\rho_0 z_L$，其中 $\boldsymbol{r}_n$ 表示 $\boldsymbol{r}$ 的一个近邻格点，而 z_L 为格

点模型中非键作用的配位数（可以和表 2.1 中的不同）。

上述体系当 $N_{\mathrm{A}} = N_{\mathrm{B}} = N$ 时为对称的二元均聚物混合物，而当 $N_{\mathrm{A}} = N > N_{\mathrm{B}} = 1$ 时为均聚物溶液；它们是两个在文献中研究得最多的高分子体系。当 χ 大于某个值 χ_c 时，这两个体系都可以发生宏观相分离，而在 5.4 节中所讲的半巨正则系综是研究这两个不可压缩体系的宏观相分离最合适的系综；它允许 n_{A} (n_{B}) 发生涨落，但保持 $n_{\mathrm{A}}N_{\mathrm{A}} + n_{\mathrm{B}}N_{\mathrm{B}}$ 不变。上述体系的半巨正则系综配分函数为

$$\Xi_{\mathrm{SG}}(\Delta\tilde{\mu}, \chi) = \sum_{n_{\mathrm{A}}=0}^{n_{\mathrm{A,max}}} \frac{\exp\left(n_{\mathrm{A}}\Delta\tilde{\mu}\right)}{n_{\mathrm{A}}!n_{\mathrm{B}}!} \prod_{k=1}^{n_{\mathrm{A}}}\prod_{s=1}^{N_{\mathrm{A}}}\sum_{\boldsymbol{R}_{k,s}^{\mathrm{A}}} \cdot \prod_{k=1}^{n_{\mathrm{B}}}\prod_{s=1}^{N_{\mathrm{B}}}\sum_{\boldsymbol{R}_{k,s}^{\mathrm{B}}} \cdot \exp\left(-\tilde{U}^{\mathrm{b}} - \chi\tilde{n}_{\mathrm{AB}}\right) \cdot \prod_{\boldsymbol{r}} \delta\left(\rho_{\mathrm{A}}(\boldsymbol{r}) + \rho_{\mathrm{B}}(\boldsymbol{r}) - \rho_0\right) \tag{8.11}$$

其中 $n_{\mathrm{A,max}} \equiv \rho_0\tilde{V}/N_{\mathrm{A}}$ 为体系中所允许的最大的 n_{A} 值，$\tilde{V} = L^d$ 为体系无量纲的体积（即总的格点数），d 为体系的维度，$n_{\mathrm{B}} \equiv \left(\rho_0\tilde{V} - n_{\mathrm{A}}N_{\mathrm{A}}\right)\Big/N_{\mathrm{B}}$，$\Delta\tilde{\mu} \equiv \tilde{\mu}_{\mathrm{A}} - \tilde{\mu}_{\mathrm{B}}N_{\mathrm{A}}/N_{\mathrm{B}}$ 为无量纲的交换化学势，$\tilde{\mu}_{\mathrm{P}}$ 为 P 链无量纲的化学势，$\boldsymbol{R}_{k,s}^{\mathrm{P}}$ 表示体系中第 k 条 P 链上第 s 个链节的格点位置，“·”代表在它前面的连乘不适用于在它后面的项（而它前面的加和继续适用），当体系中任一条链的连接性被破坏时体系无量纲的键长作用能 $\tilde{U}^{\mathrm{b}} \to \infty$，否则 $\tilde{U}^{\mathrm{b}} = 0$，而最后一项代表了体系的不可压缩条件。

上述体系（在热力学极限下）存在一个临界点 (χ_c, ϕ_c)，其中 $\phi \equiv n_{\mathrm{A}}N_{\mathrm{A}}/\rho_0\tilde{V}$ 为体系中 A 的体积分数，而下角标“c”表示相应变量在临界点处的值。当 $\chi < \chi_c$ 时，体系为一个 A 和 B 共混的均相；而当 $\chi > \chi_c$ 时，体系在特定的 ϕ 的区间内会发生宏观相分离，形成两个分别为 ϕ 比较小和比较大（记为 $\phi_{\mathrm{I}} < \phi_c < \phi_{\mathrm{II}}$）的共存的均相。$\phi_{\mathrm{I}}$ 和 ϕ_{II} 随 χ 的变化曲线即为体系的**共存线**（又称为**双节线**），它终止于临界点；在临界点 (χ_c, ϕ_c) 上体系发生二级相变，而在共存线的其他点上体系发生一级相变。图 1.5 给出了平均场（即 Flory-Huggins）理论所预测的相图。由于相平衡条件要求共存相 I 和 II 具有相同的无量纲的交换化学势 $\Delta\tilde{\mu}^*$，于是在 $\Delta\tilde{\mu} - \chi$ 的平面内共存线是 $\Delta\tilde{\mu}^*$ 随着 χ 变化的一条曲线，而相应的临界点为 $(\Delta\tilde{\mu}_c, \chi_c)$。

8.2.1　一级相变的有限尺寸分析

我们以改变 $\Delta\tilde{\mu}$ 而引起的一级相变为例来说明它的有限尺寸标度理论 [15,16]。记在给定 $\chi > \chi_c$ 和 $\Delta\tilde{\mu}$ 下 ϕ 的归一化概率分布函数为 $p_b(\phi; \Delta\tilde{\mu}, \chi)$（即 $\int_0^1 p_b(\phi; \Delta\tilde{\mu}, \chi)\mathrm{d}\phi = 1$），两相共存意味着在相变点 $\Delta\tilde{\mu}^*$ 处这两相出现的概率

相同，即等面积法则（等价于两相的压强相同）

$$\int_0^{\phi^*} p_b(\phi;\Delta\tilde{\mu}^*,\chi)\mathrm{d}\phi = \int_{\phi^*}^1 p_b(\phi;\Delta\tilde{\mu}^*,\chi)\mathrm{d}\phi \tag{8.12}$$

其中，$\phi^* \equiv \langle\phi\rangle = \int_0^1 \phi p_b(\phi;\Delta\tilde{\mu}^*,\chi)\mathrm{d}\phi$。对于对称的 A/B，我们有 $\phi^* = 1/2$，$\Delta\tilde{\mu}^* = 0$，并且 $\phi_{\mathrm{I}} = 1-\phi_{\mathrm{II}} = 2\int_0^{1/2} \phi p_b(\phi;\Delta\tilde{\mu}^* = 0,\chi)\mathrm{d}\phi$。而对于不对称的 A/B，可以在模拟中用式 (8.12) 来确定 $\Delta\tilde{\mu}^*(\chi)$；相应地，$\phi_{\mathrm{I}} = 2\int_0^{\phi^*} \phi p_b(\phi;\Delta\tilde{\mu}^*,\chi)\mathrm{d}\phi$，而 $\phi_{\mathrm{II}} = 2\int_{\phi^*}^1 \phi p_b(\phi;\Delta\tilde{\mu}^*,\chi)\mathrm{d}\phi$。

但是，由于没有 $p_b(\phi;\Delta\tilde{\mu}^*,\chi)$ 的解析表达式，式 (8.12) 无法给出 $\Delta\tilde{\mu}^*$ 对 L 的依赖关系及其在热力学极限下的值 $\Delta\tilde{\mu}^*(L\to\infty)$。下面我们把在有限 L 下的 $p_b(\phi;\Delta\tilde{\mu}^*,\chi)$ 近似为两个高斯分布的和，以便可以用高斯积分公式来解析地推导一级相变点的有限尺寸效应，即

$$\begin{aligned} p_b(\phi;\Delta\tilde{\mu}^*,\chi) \approx \frac{1}{2}\Bigg\{ & \sqrt{\frac{\tilde{V}}{2\pi\sigma_{\phi,\mathrm{I}}^2}}\exp\left[-\frac{\tilde{V}\left(\phi-\phi_{\mathrm{I}}\right)^2}{2\sigma_{\phi,\mathrm{I}}^2}\right] \\ & + \sqrt{\frac{\tilde{V}}{2\pi\sigma_{\phi,\mathrm{II}}^2}}\exp\left[-\frac{\tilde{V}\left(\phi-\phi_{\mathrm{II}}\right)^2}{2\sigma_{\phi,\mathrm{II}}^2}\right]\Bigg\} \end{aligned} \tag{8.13}$$

其中，$\sigma_{\phi,\mathrm{I}}^2/\tilde{V}$ 和 $\sigma_{\phi,\mathrm{II}}^2/\tilde{V}$ 分别为峰值在 ϕ_{I} 和 ϕ_{II} 处的高斯分布的方差（在热力学极限下，即 $L\to\infty$ 时，$\sigma_{\phi,\mathrm{I}}^2$ 和 $\sigma_{\phi,\mathrm{II}}^2$ 各自趋于一个非 0 的有限值，因此 $\sigma_{\phi,\mathrm{I}}^2/\tilde{V}\to 0$，$\sigma_{\phi,\mathrm{II}}^2/\tilde{V}\to 0$，而 $p_b(\phi;\Delta\tilde{\mu}^*,\chi)$ 也就成为了两个 Dirac δ 函数的和）。值得注意的是：式 (8.13) 所满足的归一化条件为 $\int_0^1 p_b(\phi;\Delta\tilde{\mu}^*,\chi)\mathrm{d}\phi \approx \int_{-\infty}^{\infty} p_b(\phi;\Delta\tilde{\mu}^*,\chi)\mathrm{d}\phi = 1$；除了在临界点附近以外，通常都有 $\sigma_{\phi,\mathrm{I}}^2/\tilde{V} \ll 1$ 和 $\sigma_{\phi,\mathrm{II}}^2/\tilde{V} \ll 1$，因此由归一化条件中的近似所带来的误差（和模拟的统计误差相比）可以忽略。由式 (8.13) 可以得到 $\phi^* = \int_{-\infty}^{\infty} \phi p_b(\phi;\Delta\tilde{\mu}^*,\chi)\mathrm{d}\phi = \left(\phi_{\mathrm{I}}+\phi_{\mathrm{II}}\right)/2$；当 $p_b(\phi;\Delta\tilde{\mu}^*,\chi)$ 的两个峰对称（即 $\sigma_{\phi,\mathrm{I}}^2 = \sigma_{\phi,\mathrm{II}}^2$）时，$\phi^*$ 为 $p_b(\phi;\Delta\tilde{\mu}^*,\chi)$ 在 ϕ_{I} 和 ϕ_{II} 之间的极小值所对应的 ϕ 值。

当 $\Delta\tilde{\mu}$ 略偏离 $\Delta\tilde{\mu}^*$ （即 $c \equiv \rho_0\tilde{V}\left(\Delta\tilde{\mu}-\Delta\tilde{\mu}^*\right)/N_{\mathrm{A}} \approx 0$）时，我们可以把式 (8.13) 推广为

$$p_b(\phi;\Delta\tilde{\mu},\chi)\approx C\left\{\sqrt{\frac{\tilde{V}}{2\pi\sigma_{\phi,\mathrm{I}}^2}}\exp\left[c\phi_{\mathrm{I}}-\frac{\tilde{V}\left(\phi-\phi_{\mathrm{I}}\right)^2}{2\sigma_{\phi,\mathrm{I}}^2}\right]\right.$$
$$\left.+\sqrt{\frac{\tilde{V}}{2\pi\sigma_{\phi,\mathrm{II}}^2}}\exp\left[c\phi_{\mathrm{II}}-\frac{\tilde{V}\left(\phi-\phi_{\mathrm{II}}\right)^2}{2\sigma_{\phi,\mathrm{II}}^2}\right]\right\}$$

其中 $C=1/\left[\exp\left(c\phi_{\mathrm{I}}\right)+\exp\left(c\phi_{\mathrm{II}}\right)\right]$ 由 $p_b(\phi;\Delta\tilde{\mu},\chi)$ 的归一化条件得到，即 $\int_{-\infty}^{\infty}p_b(\phi;\Delta\tilde{\mu},\chi)\mathrm{d}\phi=1$。由此我们得到

$$\langle\phi\rangle=\left[\phi_{\mathrm{I}}\exp\left(c\phi_{\mathrm{I}}\right)+\phi_{\mathrm{II}}\exp\left(c\phi_{\mathrm{II}}\right)\right]/\left[\exp\left(c\phi_{\mathrm{I}}\right)+\exp\left(c\phi_{\mathrm{II}}\right)\right]$$

并进而得到 $\dfrac{\sigma_\phi^2}{\tilde{V}}=\dfrac{\partial\langle\phi\rangle}{\partial c}=\dfrac{\left(\phi_{\mathrm{I}}-\phi_{\mathrm{II}}\right)^2\exp\left(c\phi_{\mathrm{I}}+c\phi_{\mathrm{II}}\right)}{\left[\exp\left(c\phi_{\mathrm{I}}\right)+\exp\left(c\phi_{\mathrm{II}}\right)\right]^2}=\left\{\dfrac{\phi_{\mathrm{I}}-\phi_{\mathrm{II}}}{2\cosh\left[c\left(\phi_{\mathrm{I}}-\phi_{\mathrm{II}}\right)/2\right]}\right\}^2$。因此，有限尺寸标度理论给出：对于不同的 L，$L^{-d}\sigma_\phi^2$ 随 $L^d\left(\Delta\tilde{\mu}-\Delta\tilde{\mu}^*\right)$ 变化的曲线会近似重叠在一起；特别是 σ_ϕ^2 的最大值 $\sigma_{\phi,\max}^2\propto L^d$，并且其位置满足 $\Delta\tilde{\mu}=\Delta\tilde{\mu}^*+C'L^{-d}$，其中 C' 为常数，这个线性关系可以用来在模拟中确定 $\Delta\tilde{\mu}^*$。

8.2.2 二级相变的有限尺寸分析

很多研究表明：在链长 N 较小时，二元均聚物溶液和对称二元均聚物混合物 A/B 的临界点行为均属于 Ising 普适类（universality class）[20]；随着 N 的增加，前者趋于三重临界点（tricritical point）的行为 [21]，而后者趋于平均场普适类 [22]。因此在本节中我们首先简要介绍一下临界指数以及由它们来确定的普适类，然后介绍对称 A/B 的临界点附近的有限尺寸标度理论 [17] 以及如何利用它来确定体系在热力学极限下的临界点位置和临界指数，最后以二元均聚物溶液为例来说明如何处理不同组份之间参数的不对称性给临界点的确定所带来的问题。

1. 临界指数与普适类

这里我们以 Ising 模型 [23] 为例来简要介绍一下临界指数以及由它们来确定的普适类。**Ising 模型**是统计力学中研究相变最重要的模型之一，它基于格点模型，由 Lenz 于 1920 年提出 [24]。这里设在每个格点位置 $\boldsymbol{r}$ 上都有一个自旋 $s(\boldsymbol{r})$，可以取值 1 或者 -1；体系无量纲的作用能为 $\tilde{U}=h\sum_{\boldsymbol{r}}s(\boldsymbol{r})-J\sum_{\boldsymbol{r}}s(\boldsymbol{r})\sum_{\boldsymbol{r}_n}s(\boldsymbol{r}_n)$，其中 h 为无量纲的外场，$J>0$ 为近邻自旋之间无量纲的耦合强度，而 $\boldsymbol{r}_n$ 表示 $\boldsymbol{r}$ 的一个近邻格点。Ising 于 1925 年首次求得了该模型在一维中的解析解，发现它在有限 J 下没有相变 [25]；Onsager 于 1944 年求得了它在二维（四方格点模型）中的解析解，发现它在有限 J 下存在一个二级相变 [26]；而三维中的 Ising 模型至今仍没有解析解，但是 Monte Carlo 模拟 [27] 和重整化群理论计算 [20,28,29] 都表明它在有限 J 下也存在一个二级相变。

在临界点附近，若记 $t \equiv J - J_c$，则体系的定容比热容 C_v 与 $|t|^{-\alpha}$ 成线性关系，即 $C_v \sim |t|^{-\alpha}$；体系序参量 $m \equiv \sum_{\boldsymbol{r}} s(\boldsymbol{r})/\tilde{V}$ 的系综平均遵循 $\langle m \rangle \propto t^{\beta}$（这里要求 $t > 0$；在 $t < 0$ 时 $\langle m \rangle = 0$），其中 $\tilde{V}$ 为体系的总格点数；序参量的涨落 $\sigma_m^2 \equiv \tilde{V}\left[\langle m^2 \rangle - \langle m \rangle^2\right]$ 遵循 $\sigma_m^2 \propto |t|^{-\gamma}$；在临界点处（即 $t = 0$）且 $|h| > 0$ 但很小时，$\langle m \rangle \propto h^{1/\delta}$；这里的正数 α、β（不是 $1/k_B T$！）、γ 和 δ 都是**临界指数**。此外，我们还可以定义两个分别处于格点 $\boldsymbol{r}_i$ 和 $\boldsymbol{r}_j$ 的自旋之间的对关联函数 $g(\tilde{r}) \equiv \langle s(\boldsymbol{r}_i)s(\boldsymbol{r}_j)\rangle - \langle s(\boldsymbol{r}_i)\rangle \langle s(\boldsymbol{r}_j)\rangle$，这里 $\tilde{r} \equiv |\boldsymbol{r}_i - \boldsymbol{r}_j|/l$ 为无量纲的空间距离，而 l 为晶格常数。当 $\tilde{r}$ 较大时，$g(\tilde{r}) \propto \tilde{r}^{(1-d)/2}\exp(-\tilde{r}/\xi)$，其中 d 为空间维度，而 ξ 为无量纲的关联长度；这也可以等价地表述为：当无量纲的波数 $\tilde{q}$ 较小时，$g(\tilde{r})$ 的 Fourier 变换 $g(\tilde{q}) \propto \left(\tilde{q}^2 + \xi^{-2}\right)^{-1}$。[22] 在临界点附近，我们有 $\xi \propto |t|^{-\nu}$；而在临界点处且 $\tilde{r}$ 较大时，有 $g(\tilde{r}) \propto \tilde{r}^{-(d-2+\eta)}$；这里的正数 ν 和 η 也都是**临界指数**。值得注意的是：这些临界指数中只有两个是独立的，其他的可以通过四个**标度关系**得到，即 [22,30]

$$\gamma = (2-\eta)\nu,\ \alpha + 2\beta + \gamma = 2,\ \beta\delta = \gamma + \beta,\ 2 - \alpha = d\nu \tag{8.14}$$

其中最后一个标度关系因为与 d 有关，又被称为**超标度关系**（**hyperscaling relation**），它在 $d > 4$ 时不再成立。

上述临界指数的重要意义在于其普适性，即尽管不同体系的性质以及它们临界点的位置可能不一样，它们却可以具有完全相同的临界指数，因此称为属于同一个**普适类**。对于三维的 Ising 普适类，临界指数的值分别为 $\alpha \approx 0.11$、$\beta \approx 0.32$、$\gamma \approx 1.24$、$\delta \approx 4.9$、$\nu \approx 0.63$ 和 $\eta \approx 0.04$[22]。对于二维的 Ising 普适类，它们的值分别为 $\alpha = 0$、$\beta = 1/8$、$\gamma = 7/4$、$\delta = 15$、$\nu = 1$ 和 $\eta = 1/4$[20]；这里的 $\alpha = 0$ 实际上是指 $C_v \sim \ln|t|$（由 Onsager 首次推得 [26]），它可以粗略地通过在 $\alpha > 0$ 且很小时 $\mathrm{d}x^{-\alpha}/\mathrm{d}x = -\alpha x^{-\alpha-1} \approx -\alpha x^{-1}$ 与 $\mathrm{d}\ln x/\mathrm{d}x = x^{-1}$ 具有相同的幂律关系而得到。而平均场理论却给出与 d 无关的如下值：$\alpha = 0$、$\beta = 1/2$、$\gamma = 1$、$\delta = 3$、$\nu = 1/2$ 和 $\eta = 0$；这里的 $\alpha = 0$ 实际上是指 C_v 在 $t = 0$ 时取阶跃函数（step function）的形式，而在二维中 $\eta = 0$ 实际上是指当 $\tilde{r}$ 较大时 $g(\tilde{r}) \propto \ln \tilde{r}$[22]。

2. 对称的二元均聚物混合物

对于在 8.2.1 小节前面所讲的对称的二元均聚物混合物 A/B，在其共存线上 $\Delta\tilde{\mu}^* = 0$，因此我们可以取 $m \equiv (n_A - n_B)/(n_A + n_B)$ 为其二级相变的序参量。在热力学极限下，当体系处于一个 A 和 B 共混的均相时，$\langle m \rangle = 0$；而当体系发生宏观相分离形成两个共存的均相时，$\langle m \rangle$ 从 0 连续地变为一个非 0 的有限值（这可以简单地理解为：热力学极限下对称的两相都是无限大的，所以在实际测量中得到的 $\langle m \rangle$ 只能对应于其中的一相），并且相分离的强度随着 $t \equiv \chi - \chi_c > 0$ 的增加而变大 [30]。

上面的幂律 $\xi \propto |t|^{-\nu}$ 表明：随着 $|t|$ 的减小（即体系趋于其临界点），ξ 会变大。但是对于有限尺寸的体系，ξ 的最大值受到无量纲的模拟盒子边长 L 的限制，因此在临界点附近可以认为 $\xi = L$；也就是说，此时 L 和 t 不再是两个独立的变量，而是应该根据 $\xi \propto |t|^{-\nu}$ 组合为一个独立的变量 $tL^{1/\nu}$。将此结果（即 $t \propto L^{-1/\nu}$）进一步与幂律 $\langle m \rangle \propto t^{\beta}$ 相结合，我们得到 $mL^{\beta/\nu}$ 应该是另一个独立变量。因此，对于对称的体系，**有限尺寸标度理论**假设在临界点附近且 L 足够大时，m 在边长为 L 的盒子中（用下角标 “L” 来表示）的归一化概率分布函数的形式为

$$p_{b,L}(m;t) = L^{\beta/\nu} p_b(mL^{\beta/\nu}; tL^{1/\nu}) \tag{8.15}$$

它满足 $\int p_{b,L}(m;t)\mathrm{d}m = 1$；这里函数 p_b 与 L 无关，而它前面的 $L^{\beta/\nu}$ 保证了它的归一化（即 $\int p_b(x;y)\mathrm{d}x = 1$）[17]。由此我们可以得到

$$\begin{aligned}\left\langle m^k \right\rangle_L &\equiv \int m^k p_{b,L}(m;t)\mathrm{d}m = \int m^k L^{\beta/\nu} p_b(mL^{\beta/\nu}; tL^{1/\nu})\mathrm{d}m \\ &= L^{-k\beta/\nu} \int \left(mL^{\beta/\nu}\right)^k p_b(mL^{\beta/\nu}; tL^{1/\nu})\mathrm{d}\left(mL^{\beta/\nu}\right) = L^{-k\beta/\nu} m_k(tL^{1/\nu})\end{aligned} \tag{8.16}$$

其中，$m_k(y) \equiv \int x^k p_b(x;y)\mathrm{d}x$。由式 (8.16) 我们可以进一步得到 $\left\langle m^k \right\rangle_L^j / \left\langle m^j \right\rangle_L^k = f(tL^{1/\nu})$，其中 $f(y) \equiv m_k^j(y)/m_j^k(y)$。因此当 $t = 0$ 时，$\left\langle m^k \right\rangle_L^j / \left\langle m^j \right\rangle_L^k$ 与 L 无关；换言之，用不同 L 得到的 $\left\langle m^k \right\rangle_L^j / \left\langle m^j \right\rangle_L^k$ 随 χ 变化的曲线相交于同一点，而这一点就对应于体系在热力学极限下的 χ_c（即临界点）。Binder 首先提出基于这一性质用有限 L 下的模拟结果来确定临界点的位置；值得注意的是：当 j 为奇数时，体系的对称性导致 $\left\langle m^j \right\rangle_L = 0$，因此常用 $\left\langle |m|^j \right\rangle_L$ 来代替 $\left\langle m^j \right\rangle_L$ [17]。在具体计算中一般使用 Binder 二阶累积量 $B_2 \equiv \left\langle m^2 \right\rangle_L / \langle |m| \rangle_L^2$ 或者四阶累积量 $B_4 \equiv \left\langle m^4 \right\rangle_L / \left\langle m^2 \right\rangle_L^2$（这对应于序参量为 m^2 而不是 $|m|$）来确定临界点的位置，图 8.3 给出了一个例子 [31]；这需要用至少两个不同 L 的盒子来做模拟。

另一方面，式 (8.16) 中的 p_b 是一个只取决于体系所属的普适类（即与具体的体系以及 L 无关）的归一化概率分布函数。因此，如果知道体系的普适类（即 β 和 ν 值），就可以通过调节 χ 使得从模拟中得到的 $p_b(mL^{\beta/\nu}; tL^{1/\nu})$ 与体系的普适类在临界点处的 $p_b(mL^{\beta/\nu})$ 相匹配，从而得到体系临界点的位置；这只需要用一个 L（即盒子）来做模拟。

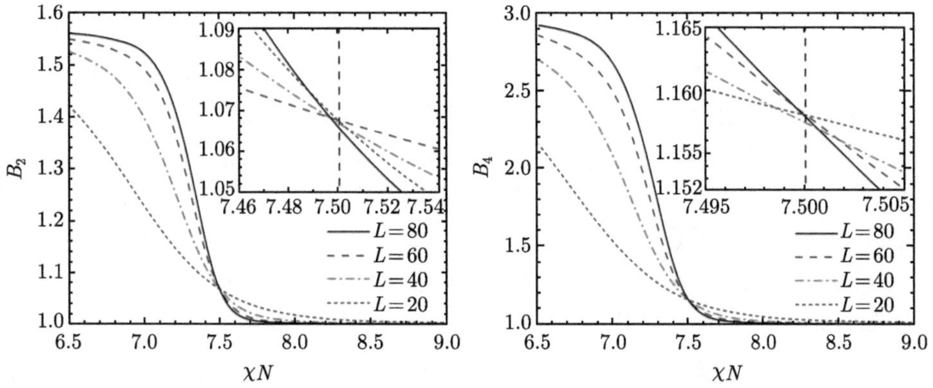

图 8.3 在半巨正则系综下的模拟中用 Binder 二阶累积量 B_2 和四阶累积量 B_4 来确定四方格点模型中不可压缩的对称二元均聚物混合物的临界点 $\chi_c N$（由插图中的黑色竖虚线表示）；这里 $N=2$，$\rho_0=3$[31]

上面提到过：对于有限尺寸的体系，由于 $\langle m \rangle_L = 0$，适合表征体系相分离状态的序参量可以取为 $|m|$；由式 (8.16) 我们可以得到

$$L^{\beta/\nu} \langle |m| \rangle_L = \tilde{m}(tL^{1/\nu}) \tag{8.17}$$

其中，$\tilde{m}(y) \equiv \int |x| \, p_b(x;y) \mathrm{d}x$。因此有限尺寸标度理论给出：对于不同的 L，$L^{\beta/\nu}$ $\langle |m| \rangle_L$ 随着 $tL^{1/\nu}$ 变化的曲线会重叠在一起。而另一方面，适合描述 $|m|$ 涨落的物理量为 $\sigma^2_{|m|} = \tilde{V}\left(\left\langle m^2 \right\rangle_L - \langle |m| \rangle^2_L\right)$；由式 (8.16) 和 (8.17) 我们可以得到

$$\sigma^2_{|m|} = \tilde{V}\left[m_2(tL^{1/\nu}) - \tilde{m}^2(tL^{1/\nu})\right] \propto L^{d-2\beta/\nu} \tag{8.18}$$

因此有限尺寸标度理论进一步给出：对于不同的 L，$L^{2\beta/\nu-d}\sigma^2_{|m|}$ 随 $tL^{1/\nu}$ 变化的曲线也会重叠在一起。由前面引入的标度关系 $\alpha+2\beta+\gamma=2$ 和超标度关系 $2-\alpha=d\nu$ 我们得到 $d-2\beta/\nu=\gamma/\nu$；而对于属于三维（即 $d=3$）Ising 普适类的体系，$\gamma \approx 1.24$，$\nu \approx 0.63$，因此 $L^{-1.97}\sigma^2_{|m|}$ 随 $tL^{1.59}$ 的变化的曲线会近似重叠在一起（这与 8.2.1 小节中讲的一级相变中 $L^{-d}\sigma^2_\phi$ 随 $L^d\left(\Delta\tilde{\mu}-\Delta\tilde{\mu}^*\right)$ 变化的曲线近似重叠在一起有类似之处，但是两者中 L 的幂次不同）。当知道体系临界点的位置时，式 (8.17) 和式 (8.18) 可以用来验证所研究的体系是否属于某一普适类；即把相应的 β 和 ν 的值带入后，如果用不同的 L 所得到的曲线重叠在一起，则说明体系属于这一普适类，否则该体系并不属于这一普适类。在后一种情况下，可以通过调节 β/ν 和 $1/\nu$ 的值使得不同 L 的曲线重叠在一起，这样得到的 β 和 ν 的值可以用来帮助确定体系所属的普适类。

3. 二元均聚物溶液

对于在 8.2.1 小节前面所讲的二元均聚物溶液，由于高分子链（A）和溶剂分子（B）之间的不对称性，在共存线上 $\Delta\tilde{\mu}^* \neq 0$，并且在相分离区（即 $\chi > \chi_c$）的概率分布函数 $p_b(\phi, e)$ 也不具有对称性，其中 $e \equiv -\tilde{n}_{\mathrm{AB}}/\rho_0\tilde{V}$。这种不对称性为确定临界点带来了一定的困难。下面我们介绍两种文献中常用的确定（包括均聚物溶液在内的）不对称高分子体系的临界点的方法。

第一种方法是基于 Binder 累积量 [15,32]。我们可以在模拟中通过式 (8.12) 来确定共存线 $\Delta\tilde{\mu}^*(\chi)$，然后计算概率分布函数 $p_{b,L}(\phi; \Delta\tilde{\mu}^*, \chi)$ 和累积量 $B_4(\chi) = \langle\phi^4\rangle_L / \langle\phi^2\rangle_L^2$。用不同 L 得到的 $B_4(\chi)$ 曲线近似相交于临界点 χ_c，于是我们可以确定 $\Delta\tilde{\mu}_c$。另一方面，通过计算 $p_{b,L}(\phi; \Delta\tilde{\mu}_c, \chi_c)$ 我们可以得到 $\phi_c(L)$，然后通过把 $\phi_c(L)$ 对 $L^{-(1-\alpha)/\nu}$ 作图（这源于下面要讲的第二种方法）就可以确定热力学极限（即 $L \to \infty$）下的 ϕ_c；当然，这一方法需要事先知道体系所属的普适类（即 α 和 ν 值）。

第二种方法是基于普适类的序参量的概率分布函数。原则上，一个普适类的序参量的概率分布函数也是普适的（即不依赖于具体的模型细节）；因此，如果知道一个体系所属的普适类，就可以通过调节体系的控制参数（如作用参数和化学势等）使得从模拟中得到的该体系序参量的概率分布函数与其所属普适类的相匹配，从而确定体系临界点的位置。在上面的对称二元均聚物混合物中，我们已经提到了这个方法。但是，均聚物溶液的不对称性使得其 $p_{b,L}(\phi; \Delta\tilde{\mu}^*, \chi)$ 也不对称，因此无法通过直接匹配 $p_{b,L}(\phi; \Delta\tilde{\mu}^*, \chi)$ 与其所属的 Ising 普适类的序参量的概率分布函数 [该函数是对称的，如图 8.4(a) 所示] 来确定临界点。实际上，这种不对称性存在于很多体系中（例如 Lennard-Jones 流体的气液相平衡）。为了解决这个问题，Wilding 和 Bruce 首先提出了**混合场（mixed-field）有限尺寸标度理论** [18,19]。下面我们以不对称的 A/B 为例来介绍这一理论，并说明如何用它来确定临界点的位置。

在半巨正则系综下的模拟中，我们可以得到在给定体系的自然控制参数 $\Delta\tilde{\mu}$ 和 χ 下的联合概率分布函数 $p_{b,L}(\phi, e; \Delta\tilde{\mu}, \chi)$。$\phi$ 和 e 分别与 $\Delta\tilde{\mu}/N$（即链节无量纲的交换化学势）和 $-\chi$ 共轭，即

$$\frac{1}{\rho_0\tilde{V}} \frac{\partial \ln \Xi_{\mathrm{SG}}}{\partial(\Delta\tilde{\mu}/N)} = \frac{\langle n_{\mathrm{A}}\rangle N}{\rho_0\tilde{V}} = \langle\phi\rangle$$

并且

$$\frac{1}{\rho_0\tilde{V}} \frac{\partial \ln \Xi_{\mathrm{SG}}}{\partial(-\chi)} = -\frac{\langle\tilde{n}_{\mathrm{AB}}\rangle}{\rho_0\tilde{V}} = \langle e\rangle$$

其中 Ξ_{SG} 由式 (8.11) 给出，而分母中的 $\rho_0\tilde{V}$ 使得 ϕ 和 e 均为强度量。但是由于体系的不对称性，ϕ 和 e 并不是相互独立的，即 $\langle(\phi - \phi_c)(e - e_c)\rangle \neq \langle\phi - \phi_c\rangle\langle e - e_c\rangle$；这不同于 Ising 模型中由其对称性而导致的 $\langle(m - m_c)(v - v_c)\rangle = \langle m - m_c\rangle\langle v - v_c\rangle$，

其中 $v \equiv -\sum_{\boldsymbol{r}} s(\boldsymbol{r}) \sum_{\boldsymbol{r}_n} s(\boldsymbol{r}_n)/\tilde{V}$，而 $m_c = 0$。于是，Wilding 和 Bruce 通过 $\Delta\tilde{\mu}/N$ 和 $-\chi$（对应于 Ising 模型中的 J）的线性变换引入了两个新的控制参数 h 和 t，即 $\begin{bmatrix} h \\ t \end{bmatrix} = \boldsymbol{J} \begin{bmatrix} (\Delta\tilde{\mu} - \Delta\tilde{\mu}_c)/N \\ \chi_c - \chi \end{bmatrix}$，其中 $\boldsymbol{J} = \begin{bmatrix} 1 & b \\ a & 1 \end{bmatrix}$，而 a 和 b 为两个与模型有关的参数，其值的选取使得与 h 和 t 分别共轭的物理量 X 和 Y 相互独立，即 $\langle (X - X_c)(Y - Y_c) \rangle = \langle X - X_c \rangle \langle Y - Y_c \rangle$；因此，由 $[(\Delta\tilde{\mu} - \Delta\tilde{\mu}_c)/N]\phi + (\chi_c - \chi)e = hX + tY$（即体系的势能函数不变）我们得到 $\begin{bmatrix} X \\ Y \end{bmatrix} = (\boldsymbol{J}^{-1})^{\mathrm{T}} \begin{bmatrix} \phi \\ e \end{bmatrix}$，即 $X = (\phi - ae)/(1 - ab)$ 和 $Y = (e - b\phi)/(1 - ab)$，它们分别对应于 Ising 模型中的 m（因此 $X_c = 0$）和 v。最后，在新的控制参数 h 和 t 下，X 和 Y 的联合概率分布函数 $p_{b,L}(X, Y; h, t) = p_{b,L}(\phi, e; \Delta\tilde{\mu}, \chi)\,|\boldsymbol{J}|$ 就对应于 Ising 模型中的 $p_{b,L}(m, v; h, t)$，其中 $|\boldsymbol{J}|$ 表示

$$\boldsymbol{J} = \begin{bmatrix} \partial h/\partial(\Delta\tilde{\mu}/N) & \partial h/\partial(-\chi) \\ \partial t/\partial(\Delta\tilde{\mu}/N) & \partial t/\partial(-\chi) \end{bmatrix} = \begin{bmatrix} \partial\phi/\partial X & \partial\phi/\partial Y \\ \partial e/\partial X & \partial e/\partial Y \end{bmatrix}$$

的行列式。

类似于上面所讲的对称体系的有限尺寸标度理论，在临界点附近由于无量纲的关联长度 ξ 的最大值受到 L 的限制，根据幂律 $\xi \propto |t|^{-\nu}$ 和 $\langle m \rangle \propto t^{\beta}$ 我们得到 $p_{b,L}(X, Y; h, t)$ 中的三个变量 L、t 和 X 应该组合为两个独立变量 $tL^{1/\nu}$ 和 $L^{\beta/\nu}X$。将后一个结果（即 $X \propto L^{-\beta/\nu}$）进一步与幂律 $\langle m \rangle \propto h^{1/\delta}$ 相结合，我们得到 $hL^{\delta\beta/\nu} = hL^{d-\beta/\nu}$ 为第三个独立变量，其中的等号由式 (8.14) 得到。最后，由于 $\mathrm{d}\langle Y \rangle/\mathrm{d}t$ 对应于 Ising 模型中的 C_v，将前一个结果（即 $t \propto L^{-1/\nu}$）进一步与幂律 $C_v \sim |t|^{-\alpha}$ 相结合，我们得到 $L^{(1-\alpha)/\nu}\Delta Y = L^{d-1/\nu}\Delta Y$ 为第四个独立变量，其中 $\Delta Y \equiv Y - Y_c$，而等号由式 (8.14) 中的超标度关系得到。因此，类似于式 (8.15)，对于不对称的体系，混合场有限尺寸标度理论假设在临界点附近且 L 足够大时，X 和 Y 归一化的联合概率分布函数的形式为

$$\begin{aligned} p_{b,L}(X, Y; h, t) =& a_X^{-1} L^{\beta/\nu} a_Y^{-1} L^{(1-\alpha)/\nu} \\ & \times p_b\left(a_X^{-1} L^{\beta/\nu} X, a_Y^{-1} L^{(1-\alpha)/\nu} \Delta Y; a_Y h L^{d-\beta/\nu}, a_X t L^{1/\nu}\right) \end{aligned} \tag{8.19}$$

其中归一化的 p_b 与 L 无关，而 a_X 和 a_Y 为与模型有关的系数 [18,19]。

在临界点处（即 $h = t = 0$），式 (8.19) 简化为

$$p^*_{b,L}(X, Y) = a_X^{-1} L^{\beta/\nu} a_Y^{-1} L^{(1-\alpha)/\nu} p^*_b(a_X^{-1} L^{\beta/\nu} X, a_Y^{-1} L^{(1-\alpha)/\nu} \Delta Y)$$

其中 $p^*_{b,L}(x,y) \equiv p_{b,L}(x,y;0,0)$，$p^*_b(x,y) \equiv p_b(x,y;0,0)$；由此我们可以进一步计算在临界点处 X 和 Y 的归一化概率分布函数，分别为 $p^*_{X,L}(X) \equiv \int p^*_{b,L}(X,Y)\mathrm{d}Y$ 和 $p^*_{Y,L}(Y) \equiv \int p^*_{b,L}(X,Y)\mathrm{d}X$；最后，根据式 (8.19) 我们可以得到与 L 无关的归一化的 $p^*_X(a_X^{-1}L^{\beta/\nu}X) = a_X L^{-\beta/\nu}p^*_{X,L}(X)$ 和 $p^*_Y(a_Y^{-1}L^{(1-\alpha)/\nu}\Delta Y) = a_Y L^{-(1-\alpha)/\nu}p^*_{Y,L}(Y)$。对于 Ising 模型，根据其对称性有 $a = b = 0$，因此它的 $p^*_X(a_X^{-1}L^{\beta/\nu}X) = p^*_m(a_m^{-1}L^{\beta/\nu}m)$ 和 $p^*_Y(a_Y^{-1}L^{(1-\alpha)/\nu}\Delta Y) = p^*_v(a_v^{-1}L^{(1-\alpha)/\nu}(v-v_c))$ 可以通过在临界点处进行一次模拟而得到，进而用来作为确定 Ising 普适类中其他模型体系的临界点的参照。三维 Ising 模型的这两个分布函数如图 8.4 所示 [33]。在具体模拟中，通常只需要通过匹配 $p_X(a_X^{-1}L^{\beta/\nu}X;h,t) \equiv a_X L^{-\beta/\nu}\int p_{b,L}(X,Y;h,t)\mathrm{d}Y$ 与 Ising 模型的 $p^*_m(a_m^{-1}L^{\beta/\nu}m)$ 就可以确定所研究问题的临界点的位置。

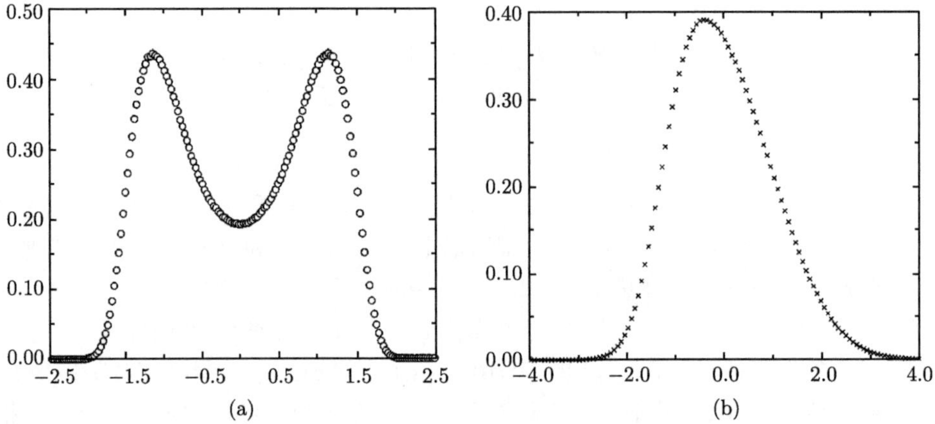

图 8.4　三维 Ising 模型在其临界点处的 (a) 序参量 m 的归一化概率分布函数 $p^*_m(a_m^{-1}L^{\beta/\nu}m)$（纵轴）随着 $a_m^{-1}L^{\beta/\nu}m$（横轴）和 (b) v 的归一化概率分布函数 $p^*_v(a_v^{-1}L^{(1-\alpha)/\nu}(v-v_c))$（纵轴）随着 $a_v^{-1}L^{(1-\alpha)/\nu}(v-v_c)$（横轴）的变化；这里 a_m^{-1} 和 a_v^{-1} 的取值使得相应分布的方差为 1[33]

由上面给出的 X 和 Y 与 ϕ 和 e 之间的关系，我们得到 $\phi = X + aY$ 和 $e = Y + bX$；因此，

$$\begin{aligned}\phi_c(L) - \phi_c(L\to\infty) =& X_c(L) - X_c(L\to\infty) \\ &+ a[Y_c(L) - Y_c(L\to\infty)] \propto L^{-(1-\alpha)/\nu}\end{aligned} \tag{8.20}$$

其中 $X_c = 0$ 与 L 无关，而 $Y_c(L) - Y_c(L\to\infty) \propto L^{-(1-\alpha)/\nu}$ 由式 (8.19) 得到。

例如，对于二元均聚物溶液，可以通过巨正则系综模拟结合 6.3 节中所讲的加权直方图分析方法得到在不同 $(\Delta\tilde{\mu},\chi)$ 下的 $p_{b,L}(\phi,e;\Delta\tilde{\mu},\chi)$；然后通过调节 $\Delta\tilde{\mu}$、χ、a 和 b 的值使得在相应参数下得到的 $p_X(a_X^{-1}L^{\beta/\nu}X;h,t)$ 与 Ising 模型的 $p_m^*(a_m^{-1}L^{\beta/\nu}m)$ 相匹配，从而确定在给定 L 下的 $\Delta\tilde{\mu}_c(L)$ 和 $\chi_c(L)$，并进一步通过 $p_{b,L}(\phi,e;\Delta\tilde{\mu}_c,\chi_c)$ 来得到 $\phi_c(L)$。图 8.5(a) 给出了 Panagiotopoulos 等采用这个方法得到的匹配结果；由于模拟误差掩盖了体系的有限尺寸效应，他们认为在其所用的 L 下得到的 $\chi_c(L)$ 和 $\phi_c(L)$ 就是热力学极限下的值[34]。Yan 和 de Pablo 通过更高精度的模拟，根据式 (8.20) 外推而得到了在给定 N 下的 $\phi_c(L\to\infty)$，如图 8.5(b) 所示；他们得到的 $\chi_c(L)$ 在模拟误差内被认为是热力学极限下的值[35]。

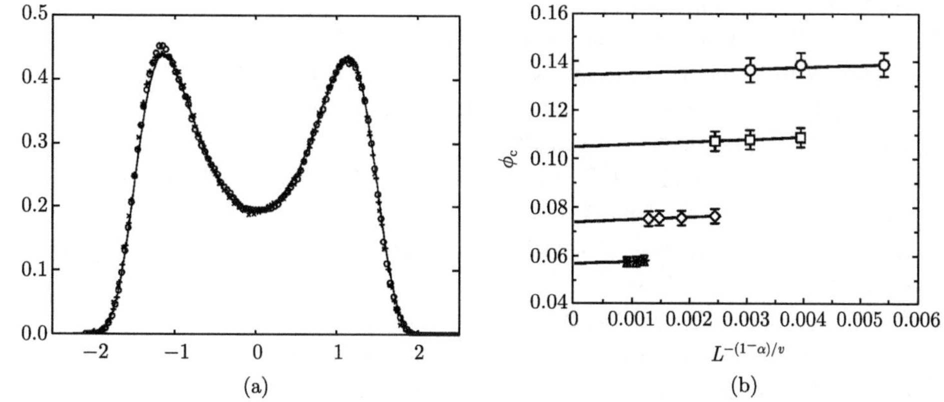

图 8.5　(a) 通过匹配均聚物溶液的序参量 X 的归一化概率分布函数 $p_X(a_X^{-1}L^{\beta/\nu}X;h,t)$ 与三维 Ising 模型的 $p_m^*(a_m^{-1}L^{\beta/\nu}m)$[图中实线，参见图 8.4(a)] 来确定均聚物溶液的临界点；图中的符号代表在传统格点模型中使用不同的链长 N 和模拟盒子无量纲的边长 L 的模拟结果："+" 为 $N=64$ 和 $L=30$，"×" 为 $N=200$ 和 $L=50$，而 "○" 为 $N=600$ 和 $L=95$[34]。(b) 均聚物溶液的临界浓度 $\phi_c(L)$ 的有限尺寸效应；图中的符号代表在传统格点模型中使用不同 N 的模拟结果："○" 为 $N=200$，"□" 为 $N=400$，"◇" 为 $N=1000$，而 "∗" 为 $N=2000$[35]

参 考 文 献

[1] Okamoto H. J. Chem. Phys., 1976, 64 (6): 2686-2691.

[2] Ivanov V A, An E A, Spirin L A, Stukan M R, Müller M, Paul W, Binder K. Phys. Rev. E, 2007, 76 (2): 026702.

[3] Stukan M R, Ivanov V A, Müller M, Paul W, Binder K. J. Chem. Phys., 2002, 117 (21): 9934-9941.

[4] Pelissetto A. J. Chem. Phys., 2008, 129 (4): 044901.

[5] Jiang W H, Wang Y M. J. Chem. Phys., 2004, 121 (8): 3905-3913.

[6] Dickman R. J. Chem. Phys., 1987, 87 (4): 2246-2248.

[7] Zhang P, Wang Q. J. Chem. Phys., 2014, 140: 044904.

[8] Zhang P, Wang Q. Soft Matter, 2015, 11 (5): 862-870.

[9] Zhang P, Wang Q. Macromolecules, 2019, 52 (15): 5777-5790.

[10] Zhang P, Wang Q. Macromolecules, 2020, 53 (20): 8883-8888.

[11] Nies E, Cifra P. Macromolecules, 1994, 27 (21): 6033-6039.

[12] Mackie A D, Panagiotopoulos A Z, Frenkel D, Kumar S K. Europhys. Lett., 1994, 27 (7): 549-554.

[13] Mackie A D, Panagiotopoulos A Z, Kumar S K. J. Chem. Phys., 1995, 102 (2): 1014-1023.

[14] Addison C I, Hansen J P, Louis A A. ChemPhysChem, 2005, 6 (9): 1760-1764.

[15] Binder K, Landau D P. Phys. Rev. B, 1984, 30 (3): 1477-1485.

[16] Binder K. Rep. Prog. Phys., 1987, 50 (7): 783-859.

[17] Binder K. Zeitschrift Fur Physik B, 1981, 43 (2): 119-140.

[18] Wilding N B, Bruce A D. J. Phys. Condens. Matter, 1992, 4 (12): 3087-3108.

[19] Wilding N B. J. Phys. Condens. Matter, 1997, 9 (3): 585-612.

[20] Wilson K G, Kogut J. Phys. Rep., 1974, 12 (2): 75-199.

[21] Lawrie D, Sarbach S//Domb C. Phase Transitions and Critical Phenomena. Vol. 9. London; New York: Academic Press, 1972: 2-163.

[22] Kardar M. Statistical Physics of Fields. Cambridge; New York: Cambridge University Press, 2007.

[23] Niss M. Arch. Hist. Exact Sci., 2005, 59 (3): 267-318.

[24] Lenz W. Physikalische Zeitschrift, 1920, 21: 613-615.

[25] Ising E. Zeitschrift Fur Physik, 1925, 31: 253-258.

[26] Onsager L. Phys. Rev., 1944, 65 (3/4): 117-149.

[27] Ferrenberg A M, Landau D P. Phys. Rev. B, 1991, 44 (10): 5081-5091.

[28] Wilson K G. Phys. Rev. B, 1971, 4 (9): 3174-3183.

[29] Wilson K G. Phys. Rev. B, 1971, 4 (9): 3184-3205.

[30] Amit D J, Martin-Mayor V. Field Theory, the Renormalization Group, and Critical Phenomena: Graphs to Computers. 3rd ed. Singapore; New Jersey: World Scientific, 2005.

[31] Zhang P, Wang Q. Polymer, 2016, 101: 7-14.

[32] Müller M, Wilding N B. Phys. Rev. E, 1995, 51 (3): 2079-2089.

[33] Wilding N B, Müller M. J. Chem. Phys., 1995, 102 (6): 2562-2573.

[34] Panagiotopoulos A Z, Wong V, Floriano M A. Macromolecules, 1998, 31 (3): 912-918.

[35] Yan Q L, de Pablo J J. J. Chem. Phys., 2000, 113 (14): 5954-5957.